农村沼气建设条例、管理办法及规划汇编

A Compilation of the Regulations, Management measures and Planning on Rural Biogas Development

蔡萍　冉毅◎主编

经济管理出版社
ECONOMY & MANAGEMENT PUBLISHING HOUSE

图书在版编目（CIP）数据

农村沼气建设条例、管理办法及规划汇编/蔡萍，冉毅主编. —北京：经济管理出版社，2017.12
ISBN 978 - 7 - 5096 - 5480 - 4

Ⅰ.①农…　Ⅱ.①蔡…②冉…　Ⅲ.①农村—沼气利用—研究—中国　Ⅳ.①S216.4

中国版本图书馆 CIP 数据核字（2017）第 274261 号

组稿编辑：曹　靖
责任编辑：杨国强　张瑞军
责任印制：黄章平
责任校对：董杉珊

出版发行：经济管理出版社
　　　　　（北京市海淀区北蜂窝 8 号中雅大厦 A 座 11 层　100038）
网　　　址：www. E - mp. com. cn
电　　　话：（010）51915602
印　　　刷：玉田县昊达印刷有限公司
经　　　销：新华书店
开　　　本：787mm×1092mm/16
印　　　张：25
字　　　数：517 千字
版　　　次：2017 年 12 月第 1 版　　2017 年 12 月第 1 次印刷
书　　　号：ISBN 978 - 7 - 5096 - 5480 - 4
定　　　价：98.00 元

编 写 人 员

主　　编：蔡　萍　舟　毅

副 主 编：王　超　汤晓玉　席　江　贺　莉

编写人员（按姓氏笔画排序）：

马迎九　王　超　王　琳　舟　毅　冯　政

帅鸿彬　刘永岗　刘　军　江光华　江绣屏

汤晓玉　宋良才　张衍林　张健军　李文全

李文祥　李　刚　李斌业　杨跃武　邱永洪

陈　杰　陈绍田　陈　涛　周国曾　周南华

周雄军　周曙光　庞振华　范荣豪　郑国蓉

侯　斌　贺　莉　赵　凯　席　江　徐友伟

郭　亮　顾　东　黄　武　黄振侠　覃双鹤

蔡　萍

前　言

习近平同志在十九大报告中指出，要加快生态文明体制改革，建设美丽中国。报告还提出，要推进绿色发展，壮大节能环保产业、清洁生产产业、清洁能源产业；要着力解决突出环境问题，加强农业面源污染防治，开展农村人居环境整治行动，加强固体废弃物和垃圾处置。今年6月，国务院办公厅《关于加快推进畜禽养殖废弃物资源化利用的意见》指出：根据不同区域、不同畜种、不同规模，以肥料化利用为基础，采取经济高效适用的处理模式，宜肥则肥，宜气则气，宜电则电，实现粪污就地就近利用。

畜禽粪污沼气化处理是解决农业面源污染的重要手段之一，可实现畜禽粪污在不同规模下，以肥料化利用为基础的经济高效处理方式，可实现气、电、肥联产，促进种养结合与农牧循环。自2003年起实施的农村沼气国债项目，重点建设了农村户用沼气、联户沼气、养殖小区沼气、大中型沼气工程和服务体系。2015年，随着农村生产生活方式转变，农村沼气建设进入转型升级期，重点发展规模化大型沼气工程，开展规模化生物天然气工程建设试点，推动农村沼气工程向规模发展、综合利用、科学管理、效益拉动的方向转型升级。为更好地总结我国农村能源建设经验，农业部沼气科学研究所组织汇编了此书，为各级农村能源管理部门、科研机构、生产企业和使用业主提供参考，推动农村能源行业持续、健康发展。

本书收集了近年来由国家发改委、农业部等中央有关部门出台的《农村沼气工程转型升级工作方案》《农村沼气工程建设管理办法》《全国农村沼气发展"十三五"规划》等文件和部分省（自治区、直辖市）及计划单列市颁布的农村能源条例、管理办法及"十三五"规划等。内容涵盖沼气、生物质能、太阳能、风能等农村可再生能源，涉及以沼气为主的农村可再生能源项目建设、资金管理、质量安全和竣工验收等环节。本汇编可为全国农村能源管理部门、科研机构、生产企业和使用业主了解各级政府有关农村能源建设发展规划、扶持政策和管理要求提供参考；对其研究制定（修订）相关工作规划、配套政策、科研工作方案、产品技术标准及开展产品和技术的示范、推广具有借鉴意义。

　　本书的编辑出版得到了农业部农村能源综合建设项目和中国农业科学院科技创新工程（农村生物能源发展战略与技术模式）的支持，还得到了天津市农委能源生态处、河北省新能源办公室、山西省农业生态环境建设总站、黑龙江省人民政府农村能源办公室、浙江省农业生态与能源办公室、山东省农业厅生态农业处、江苏省农业委员会环能处、安徽省农村能源总站、江西省农村能源管理站、湖北省农村能源办公室、湖南省农委农村可再生能源处、广西壮族自治区农村能源办公室、四川省农村能源办公室、重庆市农委、云南省农村能源办公室、新疆维吾尔自治区农村能源工作站、陕西省农业环境保护监测站、西藏自治区农牧厅科教处、甘肃省农村能源办公室、青海省生态能源站和大连市农村能源工作促进中心等单位的大力支持，在此一并表示感谢。由于时间有限以及相关条例、办法和规划还在修订、完善和更新之中，本书难免有疏漏和不当之处，敬请读者谅解。

农业部沼气科学研究所

农业部沼气产品及设备质量监督检验测试中心

二零一七年十一月

目　录

第四篇　各省（区、市）沼气建设"十三五"规划

第一篇
国家政策

2015 年农村沼气工程转型升级工作方案

（国家发展改革委员会　农业部）

为加快推进农村沼气转型升级，加强农村沼气项目建设管理，经认真研究，制定本工作方案。

一、总体思路、基本原则和预期目标

（一）总体思路

贯彻落实中央关于建设生态文明、做好"三农"工作的总体部署，适应农业生产方式、农村居住方式、农民用能方式的变化对农村沼气发展的新要求，积极发展规模化大型沼气工程，开展规模化生物天然气工程建设试点，推动农村沼气工程向规模发展、综合利用、科学管理、效益拉动的方向转型升级，全面发挥农村沼气工程在提供可再生清洁能源、防治农业面源污染和大气污染、改善农村人居环境、发展现代生态农业、提高农民生活水平等方面的重要作用，促进沼气事业健康持续发展。

（二）基本原则

1. 坚持发展农村清洁能源与改善农村生态环境相结合。农村沼气综合效益显著，不仅是提供清洁可再生能源的重要方式，而且对于防治农业面源污染和大气污染、改善农村人居环境、发展生态农业等具有重要作用。必须深刻领会农村沼气建设的重要意义，在项目建设和运营时，不仅要重视农村沼气工程的能源效益，促进沼气高值高效利用，而且要重视农村沼气工程的生态效益，促进农业农村废弃物的资源化利用和农村生态环境的改善。

2. 坚持统筹兼顾与转型升级相结合。根据农村沼气发展需要，因地制宜开展农村沼气工程各类项目建设。鼓励地方政府利用地方资金建设中小型沼气工程、户用沼气、沼气服务体系等。中央预算内投资突出重点，主要用于支持规模化大型沼气工程建设，开展规模化生物天然气工程建设试点，促进农村沼气工程转型升级。

3. 坚持引导沼气工程向规模化发展与科学规划建设布局相结合。在利用中央投资引导沼气工程向规模化发展的同时，要根据当地经济社会发展水平、农业农村发展情况、资源环境承载能力、沼气工程原料的可获得性、周边农田的消纳能力和终端产品利用渠道，因地制宜、因区施策，科学规划项目建设布局，合理确定区域内规模化大型沼气工程建设数量、建设地点和建设规模。

4. 坚持完善政府扶持政策与推进市场化运营相结合。沼气工程兼有公益性和经营性。政府对项目建设给予投资补助，加强技术指导和服务，探索完善终端产品补贴政策，逐步破除行业壁垒和体制机制障碍，为沼气工程发展创造良好的环境。同时要注重更好地发挥市场机制作用，引导企业和农民合作组织等各种社会主体进行规模化沼气工程建设，形成多元化投入机制；推进工程实行专业化管理、市场化运营，不断提高经济效益和可持续发展能力。

5. 坚持推广先进工艺技术与强化建设管理相结合。鼓励规模化大型沼气工程推广中温高浓度混合原料发酵工艺技术路线，采用专业化设施和成套化装备，提高沼气产气率，提升沼渣沼液综合利用的便捷程度和附加值。严格标准化设计、规范化施工，确保项目建设质量和运行效果。规范建设程序，强化管理措施，保证项目任务与技术力量相匹配，发展速度与建设质量相协调。在规范事前审核的同时，切实加强事中事后监管，提高投资效益。

（三）预期目标

2015 年在适宜地区支持建设一批规模化大型沼气工程，开展规模化生物天然气工程建设试点，年可新增沼气生产能力 4.87 亿立方米（折合生物天然气生产能力 2.92 亿立方米），年处理 150 万吨农作物秸秆或 800 万吨畜禽鲜粪等农业有机废弃物。2015 年促进农村沼气转型升级试点，重点围绕规模化生物天然气工程，综合考虑不同区域特点、不用原料来源、不同建设运营模式等，择优选取典型项目开展试点，在创新项目建设管理机制和运营模式、完善支持政策、破除行业壁垒和体制机制障碍、提高沼气工程科技水平等方面，探索总结有价值、可复制、可推广的经验。

二、项目建设与试点的范围、中央支持政策

（一）项目建设与试点范围

1. 支持建设规模化大型沼气工程。支持建设日产沼气 500 立方米及以上的沼气工程（不含规模化生物天然气工程）。其中，给农户集中供气的规模化大型沼气工程，可适当考虑由同一业主建设的多个集中供气工程组成。支持沼气开展给农户供气、发电上网、企业自用等多元化利用。沼渣沼液用于还田、加工有机肥或开展其他有效利用。

2. 开展规模化生物天然气工程试点。支持日产生物天然气 1 万立方米以上的工程开展试点。提纯后的生物天然气主要用于并入城镇天然气管网、车用燃气、罐装销售等。沼渣沼液用于还田、加工有机肥或开展其他有效利用。

根据专家意见，日产生物天然气 1 万立方米以上的工程，由于工程规模大，对原料

收集、周边农田消纳能力和终端产品利用渠道的要求高，工程能否实现持续良性运营、能否形成可复制的模式还有待检验。为择优选取试点项目，有利于形成有价值、可推广的经验，有利于用成功的典型来统一认识、争取政策，2015 年将积极稳妥地开展试点，原则上每个省推荐安排 1 个符合条件的试点项目，对于种植业优势产区和规模化养殖重点区域等原料资源丰富、工程需求量大的省份，最多可推荐安排 2 个试点项目。

（二）试点内容

对于规模化生物天然气试点工程：一是开展工程建设和运营机制创新试点，以专业化企业为主体，按照市场机制，投资工程建设，开展原料收集、工程运行管理、终端产品销售利用为一体的全产业链运营，探索可持续、可复制、可推广的生物天然气产业化发展模式。二是终端产品补贴试点，鼓励有积极性的地方政府，利用地方财政资金，按照生物天然气（沼气）销售量或有效利用量、沼渣沼液利用量或加工成有机肥的数量，对项目业主进行补贴，探索建立生物天然气或沼气工程终端产品补贴机制。三是破除行业壁垒和体制机制障碍试点，鼓励地方政府比照国产化石天然气，探索制定鼓励生物天然气或沼气产业发展的税收优惠政策；清理和整顿燃气特许经营权市场，为生物天然气或沼气发展创造公平的市场竞争环境。

对于具备条件的规模化大型沼气工程，若项目业主和地方政府有积极性，也鼓励在项目建管模式、工程运营机制、终端产品补贴政策、税收优惠等方面开展试点。

（三）中央支持政策

中央对符合条件的规模化大型沼气工程、规模化生物天然气试点工程予以投资补助。补助标准为：规模化大型沼气工程，每立方米沼气生产能力安排中央投资补助 1500 元；规模化生物天然气工程试点项目，每立方米生物天然气生产能力安排中央投资补助 2500 元。其余资金由企业自筹解决，鼓励地方安排资金配套。中央对单个项目的补助额度上限为 5000 万元。

当地政府已出台沼气或生物天然气发展的支持政策、对中央补助投资项目给予地方资金配套、已按照或在申报时明确将按照试点内容开展相关工作的地区，中央将优先支持。

对于已经建成或已投入运营的规模化生物天然气工程，也鼓励按上述内容积极开展试点，中央将进一步研究完善有关支持政策。

三、选项条件和项目建设内容

（一）选项条件

1. 项目单位具有法人资格，具备沼气专业化运营的条件，配备必需的专业技术人才；具有较高的信用等级、较强的资金实力，能够落实承诺的自筹资金。规模化生物天然气工程项目单位的经营范围应包括生物质能源或可再生能源的生产、销售、安全管理等内容，掌握规模化生物天然气生产的主要技术，对项目建设、运营的可行性进行了充分论证，优先安排具有天然气生产、销售等有关特许经营许可的项目单位。

2. 工程具有充足、稳定的原料来源，能够保障沼气工程达到设计日产气量的原料需要。鼓励以农作物秸秆、畜禽粪便和园艺等多种农业有机废弃物作为发酵原料，确定合理的配比结构。对于规模化生物天然气工程，建设地点周边 20 公里范围内有数量足够、可以获取且价格稳定的有机废弃物，其中半径 10 公里以内核心区的原料要保障整个工程原料需求的 80% 以上；与原料供应方签订协议，建立完善的原料收储运体系，并考虑原料不足时的替代方案。

3. 工程建设方案应参照国内外成功运行案例和运行监测数据，工艺技术和建设内容要符合有关标准规范要求（相关标准见附件）。规模化大型沼气工程执行《沼气工程规模分类》（NY/T667—2011）中对于发酵工艺和池容产气率的要求。规模化生物天然气工程采用中高温高浓度混合原料发酵工艺技术路线，池容产气率大于等于 1，所产沼气提纯制取生物天然气（BNG）。沼渣生产固体有机肥，沼液加工制作液体有机肥。

4. 要科学评估终端产品产出量、产品潜在用户、输送方式和距离、周边农田和农业生产对养分需求等因素，科学确定沼气工程终端产品的利用方式。其中，沼渣沼液的消纳标准应按照每立方米沼气生产能力配套 0.5 亩以上农田计算。要与用户签订供气、供电、沼肥利用协议，使工程所产沼气、沼渣沼液全部得到有效利用，确保沼气不排空，确保沼渣沼液不产生二次污染。

5. 项目单位应委托有资质、有经验的专业机构承担项目设计、施工、监理等工作，成立或委托专业化运营机构承担日常维护管理。落实必要的流动资金，制定产品质量保证、成本控制、设施管护等管理制度，确保工程能安全、稳定、持续运行。

6. 项目备案、土地、规划、环评、能评、资金等前期工作落实，配套条件较好，确保 2015 年能开工建设。

（二）建设内容

1. 原料仓储和预处理系统。以秸秆为主要原料的，要建设不低于 4 个月连续运行所需原料的仓储和预处理设施；以畜禽粪便为主要原料的，要建立粪污输送管道等设施设备或配备运输车。

2. 厌氧消化系统。按照《沼气工程技术规范》（NY/T1220）等标准执行，包括进出料、厌氧发酵、增温保温和搅拌等设施设备。其中规模化生物天然气工程厌氧发酵装置总容积要求 1.67 万立方米以上，单体发酵装置容积一般控制在 3000 立方米左右；规模化大型沼气工程发酵装置总容积要求 500 立方米以上。

3. 沼气利用系统。包括脱硫脱水等净化设备，燃气提纯装备，气柜、管网等储存输配系统，气热电等利用设施设备，防雷、防爆、防火等安全防护设施。规模化生物天然气工程利用系统按照《城镇燃气设计规范》（GB50028）、《城镇燃气输配工程施工及验收规范》（CJJ33）等标准执行。规模化大型沼气工程利用系统按照《农村沼气集中供气工程技术规范》（NY/T2371）、《沼气电站技术规范》（NY/T1704）等标准执行。

4. 沼肥利用系统。包括沼渣、沼液存贮设施，有机肥料的生产加工设施设备，按照《沼肥加工设备》（NY/T2139）、《沼肥施用技术规范》（NY/T2065）等标准执行。

5. 智能监控系统。包括在线计量和远程监控智能平台，具备可测量、可识别、可核查和可追溯的功能。监控系统按照《沼气远程信息化管理技术规范》（待颁布）标准执行。

四、工作程序和要求

（一）工作程序

1. 地方发展改革部门和农村能源主管部门要按照职能分工，密切配合，根据国家发展改革委和农业部联合下发的申报通知和工作方案，抓紧开展需求摸底，为项目单位做好指导服务，及时组织项目申报。

2. 对于规模化大型沼气工程，项目单位在落实前期工作后，根据工作方案提出资金申请，其资金申请的批复程序和要求等由省级发展改革部门商省级农村能源主管部门制定。

3. 对于规模化生物天然气工程试点项目，为达到试点目标，要严格管理，规范事前审核。由项目单位委托有资质的咨询设计单位编制项目资金申请报告，报送省级发展改革部门审批，审批前应由省级农村能源主管部门出具行业审查意见。农业部成立专家委员会，提供技术指导。

项目资金申请报告应包括以下内容：（1）项目单位的基本情况；（2）项目的基本情况，包括建设地点、建设内容和规模、总投资及资金来源、建设条件落实情况等；（3）申请投资补助的主要理由和政策依据；（4）"选项条件"中要求的相关内容；（5）项目经济、环境、社会效益分析，项目风险分析与控制；（6）附具项目备案、环评、用地、能评、规划选址等审批文件复印件，并提供自筹资金落实证明或承诺函。

4. 省级发展改革部门会同农村能源主管部门，根据项目单位报送的资金申请报告，开展实地调查，择优选取1~2个符合本工作方案要求，能探索出有价值、可复制、可推广的经验，有利于用成功的典型来推动国家政策完善的试点项目，在此基础上编制项目试点方案。项目试点方案除包括每个项目的资金申请报告外，还应说明项目试点的必要性和可行性，明确试点工作的目标和任务，以及试点工作的保障措施。对于地方政府已经或有积极性即将开展地方财政支持沼气终端产品补贴试点、燃气特许经营权市场清理和整顿工作试点、制定鼓励生物天然气或沼气产业发展的税收优惠试点等情况，一并在试点方案中说明。

5. 省级发展改革部门会同农村能源主管部门编制本省农村沼气工程年度投资建议计划，联合报送至国家发展改革委、农业部。申报规模化生物天然气工程试点项目的省份，一并报送项目试点方案。

6. 国家发展改革委会同农业部对各省报送的建议计划和项目试点方案进行初审，经综合平衡后，编制农村沼气工程年度投资规模计划并联合下达。

7. 省级发展改革部门和农村能源主管部门要在接到中央投资规模计划后20个工作日内，分解落实到具体项目并下达投资计划，明确项目建设地点、建设内容、建设工期及有关工作要求，确保项目按计划实施，并将分解的投资计划报国家发展改革委和农业部备核。凡安排中央预算内投资的项目，必须完成资金申请审批工作，可单独批复或者在下达投资计划的同时一并批复。

（二）有关要求

1. 各省发展改革和农村能源主管部门应当对项目资金申请是否符合中央预算内投资使用方向和有关规定、是否符合工作方案要求、是否符合投资补助的安排原则、项目前期工作是否落实等进行严格审查，并对审查结果和申报材料的真实性、合规性负责。要加强项目统筹，突出重点，确保申报项目质量。

2. 按照政府信息公开要求，凡安排中央预算内投资的项目，各省应在政府网站上公开项目名称、项目建设单位、建设地点、建设内容等信息。凡申报项目的单位，视同同意公开项目信息。不同意公开相关信息的项目，请勿组织申报。

3. 切实加强事中事后监管。一是严格执行中央预算内投资管理的有关规定，切实加强资金和项目实施管理。对于中央补助投资，要做到专户管理，独立核算，专款专用，严禁滞留、挪用。二是推行资金管理报账制，根据项目实施进度拨付资金。对于已完成项目前期工作且企业自筹资金30%到位的项目，方可申请中央投资；工程竣工验收后申请最终20%中央投资。三是省级农村能源主管部门会同发展改革部门建立定期检查和通报制度，对建设进度、质量、效益等进行检查和通报，并将通报内容报送农业部和国家发展改革委，原则上每半年一次。其中规模化生物天然气工程试点项目每月报一次。四是国家发展改革委和农业部，将不定期对项目执行情况进行监督和抽查，或者组织各地交叉检查，并将根据需要开展项目稽查。检查和稽查结果将作为安排后续年度中央投资的重要依据。五是进一步细化责任追究制度，对项目事中事后监管中发现的问题，根据情节轻重采取责令限期整改、通报批评、暂停拨付中央资金、扣减或收回项目资金、列入信用黑名单、一定时期内不再受理其资金申请、追究有关责任人行政或法律责任等处罚措施。六是开展项目后评价，组织有关专家和机构对项目质量、投资效益等进行后评价，进一步提高项目决策的科学性。

4. 及时总结试点经验。对于安排中央投资的规模化生物天然气试点项目，要及时跟踪了解其建设和运营情况，总结成功经验，发展存在问题，积极推动国家相关政策的完善。各省发展改革部门要会同农村能源主管部门，于年底前将项目试点总结报告报送国家发展改革委和农业部。对于其他具备条件的规模化大型沼气工程，或未申请中央投资支持的规模化生物天然气工程，也在开展相关试点的，请将其试点情况一并报送。

五、其他重点工作

（一）编制农村沼气工程相关规划

在全面总结"十二五"以来农村沼气工程的发展情况、深入分析农村沼气工程发展面临的新形势和新问题、2015 年推进规模化大型沼气工程建设和开展规模化生物天然气工程试点的基础上，研究制订全国农村沼气工程中长期发展规划，明确农村沼气发展的总体思路、方向目标、建设原则、区域布局、重点任务、保障措施等。

（二）修订项目管理办法

按照投资体制改革的要求，根据农村沼气工程发展方向、建设任务的变化，进一步修订完善《农村沼气建设项目管理办法》并及时印发。

（三）起草关于加快农村沼气工程转型升级的指导意见

根据项目试点情况，探索成功的运营管理模式、有效的支持政策，基本形成有价值、可复制、可推广的经验，争取有关部门统一认识，完善农村沼气发展的扶持政策。会同有关部门研究起草《关于加快农村沼气转型升级的指导意见》，为顺利推进农村沼气工程转型升级指明方向，提供政策支撑。

农村沼气工程建设管理办法（试行）

（国家发展改革委员会　农业部）

第一章　总　则

第一条　为加强农村沼气工程建设管理，根据《中央预算内投资补助和贴息项目管理办法》（国家发展改革委第 3 号令）、《关于将廉租住房等 31 类点多面广量大单项资金少的中央预算内投资补助项目交由地方具体安排的通知》（发改投资〔2013〕1238 号）等的有关规定和要求，制定本办法。

第二条　本办法适用于中央预算内投资补助建设的规模化大型沼气工程、规模化生物天然气工程。

第三条　各级发展改革部门和农村能源主管部门要按照职能分工，各负其责，密切配合，加强对工程建设管理的组织、指导和协调，共同做好工程建设管理的各项工作，确保发挥中央投资效益。

发展改革部门负责农村沼气建设规划衔接平衡；联合农村能源主管部门，做好年度投资计划申报、审核和下达，监督检查投资计划执行和项目实施情况。

农村能源主管部门负责农村沼气建设规划编制、行业审核、行业管理和监督检查等工作，具体组织和指导项目实施。

第四条　在农村沼气建设和运行过程中应牢固树立"安全第一、预防为主"的意识，落实安全生产责任制，科学规范操作，确保安全生产。

第二章　项目申报和投资计划管理

第五条　申请中央预算内投资补助的规模化大型沼气工程和规模化生物天然气工程，应符合国家发展改革委和农业部编制的农村沼气工程有关规划、工作方案和申报通知的要求，落实备案、土地、规划、环评、能评、资金、安评等前期工作，确保当年能开工建设。已经获得中央财政投资或其他部门支持的项目不得重复申报，已经申报国家发展改革委其他专项或国家其他部门的项目不得多头申报。

第六条　规模化大型沼气工程，项目单位在落实前期工作后，根据工作方案提出资金申请，其资金申请的批复程序和要求等由省级发展改革部门商省级农村能源主管部门制定。

第七条　规模化生物天然气工程，在试点阶段，应由项目单位委托农业或环境工程设计甲级资质的咨询设计单位编制项目资金申请报告，报送省级发展改革部门审批，审批前应由省级农村能源主管部门出具行业审查意见。农业部成立专家委员会，提供技术指导。省级发展改革部门会同农村能源主管部门，根据项目单位报送的资金申请报告，开展实地调查，择优选取试点项目，在此基础上编制项目试点方案。

第八条　各地发展改革和农村能源主管部门应当对项目资金申请是否符合中央预算内投资使用方向和有关规定、是否符合工作方案或申报通知要求、是否符合投资补助的安排原则、项目前期工作是否落实等进行严格审查，并对审查结果和申报材料的真实性、合规性负责。要加强项目统筹，突出重点，确保申报项目质量。

第九条　省级发展改革部门会同农村能源主管部门编制本省农村沼气工程年度投资建议计划，联合报送至国家发展改革委和农业部。在试点阶段，申报规模化生物天然气工程试点项目的省份，一并报送项目试点方案，试点方案中要包含项目资金申请报告。

第十条　国家发展改革委会同农业部对各省报送的建议计划和项目试点方案进行审核，经综合平衡后，编制农村沼气工程年度投资计划并联合下达。

第十一条　省级发展改革部门和农村能源主管部门要在接到中央投资规模计划后20个工作日内，分解落实到具体项目并下达投资计划，明确项目建设地点、建设内容、建设工期及有关工作要求，确保项目按计划实施，并将分解的投资计划报国家发展改革委和农业部备核。凡安排中央预算内投资的项目，必须完成资金申请审批工作，可单独批复或者在下达投资计划的同时一并批复。

第十二条　投资计划一经下达，应严格执行。项目实施过程中确需调整的，由省级发展改革委会同农村能源主管部门做出调整决定。调整后拟安排中央补助资金的项目，要符合农村沼气工程中央投资支持范围，且要严格执行国家明确的投资补助标准，并报国家发展改革委和农业部备核。在试点阶段，规模化生物天然气工程报请国家发展改革委和农业部做出调整决定。

第十三条　按照政府信息公开要求，凡安排中央预算内投资的项目，各省应在政府网站上公开项目名称、项目建设单位、建设地点、建设内容等信息。凡申报项目的单位，视同同意公开项目信息。不同意公开相关信息的项目，请勿组织申报。

第三章　资金管理

第十四条　对于符合条件的规模化大型沼气工程和规模化生物天然气工程，按照规定的中央投资标准进行投资补助，其余资金由企业自筹解决。鼓励地方安排资金配套。对中央补助投资项目给予资金配套的地区，中央将加大支持力度。

第十五条　严格执行中央预算内投资管理的有关规定，切实加强资金和项目实施管理。对于中央补助投资，要做到专户管理，独立核算，专款专用，严禁滞留、挪用。

第十六条 推行资金管理报账制，根据项目实施进度拨付资金。对于已完成项目前期工作且自筹资金 30% 到位的项目，方可申请中央投资；工程竣工验收后申请最终 20% 中央投资。

第四章 组织实施

第十七条 鼓励各地在地方资金中安排部分工作经费，用于农村沼气工程的项目组织、审查论证、监督检查、技术指导、竣工验收和宣传培训等。

第十八条 项目实施要严格执行基本建设程序，落实项目法人责任制、招标投标制、建设监理制和合同管理制，确保工程质量和安全。

第十九条 农村沼气工程设计和建筑施工应严格执行国家、行业或地方标准，规范建设行为。规模化大型沼气工程的设计和施工单位应具备相应的资质。规模化生物天然气工程的施工单位原则上应具备环境工程专业承包一级资质。

第二十条 省级发展改革部门会同农村能源主管部门制定本省（区、市）的农村沼气工程竣工验收办法，并组织验收工作。项目建设完成后，应按照有关规定及时组织验收，确保验收合格的项目能达到预期效果。对验收不合格的项目，要限期整改。省级验收总结报告报送农业部，国家发展改革委、农业部视情况进行抽查。

第五章 建后管护

第二十一条 项目单位应成立或委托专业化运营机构承担日常维护管理，确保工程安全、稳定、持续运行。要做好必要的原料使用量、沼气沼渣沼液生产量和利用量、工程运营情况等的日常记录，配合当地农村能源主管部门开展技术培训、示范推广和信息搜集，接受行政主管部门在合理期限和范围内的跟踪监管。

第二十二条 农村能源主管部门要加强对项目运行管护的指导和监督，加强对项目单位和工程运行人员的专业技术培训，促进工程良性运行。

第二十三条 工程质量管理按照《建设工程质量管理条例》（国务院令〔2010〕第279号）执行，实行终身负责制，农村沼气工程在合理运行期内，出现重大安全、质量事故的，将倒查责任，严格问责，严肃追究。

第六章 监督管理

第二十四条 省级农村能源主管部门要会同省级发展改革部门全面加强对本省农村沼气工程的监督检查。检查内容包括组织领导、相关管理制度和办法制定、项目进度、工程质量、竣工验收和工程效益发挥情况等。要建立项目信息定期通报制度，对建设进度、质量、效益等进行通报，并将通报内容报送农业部、国家发展改革委，原则上每半年一次，其中规模化生物天然气工程试点项目每月报一次。

第二十五条　省级农村能源主管部门具体负责项目信息的搜集、汇总与报送，并根据有关规定制定农村沼气工程档案管理的具体办法，档案保存年限不得少于工程设计寿命年限。规模化生物天然气工程项目建设要纳入农业建设信息系统管理，及时报送项目建设进度；项目建成后，要接入农业部正在建设的沼气远程在线监测平台。对于具备条件的规模化沼气工程，可根据需要，纳入农业建设信息系统管理或接入沼气远程在线监测平台。

第二十六条　国家发展改革委和农业部将不定期对项目执行情况进行监督和抽查，或者组织各地交叉检查，并将根据需要开展项目稽查。检查和稽查结果将作为安排后续年度中央投资的重要依据。

第二十七条　细化责任追究制度，对项目事中事后监管中发现的问题，国家发展改革委和农业部将根据情节轻重采取责令限期整改、通报批评、暂停拨付中央资金、扣减或收回项目资金、列入信用黑名单、一定时期内不再受理其资金申请、追究有关责任人行政或法律责任等处罚措施。各省也要进一步细化责任追究制度。

第二十八条　国家发展改革委和农业部将根据需要，组织有关专家和机构对项目质量、投资效益等进行后评价，进一步提高项目决策的科学性。鼓励各省积极开展后评价工作。

第二十九条　由于地方审核项目时把关不严、项目建设中和建成后监管工作不到位等问题，导致出现不能如期完成年度投资计划任务或未实现项目建设目标、频繁调整投资计划且调整范围大项目多等情况，将核减其后续年度投资计划规模。

第七章　附　则

第三十条　本办法由国家发展改革委会同农业部负责解释，农村沼气工程涉及的建设规范和技术标准由农业部组织制定。各地应根据本办法，结合当地实际，制定实施细则。

第三十一条　本办法自发布之日起施行。原《农村沼气建设国债项目管理办法（试行）》同时废止。

国家发改委、农业部印发
《全国农村沼气发展"十三五"规划》

"十二五"期间，农村沼气快速发展，在改善农村生活条件，促进农业发展方式转变，推进农业农村节能减排及保护生态环境等方面，发挥了重要作用。当前，农村沼气事业发展的外部环境发生了巨大变化，特别是农业生产方式、农村居住方式、农民用能方式的新转变，对农村沼气事业发展提出了新任务和新要求。

习近平总书记在中央财经领导小组第十四次会议上指出，以沼气和生物天然气为主要处理方向，以就地就近用于农村能源和农用有机肥为主要使用方向，力争在"十三五"时期，基本解决大规模畜禽养殖场粪污处理和资源化问题。遵照中央部署和习近平总书记的重要指示精神，发展改革委和农业部会同有关部门、地方主管部门，在大量调查研究和反复论证的基础上，编制了《全国农村沼气发展"十三五"规划》（以下简称《规划》）。《规划》在分析农村沼气发展成就、机遇与挑战、资源潜力等基础上，明确了"十三五"农村沼气发展的指导思想、基本原则、目标任务，规划了发展布局和重大工程，提出了政策措施和组织实施要求。

《规划》与《中华人民共和国国民经济和社会发展第十三个五年规划纲要》《中共中央国务院关于加快推进生态文明建设的意见》《全国农业可持续发展规划（2015～2030年）》《全国农业现代化规划（2016～2020年）》《全国农村经济发展"十三五"规划》《可再生能源发展"十三五"规划》等作了衔接。

本规划是"十三五"时期全国农村沼气发展的指导性文件。

一、"十二五"农村沼气发展成就

党中央、国务院始终高度重视发展农村沼气事业，自2004年起，每年中央一号文件都对发展农村沼气提出明确要求。"十二五"期间，国家发展改革委会同农业部累计安排中央预算内投资142亿元用于农村沼气建设，并不断优化投资结构。根据农村沼气发展面临的新形势，2015年调整中央投资方向，重点用于支持规模化大型沼气工程和生物天然气工程试点项目建设，农村沼气迈出了转型升级的新步伐。

（一）增强了能源安全保障能力

农村沼气历史性地解决2亿多人口炊事用能质量提升问题，促进了农村家庭用能清洁化、便捷化。规模化沼气工程在为周边农户供气的同时，也满足了养殖场内部的用气、用热、用电等清洁用能需求。规模化大型沼气工程尤其是生物天然气工程所产沼气用于发电上网或提纯后并入天然气管网、车用燃气、工商企业用气，实现了高值高效利用。到2015年，全国沼气年生产能力达到158亿立方米，约为全国天然气消费量的5%，每年可替代化石能源约1100万吨标准煤，对优化国家能源结构、增强国家能源安全保障能力发挥了积极作用。

（二）推动了农业发展方式转变

农村沼气上联养殖业，下促种植业，是促进生态循环农业发展的重要举措，不仅有效防止和减轻了畜禽粪便排放和化肥农药过量施用造成的面源污染，而且对提高农产品质量安全水平，促进绿色和有机农产品生产，实现农业节本增效，转变农业发展方式发挥了重要作用。据测算，农村沼气年可生产沼肥7100万吨，按氮素折算可减施310万吨化肥，每年可为农民增收节支近500亿元。

（三）促进了农村生态文明发展

农村沼气实现了畜禽养殖粪便、秸秆、有机垃圾等农业农村有机废弃物的无害化处理、资源化利用，缓解了困扰农村环境的"脏乱差"问题。沼气利用不增加大气中二氧化碳排放，具有显著的温室气体减排效应。农户建设农村沼气配套改厨、改厕、改圈，改善了家庭卫生条件。规模化大型沼气工程和规模化生物天然气工程，大幅提升了畜禽粪便、农作物秸秆等农业废弃物集中处理水平和清洁燃气集中供应能力，适应了新时代广大农民对美丽宜居乡村建设的新要求。目前，全国农村沼气年处理畜禽养殖粪便、秸秆、有机生活垃圾近20亿吨，年减排二氧化碳6300多万吨，对实现农村家园、田园、水源清洁，建设美丽宜居乡村、发展农村生态文明起到了积极作用。

（四）转型升级取得了积极成效

2015年农村沼气转型升级以来，中央重点支持建设日产1万立方米以上的规模化生物天然气工程试点项目与厌氧消化装置总体容积500立方米以上的规模化大型沼气工程项目，着重在创新建设组织方式、发挥规模效益、利用先进技术、建立有效运转模式等方面进行试点，实现了四个转变，由主要发展户用沼气向规模化沼气转变，由功能单一向功能多元化转变，由单个环节项目建设向全产业链一体化统筹推进转变，由政府出资为主向政府与社会资本合作转变。一批规模化沼气工程和生物天然气工程，在集中供气、发电上网以及城镇燃气供应等方面取得了积极成效，正在不断探索有价值、可复制、可推广的实践经验。

二、"十三五"农村沼气发展机遇与挑战

在充分肯定农村沼气发展取得巨大成就的同时，也要清楚地看到，农村沼气的定位、工作思路和发展模式始于 2003 年的沼气建设政策体系框架，长期的实践积累了丰富的经验，同时也有不少教训。"十三五"时期是农业发展方式的加快转变期，农业现代化的快速发展期，新型城镇化建设的加速推进期，农村沼气发展面临的形势和环境将持续发生重要变化，对农村沼气事业提出了新的更高的要求。

（一）发展机遇

1. 生态文明建设对农村沼气事业发展提出了新任务

生态文明建设已纳入到"五位一体"国家总体战略布局，农村生态文明建设的任务也更加重要，农村生态环境向清洁化转变的要求也更加迫切。随着农业集约化程度提高和规模化种养业的快速发展，畜禽粪便随意堆弃、秸秆就地废弃焚烧等问题越来越突出，对大气、土壤和水等生产生活环境造成破坏，导致农业面源污染日趋严重。据测算，全国每年产生农作物秸秆 10.4 亿吨，可收集资源量约 9 亿吨，尚有 1.8 亿吨的秸秆未得到有效利用，多数被田间就地焚烧；规模化畜禽养殖场每年产生畜禽粪污 20.5 亿吨，仍有 56% 未得到有效利用。农业发展不仅要杜绝生态环境欠新账，而且要逐步还旧账，要打好农业面源污染治理攻坚战，力争到 2020 年农业面源污染加剧的趋势得到有效遏制，实现"一控两减三基本"的目标任务。据测算，建设一处 5000 立方米池容的规模化大型沼气工程，每年可消纳 3 万吨粪便或 0.6 万吨干秸秆，可减少 COD 排放 1500 吨或颗粒物排放 90 吨。因此，发展农村沼气，能够有效处理农业农村废弃物、减少温室气体排放和雾霾产生、改善农村环境"脏、乱、差"状况等，留住绿水青山。

2. 农业供给侧改革对农村沼气事业发展提出了新要求

农业供给侧结构性改革的关键是"提质增效转方式、稳粮增收可持续"。为市场提供更多优质安全的"米袋子""菜篮子""果盘子"和"茶盒子"等农产品，是农业供给侧结构性改革的重要任务。目前全国大田作物播种面积 24.82 亿亩，亩均化肥施用量 21.9 千克，远高于世界平均水平（每亩 8 千克），是美国的 2.6 倍，欧盟的 2.5 倍。果树亩均化肥用量 73.4 千克，是美国的 6 倍、欧盟的 7 倍；蔬菜亩均化肥用量 46.7 千克，比美国高 29.7 千克、比欧盟高 31.4 千克。化肥的过量使用，增加了生产成本，在一些地区导致了土壤板结、地力下降、土壤和水体污染等问题。沼肥富含氮磷钾、微量元素、氨基酸等，可以替代或部分替代大田作物和果（菜、茶）园化肥施用，能够显著改善产地生态环境，生产包括大田作物、水果蔬菜茶叶在内的优质农产品，提升产品品质，有效满足人们对优质农产品日益增长的旺盛需求。据测算，建设 1 处日产 500 立方米沼气的规模化沼气工程，每年可生产沼肥 1000 吨，按氮素折算可减施 43 吨化肥，沼液作为生物农药长期施用可减施化学农药 20% 以上。因此，发展农村沼气能够实现化肥、农药减量，推动优质绿色农产品生产，保障食品安全。

3. 国家能源革命对农村沼气事业发展注入了新动力

我国能源生产供应结构不合理、总体缺口较大。2015 年，全国能源消费总量 43 亿吨标准煤，其中煤炭消费量占比为64%，比重过高；天然气净进口量621亿立方米，对外依存度32.1%。能源生产和消费要立足国内多元供应保安全，形成煤、油、气、核、新能源、可再生能源多轮驱动的能源供应体系。我国在G20峰会和巴黎峰会做出承诺，到2030年非化石能源占一次能源消费比重提高到20%左右。据测算，建设1处日产1万立方米的生物天然气工程，年可产生物天然气365万立方米，可替代4343吨标准煤。据统计，全国每年可用于沼气生产的农业废弃物资源总量约14.04亿吨，可产生物天然气736亿立方米，可替代约8760万吨标准煤。因此，发展农村沼气，可降低煤炭消费比重、填补天然气缺口，进一步优化能源供应结构。

4. 新型城镇化建设对农村沼气事业发展提供了新契机

《国家新型城镇化规划（2014~2020年）》的发布开启了积极稳妥、扎实有序推进城镇化建设的新时期，规划到2020年，全国常住人口城镇化率达到60%左右，实现1亿左右农业转移人口和其他常住人口在城镇落户。据国务院发展研究中心研究表明，城镇化率每提高1个百分点，能源消费至少会增长6000万吨以上标准煤。同时，国家鼓励农村人口在中小城市和小城镇就近就地城镇化，这些地区民用燃气短缺、管网铺设投资和输送成本过高，现有的城镇燃气供应体系难以覆盖新型城镇化区域。据测算，每户每年炊事热水平均用天然气284立方米，要实现1亿农业人口转移年需增加沼气118亿立方米沼气。加之，城镇及农村地区经济水平不断提高，对优质清洁便利能源的需求显著增加，也对居住环境提出了更高要求。因此，发展农村沼气，生产供应清洁能源，能够实现新型城镇集中供气供热，满足炊事采暖用能需求。

（二）面临挑战

1. 农村沼气的发展方式亟待转型升级

近年来，随着种养业的规模化发展、城镇化步伐的加快、农村生活用能的日益多元化和便捷化，农民对生态环保的要求更加迫切，农村沼气建设与发展的外部环境发生了很大变化。农村户用沼气使用率普遍下降，农民需求意愿越来越小，废弃现象日益突出；中小型沼气工程整体运行不佳，多数亏损，长期可持续运营能力较低，存在许多闲置现象。此外，现有的沼气工程还面临着原料保障难和储运成本过高、大量沼液难以消纳、工程科技含量不高、沼气工程终端产品商品化开发不足等瓶颈，一些工程甚至存在沼气排空和沼液二次污染等严重问题。因此，农村沼气亟待向规模发展、综合利用、效益拉动、科技支撑的方向转型升级。2015年开始的农村沼气转型升级，在这方面进行了有益的尝试。

2. 农村沼气发展的扶持政策亟待完善

农村沼气承担着农村废弃物的处理、农村清洁能源供应、农村生态环境保护等多重社会公益职能，国家应不断健全沼气政策支持体系，加大支持力度。长期以来，国家支持主要体现在前端的投资补助，方式单一，且存在较大的资金缺口，政府和社会资本合作机制尚未有效建立，社会资金投入沼气工程建设运营不足，政府投资放大效应发挥不够。农村沼气持续发展的支持政策还不够系统，农业废弃物处理收费、终端产品补贴、沼气产品保障收购以及流通等环节的政策还有所缺失。沼气转型升级发展以来，大型沼气工程和生物天然气工程建设对用地、用电、信贷等方面的政策需求也在迅速增加。此外，沼气标准体系建设还不够完善，沼气项目建设手续不够清晰，各地执行标准不同，给项目建设、施工、运营和监管带来困难。

3. 农村沼气的体制性和制度性障碍亟须破除

沼气可通过开展高值高效利用实现商品化、产业化开发，但在沼气发电上网和生物天然气并入城镇天然气管网等方面还存在许多歧视和障碍。目前全国地级以上城市和绝大部分县城的燃气特许经营权已经授出，存在生物天然气无法在当地销售或被取得特许经营权的企业对生物天然气压制价格现象。国家出台的《中华人民共和国可再生能源法》《畜禽规模养殖污染防治条例》等法律法规及《关于完善农林生物质发电价格政策的通知》《可再生能源电价附加收入调配暂行办法》等相关政策在沼气领域难以落地，有的电网公司以各种理由阻碍沼气发电上网，沼气发电上网后也无法享受农林生物质电价。这些问题造成了沼气和生物天然气的市场竞争能力不强，制约了农村沼气的发展。

4. 农村沼气的科技支撑和监管能力亟须强化

长期以来，中央和地方对沼气技术、适用产品和装备设备的研发投入有限，科研单位和企业缺乏技术创新的动力与积极性，尚未形成与产业紧密结合的产学研推用技术支撑体系。与沼气技术先进的国家相比，我国规模化沼气工程池容产气率和自动化水平有待提高，新技术、新材料的标准和规范亟须建立。农村沼气管理体系仍存在注重项目投资建设、忽视行业监管的问题，一些地方在政府与市场之间、政府部门之间还存在边界不清、职能交叉、缺乏统筹等问题。沼气服务体系尽管已基本实现了全覆盖，但服务对象主要是户用沼气和中小型沼气工程，也未建立有效的服务机制和运营模式，服务人员不稳定、服务范围小、服务内容单一、技术水平偏低等问题致使现有沼气服务体系难以维系。

（三）资源潜力

目前，全国可用于沼气的农业废弃物资源潜力巨大。农村沼气原料主要包括农作物秸秆、畜禽粪便、农产品加工剩余物、蔬菜剩余物、农村有机生活垃圾等。据测算，可用于沼气生产的废弃物资源总量约 14.04 亿吨，其中，秸秆可利用资源量超过 1 亿吨、畜禽粪便可利用资源量超过 10 亿吨、其他有机废弃物可利用量超过 1 亿吨，沼气生产潜力约为 1227 亿立方米。随着经济社会发展、生态文明建设和农业现代化推进，沼气生产潜力还将进一步增大。其中：

农作物秸秆。主要包括玉米、水稻、小麦、豆类、薯类等作物秸秆，2015 年作物秸秆的理论资源量为 10.4 亿吨，可收集资源量约 9 亿吨，主要分布在华北平原、长江中下游平原、东北平原等 13 个粮食主产省（自治区）。作为肥料、饲料、食用菌基料以及造纸等用途共计约 7.2 亿吨，可供沼气生产利用的秸秆资源量约 1.8 亿吨，沼气生产潜力约为 500 亿立方米。

畜禽粪便。主要包括奶牛、肉牛、生猪、肉鸡、蛋鸡等畜禽的粪便。2015 年，全国现有猪、牛、鸡三大类畜禽粪便资源量为 19 亿吨。目前，粪便堆肥化处理量约为 8.4 亿吨，可供沼气生产利用的畜禽粪便资源量约 10.6 亿吨，沼气生产潜力约为 640 亿立方米。

其他有机废弃物。主要包括农产品加工副产物、蔬菜尾菜、农村有机生活垃圾等。2015 年，全国粮食加工副产物（米糠、稻壳、玉米芯、糟类）总量约 2.1 亿吨，可供沼气生产利用的资源量约 0.2 亿吨；全国果蔬加工废弃物总量约 2.6 亿吨，可供沼气生产利用的资源量约 1.14 亿吨；全国农村有机生活垃圾总量约 0.8 亿吨，可供沼气生产利用的资源量为 0.3 亿吨。其他有机废弃物可利用量共 1.64 亿吨，沼气生产潜力约为 87 亿立方米。

三、总体要求

（一）指导思想

深入贯彻落实"创新、协调、绿色、开放、共享"理念，适应农业生产方式、农村居住方式和农民用能方式的新变化，坚持清洁能源供给、生态环境保护和循环农业发展的三重复合定位，按照种养结合、生态循环、绿色发展的要求，强化政策创新、科技创新和管理创新，加快规模化生物天然气和规模化大型沼气工程建设，大力推动果（菜、茶）沼畜种养循环发展，巩固户用沼气和中小型沼气工程建设成果，促进沼气沼肥的高值高效综合利用，实现规模效益兼顾、沼气沼肥并重、建设监管结合，开创农村沼气事业健康发展的新局面，为建设农村生态文明、转变农业发展方式、优化国家能源结构、改善农村人居环境做出更大的贡献。

（二）基本原则

1. 统筹谋划，多元发展

针对各地资源状况和环境承载力情况，统筹谋划，优化农村沼气发展结构和建设布局。鼓励各地建设不同规模和类型的沼气项目，因地制宜发展以生物天然气为主、以沼肥利用为主、以农业农村废弃物处理为主、以用气为主和果（菜、茶）沼畜循环等多种形式和特点的沼气模式，鼓励各地发展沼气沼肥产品多元化利用模式，推动农村沼气转型升级。

2. 气肥并重，综合利用

统筹考虑农村沼气的能源、生态效益，兼顾沼气沼肥的经济社会价值。适应市场需求及建设农村清洁能源生产供应体系的需要，积极开拓沼气在城乡居民集中供气、并网发电、车用燃气、工业原料等领域的应用。突出农村沼气供肥功能，以沼气工程为纽带，以沼肥高效利用为抓手，将农作物种植与畜牧养殖有机联结起来，推进种养循环发展。

3. 政府支持，市场运作

政府通过健全法规、政策引导、组织协调、投资补助和终端补贴等方式引领农村沼气发展方向，为农村沼气发展创造良好的环境。充分发挥市场机制作用，积极引导社会资本投入农村沼气建设和运营，大力推进沼气工程的企业化主体、专业化管理、产业化发展、市场化运营，不断提高经济效益和可持续发展能力，形成政府、企业、种养大户、终端用户等市场主体共建多赢新格局。

4. 科技支撑，机制创新

加强农村沼气科研平台建设，强化科研院所、大专院校和龙头企业密切合作，建设产学研推用一体化沼气技术创新与推广体系。中央与地方联动，发挥地方政府作用，建立种植、养殖业主与农村沼气经营主体等各方利益共享、成本分担的联接机制。统筹推进融资方式、运营模式、监管机制创新。

（三）发展目标

农村沼气转型升级取得重大进展，产业体系基本完善，多元协调发展的格局基本形成，以沼气工程为纽带的种养循环发展模式更加普及，科技支撑与行业监管能力显著提升，服务体系与政策体系更加健全。农村沼气在处理农业废弃物、改善农村环境、供给清洁能源、助推循环农业发展和新农村建设等方面的作用更加突出。

沼气规模化水平显著提高。新建规模化生物天然气工程 172 个、规模化大型沼气工程 3150 个，认定果（菜、茶）沼畜循环农业基地 1000 个，供气供肥协调发展新格局基本形成。

户用沼气和中小型沼气工程功能得到巩固和提高。户用沼气和中小型沼气工程的建设成果得到巩固，相关工程得到修复，安全隐患得到消除，功能效益得到优化提升。在"老少边穷"且农户还有散养习惯的地区因地制宜建设户用沼气，在中小型养殖场密布地区有序发展中小型沼气工程。

"三沼"产品高值高效综合利用水平大幅提升。沼气供气、供暖、发电、提纯生物天然气等多元化利用渠道畅通，效益明显提升；沼渣沼液有机肥、基质、生物农药等多元化功能进一步拓展。新增池容 2277 万立方米，新增沼气生产能力 49 亿立方米，达到 207 亿立方米；新增沼肥 2651 万吨，按氮素折算替代化肥 114 万吨。

生态与社会效益更加显著。农村沼气年新增秸秆处理能力 864 万吨、畜禽粪便处理能力 7183 万吨，替代化石能源 349 万吨标准煤，二氧化碳减排 1762 万吨，COD 减排 372 万吨，农村地区沼气消费受益人口达 2.3 亿人以上。沼气和生物天然气作为畜禽粪便等农业废弃物主要处理方向的作用更加突出，基本解决大规模畜禽养殖场粪污处理和资源化利用问题。

四、重点任务

（一）优化农村沼气发展结构

按照全产业链总体设计、统筹谋划，建立从原料保障、厌氧发酵、沼气沼肥利用、运营监管以及社会化服务的一体化体系，培育沼气工程终端产品多元化利用市场，建立新型商业化运营模式，推动规模化生物天然气工程和规模化大型沼气工程加快建设。考虑原料来源、运输半径、资金实力、产品销路等因素，配套建设原料基地，推广中高温高浓度混合原料发酵工艺以及沼气提纯等先进技术。结合果（菜、茶）园用肥需求和布局，发展"'三园'＋沼气工程＋畜禽养殖"的模式，认定一批果（菜、茶）沼畜循环农业基地，推动发展生态循环农业。继续巩固户用沼气和中小型沼气工程在农村生产和生活中的重要作用，制定农村户用沼气报废标准，优化改造老旧病池，填平补齐生活污水净化沼气池、沼渣沼液综合利用设施，积极促进沼气建设与生态农业发展有机结合，提升沼气综合功能。

（二）提升"三沼"产品利用水平

推进沼气高值化利用。大力发展生物天然气并入天然气管网、罐装和作为车用燃料，沼气发电并网或企业自用，稳步发展农村集中供气或分布式撬装供气工程，促进沼气和生物天然气更多用于农村清洁取暖，提高沼气利用效率。

推动沼肥高效利用。将沼渣沼液加工作为规模化生物天然气工程和规模化大型沼气工程项目不可缺少的建设内容，同步实施，同时投产。大力开展沼渣沼液生产加工有机肥、基质、生物农药等多功能利用，试点推广植物营养液、生物活性制剂等高端产品，推广以农村有机生活垃圾作为沼气原料生产沼肥，提高沼气项目综合效益。

推广"'三园'＋沼气工程＋畜禽养殖"循环模式。在果（菜、茶）园优势区，开展沼气工程配备沼肥生产设备，配套沼肥暂存调配设施以及园区储肥施肥设施设备、沼肥运输和施用机具、沼液田间水肥一体化灌溉设施建设，使沼气工程有效联接畜禽养殖和高效种植，实现沼肥充分高效利用，保障优质农产品生产。

（三）提高科技创新支撑水平

以促进沼气技术成果转化为主攻方向，依托优势科研团队建设沼气科研创新平台和重点实验室，完善实验室基础设施，购置先进实验仪器设备，建设中试基地。深化科研院所、大专院校和龙头企业之间的合作，加强农村沼气产、学、研技术体系建设，建设一批沼气科研创新团队，集中优势科研资源研发沼气新工艺、新材料、新设备，开展秸秆预处理、稳产高产发酵工艺、多能互补增温保温、沼气提纯罐装、沼肥高效施用等关键环节的技术攻关。结合云计算、大数据、物联网和"互联网＋"等新一代信息技术和互联网发展模式，建设覆盖全国的信息化沼气科技服务平台，促进沼气科技成果转化为现实生产力，提高沼气行业科技水平。

（四）加强服务保障能力建设

在户用沼气和沼气工程集中的地区，稳步开展农村沼气服务体系提档升级，优化整合农村沼气服务网点，形成功能齐全、设施完备、技术先进的新型服务网络。创新政府购买公益性服务、市场主体提供经营性服务的运营机制，培育壮大社会化服务队伍，鼓励社会资本进入沼气沼肥的销售、流通、售后服务等环节。

依托科研院所和大专院校的技术力量，大力开展从业人员技能培训，重点推动沼气工程设计、施工标准化，提高沼气人才队伍的专业化和职业化水平。大力培育农村沼气事业新型社会化服务主体和沼气中介服务组织，培育一批沼气行业的骨干企业。

着力提高行业监管能力。加快农村沼气监管由建设项目管理向行业监督管理转变，建立农村沼气产业发展和市场监管系统；建立农村沼气工程、产品检测和评估体系，建设可测量、可识别、可核查、可追溯的信息化监控平台，建设全国沼气远程在线监测系统，对沼气工程实行全周期动态监管。加强沼气生产过程安全管理，加大对沼气易燃易爆等危险特性的宣传和教育力度，认真辨识生产过程的安全风险并落实管控措施，严格动火、进入受限空间等特殊作业管理，提高沼气工程生产安全水平。

五、重大工程

（一）规模化生物天然气工程

功能定位。在天然气市场需求量大和农业废弃物资源量集中的地区，发展以畜禽粪便、秸秆和农产品加工有机废弃物等为原料的规模化生物天然气工程，生产的沼气进行提纯净化，生产的生物天然气通过车用燃气、压缩天然气及并入天然气管网等方式利用，沼渣沼液加工生产高效有机肥及其他高值化产品。

建设规模与内容。单项工程建设规模日产生物天然气1万立方米以上。主要建设内容包括：①原料仓储和预处理系统。建设秸秆原料的仓储和预处理设施，建立畜禽粪污输送管道等设施设备或配备运输车。②厌氧消化系统。包括进出料、厌氧发酵、增温保温和搅拌等设施设备。③沼气利用系统。包括脱硫脱水等净化设备、燃气提纯装备、气柜和管网等储存输配系统以及防雷、防爆、防火等安全防护设施。④沼肥利用系统。包括沼渣、沼液存贮设施，沼肥有机肥生产加工设施设备。⑤智能监控系统。包括在线计量和远程监控智能平台。

（二）规模化大型沼气工程

功能定位。在农户居住区较集中、秸秆资源或畜禽粪便较丰富的地区，以自然村、镇或养殖场为单元，建设以畜禽粪便、农作物秸秆为原料的规模化大型沼气工程，生产的沼气用于为农户供气、供暖、发电上网或企业自用等多元化利用，沼渣沼液用于还田、加工有机肥或开展其他有效利用。在果（菜、茶）园和畜禽养殖双优县中，建设一批以畜禽粪便、尾菜烂果等为主要原料的沼气工程，沼气用于城乡居民炊事取暖及锅炉清洁燃料等领域；突出沼肥供应功能，将沼肥施用于果（菜、茶）园，达到园区内种养平衡，实现良性循环发展。

建设规模与内容。建设厌氧消化装置总体容积 500 立方米及以上的沼气工程。主要建设内容包括原料预处理单元、沼气生产单元、沼气净化与储存单元、沼气输配与利用单元（包括管网、入户设施、沼气炉具等）、沼气发电及上网单元（包括沼气发电、余热回收、上网设备与监控等）、沼渣沼液综合利用单元等设施设备，配套建设供配电、仪表控制、给排水、消防、避雷、道路、绿化、围墙、业务用房等设施设备。在果（菜、茶）园和畜禽养殖双优县中，按果树、蔬菜和茶叶的沼肥需求量确定整县农村沼气建设的规模，新建以畜禽粪便、尾菜烂果等为主要原料的沼气工程，主要包括原料预处理单元、沼气生产单元、沼气净化与储存单元、沼气输配与利用单元、沼肥存储调质单元、自动控制单元，果（菜、茶）园配套储肥施肥设施设备、沼肥运输和施用机具、沼液田间水肥一体化灌溉施肥设施、沼肥暂存调配设施等设施设备。

（三）户用沼气和中小型沼气工程

功能定位。在"老少边穷"且农户有散养习惯的地区，以及中小型养殖场密布地区，因地制宜发展户用沼气和中小型沼气工程，生产的沼气用于解决农户家庭和养殖场清洁燃气需求，生产的优质沼肥与优势特色产业相结合，创建特色农产品品牌，促进种养业增效增收和美丽乡村建设。

建设内容与规模。建设 8～10 立方米池容的户用沼气池，同步实施改圈、改厕、改厨。建设厌氧消化装置总体容积在 20～500 立方米的中小型沼气工程，建设内容主要包括原料预处理池（秸秆粉碎、堆沤）、沼气发酵设施、贮气水封池（基础）、沼液储存池，配套泵、管路、脱硫装置、沼气灶具等设备。有针对性地对有修复价值的老旧病池和沼气工程进行修复改造。

（四）支撑服务能力建设工程

功能定位。适应新时期沼气事业发展需求，从科技创新能力、服务体系队伍和行业监管能力等方面加强顶层设计，统筹推进能力建设工作，建成满足农村沼气事业健康持续发展的支撑保障体系。

建设内容。主要包括：①科技创新能力建设。建立健全沼气科技创新研发平台，支持科研单位和教学单位改善实验室基础设施，购置实验仪器设备，配套完善实验室功能，提高科研条件，建设中试基地，增强沼气技术基础研发及成果转化能力。建设国家级科研平台 1 个，区域级科研平台 3 个，重点实验室 5 个。建设企业创新平台，培育设备生产、规模化生物天然气运营、沼气工程设计施工、关键设备生产及后续服务的龙头企业，建设原料分析、发酵条件参数基础实验室，建设规模化服务基地，升级服务设备。②服务体系队伍建设。实施沼气实用人才培养工程，建设规模化沼气设计、建设和后续运行服务体系，组建专业技术团队，扶持一批高素质、专业化、功能齐全的沼气工程公司和设计院所，培养一批实用技术人员。③行业监管能力建设。建设全国农村沼气数据中心，实地数据采集验证移动站，远程在线监测点，实时传输系统，在线预警诊断平台，购置核心信息系统软件、服务器群、无线数据采集器、网络与安全设备、操作系统等。建设农村沼气数据中心 1 个，在线监测点 3322 个。

六、发展布局

综合考虑各地区畜禽粪便、农作物秸秆等资源量，肥料化、饲料化、原料化、基料化等竞争性利用途径，以及地域分异规律、沼气发展基础、经济水平、清洁能源需求等因素，将全国 31 个省（直辖市、自治区）划分为三类地区：Ⅰ类地区（资源量丰富地区）；Ⅱ类地区（资源量中等地区）；Ⅲ类地区（资源量一般地区）。

（一）Ⅰ类地区

区域范围：包括黑龙江、吉林、辽宁、河北、山东、河南、安徽、江苏、湖北、湖南、四川、广西 12 个省（自治区）。

区域特征：按照区位和地形特征不同，该类地区又分为两类。

黑龙江、吉林、辽宁、河北、山东、河南、安徽、江苏等省，是粮食主产区，同时果园、菜园和畜禽养殖双优县较集中，土地消纳沼渣沼液的能力较强，发展种养结合循环农业模式的空间较大；清洁能源需求较大，适宜发展规模化大型沼气和生物天然气。

湖北、湖南、四川、广西等省（自治区），属于亚热带温带丘陵山区，地形地貌差异显著，大田作物分布较广，菜园、果园、茶园和畜禽养殖双优县均有分布，贫困集中连片区域对户用沼气需求大，丘陵地区适宜发展中小规模沼气工程，平原地区可发展各类沼气工程。

发展任务：在该区域新建规模化大型沼气工程 1884 处，中型沼气工程 4815 处，小型沼气工程 11000 处，规模化生物天然气工程 123 处，总池容达到 886 万立方米；新建户用沼气 76 万户；处理畜禽粪便 4551 万吨、农作物秸秆 588 万吨，年沼气总产量 32 亿立方米。

（二）Ⅱ类地区

区域范围：包括内蒙古、山西、陕西、甘肃、江西、重庆、贵州、云南、广东、海南 10 个省（直辖市、自治区）。

区域特征：按照区位和地形特征不同，该类地区又分为三类。

内蒙古、山西、陕西、甘肃等省（自治区），属于"镰刀弯"地区，是玉米结构调整的重点地区，也是草食动物养殖优势区，菜园、果园和畜禽养殖双优县均有分布，适宜发展以规模化沼气为纽带的循环农业模式，适度发展生物天然气工程和中小型沼气工程。

江西、重庆、贵州、云南等省（直辖市），山区面积大，沼气原料资源分散，贫困人口多、扶贫任务重，大田作物分布较广，菜园、果园和畜禽养殖双优县较多，茶园和畜禽养殖双优区也有分布，适宜发展户用沼气和中小型沼气工程。

广东、海南等省，属于热带亚热带地区，气候条件好，同时畜禽养殖量大，面源污染防治任务重，热带作物分布较广，菜园、果园和畜禽养殖双优县较多，发展规模化沼气需求迫切，海南部分贫困地区有发展户用沼气的需求。

发展任务：在该区域新建规模化大型沼气工程 973 处，中型沼气工程 4000 处，小型沼气工程 4450 处，规模化生物天然气工程 39 处，总池容达到 402 万立方米；新建户用沼气 34 万户；处理畜禽粪便 2226 万吨、农作物秸秆 219 万吨，年沼气总产量 14 亿立方米。

（三）Ⅲ类地区

区域范围：包括北京、天津、上海、浙江、福建、宁夏、青海、新疆、西藏 9 个省（直辖市、自治区）。

区域特征：按照区位和地形分异规律的区域特征不同，该类地区又分为两类。

北京、天津、上海、浙江、福建等省（直辖市），人口密集，经济条件优越，优质农产品需求大，清洁燃气需求旺盛，环保要求高，菜园、果园和畜禽养殖双优县较多，茶园和畜禽养殖双优区也有分布，适宜发展规模化沼气工程，因地制宜推广生态循环农业模式。

宁夏、青海、新疆、西藏等省（自治区），属于生态脆弱区以及水源保护地，环保压力大，适宜推广能源环保型模式；在规模化牲畜养殖集中的牧区和绿洲农业区可适度发展菜沼畜规模化沼气工程。

发展任务：在该区域新建规模化大型沼气工程 293 处，中型沼气工程 1185 处，小型沼气工程 50 处，规模化生物天然气工程 10 处，总池容达到 101 万立方米；新建户用沼气 1 万户；处理畜禽粪便 407 万吨、农作物秸秆 56 万吨，年沼气总产量 3 亿立方米。

七、资金测算与筹措

通过对规模化大型沼气工程和生物天然气工程进行典型设计经济分析，确定了沼气工程的投资强度和补贴标准。在实施过程中还应考虑农业产业结构调整和市场需求变化等因素，结合各地区对中央预算内投资计划上一年度完成情况及实施效果，对各省

（市、区）沼气工程数量和投资实行动态调整，保证有序发展。

（一）资金测算

"十三五"期间农村沼气工程总投资 500 亿元，其中：规模化生物天然气工程 181.2 亿元，规模化大型沼气工程 133.61 亿元，中型沼气工程 91 亿元，小型沼气工程 59 亿元，户用沼气 33.3 亿元，沼气科技创新平台 1.89 亿元。

（二）资金筹措

相关投资主要由企业和个人自主多渠道筹措，充分吸引和调动社会资本积极投入，中央和地方各级财力予以适当补助。中央投资补助标准将根据农村沼气转型升级试点情况和规划实施中期评估进一步调整优化。

八、政策措施

（一）建立多元化投入机制

坚持政府支持、企业主体、市场化运作的方针，大力推进沼气工程建设和运营的市场化、企业化、专业化，创新政府投入方式，健全政府和社会资本合作机制，积极引导各类社会资本参与，政府采用投资补助、产业投资基金注资、股权投资、购买服务等多种形式对沼气工程建设给予支持。支持地方政府建立运营补偿机制，鼓励通过项目有效整理打包，提高整体收益能力，保障社会资本获得合理投资回报。研究出台政府和社会资本合作（PPP）实施细则，完善行业准入标准体系，去除不合理门槛。积极支持技术水平高、资金实力强、诚实守信的企业从事规模化沼气项目建设和管理，鼓励同一专业化主体建设多个沼气工程。积极探索碳排放权交易机制，鼓励专业化经营主体完善沼气碳减排方案，开展碳排放权交易试点。研究建立沼气项目信用记录体系。

（二）完善农村沼气优惠政策

研究建立规模化养殖场废弃物强制性资源化处理制度。完善促进市场主体开展多种形式畜禽养殖废弃物处理和资源化的激励机制，研究建立农业废弃物处理收费机制。完善沼气沼肥等终端产品补贴政策，对生产沼气和提纯生物天然气用于城乡居民生活的可参照沼气发电上网补贴方式予以支持；在实施绿色生态导向的农业政策中，支持农村居民、新型农村经营主体等使用农业废弃物资源化生产的有机肥。比照资源循环型企业的政策，支持从事利用畜禽养殖废弃物、秸秆、餐厨垃圾等生产沼气、生物天然气的企业发展。健全农业废弃物收储运体系，推动将沼气发酵、提纯、运输等相关设备纳入农机购置补贴目录，研究建立健全并落实规模化沼气和生物天然气工程项目用地、用电、税收等优惠政策。

（三）营造产品公平竞争环境

将生物天然气和沼气纳入国家能源和生态战略，落实《可再生能源法》《畜禽规模养殖污染防治条例》《可再生能源发电全额收购保障办法》中对沼气利用的相关规定，破除行业壁垒和歧视，推进生物天然气和沼气发电无障碍并入燃气管网及电网并享受相关补贴，对生物天然气和沼气进行全额收购或配额保障收购，支持规模化沼气集中供气并获得与城镇燃气同等经营许可权利，完善农村集中供气管网建设扶持政策，保障生物天然气、沼气发电、沼气集中供气获得公平的市场待遇。

（四）加快完善沼气标准体系

加快农村沼气标准的制定和修订工作，包括各类沼气工程设计规范、安全设计与运营规范、污染物排放标准、生物天然气产品和并入燃气管网标准、沼肥工程技术规范、沼肥产品等，加强检测认证体系建设，提高行业技术水平，强化对农村沼气及沼肥产品质量和安全监管。研究制定沼气（生物天然气）前期工作编制规程，指导项目单位科学规范开展前期工作。

（五）加强国际合作与交流

在互惠互利的基础上，加强同发达国家企业的合作，学习和借鉴他们的先进技术和管理经验，有目的有选择地引进消化吸收国外先进技术、工艺及关键设备。充分利用国际金融组赠款、贷款以及直接融资等方式，高起点发展农村沼气工程龙头企业，加快产业技术开发步伐，提升产业技术水平。

九、组织实施

（一）加强组织领导

各地要准确把握转型升级新要求，充分认识做大做强农村沼气事业的重要意义，把农村沼气建设纳入地方政府国民经济与社会发展"十三五"规划并提供必要的保障。各级发展改革、农业等部门要加强沟通协调，各负其责，形成合力。深入开展资源与市场需求调查研究，及时应对形势需求，合理优化区域布局。建立农村沼气建设和使用考核评价制度，考核结果作为项目安排和绩效考核的重要依据。

（二）强化行业监管

加强对沼气工程建设到运营全过程监管。进一步健全农村沼气技术监督体系，加强沼气工程质量安全检查，规范市场行为；建立健全项目环境监管体系，严格执行污染物排放监测监督；完善规模化生物天然气工程和规模化大型沼气工程项目管理办法，严格执行项目法人责任制、招标投标制、建设监理制和合同管理制；项目立项、建设、运营等全程公开接受用户和社会的监督、质询和评议。完善项目建设与运行中安全生产制度，建立定期巡回检查、隐患排查、政企应急联动和安全互查等工作机制，确保生产安全。

（三）开展宣传评估

对规划实施情况进行动态监测，及时发现规划实施存在的问题，开展规划实施中期评估和末期评估。利用网络、电视、报纸等媒体，开展农村沼气多形式、多层次、多途径的宣传活动，营造良好的社会舆论氛围。组织开展专业技能培训，对规模化生物天然气工程和规模化大型沼气工程技术和管理人员进行安全生产宣传培训。结合新型职业农民培训工程、农村实用人才带头人素质提升计划，加强沼气服务网站点技术人员和新型经营主体知识更新再培训，着力提高专业化水平。

第二篇
各省（区、市）农村能源相关条例

河北省新能源开发利用管理条例

1997 年 4 月 25 日河北省第八届人民代表大会常务委员会
第二十六次会议通过，2004 年 7 月 22 日河北省第十届人民
代表大会常务委员会第十次会议修改，根据 2010 年 7 月 30 日
河北省第十一届人民代表大会常务委员会第十七次会议
《关于修改部分法规的决定》修正

第一章 总 则

第一条 为合理开发利用新能源，改善和优化能源结构，保护环境，提高人民生活质量，促进国民经济和社会可持续发展，根据国家法律、法规的有关规定，结合本省实际，制定本条例。

第二条 本条例所称新能源，包括太阳能、风能、地热能、海洋能、生物质能和其他可再生能源。

本条例所称新能源开发利用，包括新能源技术和产品的科研、实验、推广、应用及其生产、经营活动。

第三条 在本省行政区域内从事新能源开发利用活动的单位和个人，必须遵守本条例。

第四条 新能源的开发利用，应当与经济发展相结合，遵循因地制宜、多能互补、综合利用、讲求效益和开发与节约并举的原则，宣传群众，典型示范，效益引导，实现能源效益、环境效益、经济效益和社会效益的统一。

第五条 各级人民政府应当把开发利用新能源作为一项产业，加强对新能源工作的领导，纳入国民经济和社会发展中长期规划和年度计划，并综合运用税收、价格和信贷等手段，扶植新能源资源的开发利用。

新能源开发利用所需资金应当列入财政预算，并随经济发展逐年增加。

第六条 对在新能源开发利用以及管理工作中做出显著成绩或者有重大发明创造的单位和个人，由各级人民政府或者新能源管理机构给予表彰和奖励。

第二章 职责与管理

第七条 县级以上人民政府新能源管理机构主管本行政区域内新能源开发利用的管

理工作。其主要职责是：

（一）贯彻实施有关新能源的法律、法规、规章和政策；

（二）编制新能源开发利用规划、计划，报新能源建设项目，组织、指导新能源的科研、实验、推广和应用工作；

（三）上报、审查、监督大中型新能源建设项目专业技术的设计、施工工作；

（四）协助技术监督部门制定新能源技术和产品的地方标准，监督检查新能源产品的国家标准和地方标准的实施情况；

（五）负责新能源的行业管理、业务指导和部门间的协调工作，组织新能源科技开发、专业培训、知识普及、咨询服务和国内外技术合作与交流；

（六）负责乡镇企业和农村生产、生活用能节约的管理工作；

（七）法律、法规规定的其他职责。

第八条 县级以上人民政府应当健全完善新能源管理机构，保持机构的相对稳定。

乡镇农业技术推广站应当确定专职或兼职人员负责新能源技术的推广工作。

新能源管理部门的培训、试验、服务基地及其财产，任何部门不得侵占或者挪用。

第九条 各级人民政府及其有关部门应当引导和鼓励开发利用新能源，推广和应用新能源技术和产品，加强新能源开发利用的宣传、推广和科技知识普及工作。

第十条 各级人民政府的计划、经贸、财政、科技等有关部门应当依照有关法律、法规的规定和各自的职责，支持新能源管理机构做好新能源开发利用的管理工作。

第三章 科研与实验

第十一条 各级人民政府应当动员和鼓励社会各界有关专家、学者、科技人员积极参加新能源科研、实验活动。对民间组织和个人从事新能源科研、实验项目的，应当给予技术指导和支持。

第十二条 新能源管理机构应当对新能源重点科研、实验项目组织有关专家和科技人员进行可行性论证，确认其技术可靠、经济合理后，方可付诸实施。

第十三条 新能源管理机构设置的质量检测单位，应当经技术监督部门认证后方可承担质量检测工作。

新能源产品和农村用能节约产品研制完成后，必须报新能源质量检测单位检测合格，方可生产和销售。

第四章 推广与应用

第十四条 各级新能源管理机构应当结合本地实际，制定具体措施，普及新能源技术知识，推广新能源产品，培训专业技术人员。

新能源管理机构的工作人员应当掌握先进的新能源技术信息，为新能源的开发利用提供有效的服务。

第十五条 下列新能源技术应当重点推广应用：

（一）户用沼气池综合利用技术，工农业有机废弃物和城镇生活污水厌氧净化处理及供气技术；

（二）秸秆等生物质气化、炭化技术；

（三）太阳能热水、采暖、种植、养殖技术；

（四）风力、太阳能发电技术；

（五）利用地热资源种植、养殖和集中采暖技术；

（六）其他成熟的新能源技术和节能技术。

第十六条 从事新能源技术和产品推广的单位和个人，应当推广技术成熟、性能先进、质量合格、安全可靠的技术、产品，对用户实行建、管、用跟踪服务，传授安全操作知识，防止造成人身伤害和主体工程损坏。

第十七条 地热资源开发应当统一规划，合理开发，梯级利用，保护资源和环境。开发地热资源应当按照国家有关规定申报审批，实行有偿使用，不得随意开采。

第十八条 推广和应用新能源技术和产品，享受下列优惠待遇：

（一）开发利用新能源属于国家高新技术，应当按照国家有关规定，实行资金、信贷、税收以及能源节约和综合利用的优惠政策；

（二）来本省投资进行新能源开发利用的单位和个人，享受本省有关招商引资的优惠政策；

（三）农村集体和居民兴建新能源生态综合利用设施，享受当地人民政府制定的鼓励和扶植政策。

第五章 生产与经营

第十九条 从事新能源生产经营的单位和个人，必须到当地新能源管理机构申报登记，并如实提供生产经营情况，接受新能源管理机构的指导和监督。

第二十条 承担大中型新能源建设项目的设计、施工单位，必须按照国家有关规定取得相应的资质证书，并接受省新能源管理机构的专业技术审查。

第二十一条 销售省外生产的新能源产品，必须具有国家或者省级新能源检测单位出具的质量检测合格证明。

第六章 法律责任

第二十二条 违反本条例第十三条第二款、第十六条、第十七条、第二十一条规定的，由县级以上新能源管理机构协助有关部门按照有关法律、法规的规定，予以处罚。

第二十三条 违反本条例第十九条规定的，责令限期改正；逾期不改的，可处以一千元以上三千元以下的罚款。

第二十四条　违反本条例第二十条规定，未取得相应资质证书的，按照有关法律、法规的规定予以处罚；未接受省新能源专业技术审查的，责令限期改正；逾期不改的，可处以三千元以上三万元以下罚款；给用户造成经济损失的，应予以赔偿；构成犯罪的，依法追究刑事责任。

第二十五条　拒绝、阻碍新能源管理机构工作人员依法执行职务的，由公安机关依照治安管理处罚法的规定处罚；构成犯罪的，依法追究刑事责任。

第二十六条　当事人对依照本条例作出的行政处罚决定不服的，可依法申请复议或者提起诉讼。当事人逾期不申请复议、不起诉、又不履行处罚决定的，由作出行政处罚决定的机关申请人民法院强制执行。

第二十七条　从事新能源开发利用监督管理的国家工作人员滥用职权、玩忽职守、贪污受贿、徇私舞弊，情节轻微的，由其所在单位或者上级主管机关给予行政处分；构成犯罪的，依法追究刑事责任。

第七章　附　则

第二十八条　省人民政府可以根据本条例制定实施办法。

第二十九条　本条例自公布之日起施行。

黑龙江省农村可再生能源开发利用条例

2008 年 1 月 18 日黑龙江省第十届人民代表大会常务委员会
第三十二次会议通过　根据 2015 年 4 月 17 日黑龙江省第十二届人民代表
大会常务委员会第十九次会议《关于废止和修改〈黑龙江省文化市场
管理条例〉等五十部地方性法规的决定》修正

第一章　总　则

第一条　为了加快农村可再生能源开发利用，发展农村循环经济，改善农村生产生活条件和生态环境，促进农村经济和社会可持续发展，根据国家有关法律规定，结合本省实际，制定本条例。

第二条　本条例所称农村可再生能源，是指农村生产生活中使用的生物质能（沼气、秸秆气化、秸秆固化等）、太阳能、风能、地热能、微水能等非化石能源。

第三条　在本省行政区域内从事农村可再生能源开发利用以及管理活动的单位和个人，应当遵守本条例。

第四条　省农业行政主管部门是全省农村可再生能源开发利用的行政主管部门，负责组织实施本条例，具体工作由其所属的省农村能源管理机构负责。

市（行署）、县（市、区）农业行政主管部门负责本行政区域内的农村可再生能源开发利用和管理工作，具体工作可以委托已设立的农村能源管理机构负责。

乡（镇）人民政府在上级农业行政主管部门的指导下，做好本行政区域内的农村可再生能源开发利用工作。

省农垦总局、分局，省森林工业总局、林业管理局负责垦区内、国有森工林区内的农村可再生能源开发利用和管理工作，具体工作可以委托已设立的农村能源管理机构负责，业务上接受省农业行政主管部门的指导和监督。

第五条　县级以上发展和改革、财政、科技、建设、畜牧、环保、林业、国土资源、质量技术监督、工商行政管理、公安消防、劳动和社会保障等有关部门，应当依照有关法律、法规规定和各自的职责，做好农村可再生能源开发利用和管理的相关工作。

第六条　农村可再生能源开发利用应当坚持因地制宜、农民自愿，政府引导与市场运作相结合，节约、安全、清洁、方便并举，经济效益、社会效益和生态效益相统一的原则。

第七条 各级人民政府对在农村可再生能源科研开发、推广应用工作中做出显著成绩的单位和个人，应当给予表彰奖励。

第二章 开发与推广

第八条 各级人民政府应当鼓励和支持科研单位、大专院校、群众性科技组织、企业和个人研究先进适用的农村可再生能源技术，节约常规能源，普及农村可再生能源科技知识；鼓励和支持农村用能单位和个人使用先进适用的农村可再生能源技术、设备和产品。

农村可再生能源开发利用的新项目、新技术，由省农业行政主管部门会同省科技行政主管部门组织专家进行可行性论证和评估后，方可推广。

第九条 引进省外农村可再生能源开发利用的新技术、新设备、新产品，应当具有国家或者省级有关部门出具的质量检验合格证明或者鉴定证书，报省农村能源管理机构备案。

引进国外新技术、新设备和新产品的，应当符合国家有关规定。

第十条 各级农业行政主管部门应当组织推广下列技术：

（一）农林废弃物生物质气化、固化、液化、炭化和发电技术；

（二）利用非耕地种植能源植物和薪炭林营造技术；

（三）利用太阳能取暖、热水、干燥、种植、养殖等技术；

（四）小型风能、微水能和太阳能光伏发电技术；

（五）农村生产生活污水沼气净化技术；

（六）用于农村生产、生活的地热利用技术；

（七）先进适用的农产品加工、太阳房、节能农宅、生物质高效炉灶等生产生活节能技术；

（八）其他先进适用的农村可再生能源技术。

第十一条 从事农村可再生能源新技术和新产品推广的单位和个人，应当推广技术成熟、经济合理、安全可靠的技术、设备和产品，加强对用户的技术指导。

第十二条 各级人民政府应当把农村可再生能源项目建设纳入村镇总体规划和建设规划，重点支持沼气的开发利用；鼓励农村户用沼气开发利用与日光节能温室、太阳能畜禽舍相结合，在建设沼气池的同时，配套进行改圈、改厕、改厨、改炕灶、改庭院。

各级农业行政主管部门应当组织沼气生产单位和个人对沼渣、沼液实行综合利用，发展有机、绿色和无公害农产品。

第十三条 畜禽养殖场、畜禽养殖小区、畜禽屠宰场、酿造厂、豆制品厂等排放有机废水的单位，应当优先采用沼气工程技术处理有机废弃物，实现集中供应沼气、发电或者生产高效有机肥。

引导和支持新建的畜禽养殖场、畜禽养殖小区建设沼气工程等利用和处理废弃物的环保工程。

第十四条　各级农业行政主管部门应当协同科技、建设、环保等有关部门，加强对农作物秸秆的综合开发利用，加快推广秸秆气化、固化和热电联供技术，逐年减少秸秆直接用于燃烧的比例。

第十五条　农村新建、改建、扩建农宅、公益设施、办公场所和农业生产经营场所等，应当优先采用太阳能利用技术、新型节能建筑材料、节能炉和燃池、节能炕灶等设施。

第十六条　各级农业行政主管部门应当按照农村可再生能源开发利用原则和相关技术标准，组织建设、培育并推广符合本地特点的农村可再生能源典型模式。

第三章　生产与经营

第十七条　农村可再生能源产品的生产，应当执行国家标准、行业标准。没有国家标准和行业标准的，由省标准化行政主管部门组织制定地方标准。生产企业制定的企业标准应当按有关规定备案。

第十八条　生产、销售涉及人体健康和人身财产安全的农村可再生能源产品，应当经法定质量检验检测机构检验合格；未经检验或者经检验质量不合格的，任何单位和个人不得生产、销售。

第十九条　农村可再生能源产品的生产经营者，应当对产品的质量负责，并对已销售的产品提供使用技术和售后服务。

第二十条　从事农村可再生能源产品规模化生产经营的单位和个人，应当向所在地农业行政主管部门备案。

第二十一条　禁止生产、销售国家明令淘汰和假冒伪劣的农村可再生能源产品和设备，不得将国家明令淘汰的农村用能设备转让他人使用。

第四章　扶持与保障

第二十二条　各级人民政府应当把农村可再生能源开发利用作为一项长远发展战略，纳入国民经济和社会中长期发展规划和年度计划。

第二十三条　各级人民政府应当把开发利用农村可再生能源所需资金列入本级财政预算，并根据当地财政状况和农村可再生能源发展情况逐步增加。

对国家和省下达的农村可再生能源项目，按照规定需要市（行署）、县（市、区）匹配资金的，市（行署）、县（市、区）人民政府应当落实配套资金。

农业综合开发、农村扶贫开发、以工代赈、新农村建设、节能减排、农村新技术研发等资金可以适当用于农村可再生能源建设项目。

第二十四条　各级人民政府应当引导和支持农村可再生能源产业化经营。

各级人民政府应当鼓励各种投资主体参与农村可再生能源工程项目建设，支持其开发、生产和营销农村可再生能源产品，并依法保护投资者和生产经营者的合法权益。

第二十五条　开发利用农村可再生能源以及节能技术、产品，按照国家有关规定享受资金补助、贷款贴息、税收优惠等政策。

兴建农村可再生能源开发利用设施的具体优惠政策，由当地人民政府负责制定。

第二十六条　各级人民政府应当加强农村可再生能源的人才培养，通过多种形式培养技术骨干和实用人才。

有条件的高等院校和中等职业学校可以增设农村可再生能源相关专业，培养专业人才。

第二十七条　各级人民政府应当根据当地农村可再生能源开发利用的需要，建立健全农村可再生能源技术推广服务体系，加强农村可再生能源的技术指导、安全管理等公益性服务。

科研单位、科普部门和有关组织应当积极开展农村可再生能源的技术指导、科学普及和咨询活动。

第二十八条　对已建大型农村可再生能源项目，应当实行企业化管理和市场化运作，对分散的户用项目，应当逐步实行物业化管理。鼓励企业或者个人参与农村可再生能源工程项目的管理和经营。

鼓励组建各种类型的专业化服务组织和服务网点，为农民提供优质服务。

各地对各类农村可再生能源开发利用工程项目，应当建立健全安全操作和使用制度。

第五章　监督与管理

第二十九条　各级农业行政主管部门在农村可再生能源开发利用中，应当做好下列工作：

（一）贯彻执行有关农村可再生能源开发利用的法律、法规、规章和政策；

（二）开展农村可再生能源资源调查，编制农村可再生能源开发利用规划和计划，并组织实施；

（三）组织开展农村可再生能源项目试验、示范和技术改造工作，负责农村可再生能源重点建设项目的组织实施工作；

（四）组织开展农村可再生能源科技开发、技术推广、宣传教育、培训、科学技术普及、职业技能鉴定、服务体系建设，以及国内外技术合作与交流；

（五）会同有关部门执行农村可再生能源技术和产品标准，协同质量技术监督、工商行政管理、建设、安全生产监督管理等部门进行质量监督、市场规范和安全监管；

（六）负责农村可再生能源开发利用情况和农村相关节能减排工作的综合统计工作；

（七）法律、法规、规章规定的其他事项。

第三十条　农村可再生能源开发利用资金应当专款专用，任何单位和个人不得截留、挪用、侵占。

第三十一条　政府投资兴建的下列农村可再生能源开发利用工程项目，应当执行相关的行业管理规定和专业技术标准：

（一）单池容积 200 立方米以上的沼气工程；

（二）口供气量 400 立方米以上的秸秆气化工程；

（三）年产 5000 吨以上的生物质固化工程；

（四）1000 瓦以上的太阳能光伏电站、5000 瓦以上 10 千瓦以下的风力发电站；

（五）集热面积 300 平方米以上的太阳能供热系统；

（六）其他大、中型农村可再生能源工程。

第三十二条　从事规模化户用沼气池、秸秆气化集中供气、集约化养殖场沼气等农村可再生能源专业工程的设计、施工单位，应当具备相应的技术等级和资质，方可承担工程设计和施工，并向所在地农业行政主管部门备案。

第三十三条　从事农村可再生能源工程施工、设备安装以及维修的技术人员，应当经过具备相关资质的培训机构组织的专业技能培训，并经劳动和社会保障部门批准的职业技能鉴定机构鉴定合格，取得职业资格证书后，方可上岗。

第三十四条　省农业行政主管部门应当制定农村可再生能源开发利用统计报表制度，调查统计全省农村可再生能源开发利用情况。

从事农村可再生能源开发利用的单位，应当如实提供有关统计资料和数据；涉及商业秘密的，农业行政主管部门应当为其保密。

第六章　法律责任

第三十五条　在农村可再生能源项目实施过程中，对市（行署）、县（市、区）人民政府在申请项目时承诺配套的资金不予落实的，由上级人民政府责令限期落实。逾期仍未达到要求的，调减或者终止下一年度的项目投资计划。对弄虚作假套取项目资金从事其他活动，或者有其他违纪行为的，由有关部门对相关责任人给予行政处分。

第三十六条　从事农村可再生能源开发利用的国家工作人员有下列行为之一的，由有关部门依法给予行政处分：

（一）不执行国家和省下达的农村可再生能源开发利用项目建设计划的；

（二）对需要进行技术审核的农村可再生能源开发利用工程项目，未依法进行技术审核的；

（三）不履行管理和服务职责，或者发现违反本条例的行为未及时依法查处的；

（四）利用职权限制或者阻碍农村可再生能源开发利用的；

（五）徇私舞弊、玩忽职守，以及其他违反本条例的行为。

第三十七条 违反本条例第九条、第二十条规定，从事农村可再生能源产品的生产经营或者引进省外农村可再生能源开发利用的新技术未予备案的，由农业行政主管部门责令限期改正；逾期不改正的，处以 1000 元以下罚款。

第三十八条 农业行政主管部门发现有违反本条例第十七条、第十八条、第二十一条规定行为的，有权制止并及时告知有关部门依法查处。

第三十九条 违反本条例第三十条规定，截留、挪用和侵占专项资金的，由省农业行政主管部门、财政部门和审计机关按照各自职责责令其限期归还被截留、挪用和侵占的资金，并由所在单位或者上级主管机关对责任人员给予行政处分；构成犯罪的，依法追究刑事责任。

第四十条 违反本条例第三十一条规定，兴建农村可再生能源开发利用工程项目未经技术审核或者备案的，由农业行政主管部门责令限期改正；逾期不改正的，对未经审核的处以 1000 元以上 3000 元以下的罚款，对未备案的处以 1000 元的罚款。

第四十一条 违反本条例第三十二条规定，承担农村可再生能源开发利用工程设计、施工的单位，未向所在地农业行政主管部门备案的，由农业行政主管部门责令限期改正；逾期不改正的，处以 1000 元的罚款。

第四十二条 农村可再生能源开发利用工程未达到设计、施工标准或者质量、安全要求的，承担设计、施工的单位应当采取补救措施；给用户造成损失的，应当依法予以赔偿。

第七章　附　则

第四十三条 本条例自 2008 年 3 月 1 日起施行。黑龙江省人民政府一九九七年十一月一日发布的《黑龙江省农村能源管理规定》同时废止。

浙江省可再生能源开发利用促进条例

2012 年 5 月 30 日浙江省第十一届人民代表大会常务委员会
第三十三次会议通过

第一章　总　则

第一条　为了促进可再生能源的开发利用，增加能源供应，改善能源结构，保障能源安全，保护环境，实现经济社会的可持续发展，根据《中华人民共和国可再生能源法》和其他有关法律、行政法规的规定，结合本省实际，制定本条例。

第二条　在本省行政区域内从事可再生能源的开发利用及其管理等相关活动，适用本条例。

本条例所称可再生能源，是指风能、太阳能、水能、生物质能、地热能、海洋能、空气能等非化石能源。

第三条　开发利用可再生能源，应当遵循因地制宜、多能互补、综合利用、节约与开发并举的原则，注重保护生态环境。禁止对可再生能源进行破坏性开发利用。

第四条　县级以上人民政府应当加强对可再生能源开发利用工作的领导，将可再生能源开发利用纳入本行政区域国民经济和社会发展规划，采取有效措施，推动可再生能源的开发利用。

第五条　省发展和改革（能源）主管部门和设区的市、县（市、区）人民政府确定的部门（以下统称可再生能源综合管理部门）负责本行政区域内可再生能源开发利用的综合管理工作。

县级以上人民政府有关部门和机构在各自职责范围内负责可再生能源开发利用的相关管理工作。

乡镇人民政府、街道办事处应当配合做好可再生能源开发利用的管理工作。

第六条　县级以上人民政府及其有关部门应当加强对可再生能源开发利用的宣传和教育，普及可再生能源应用知识。

新闻媒体应当加强对可再生能源开发利用的宣传报道，发挥舆论引导作用。

第二章 管理职责

第七条 县级以上人民政府可再生能源综合管理部门应当会同有关部门和机构，按照国家有关技术规范和要求，对本行政区域内可再生能源资源进行调查。

有关部门和机构应当提供可再生能源资源调查所需的资料与信息。

可再生能源资源的调查结果应当公布。但是，国家规定需要保密的内容除外。

第八条 县级以上人民政府可再生能源综合管理部门应当会同有关部门和机构，根据其上一级可再生能源开发利用规划，结合当地实际，组织编制本行政区域可再生能源开发利用规划，报本级人民政府批准后实施，并报上一级可再生能源综合管理部门备案；其中省可再生能源开发利用规划，应当报国家能源主管部门和电力监管机构备案。

可再生能源开发利用规划的内容应当包括可再生能源种类、发展目标、区域布局、重点项目、实施进度、配套电网建设、服务体系和保障措施等。

第九条 编制可再生能源开发利用规划，应当遵循因地制宜、统筹兼顾、合理布局、有序发展的原则，并与土地利用总体规划、城乡规划、生态环境功能区规划、海洋功能区划相衔接。

编制可再生能源开发利用规划，应当依法进行规划环境影响评价和气候可行性论证，并征求有关单位、专家和公众的意见。

县级以上人民政府可再生能源综合管理部门和有关部门、机构应当依法公布经批准的可再生能源开发利用规划及其执行情况，为公众提供咨询服务。

第十条 可再生能源综合管理部门和城乡规划、国土资源、海洋等部门在履行项目审批、选址审批、用地或者用海审核等职责时，不得将可再生能源开发利用规划确定的可再生能源项目建设场址用于其他项目建设。

第十一条 县级以上人民政府可再生能源综合管理部门依法履行可再生能源投资建设项目的批准、核准或者备案以及其他相关监督管理职责，并对依法需经国家批准或者核准的投资建设项目提出审查意见。

第十二条 省建设主管部门根据本省气候特征和工程建设标准依法制定太阳能、浅层地热能、空气能等可再生能源建筑利用的地方标准。

省标准化主管部门会同省有关部门依法制定除前款规定以外的可再生能源开发利用的地方标准。

第十三条 县级以上人民政府水行政主管部门依法履行水能资源开发利用的指导和监督管理职责。

第十四条 县级以上人民政府建设主管部门依法履行可再生能源建筑利用的指导和监督管理职责。

第十五条 县级以上人民政府国土资源主管部门依法履行地热能开发利用的指导和

监督管理职责。

第十六条　县级以上人民政府农村能源管理部门依法履行沼气利用的指导和监督管理职责。

第十七条　县级以上人民政府经济和信息化主管部门依法履行对可再生能源设备制造产业发展和相关项目技术改造的指导和监督管理职责。

第十八条　县级以上人民政府商务主管部门应当做好生物液体燃料销售和推广应用的组织和指导工作，监督石油销售企业按照规定销售生物液体燃料。

第十九条　县级以上人民政府科技主管部门应当将可再生能源开发利用的科学技术研究和产业发展纳入科技发展规划和高新技术产业发展规划，并将其列为科技发展与高新技术产业发展的优先领域予以重点支持。

第二十条　县级以上人民政府统计主管部门应当会同同级可再生能源综合管理部门和其他有关部门、机构，根据国家和省规定建立健全可再生能源统计制度，完善可再生能源统计指标体系和统计方法，确保可再生能源统计数据真实、完整、准确。

第二十一条　电力监管机构应当督促电网企业按照规定全额收购其电网覆盖范围内的可再生能源发电项目的上网电量，提供便捷、经济的上网服务，降低接网成本。

第三章　开发利用

第二十二条　燃煤发电企业应当按照国家和省规定承担可再生能源发电配额义务。发电配额指标以及具体管理办法按照国家和省有关规定执行。

第二十三条　鼓励在开发区（园区）、产业集聚区、高教园区以及其他用能负荷集中区域发展可再生能源分布式发电系统。

第二十四条　县级以上人民政府应当采取措施，支持在电网未覆盖的偏远地区和海岛建设可再生能源独立电力系统，为当地生产和居民生活提供电力服务。

第二十五条　电网企业应当加强电网建设，提高电网智能和储能水平，增强吸纳可再生能源电力的能力。

电网企业应当与可再生能源发电企业签订并网协议，优先调度可再生能源发电，全额收购其电网覆盖范围内符合并网技术标准的可再生能源发电项目的上网电量，按照国家和省核定的可再生能源发电上网电价及时、足额结算款项。

电网企业应当执行国家可再生能源发电并网标准，不得擅自提高并网标准。

可再生能源发电企业应当按照有关技术标准，保障电网安全。

第二十六条　可再生能源发电项目应当依据国家和行业标准安装电能计量装置并规范使用，为统计和落实有关扶持政策提供依据。

第二十七条　新建民用建筑应当按照《浙江省实施〈中华人民共和国节约能源法〉办法》的规定利用可再生能源。

鼓励已建民用建筑推广应用可再生能源。

第二十八条 鼓励畜禽养殖场、畜禽屠宰场、酿造厂等采用沼气技术开发利用畜禽粪便以及其他废弃物的生物质能，改善农业和农村生态环境。

第二十九条 鼓励采用清洁环保的先进发电技术开发利用城乡生活垃圾的生物质能。

第三十条 利用生物质资源生产的燃气、热力，符合城镇燃气、热力管网的入网技术标准的，经营燃气、热力管网的企业应当接收其入网，按照国家和省核定的价格全额收购并及时、足额结算款项。

第三十一条 利用能源作物、餐厨废弃物等生产的生物液体燃料，符合国家标准的，石油销售企业应当将其纳入燃料销售体系，按照国家和省核定的价格全额收购并及时、足额结算款项。

第四章 扶持促进

第三十二条 设区的市、县（市）行政区域内可再生能源的开发利用量，超过上级人民政府核定的部分，按照规定不计入该行政区域的能源消费总量考核控制指标。

第三十三条 建设光伏或者光热发电项目利用太阳能的，可以向县级以上人民政府可再生能源综合管理部门或者建设主管部门申请项目建设资金补助。可再生能源综合管理部门或者建设主管部门应当按照国家和本省规定给予补助。

第三十四条 民用建筑以非发电方式利用太阳能、浅层地热能、空气能的，可以向县级以上人民政府建设主管部门申请项目建设资金补助。建设主管部门应当会同财政部门在建筑节能专项资金中按照国家和本省规定给予补助。

第三十五条 利用沼气技术进行生物质能利用的，可以向县级以上人民政府农村能源管理部门申请项目建设资金补助。农村能源管理部门应当会同财政部门按照国家和本省规定给予补助。

第三十六条 小型水电企业更新改造发电设施设备的，可以向县级以上人民政府水行政主管部门申请项目改造资金补助。水行政主管部门应当会同财政部门按照国家和本省规定给予补助。

小型水电设施设备更新改造提高水能利用效率达到一定比例的，应当对改造后的全部发电量按照规定提高水电综合上网电价。

第三十七条 县级以上人民政府应当根据财力状况，安排专项资金用于可再生能源发展的下列事项：

（一）可再生能源开发利用的科学研究、技术开发和标准制定；

（二）可再生能源的资源勘查和相关信息系统建设；

（三）可再生能源开发利用示范工程建设或者设施设备购置补贴；

（四）可再生能源分布式发电系统、独立电力系统建设；

（五）可再生能源发电项目的电价补贴；

（六）利用餐厨废弃物生产的生物液体燃料的收购价格补贴；

（七）可再生能源开发利用项目贷款贴息；

（八）可再生能源开发利用服务体系建设；

（九）可再生能源开发利用的其他事项。

可再生能源发展专项资金的使用和监督管理办法，由县级以上人民政府财政和可再生能源综合管理部门会同有关部门制定。

第三十八条 金融机构应当依据可再生能源开发利用项目投资的特点，制定促进可再生能源发展的金融信贷政策，提供支持可再生能源开发利用的金融产品；对列入国家可再生能源产业发展指导目录、符合信贷条件的可再生能源开发利用项目，应当优先提供信贷支持。

第三十九条 对列入国家和省可再生能源产业发展指导目录的可再生能源开发利用项目，按照国家和省规定享受有关优惠待遇。

第五章 法律责任

第四十条 违反本条例规定的行为，《中华人民共和国可再生能源法》等有关法律、行政法规已有法律责任规定的，从其规定。

第四十一条 县级以上人民政府可再生能源综合管理部门和其他有关部门及机构违反本条例规定，有下列行为之一的，由本级人民政府或者上级人民政府有关部门责令改正，对负有责任的主管人员和其他直接责任人员依法给予处分：

（一）不依法实施行政许可的；

（二）不依法及时查处违法行为的；

（三）违反法定权限和程序实施监督检查、行政处罚的；

（四）违反专项资金使用和管理规定的；

（五）其他滥用职权、徇私舞弊、玩忽职守的行为。

第六章 附 则

第四十二条 本条例下列用语的含义：

（一）生物质能，是指利用自然界的植物、粪便以及城乡有机废物转化成的能源。

（二）生物液体燃料，是指利用生物质资源生产的甲醇、乙醇和生物柴油等液体燃料。

（三）可再生能源发电，是指水力发电、风力发电、生物质能发电、太阳能发电、海洋能发电和地热能发电。其中，生物质能发电包括农林废弃物直接燃烧发电、农林废弃物气化发电、垃圾焚烧发电、垃圾填埋气发电、沼气发电。

（四）可再生能源独立电力系统，是指不与电网连接的单独运行的可再生能源电力系统。

（五）分布式发电系统，是指发电规模小、分布广、位于用电负荷附近，电能可以就地消纳，符合能源高效、环保利用等国家产业政策要求，并可接入中低压配电网的可再生能源发电、资源综合利用发电以及其他具备节能减排发电特性的系统。

第四十三条 本条例自 2012 年 10 月 1 日起施行。

安徽省农村能源建设与管理条例

安徽省农村能源建设与管理条例（2010 年修正本）分类名称能源公布机关安徽省人民代表大会常务委员会效力状况有效公布日期 2010 年 8 月 23 日，施行日期 2010 年 8 月 23 日

1998 年 8 月 15 日安徽省第九届人民代表大会常务委员会第五次会议通过　根据 2004 年 6 月 26 日安徽省第十届人民代表大会常务委员会第十次会议通过　2004 年 6 月 26 日安徽省人民代表大会常务委员会公告第 23 号公布　2004 年 7 月 1 日起施行的《安徽省人民代表大会常务委员会关于修改〈安徽省农村能源建设与管理条例〉的决定》第一次修正　根据 2006 年 6 月 29 日安徽省第十届人民代表大会常务委员会第二十四次会议通过　2006 年 6 月 29 日安徽省人民代表大会常务委员会公告第 77 号公布　自公布之日起施行的《安徽省人民代表大会常务委员会关于修改〈安徽省农村能源建设与管理条例〉的决定》第二次修正　根据 2010 年 8 月 21 日安徽省第十一届人民代表大会常务委员会第二十次会议通过　2010 年 8 月 23 日安徽省人民代表大会常务委员会公告第 27 号公布　自公布之日起施行的《安徽省人民代表大会常务委员会关于修改部分法规的决定》第三次修正

第一章　总　则

第一条　为加强农村能源建设与管理，合理开发、利用、节约农村能源，保护和改善生态环境，提高人民生活质量，促进国民经济可持续发展，根据有关法律、法规，结合我省实际，制定本条例。

第二条　本条例所称农村能源是指主要用于农村生活、生产的生物质能（沼气、秸秆、薪柴等）、太阳能、风能、地热、微水能等新能源和可再生能源。

本条例所称农村能源建设是指农村能源的开发利用和农村有关节能技术的推广应用。

本条例所称农村能源产品是指利用、转化农村能源的设备、器具和产品。

第三条　在本省行政区域内从事农村能源建设与管理的单位和个人必须遵守本

条例。

第四条　农村能源建设必须坚持因地制宜、多能互补、综合利用、讲求效益和开发与节约并举的方针。

第五条　各级人民政府应当加强对农村能源建设的领导，统筹规划，将其纳入国民经济和社会发展计划，农村能源建设事业经费列入同级财政预算，并制定相应的优惠政策和措施，扶持农村能源事业的发展。

第六条　各级人民政府及其有关部门应当广泛开展开发、利用和节约农村能源的宣传，加强对农民群众和科学用能教育，普及农村能源科学技术知识。

第七条　县级以上人民政府农村能源主管部门主管本行政区域内的农村能源建设与管理工作，所属管理机构具体负责日常管理工作，其主要职责是：

（一）宣传贯彻实施有关农村能源建设与管理的法律、法规；

（二）编报农村能源建设规划、计划并组织实施，负责农村能源统计工作；

（三）组织指导农村能源科技开发、技术推广，开展技术培训、科普宣传和技术服务；

（四）指导与扶持农村能源产业的发展，负责审核农村能源工程技术项目并监督实施；

（五）配合建设、工商行政管理、技术监督等有关部门加强农村能源技术、产品及工程标准、质量监督管理；

（六）法律、法规规定的其他职责。

第八条　县级以上人民政府建设、经贸、科技、环保、卫生、农业、技术监督、工商行政管理等有关部门，应当按照各自职责，协同做好农村能源建设与管理工作。

乡（镇）人民政府负责本行政区域内农村能源建设与管理工作。

第九条　对在农村能源建设与管理中做出突出成绩的单位和个人，由县级以上人民政府或农村能源主管部门给予表彰奖励。

第二章　开发利用

第十条　各级人民政府应当鼓励和支持科研单位、大专院校和群众性科技组织研究、开发和推广先进适用的农村能源技术；鼓励和支持用能单位和城乡居民应用先进适用的农村能源技术和产品，兴建农村能源开发利用工程。

第十一条　各级人民政府及有关部门应当安排专项资金，用于支持农村能源开发利用示范工程的建设。

第十二条　农村能源的开发利用应当与城乡建设、生态农业、环境保护、卫生防病等相结合，发挥综合效益。

第十三条　各级农村能源管理机构应当组织推广下列农村能源技术：

（一）沼气及其综合利用技术；

（二）太阳能热利用和发电技术；

（三）用于种植、养殖等方面的地热利用技术；

（四）风能利用技术；

（五）单机容量 10 千瓦以下的微水能发电技术；

（六）生物质气化、固化、炭化技术；

（七）农村生产、生活节能技术；

（八）其他先进适用的农村能源新技术。

第十四条　在农村适宜发展户用沼气的地区，当地人民政府应将户用沼气池建设纳入村镇建设规划。

在农村血吸虫病重流行区，当地人民政府必须有计划地兴建户用沼气池。

第十五条　城镇建设应当有计划地应用厌氧消化技术，兴建沼气净化工程，并与主体工程同步设计、施工，农村能源管理机构应当及时提供技术指导并参与验收。

第十六条　适合安装太阳能热水器的城镇新建住宅，建设单位应当有计划地将太阳能热水器输水管道的安装与主体工程同步设计、施工。农村能源管理机构应当及时提供技术指导。

第十七条　各级农村能源主管部门应当协同农业、科技、环保等有关部门，加强对农作物秸秆的综合开发利用，示范推广秸秆气化技术。禁止在机场周围、道路两侧和田间地头焚烧农作物秸秆。

第十八条　各级农村能源管理机构应当组织推广先进适用的省柴节煤炉灶以及制茶、烤烟、砖瓦生产等方面的节能技术。

第十九条　各级农村能源技术推广机构进行农村能源技术试验，提供技术信息，开展技术指导，实行无偿服务；以技术转让、技术承包、工程设计等形式提供农村能源技术，实行有偿服务。

第三章　生产经营

第二十条　农村能源产品的生产经营者，必须对产品质量负责，并做好售后服务。

第二十一条　农村能源产品的生产经营者，须按国家有关规定领取县以上农村能源管理机构核发的全省统一的农村能源产品生产经营许可证和工商行政管理部门核发的营业执照，方可生产经营。

第二十二条　省农村能源管理机构应当协同省技术监督部门，制定本省农村能源产品标准和工程技术标准，并负责组织实施。

第二十三条　农村能源产品的生产必须符合国家、行业或地方标准，没有国家、行业、地方标准的，生产企业应当制定企业标准，并按规定报当地技术监督和农村能源管理机构备案。

第二十四条 禁止生产与销售国家明令淘汰和假冒伪劣的农村能源产品。

第四章 监督管理

第二十五条 农村能源技术推广实行农村能源技术推广机构与科研单位、大专院校以及群众性科技组织、技术人员相结合的推广体系。

县级以上人民政府应当健全完善农村能源技术推广机构，乡（镇）人民政府可设立农村能源技术推广机构，或在农业技术推广机构中确定专业技术人员负责农村能源技术推广工作。

各级人民政府应当采取措施，改善从事农村能源技术推广工作的专业技术人员的工作条件和生活条件，并按国家有关规定，评定相应技术职称，保持专业技术人员队伍的相对稳定。

第二十六条 各级农村能源技术推广机构的专业技术人员，应当具有中等以上（或相当）相关专业学历，或经县级以上人民政府批准的有关部门的专业培训，并经考核达到相应的专业技术水平，取得合格证书。

各级农村能源主管部门和技术推广机构应当有计划地对农村能源技术推广人员进行技术培训，提高业务水平。

第二十七条 兴建下列农村能源利用工程，其技术方案须经县以上农村能源管理机构审核：

（一）单池容积 300 立方米以上的沼气工程；

（二）日供气量 500 立方米以上秸秆气化工程；

（三）集热面积 100 平方米以上的太阳能供热系统；

（四）10 千瓦以上的太阳能光电站或风力发电站。

前款所列农村能源利用工程，涉及行业管理的，应当严格遵守相关的行业管理规定及其专业技术标准。

第二十八条 从事农村能源利用工程设计、施工的单位，须经县以上农村能源管理机构专业技术审核，按规定程序向建设主管部门领取工程设计、施工资质证书后，方可承担设计、施工业务，并保证设计、施工质量，接受工程所在地农村能源管理机构的技术监督。

第二十九条 从事农村能源开发利用及农村生产用能的单位，应按农村能源管理机构的要求及时如实提供有关统计资料和数据。

第三十条 各级农村能源主管部门的执法人员执行职务时，应当出示省人民政府统一制作的行政执法证件。

第五章 法律责任

第三十一条 违反本条例第二十八条规定，承担农村能源利用工程设计、施工的单位，未经农村能源专业技术审核的，由农村能源主管部门责令限期改正，逾期不改的，处以 500 元以上 2000 元以下的罚款；未领取资质证书擅自施工的，由建设行政主管部门依法处罚。

农村能源利用工程未达到设计、施工标准或质量要求的，承担设计、施工的单位应当采取补救措施，给用户造成损失的，应予以赔偿。

第三十二条 擅自向用能单位和个人推广未经推广地区试验证明具有先进性和适用性的农村能源技术的，由当地人民政府或农村能源主管部门责令其停止推广；给用能单位和个人造成损失的，应当赔偿损失；对直接负责的主管人员和其他责任人员可由其所在单位或上级主管部门给予行政处分。

第三十三条 违反本条例第二十条、第二十三条、第二十四条规定的，由农村能源主管部门配合技术监督、工商行政管理等部门，依照《中华人民共和国产品质量法》《中华人民共和国消费者权益保护法》等有关法律、法规的规定处罚。

第三十四条 违反本条例第二十一条规定，从事农村能源产品生产经营者，未领取生产经营许可证的，由农村能源主管部门责令其限期补办，逾期不补办的，处以违法所得额一倍以上三倍以下的罚款；未领取营业执照的，由工商行政管理部门依法处罚。

第三十五条 拒绝、阻碍农村能源主管部门执法人员依法执行职务的，由公安机关依照《中华人民共和国治安管理处罚法》的规定处罚；构成犯罪的，由司法机关依法追究刑事责任。

第三十六条 农村能源主管部门的执法人员玩忽职守，滥用职权，徇私舞弊的，由其所在单位或上级主管部门给予行政处分；构成犯罪的，由司法机关依法追究刑事责任。

第三十七条 当事人对行政处罚决定不服的，可以依法申请行政复议，或者提起行政诉讼。逾期不申请复议、不起诉又不履行行政处罚决定的，由作出行政处罚决定的行政机关申请人民法院强制执行。

第六章 附 则

第三十八条 本条例具体应用中的问题，由省人民政府农村能源主管部门负责解释。

第三十九条 本条例自 1998 年 10 月 1 日起施行。

山东省农村可再生能源条例

2007 年 11 月 23 日山东省第十届人民代表大会常委会第三十一次会议通过
2015 年 7 月 24 日山东省第十二届人民代表大会常务委员会第十五次
会议通过 《关于修改〈山东省农村可再生能源条例〉等十二件
地方性法规的决定》 第 1 次修正，2008 年 1 月 1 日起施行

第一章 总 则

第一条 为促进农村可再生能源的开发利用，改善农村生产条件，提高农村居民生活质量，保护生态环境，实现农业和农村经济可持续发展，根据《中华人民共和国可再生能源法》等有关法律、法规，结合本省实际，制定本条例。

第二条 本条例所称农村可再生能源，是指主要用于农村生产、生活的生物质能、太阳能、风能、水能、地热能、海洋能等非化石能源。

第三条 在本省行政区域内开发利用农村可再生能源以及进行相关管理活动，适用本条例。

第四条 开发利用农村可再生能源，应当遵循因地制宜、多能互补、节用并举、群众自愿的原则，坚持资源节约与生态环境保护相结合，实现经济效益、社会效益、生态效益的统一。鼓励各种所有制经济主体参与农村可再生能源的开发利用，依法保护农村可再生能源开发利用者的合法权益。

第五条 县级以上人民政府应当将农村可再生能源工作纳入国民经济和社会发展规划，并制定相应的优惠政策和保障措施，扶持农村可再生能源的科研开发和推广应用。

县级以上人民政府应当组织有关部门加强对农村可再生能源开发利用的宣传和教育，充分利用广播、电视、报纸、互联网等各种媒体，普及科学用能和技术推广应用知识。

第六条 县级以上人民政府农业行政主管部门负责本行政区域内农村可再生能源开发利用的管理工作。

乡（镇）人民政府负责本行政区域内的农村可再生能源开发利用工作。

县级以上人民政府发展改革、经济和信息化、财政、科技、国土资源、住房城乡建设、环境保护、质量技术监督等有关部门，应当按照各自职责，做好农村可再生能源开

发利用的相关工作。

第二章 科研开发

第七条 省人民政府应当将农村可再生能源开发利用的科学技术研究和产业化发展，纳入科技发展规划和高新技术产业发展规划，组织并支持科研、教学、推广、生产等单位从事农村可再生能源基础性、关键性、公益性技术的研究，促进农村可再生能源开发利用的技术进步。省发展改革、经济和信息化、科技、财政部门应当在项目安排、创新奖励、政策及资金扶持等方面，支持农村可再生能源的科研开发和成果转化。

第八条 县级以上人民政府应当鼓励科研机构、企业和个人研究开发农用太阳能、小型风能、小型水能技术以及沼气贮运、沼气低温发酵、秸秆发酵沼气、秸秆气化、秸秆固化和炭化等生物质资源转化技术，并给予政策及财政支持。

第九条 鼓励科技人员通过技术转让、技术承包和技术入股等形式，加快农村可再生能源成果的转化。

第十条 省标准化行政主管部门应当会同省农业行政主管部门及其他有关部门，制定全省农村可再生能源产品地方标准和工程技术规范，并组织实施。

第十一条 农村可再生能源产品的生产，必须符合国家、行业或者地方标准。没有国家、行业或者地方标准的，生产企业应当制定企业标准，并按规定报当地标准化行政主管部门和农业行政主管部门备案。

第三章 推广应用

第十二条 各级人民政府应当将农村可再生能源技术推广工作纳入农业技术推广体系，充分发挥农村可再生能源技术推广机构的作用，开展农村可再生能源科学研究、技术指导、技术培训、信息咨询、安全管理等公益性服务，并鼓励和支持农村集体经济组织、企业和个人建立专业服务组织，开展农村可再生能源社会化服务活动。

乡（镇）农业技术推广机构应当确定专职或者兼职人员负责农村可再生能源的推广工作。

第十三条 县级以上人民政府财政部门应当对政府设立的农村可再生能源技术推广机构履行职能所需经费给予保证，并在农业技术推广资金中，安排部分资金用于农村可再生能源技术推广项目。

第十四条 推广应用农村可再生能源新技术、新产品，应当努力降低相对成本，提高相对效能，有利于生态环境保护和可持续协调发展。

农村可再生能源新技术、新产品，应当在推广地区经过实地试验证明具有先进性、适用性和安全性，由省农业行政主管部门列入推广目录并向社会公告后，方可推广。

鼓励单位与个人参与农村可再生能源新技术、新产品的推广活动。

第十五条 生产、销售的农村可再生能源产品和转让的技术，应当实用、安全、方便，易于群众接受。

农村可再生能源产品和技术的生产、销售、转让单位和个人，应当对所生产、销售的产品质量或者所提供的技术负责，并向用户传授安全操作知识，提供售后服务。

禁止生产、销售国家明令淘汰或者质量不合格的农村可再生能源产品。

第十六条 县（市、区）、乡（镇）人民政府应当结合农村村镇规划、生态农业建设、农村改厕防疫等工作，在适宜地区推广农村户用沼气。

县（市、区）农业行政主管部门应当按照国家和省制定的农村户用沼气工程技术标准和规范，为农村居民应用沼气提供技术指导和服务。

第十七条 大中型畜禽养殖企业和标准化养殖区应当采用环保能源技术，利用畜禽养殖废弃物生产沼气；鼓励农村集体经济组织、企业和个人采用厌氧发酵技术处理有机垃圾和污水生产沼气，并用于发电或者向农村集中供气。

第十八条 各级人民政府应当加强对秸秆综合利用的指导，有计划地示范推广秸秆发酵沼气、秸秆气化、秸秆固化等技术。

第十九条 农村新建或者改建校舍、医院、敬老院等公用设施的，应当推广使用太阳能供水供热采暖、光伏发电和建筑节能技术；设计单位应当按照要求提供相应的设计方案。太阳能利用设施应当与主体工程同时设计、同时施工。

县级以上人民政府建设行政主管部门应当为农村住宅建设利用太阳能提供技术指导和通用设计方案。

第二十条 各级人民政府及其有关部门应当在农村推广先进适用的省柴节煤灶以及烤烟、制茶等方面的节能技术，鼓励用能单位和个人逐步淘汰或者改造高能耗设备和工艺。

第二十一条 鼓励单位和个人在条件适宜的地区，推广风能、水能、地热能、海洋能等可再生能源利用技术。

第四章 保障措施

第二十二条 省农业行政主管部门应当根据省可再生能源开发利用规划，组织编制全省农村可再生能源开发利用规划，按规定程序报经批准后实施。

设区的市、县（市、区）农业行政主管部门应当根据全省农村可再生能源开发利用规划，组织编制本行政区域的农村可再生能源开发利用规划，报本级人民政府批准后实施。

编制农村可再生能源开发利用规划，应当采取听证会、座谈会等形式，广泛征求有关单位、专家和公众的意见，进行科学论证。

第二十三条 省农业行政主管部门应当根据全省农村可再生能源开发利用规划，制定并公布全省农村可再生能源产业发展指导目录。

第二十四条　县级以上人民政府应当在年度财政预算中安排专项资金，用于扶持农村可再生能源建设，并随着经济和社会的发展逐年增加。

县级以上人民政府可以在节能资金中安排部分资金，用于支持农村可再生能源的开发利用。

第二十五条　列入国家和省农村可再生能源开发利用规划的建设项目，县级以上人民政府应当安排相应的配套资金。

列入国家和省农村可再生能源产业发展指导目录、符合信贷条件的建设项目，可以按照国家和省的有关规定享受财政贴息贷款，并享受税收优惠。

第二十六条　采用厌氧发酵等技术处理有机垃圾、污水和畜禽养殖废弃物生产沼气用于发电或者向农村集中供气，以及采用秸秆发酵沼气、秸秆气化、秸秆固化等技术综合利用秸秆的，县级以上人民政府应当按照国家和省的有关规定给予补贴。

第二十七条　农村新建或者改建校舍、医院、敬老院等公用设施，采用太阳能供水供热采暖、光伏发电和建筑节能技术的，县级以上人民政府应当按照国家和省的有关规定给予适当补贴。

第二十八条　农村居民或农村集体经济组织集中建设农村沼气项目的，县级以上人民政府应当按照国家和省的有关规定给予补贴。

提倡和鼓励农村居民利用住宅及其周围空闲地建设户用沼气池。

第五章　安全管理

第二十九条　县级以上人民政府农业行政主管部门应当加强对农村可再生能源开发利用的安全管理，建立健全能源利用工程质量监督制度，提高管理和服务水平。

第三十条　县级以上人民政府农业行政主管部门应当加强对农村可再生能源利用工程的技术服务和指导。

从事农村可再生能源利用工程设计、施工、监理的单位和个人，应当按照国家有关规定取得相应的资质证书后，方可承担设计、施工、监理业务，并保证设计和施工质量。

农村可再生能源利用工程，涉及行业管理的，应当遵守相关的行业管理规定及其专业技术标准。

第三十一条　建设单池容积五百立方米以上的沼气工程及日供气量五百立方米以上的秸秆气化工程，其工程设计方案应当由设区的市农业行政主管部门组织专家论证后予以核准。

前款规定的农村可再生能源利用工程，其建设单位应当将设计方案报工程所在地县（市、区）农业行政主管部门审查；县（市、区）农业行政主管部门应当自收到工程设计方案之日起十日内提出审查意见，并报送设区的市农业行政主管部门。

设区的市农业行政主管部门应当自收到审查意见及工程设计方案之日起二十日内完成审核。对工程设计单位具备国家规定的相应资质且工程设计方案符合安全技术规范和标准的，予以核准；对不予核准的，应当书面通知工程建设单位并说明理由；未经核准的，不得开工建设。

第三十二条 县级以上人民政府农业行政主管部门应当会同同级质量技术监督、工商行政管理部门，对本地区生产、销售的农村可再生能源产品进行监督检查。

第六章 法律责任

第三十三条 违反本条例规定，擅自推广未经实地试验证明具有先进性、适用性和安全性的农村可再生能源新技术、新产品的，由农业行政主管部门责令其停止推广；给他人造成损失的，应当依法予以赔偿。

第三十四条 违反本条例规定，生产、销售国家明令淘汰或者质量不合格的农村可再生能源产品的，由农业行政主管部门配合质量技术监督、工商行政管理部门，依照国家有关法律、法规的规定处罚。

第三十五条 违反本条例规定，未按国家有关规定取得相应资质证书，从事农村可再生能源利用工程设计、施工或者监理活动的，由建设行政主管部门依法处罚；给用户造成损失的，应当依法予以赔偿；构成犯罪的，依法追究刑事责任。

第三十六条 违反本条例规定，农村可再生能源利用工程设计方案未经核准擅自开工建设的，由农业行政主管部门责令其限期改正；逾期不改正的，处以一千元以上一万元以下的罚款。

第三十七条 农业行政主管部门及其他有关部门的工作人员在农村可再生能源开发利用监督管理工作中，玩忽职守、滥用职权、徇私舞弊的，由其所在单位或者上级主管部门给予处分；构成犯罪的，依法追究刑事责任。

第七章 附 则

第三十八条 本条例自 2008 年 1 月 1 日起施行。

湖北省农村可再生能源条例

第一章 总 则

第一条 为了促进农村可再生能源的开发利用和建设管理，保护和改善生态环境，推进社会主义新农村建设，根据有关法律、行政法规，结合本省实际，制定本条例。

第二条 本条例所称农村可再生能源，是指农村生产生活所使用的生物质能（沼气及其他生物质燃气、秸秆、薪柴、生物炭等）、太阳能、风能等非化石能源。

第三条 在本省行政区域内从事农村可再生能源开发利用及建设管理等活动，适用本条例。

第四条 开发利用农村可再生能源应当坚持因地制宜、多能互补、综合利用、讲求效益和节约与开发并举的方针，遵循政府扶持、市场引导、群众自愿、社会参与的原则。

农村可再生能源的开发利用应当与新农村建设、生态农业、环境保护、卫生防疫（血防）等相结合，发挥综合效益。

第五条 县级以上人民政府应当加强领导，统筹规划，将农村可再生能源开发利用纳入国民经济和社会发展规划，与节能减排的总体要求相适应，作为优先发展的产业，制定相应的优惠政策和保障措施，加大对农村可再生能源开发利用和建设管理的投入，提高利用效率，促进农村可再生能源事业的可持续发展。

第六条 农村可再生能源开发利用和建设的管理工作由县级以上人民政府农业行政主管部门具体负责，其他相关行政主管部门按照各自的职责，做好农村可再生能源开发利用管理工作。乡镇人民政府应当确定专职或者兼职人员，协助做好农村可再生能源开发利用管理工作。

第七条 各级人民政府及其有关部门应当宣传开发利用和节约农村可再生能源知识，普及农村可再生能源应用技术；对在农村可再生能源开发利用工作中做出显著成绩的单位和个人给予表彰奖励。

第二章 开发与推广应用

第八条 各级人民政府应当鼓励支持科研单位、大专院校、企业和其他组织、个人，以多种形式开展农村可再生能源新技术、新产品的研究开发和科技成果转化；安排专项资金，用于支持农村可再生能源新技术、新产品的研究开发以及农村可再生能源开发利用示范工程的建设。鼓励开展秸秆沼气发酵、生物质热解气化、沼气进出料、沼肥综合利用等技术研究及其成套设备的开发。

第九条 自主开发或者引进的农村可再生能源新技术，应当经省人民政府农业行政主管部门会同相关部门组织专家进行可行性论证和评估，证明具有先进性、安全性和适用性后，方可推广。引进国外新技术和新产品的，应当符合国家有关规定。

第十条 鼓励科技人员依照国家有关规定通过技术转让、技术入股、技术咨询与服务等形式，加快农村可再生能源科技成果转化。

第十一条 县级以上人民政府应当将农村可再生能源技术推广纳入农业技术推广体系。农业行政主管部门应当根据实际情况因地制宜地推广下列农村可再生能源技术与设备：

（一）户用沼气及其综合利用、大中型沼气集中供气和生活污水厌氧净化等技术与设备；

（二）秸秆气化、固化、炭化技术与设备；

（三）太阳能、风能利用技术与设备；

（四）省柴节能炉灶、炒茶灶、取暖设施等节能技术与设备；

（五）其他先进适用的农村可再生能源技术及配套设备。

第十二条 各级人民政府应当引导和支持乡镇兴建沼气净化工程，将户用沼气建设与改厨、改厕、改圈相结合，纳入村镇建设规划，分类指导，整体推进。鼓励企业和个人利用规模化养殖场（小区）的有机废弃物，建设沼气集中供气（发电）工程。农业行政主管部门应当组织沼气生产单位和个人对沼渣、沼液实行综合利用，发展无公害、绿色和有机农产品。

第十三条 各级人民政府应当加强对秸秆能源化、太阳能、风能开发利用的指导。鼓励企业和个人兴建秸秆气化集中供气工程。农村新建或者改建、扩建公益性公共设施，具备条件的应当采用太阳能供水供热等技术和设备。农村居民住宅利用太阳能供水供热的，农业、建设等行政主管部门应当在规划、安装、使用和通用设计方案方面给予指导和帮助。

第三章　政府扶持与服务

第十四条 农业行政主管部门应当根据当地农村可再生能源资源、用能结构、用能水平和经济社会发展现状，科学制定农村可再生能源开发利用规划和计划，按照规定程序报同级人民政府批准后实施。

第十五条 县级以上人民政府应当把开发利用农村可再生能源所需资金列入本级财

政预算，并根据农村可再生能源发展需要逐步增加。对国家和省下达的农村可再生能源利用项目，下级人民政府应当按照规定落实配套资金。

第十六条　各级人民政府及其相关部门应当建立、完善农村可再生能源开发利用和建设管理的相关制度，以提高农村可再生能源项目的使用率为目标，充分发挥农村可再生能源建设项目及资金的使用效益，并对开发利用规划、计划的执行情况和项目、资金的建设使用情况进行考核评价。

第十七条　利用秸秆气化技术向农村集中供气以及应用秸秆气化、固化技术的项目所购置的设备，享受国家和省对沼气、农机设备的优惠扶持政策。农村居民住宅利用太阳能供水供热或者购买使用省柴节能炉灶的，享受国家和省的补贴。鼓励金融机构对利用荒山、荒坡或者边际土地发展能源植物，利用农作物秸秆、农业废弃物等生产生物质能的，在信贷资金方面给予优惠。

第十八条　各级人民政府应当引导和支持农村可再生能源产业化经营，鼓励各种投资主体参与农村可再生能源工程项目建设，支持其开发、生产和经营农村可再生能源设备和产品，并依法保护投资者和生产经营者的合法权益。

第十九条　农业行政主管部门应当安排专项资金对从事农村可再生能源推广与服务的专业技术人员进行安全知识、职业技能等培训，按照国家有关规定评定相应技术职称，保持专业技术人员队伍相对稳定。

第二十条　省人民政府农业行政主管部门应当建立和完善农村可再生能源开发利用信息系统，为农村可再生能源生产者、经营者和使用者提供市场供求、新产品及新技术推广、科研成果和农村可再生能源管理等信息服务，并公布农村可再生能源项目建设和资金使用情况。

第二十一条　农业行政主管部门应当建立和完善乡、镇农村可再生能源利用公益性服务网络，在政策咨询、规划设计、技术指导、安全检查等方面为用户提供便捷、高效的服务。加强农村可再生能源利用市场建设，支持组建相应的专业合作经济组织和村级服务网点，开展专业化、规范化服务。鼓励企业或其他组织、个人向农村可再生能源用户提供物资、技术及劳务等方面的社会化服务。

第四章　质量监督与安全管理

第二十二条　农业行政主管部门及其他相关部门应当加强对农村可再生能源开发利用的质量监督和安全管理，制定和完善安全操作规程，建立应急预案。

第二十三条　农村可再生能源设备和产品的生产应当执行相关的国家标准、行业标准或者地方标准。

第二十四条　生产涉及生命、财产安全的农村可再生能源设备和产品，应当按照国家规定办理工业产品生产许可证；销售此类产品的，应当按照规定查验设备和产品的生产许可证和编号。

第二十五条 农业行政主管部门应当引导和督促农村可再生能源设备和产品的生产经营者推广安全可靠的技术、设备和产品，对用户传授安全操作知识，避免造成人身伤害和财产损失。农村可再生能源设备和产品的生产经营者，应当对其所生产经营设备和产品的质量负责。禁止生产、销售和使用国家明令淘汰的设备和产品。

第二十六条 兴建下列农村可再生能源工程，应当由农业行政主管部门会同有关部门审核设计和施工方案：

（一）单池容积 100 立方米以上的沼气工程和生活污水厌氧净化工程；

（二）总装机容量在 1 千瓦以上 50 千瓦以下的风力或者太阳能发电工程；

（三）日供气量 300 立方米以上的生物质气化工程（供气或者发电）；

（四）集热面积 100 平方米以上 5000 平方米以下的太阳能集中供水供热工程。

第二十七条 从事农村可再生能源工程施工、设备安装以及维修服务的技术人员，应当按照国家有关规定获得相应资格证书后，方可上岗。任何单位不得聘用未获得相应资格证书的人员从事农村可再生能源工程施工、设备安装以及维修服务。

第二十八条 农业行政主管部门及其他相关部门应当定期组织对农村可再生能源工程、设备和产品的适用性、安全性、可靠性和售后服务状况进行检测、检查，并公布结果。从事农村可再生能源开发利用的单位和个人，应当按照要求如实提供有关数据和资料。

第二十九条 农业、质量技术监督、工商行政管理部门应当及时受理和查处有关农村可再生能源设备和产品质量的举报和投诉。

第五章 法律责任

第三十条 违反本条例规定，法律、行政法规有处罚规定的，从其规定。

第三十一条 违反本条例第九条规定，擅自推广未通过论证、评估的农村可再生能源新技术的，由农业行政主管部门没收违法所得，责令停止违法行为；逾期不改正的，并处 5000 元以上 1 万元以下的罚款；给他人造成损失的，应当依法予以赔偿。

第三十二条 违反本条例第二十六条规定，设计和施工方案未经审核擅自开工建设的，由农业行政主管部门责令限期改正；逾期不改正的，处以 5000 元以上 3 万元以下的罚款。

第三十三条 违反本条例第二十七条规定，聘用未获得相应资格证书的人员从事农村可再生能源工程施工、设备安装以及维修服务的，由农业行政主管部门责令限期改正；逾期不改正的，处以 1000 元以上 5000 元以下的罚款。

第三十四条 农业行政主管部门及其他有关部门工作人员在农村可再生能源开发利

用管理工作中，滥用职权、玩忽职守、徇私舞弊的，依法给予行政处分；构成犯罪的，依法追究刑事责任。

第六章　附　则

第三十五条　本条例自 2010 年 10 月 1 日起施行。

湖南省农村可再生能源条例

湖南省人大常委会　湖南省第十届人民代表大会常务委员会
湖南省人民代表大会常务委员会　2005 年 11 月 28 日

《湖南省农村可再生能源条例》于 2005 年 11 月 28 日经湖南省第十届人民代表大会常务委员会第十八次会议通过，现予公布，自 2006 年 3 月 1 日起施行。

第一章　总　则

第一条　根据《中华人民共和国可再生能源法》和其他有关法律的规定，结合本省农村实际，制定本条例。

第二条　在本省行政区域内开发利用农村可再生能源以及从事相关管理活动，适用本条例。

本条例所称农村可再生能源，是指农村的生物质能、太阳能、风能、微水能、地热能等非化石能源。

第三条　农村可再生能源的开发利用坚持因地制宜、综合利用，政府引导与市场运作相结合，经济效益、社会效益和环境效益相统一的原则。

第四条　县级以上人民政府主管农村能源工作的部门负责本行政区域内农村可再生能源开发利用的监督管理，所属管理机构负责具体工作。

县级以上人民政府其他有关部门按照各自职责负责本行政区域内农村可再生能源开发利用的有关监督管理工作。

乡镇人民政府在上级人民政府主管农村能源工作部门的指导下，做好本行政区域内农村可再生能源开发利用的有关工作。

第二章　推广应用

第五条　县级以上人民政府及其主管农村能源工作的部门、乡镇人民政府应当开展利用农村可再生能源和节约能源的宣传教育，普及有关知识，推广新技术、新产品，为开发利用农村可再生能源提供指导和服务。

第六条　各级人民政府应当根据农村实际情况因地制宜地推广下列可再生能源技术：

（一）沼气综合利用技术和生产生活污水沼气厌氧发酵技术；

（二）生物质气化、固化和液化等技术；

（三）太阳能热水、采暖、干燥等技术；

（四）利用地热能种植、养殖等技术；

（五）微水能发电及其他利用技术；

（六）风能利用技术；

（七）其他可再生能源技术。

第七条　县级以上人民政府及其有关部门应当结合农业结构调整建设沼气利用工程，发展沼气生态农业。

各级人民政府应当按照沼气开发利用规划，引导、鼓励、扶持、组织下列地区重点建设沼气利用工程：

（一）血吸虫病疫区；

（二）畜牧业相对集中发展地区；

（三）生活污水未纳入污水处理管网统一处理的地区；

（四）农村贫困地区、少数民族地区。

第八条　大中型畜禽养殖场应当优先采用沼气环保能源技术。

鼓励采用沼气厌氧发酵技术处理生产生活污水。没有修建污水处理厂的集镇或者污水管网未能覆盖的地方，应当优先采用沼气厌氧发酵技术处理生产生活污水。

第九条　秸秆资源丰富的地区，当地人民政府及其有关部门应当加强对秸秆综合利用的指导，有计划地示范推广秸秆气化、固化等技术。

第十条　鼓励有条件的村（居）民小区、机关、学校、敬老院、医院等采用太阳能供热采暖等技术。建设单位、房地产开发企业在建筑和设计施工中应当根据业主的意见为利用太阳能提供必备条件。

第十一条　在有地热能、微水能、风能的地区，当地人民政府及其有关部门应当采取扶持措施，试点示范，促进开发，推进综合利用。

第十二条　县级以上人民政府及其有关部门、乡镇人民政府应当在农村推广先进适用的省柴节煤灶以及制茶、烤烟、砖瓦生产等方面的节能技术。

用能单位和个人应当逐步淘汰或者改造高能耗设备和工艺。以薪柴为生活能源的农户应当采用节柴技术，减少薪柴消耗。

第三章　保障措施

第十三条　各级人民政府应当将农村可再生能源的开发利用纳入国民经济和社会发展计划，与农村卫生保健、环境保护等工作统筹规划，配套实施。

县级以上人民政府应当将农村可再生能源技术和产品的科学技术研究纳入科技发展

规划。

县级以上人民政府主管农村能源工作的部门应当定期开展农村可再生能源资源调查，会同其他有关部门编制农村可再生能源开发利用规划，报同级人民政府批准。

第十四条 县级以上人民政府应当设立农村可再生能源发展专项经费，列入同级财政预算。

县级以上人民政府有关部门应当按照省人民政府的规定，安排部分专项资金用于农村可再生能源的开发利用。

第十五条 各级人民政府按照国家有关规定，将农村可再生能源技术推广纳入农业技术推广体系，建立健全技术服务网络，加强农村可再生能源科学研究、技术指导和培训、信息咨询、安全管理等公益性的服务。

第十六条 各级人民政府应当鼓励各种经济主体参与农村可再生能源的开发利用和技术推广，依法保护开发利用者的合法权益，推动农村可再生能源的发展。

第十七条 各级人民政府应当鼓励企业、科研单位、高等院校、群众性科技组织和个人研究开发农村可再生能源技术和产品，加快成果转化。

各级人民政府应当鼓励单位和个人应用农村可再生能源技术和产品。

第十八条 开发利用农村可再生能源享受下列优惠：

（一）经有关主管部门认定属于国家可再生能源产业发展指导目录的项目或者属于高新技术的项目，依照国家和省人民政府的有关规定，在资金、信贷、税收、引进利用外资等方面给予扶持；

（二）农户利用自留地、住宅周围空闲地建设户用沼气池，不需办理建设用地审批手续；

（三）农户自用地热能，免缴矿产资源补偿费。

第四章　监督管理

第十九条 县级以上人民政府主管农村能源工作的部门履行下列职责：

（一）贯彻实施农村可再生能源的法律、法规和政策；

（二）开展资源调查，组织编制、实施农村可再生能源开发利用规划；

（三）组织指导农村可再生能源科学技术开发、新技术引进、推广；

（四）指导农村可再生能源服务体系建设、开发利用项目的实施；

（五）会同有关部门执行农村可再生能源技术和产品标准，协同质量技术监督、工商行政管理部门进行质量监督和市场监管；

（六）法律、法规规定的其他职责。

第二十条 推广农村可再生能源新技术，必须进行试验，经有关部门鉴定证明其技术先进、安全可靠、经济合理后方可推广。

第二十一条　开发农村可再生能源、应当执行国家标准、行业标准或者地方标准；没有国家标准、行业标准或者地方标准的，应当制定企业标准并报当地人民政府标准化主管部门和主管农村能源工作的部门备案。

第二十二条　从事农村可再生能源开发利用和农村节约能源工作，属于国家实行就业准入职业的，必须取得相应职业资格证书，方可上岗。

第二十三条　从事大中型农村可再生能源工程设计、施工的单位，应当按照有关法律、行政法规的规定取得相应资质证书，并接受人民政府主管农村能源工作部门的监督管理。

第二十四条　从事农村可再生能源工程设计、施工的单位，应当遵守有关技术规范进行设计和施工，保证质量和安全。

第二十五条　兴建下列大中型农村可再生能源工程，建设单位在设计完成后应当将设计方案报县级以上人民政府主管农村能源工作的部门备案：

（一）单池容积 50 立方米以上或者总池容积 100 立方米以上的沼气工程；

（二）日供气量 50 立方米以上的生物质气化工程；

（三）集热面积 100 平方米以上的太阳能集中供热系统；

（四）10 千瓦以上的太阳能光电站和风力发电站。

县级以上人民政府主管农村能源工作的部门，对报备案的设计方案发现有不符合技术安全要求的，应当督促建设单位予以改正。

第二十六条　县级以上人民政府主管部门农村能源工作的部门应当协同同级质量技术监督、工商行政管理部门，对本地区生产、销售的农村用能产品进行监督检查。

第二十七条　鼓励农村用能产品的生产者按照有关法律、法规的规定申请节能质量认证。未经认证的，不得在其产品和产品包装上使用节能质量认证标志。按照国家规定应当标注能源效率标识的农村用能产品，应当按照规定标注能源效率标识。

禁止生产和销售国家明令淘汰的农村用能产品。

第二十八条　销售农村可再生能源产品或者提供技术服务的单位和个人，应当对所销售的产品质量和所提供的技术负责，并向用户传授安全操作知识，提供售后服务。

第五章　法律责任

第二十九条　违反本条例第二十二条、第二十三条规定，未取得相应职业资格证书、资质证书从事相关职业或者从事大中型农村可再生能源工程设计、施工的，由县级以上人民政府主管农村能源工作的部门会同有关部门责令改正；拒不改正的，由有关部门依法进行处罚。

第三十条　沼气利用工程未达到设计、施工标准或者质量要求的，承担设计、施工的单位应当采取补救措施；给用户造成损失的，应当予以赔偿；造成质量事故或者伤亡事故的，由县级以上人民政府主管农村能源工作的部门协同有关部门依法处理；构成犯罪的，依法追究刑事责任。

第三十一条 县级以上人民政府主管农村能源工作的部门和其他有关部门的工作人员在农村可再生能源监督管理工作中有玩忽职守、滥用职权、徇私舞弊行为的，依法给予行政处分；构成犯罪的，依法追究刑事责任。

第三十二条 违反本条例其他规定，法律、法规规定应当给予处罚的，由有关部门依照有关法律、法规的规定给予处罚。

第六章 附 则

第三十三条 本条例自 2006 年 3 月 1 日起施行。

广西壮族自治区农村能源建设与管理条例

2001年5月26日广西壮族自治区第九届人民代表大会常务委员会第二十四次会议通过　根据2004年6月3日广西壮族自治区第十届人民代表大会常务委员会第八次会议《关于修改〈广西壮族自治区农村能源建设与管理条例〉的决定》修正

第一章　总　则

第一条　为了加强农村能源建设与管理，合理开发、利用、节约农村能源，保护和改善生态环境，促进我区农业和农村经济的可持续发展，根据国家有关法律、法规的规定，结合我区实际，制定本条例。

第二条　在本自治区行政区域内，从事农村能源（包括农村生活、生产使用的沼气、秸秆、薪柴、太阳能、风能、地热能、微水能、潮汐能等）建设、管理、使用以及从事农村能源设备、器材生产、经营的单位和个人，应当遵守本条例。

第三条　农村能源建设与管理应当遵循开发与节约并举和因地制宜、多能互补、综合利用、讲求效益的原则。

第四条　各级人民政府应当对农村能源建设作出统筹规划，将其纳入国民经济和社会发展中长期规划和年度计划，采取措施扶持农村能源建设事业。

第五条　县级以上人民政府农村能源主管部门，主管本行政区域内的农村能源建设和管理工作。

县级以上人民政府有关职能部门，按照各自职责，协同做好农村能源建设与管理工作。乡镇人民政府负责本行政区域内农村能源建设与管理工作。

第二章　开发与利用

第六条　各级人民政府应当鼓励和支持科研单位、大专院校和群众性科技组织研究、开发和推广先进适用的农村能源技术和开发新能源、普及能源科技知识；鼓励和支持用能单位和个人应用先进适用的农村能源技术、设备和器材。

农村能源重点科研、试验、推广项目，须经自治区人民政府有关职能部门组织专家进行可行性论证和评估，确认其技术先进、安全可靠、经济合理后，方可付诸实施。

第七条 各级人民政府应当根据本地的实际情况和财力,安排一定的专项资金,扶持、引导农村能源新技术、新设备、器材的研究与开发。

第八条 各级农村能源主管部门应当组织推广下列农村能源技术:

(一)沼气及其综合利用技术;

(二)城镇生活污水沼气净化技术;

(三)太阳能、地热能、潮汐能、风能利用技术;

(四)生物质气化、固化、炭化及薪炭林利用技术;

(五)乡镇企业节能技术;

(六)先进适用的省柴节煤炉灶和农产品加工等生产、生活节能技术;

(七)微水能发电技术;

(八)其他先进、实用的农村能源新技术。

第九条 在适宜发展沼气的地区,当地人民政府应当将沼气池建设纳入村镇建设规划。

县、乡人民政府所在地医院、公共厕所、屠宰场、养殖场、农副产品加工场等,逐步推广、应用沼气厌氧等技术处理有机废弃物。新建、改建农村住房时,根据实际情况可以配建沼气池。

第十条 小城镇、小康村建设应当有计划地兴建生活污水沼气净化工程、太阳能利用等工程,并与小城镇、小康村建设同步进行。

第十一条 各级农村能源主管部门应当协同农业、科技、环保等有关部门,加强对农作物秸秆的综合开发利用。

第十二条 从事农村能源技术和产品推广的单位和个人,应当推广技术成熟、性能先进、质量合格、安全可靠、经济合理的技术、设备、器材,对用户实行建、管、用跟踪服务,传授安全操作知识,防止造成人身伤害和主体工程损坏。

第三章 生产与经营

第十三条 对没有国家和行业标准而又需要在自治区范围内统一标准的农村能源设备、器材和工程技术,应当制定自治区地方标准。地方标准由自治区质量技术监督部门组织制定和发布。

第十四条 在本自治区行政区域内,生产和经营的农村能源设备、器材纳入国家公布的强制性认证产品目录的,必须有依法成立的认证机构的强制性认证标志。

第十五条 农村能源设备、器材的生产必须符合国家、行业或者地方标准,没有国家、行业、地方标准的,生产企业应当制定企业标准,并报县级以上质量技术监督部门和农村能源主管部门备案。

第四章　管理与监督

第十六条　农村能源技术推广应与科研单位、大专院校以及群众性科技组织、技术人员相结合，建立、健全社会化的技术推广服务网络。

第十七条　各级农村能源技术推广机构的技术人员，应当具有中等以上相关专业学历，或者经县级以上农村能源主管部门的专业培训，并经考核达到相应的专业技术水平。

从事农村能源建设工程施工、安装、维修、技术推广的专业技术人员，法律、行政法规和国务院决定规定必须取得相应资格证书的，应当取得资格证书后方可上岗。

第十八条　兴建下列农村能源工程，其技术方案须经县级以上农村能源主管部门审核：

（一）单池容积 50 立方米以上的沼气工程；

（二）日供气量 300 立方米以上的秸秆气化工程；

（三）5 千瓦以上 10 千瓦以下的微型水电站。

各级农村能源主管部门对上述工程技术方案进行审核时，不得收取费用。

第十九条　从事农村能源工程设计、施工的单位应当按照国家有关规定，取得相应资质证书，接受县级以上农村能源主管部门的监督管理。

第二十条　县级以上农村能源主管部门应当对农村能源工程设施，进行定期或者不定期的质量监督检查。

第二十一条　从事农村能源开发利用及农村用能的单位，应当按照农村能源主管部门的要求，及时如实提供有关统计资料和数据。

第五章　法律责任

第二十二条　擅自向用能单位和个人推广未经推广地区试验证明具有先进性和适应性的农村能源技术的，由当地人民政府或者农村能源主管部门责令其停止推广；给用能单位和个人造成损失的，应当赔偿损失；对直接负责的主管人员和其他直接责任人员，由其所在单位或者上级主管部门依法给予行政处分。

第二十三条　农村能源利用工程未达到设计、施工标准或者质量要求的，承担设计、施工的单位应当采取补救措施，给用户造成损失的，应予赔偿。

第二十四条　拒绝、阻碍农村能源主管部门工作人员依法执行职务的，由公安机关依照《中华人民共和国治安管理处罚条例》的规定处罚；构成犯罪的，依法追究刑事责任。

第二十五条　农村能源主管部门的工作人员不履行职责，玩忽职守，滥用职权，徇私舞弊的，由其所在单位或者上级主管部门依法给予行政处分；构成犯罪的，依法追究刑事责任。

第六章　附　则

第二十六条　本条例自 2001 年 8 月 1 日起施行。

四川省农村能源条例

2010年11月24日四川省第十一届人民代表大会常务委员会第三十五次会议通过 根据2017年7月27日四川省第十二届人民代表大会常务委员会第三十五次会议《关于修改〈四川省农村能源条例〉的决定》修正

第一章 总 则

第一条 为促进农村能源的开发利用节约，保护和改善生态环境，加强农村能源的建设和管理，根据《中华人民共和国可再生能源法》《中华人民共和国节约能源法》等相关法律法规，结合四川省实际，制定本条例。

第二条 本条例所称农村能源，是指沼气、秸秆、薪柴等生物质能和用于农村生产生活的太阳能、风能、地热能等非化石能源。

本条例所指农村能源产品，是指沼气及其他生物质燃气、生物质成型燃料等农村能源制成品和农村能源的开发利用节约所使用的设备、器材等。

第三条 在四川省行政区域内从事农村能源开发利用节约、生产经营、技术服务、监督管理等活动的单位和个人，应当遵守本条例。

第四条 开发利用节约农村能源应当坚持因地制宜、科学规划、多能互补、综合利用、讲求效益的方针，遵循政府扶持、市场引导、群众自愿、社会参与的原则。

第五条 县级以上地方人民政府农业行政主管部门是本行政区域内农村能源的行政主管部门，农村能源管理机构负责具体工作。

县级以上地方人民政府有关部门按照各自职责，做好农村能源建设、管理、服务的相关工作。

乡镇人民政府负责做好本行政区域内农村能源开发利用节约的组织、推广和安全管理教育工作。

第六条 县级以上地方人民政府农业行政主管部门负责下列工作：

（一）贯彻执行农村能源开发利用节约有关法律、法规和政策；

（二）组织开展农村能源资源调查与评价，编制农村能源发展规划；

（三）指导、监督农村能源建设项目的实施；

（四）组织开展农村能源科学技术普及、宣传教育、培训、职业技能鉴定、服务体系建设，以及国内外技术合作与交流；

（五）组织开展农村能源技术、工艺、产品的试验、示范、推广；

（六）会同有关部门对农村能源技术推广和产品质量进行监督管理。

第二章　扶持服务和开发利用

第七条　县级以上地方人民政府应当加强领导，统筹规划，将农村能源发展纳入国民经济和社会发展规划。

县级以上地方人民政府农业行政主管部门及农村能源管理机构负责编制本行政区域农村能源发展规划和年度计划。农村能源发展规划和年度计划应当与能源总体规划以及可再生能源开发利用规划和节能规划相衔接，并与节能减排的总体要求相适应。

第八条　县级以上地方人民政府应当在政策制定、资金扶持、项目安排、创新奖励等方面支持农村能源的开发利用节约和服务体系建设。

鼓励社会资金投资农村能源建设。鼓励各种经济主体及个人参与投资农村能源的开发利用节约。

第九条　县级以上地方人民政府应当按照农村能源发展规划，重点支持下列地区开发利用农村能源：

（一）农村贫困地区；

（二）少数民族地区；

（三）生态环境脆弱地区；

（四）畜牧业发展重点区域。

第十条　列入国家和省农村能源发展规划的、符合产业发展政策的农村能源开发利用节约和技术推广，按照国家和省的有关规定享受优惠政策。

第十一条　利用沼气发电、沼气和秸秆气集中供气以及应用秸秆气化、固化、碳化、液化技术的项目所购置的设备，按照国家和省有关规定享受优惠扶持政策。农村居民住宅利用太阳能供水供热或者购买使用省柴节能炉灶的，按照国家和省有关规定享受优惠政策。

第十二条　鼓励和引导金融机构加大对利用荒山、荒坡或者边际土地发展能源作物，利用农作物秸秆、农业废弃物等生产生物质能的支持力度。

第十三条　地方各级人民政府应当将农村能源技术推广纳入农业技术推广体系。县级以上地方人民政府应当加强农村能源服务体系建设，建立和完善农村能源公益性服务网络，并在具备条件的乡、镇设立农村能源服务站，在政策咨询、规划设计、技术指导、安全检查、维修维护等方面为用户提供服务。

鼓励各种经济主体及个人参与农村能源工程的经营和服务；支持农民专业合作社等新型农业经营主体为用户提供维修维护、技术指导、安全培训等服务。

第十四条　县级以上地方人民政府应当鼓励支持科研、教学、推广、生产等单位研究开发农村能源新技术、新产品，对在农村能源开发利用节约工作中有重大创新的单位和个人给予表彰。

第十五条　县级以上地方人民政府农业行政主管部门应当按照农村能源发展规划和相关技术标准组织推广下列农村能源技术：

（一）沼气池、沼气工程及沼气、沼渣、沼液综合利用；

（二）农村和城市污水管网不能覆盖的乡镇生活污水净化沼气工程；

（三）农作物秸秆生物气化、热解气化、固化、碳化、液化等能源化利用；

（四）农村太阳能、风能、地热能等利用；

（五）农产品初加工、农房建设和炊事节能；

（六）其他农村能源技术。

第十六条　鼓励在农村新建、改建、扩建农宅、公益设施和办公场所时，优先采用集中供气、太阳能利用等新能源利用和节能技术，其相关设施建设应当纳入农村建设统一规划。

鼓励在处理农村生活污水和畜禽养殖场、养殖小区等排放的有机废弃物时，优先采用沼气工程技术。

第十七条　农户利用自留地、住宅周围空闲地建设户用沼气池，不需办理建设用地审批手续。

乡镇、农村集体经济组织进行农村能源建设，以及农村集体经济组织进行能源产品开发需要使用土地的，按照国家关于集体建设用地的规定办理。

农村集体经济组织可以土地使用权入股、联营等方式，与其他经济主体、个人合作进行农村能源建设或者能源产品开发，所需土地按本条第二款规定办理。

第十八条　省人民政府农业行政主管部门按职能会同有关部门建立农村温室气体排放管理制度，组织开展农村能源碳交易工作。

第三章　质量监督和安全管理

第十九条　农村能源产品应当符合国家标准、行业标准或者地方标准。无以上标准的，生产企业应当制定企业标准。

农村能源产品及工程按照标准达到设计使用年限的或者因为其他原因存在安全隐患且无法排除，达不到安全使用条件的，应当报废。具体报废条件、程序及处置办法由省人民政府农业行政主管部门制定。

第二十条　农村能源新技术、新工艺、新产品，由县级人民政府农业行政主管部门会同科技、质量技术监督等部门进行论证评估认定后，方可推广。新技术、新工艺、新产品的评估认定办法由省农业行政主管部门会同其他相关部门制定。

引进农村能源技术、工艺、产品,应当具有国家或省级有关部门出具的质量检验合格证明或者鉴定证书,并报县级农业行政主管部门备案。

第二十一条 生产经营的农村能源产品,应当检验合格。纳入国家能效标识管理的,应当加贴能效标识;纳入国家公布的强制性认证产品目录的,应当加贴强制性认证标志。

禁止生产、销售国家明令淘汰或者质量不合格的农村能源产品。

第二十二条 从事农村能源项目设计、施工、产品生产经营和服务的单位和个人,应当对其质量安全和所提供的服务负责。县级以上农业行政主管部门应当对从事农村能源项目设计、施工、产品生产经营和服务的单位进行信用监督管理,并将监督管理情况及时向社会公告。

使用农村能源设施的单位应当制定、遵守有关安全管理、使用制度;使用农村能源设施的个人应当遵守相关安全使用制度。

第二十三条 农村能源建设项目立项、安全评价、招标投标、施工、监理、验收等应当遵守国家有关规定。

第二十四条 农村能源建设项目的防雷、防火、防爆等安全设施应当与主体工程同时设计、同时施工、同时验收、同时投入生产和使用,依法履行审批或备案手续。

第二十五条 从事农村能源建设设计、施工、监理的单位,应当具有相应的资质证书,并履行审批或备案手续。

从事农村能源建设施工、安装、维修、管护的技术人员,应当具备相应的职业技能。

第二十六条 下列农村能源工程,政府投资或补助兴建的,其初步设计方案应当经县级以上农业行政主管部门审核;非政府投资或补助建设的,其初步设计方案应当报县级农业行政主管部门备案:

(一)单池容积 50 立方米以上的沼气工程和生活污水净化沼气工程;

(二)日产气量 50 立方米以上的秸秆沼气工程和秸秆气化工程;

(三)日产 5 吨以上的生物质固化工程;

(四)非公共可再生能源电力系统的 1 千瓦以上 5 千瓦以下的太阳能光伏电站和 5 千瓦以上 10 千瓦以下风力发电站;

(五)集热面积 100 平方米以上的太阳能热水系统,500 平方米以上的太阳能供暖系统,1000 平方米以上的太阳能干燥系统;

(六)其他按规定应当由农业行政主管部门审核或者备案的农村能源建设和农村节能工程。

法律法规另有规定的,从其规定。

第二十七条 县级以上农业行政主管部门应当建立健全农村能源安全运行管理应急

预案。

第二十八条　鼓励和支持各类保险机构开展沼气安全综合保险。

第四章　法律责任

第二十九条　违反本条例第二十六条规定，未经审核或者未报备案擅自开工建设的，由县级以上地方人民政府农业行政主管部门责令停工并限期改正。

第三十条　农业行政主管部门及其他有关部门的工作人员在农村能源监督管理工作中，滥用职权、玩忽职守、徇私舞弊的，依法给予行政处分；构成犯罪的，依法追究刑事责任。

第三十一条　违反本条例的行为，法律、行政法规已有行政处罚规定的，从其规定；构成犯罪的，依法追究刑事责任。

第五章　附　则

第三十二条　本条例自 2011 年 1 月 1 日起施行。

甘肃省农村能源条例

(2014 年 7 月 31 日省十二届人大常委会第十次会议通过)

第一章 总 则

第一条 为了促进农村能源合理开发、科学利用，加强农村能源建设和管理，根据《中华人民共和国农业法》、《中华人民共和国可再生能源法》等有关法律、行政法规，结合本省实际，制定本条例。

第二条 在本省行政区域内从事农村能源开发利用与节约、生产经营、产品使用、技术服务、监督管理活动的单位和个人，应当遵守本条例。

第三条 本条例所称农村能源，是指沼气、秸秆、薪柴等生物质能和用于农村生产生活的太阳能、风能、地热能、微水能等能源。

本条例所称农村能源产品，是指沼气及其他生物质燃气、生物质成型燃料等农村能源制成品和农村能源的开发利用与节约所使用的设备、器材等。

第四条 开发利用与节约农村能源应当坚持因地制宜、多能互补、综合利用、讲求效益和开发与节约并举的方针，与村镇基础设施、畜禽规模养殖、现代农业设施建设相结合，遵循政府扶持、市场引导、社会参与的原则。

第五条 县级以上人民政府应当将农村能源产业发展纳入国民经济和社会发展规划，在政策制定、资金扶持、项目安排、创新奖励等方面支持农村能源的开发利用与节约和服务体系建设，促进农村能源事业可持续发展。

第六条 省农业行政部门是农村能源建设及其管理的主管部门。

县级以上人民政府农村能源管理机构负责本条例的具体实施，并履行下列职责：

（一）宣传和贯彻实施农村能源法律、法规；

（二）编制农村能源发展规划，报同级人民政府批准后，组织实施；

（三）组织实施农村能源试验、示范和技术改造项目，会同有关部门组织农村能源新技术、新产品的检测及成果鉴定；

（四）负责农村能源资源调查与评价、农村节能工作监督管理及宣传教育；

（五）负责农村能源技术推广、教育培训、咨询服务、职业技能鉴定以及国内外技术合作与交流；

（六）指导农村能源社会化服务体系建设，监督农村能源建设项目的实施；

（七）依法查处违反本条例的行政案件；

（八）法律法规规定的其他职责。

第七条 县级以上人民政府发展和改革、科学技术、城乡建设、安全生产监督管理等有关部门，应当在各自的职责范围内做好农村能源建设和监督管理的相关工作。

乡镇人民政府负责做好本行政区域内农村能源开发利用与节约的组织、推广和安全生产宣传教育工作。

第二章 开发利用与节约

第八条 各级人民政府应当发挥本地资源优势，优化用能结构，提高新能源和可再生能源在农村能源消费中的比重；加大节能技术推广力度，提高能源利用效率，减少农村地区能源消耗和污染物排放。

第九条 各级人民政府应当鼓励引进外资及社会资金开发利用农村能源，创新节能技术，研发节能产品，提供技术服务。

第十条 鼓励科研机构、大专院校、企业等单位和个人，通过技术转让、入股、咨询与服务等形式开展农村新能源和可再生能源新技术、新产品的研究开发和成果转化；支持用能单位和个人引进、开发、使用农村能源新技术、新产品。

第十一条 鼓励开发利用下列农村能源技术、产品：

（一）大中型沼气集中供气、沼气沼渣沼液综合利用、农村生产生活污水净化和粪污的厌氧发酵处理；

（二）秸秆等生物质的气化、液化、固化、炭化；

（三）能源作物的种植及其合理利用；

（四）高效低排节能炉、炕、灶；

（五）太阳能热水、采暖、干燥、种植、养殖以及太阳能光伏电源利用；

（六）地热能、微水能和风能利用；

（七）其他先进适用的新能源、可再生能源。

第十二条 各级人民政府应当引导和支持乡村兴建沼气集中供气工程、生产生活污水沼气净化工程，因地制宜开展户用沼气建设。

鼓励单位和个人利用农村生产生活污水、畜禽养殖场（区）排放的有机废弃物、秸秆等生物质原料，建设沼气集中供气、沼气发电工程。

县（市、区）农业行政主管部门应当组织沼气生产单位和个人对沼渣、沼液实行综合利用，生产无公害、绿色和有机农产品。

第十三条 各级人民政府应当制定扶持政策，支持秸秆能源化利用，推广秸秆气化、固化、炭化等技术。

禁止在田间地头焚烧秸秆。

第十四条 风、光、热等资源富集地区的各级人民政府，应当将风、光、热等能源的开发利用与节约纳入现代农业设施建设、村镇规划。

牧区、林区以及林缘地区的各级人民政府，应当重点推广节能设施，利用太阳能、风能、水能、地热能和沼气等能源，解决农牧民生产生活用能。

第十五条 新建、改建、扩建农村住宅、校舍、医院等建筑，应当优先采用建筑节能技术、太阳能利用技术、新型节能建筑材料、节能炉和节能炕灶等设施。

第三章 保障与服务

第十六条 县级以上人民政府应当在年度财政预算中安排资金支持农村能源建设发展，并逐年增加。

第十七条 乡镇、农村集体经济组织进行农村能源和农村能源产品的开发利用与节约，需要使用集体土地的，按照国家关于集体建设用地的规定办理。

农村集体经济组织可以通过土地使用权入股、联营等方式，与其他经济主体、个人合作进行农村能源和农村能源产品开发，所需土地按前款规定办理。

农村居民利用住宅院落空闲地建设户用沼气池，不需要办理建设用地审批手续。

第十八条 农村居民利用太阳能供水供热或者购买高效低排节能炉具的，按照国家和本省有关规定享受优惠政策。

利用沼气、秸秆气集中供气、发电以及应用固化、炭化、液化技术开发利用生物质能所购置的设备，可以享受农机具购置补贴。

第十九条 利用畜禽养殖废弃物、秸秆等原料制取沼气并向农村居民集中供气的，按照国家和本省有关规定减免相关费用，并对产品给予补贴；其工程设施运行用电执行农业用电价格。

利用畜禽养殖废弃物进行沼气发电的，享受国家规定的税收优惠政策。

第二十条 县级以上人民政府农村能源管理机构应当建立和完善农村能源开发利用信息系统，为农村能源生产者、经营者和使用者提供市场供求、新产品及新技术推广、科研成果和农村能源管理等信息服务。

第二十一条 县级以上人民政府应当支持组建农村能源利用服务平台，鼓励社会力量向农村能源用户提供物资、技术及劳务等服务。

第二十二条 省发展和改革部门会同省农业行政部门建立农村温室气体排放管理制度，省农村能源管理机构组织开展农村能源碳排放交易工作。

第四章 监督与管理

第二十三条 本省农村能源工程和产品的技术标准由省质量技术监督部门会同省农

业行政部门制定。

农村能源产品应当符合国家标准、行业标准、地方标准。无以上标准的应当制定企业标准，并报所在地的县（市、区）质量技术监督部门和农村能源主管部门备案。

第二十四条　引进推广农村能源新技术、新工艺，应当持有国家或者本省有关部门出具的评价证书。

生产、销售农村能源产品，应当持有法定的产品质量检验机构出具的质量检验合格证明。

从事农村能源工程设计、施工、监理、物管、维修的单位和个人，应当具有相应的资质、资格证书和技术等级证书。

第二十五条　从事农村能源工程建设、产品生产经营、技术推广服务的单位和个人，对其工程或者产品质量、技术安全负责。

使用农村能源产品及其设施的单位，应当建立健全并严格遵守有关安全管理、使用制度。使用农村能源产品及其设施的个人，应当严格遵守相关安全使用规程与制度，定期检查维护，确保使用安全。

第二十六条　生产经营规模化沼气、秸秆气供气，坚持"谁经营、谁受益、谁管理"的原则。生产经营单位和个人应当制定沼气、秸秆气安全事故应急预案，加强对维护人员沼气、秸秆气安全知识和技能的培训，并定期组织演练；应当定期对供气设施维护维修，对用户用气设施进行安全检查。

沼气、秸秆气用户应当遵守安全用气规则，使用合格的沼气、秸秆气燃烧器具和管件，及时更换国家明令淘汰或者使用年限已届满的沼气、秸秆气燃烧器具、管件。

第二十七条　兴建农村能源工程，应当按照国家和本省有关基本建设项目的规定执行，其工程的设计和施工应当符合相应的标准和规范。

第二十八条　农村能源生产、使用单位和个人，应当如实向农村能源管理机构提供有关数据和资料。

第五章　法律责任

第二十九条　违反本条例规定，未持有国家或者本省有关部门出具的评价证书引进推广农村能源新技术新工艺的，责令停止违法行为，可并处五千元以下罚款。

违反本条例规定，未持有法定的产品质量检验机构出具的质量检验合格证明销售农村能源产品的，责令停止违法行为，可并处五千元以下罚款。

第三十条　违反本条例规定，未取得相应的资质、资格证书和技术等级证书从事农村能源工程设计、施工、监理、物管、维修的，责令停止违法行为，对单位可并处一万元以上三万元以下罚款。

第三十一条　违反本条例规定，农村能源工程和产品不符合标准或者质量要求的、农村能源技术不符合安全要求的，从事农村能源工程建设、产品生产经营、技术推广服务的单位和个人应当依法承担相应责任。

违反本条例规定，使用农村能源产品及其设施的单位和个人，未严格遵守相关安全使用规程与制度造成安全事故的，应当依法承担相应责任。

第三十二条 违反本条例规定，生产和经营规模化沼气、秸秆气供气的单位和个人未定期对供气设施维护维修、未对用户用气设施安全检查的，责令改正，可并处五千元以上一万元以下罚款；造成安全事故的，应当依法承担相应责任。

违反本条例规定，沼气、秸秆气用户未遵守安全用气规定或者使用不合格的沼气、秸秆气燃烧器具和管件，未及时更换国家明令淘汰或者使用年限已届满的沼气秸秆气燃烧器具和管件，造成安全事故和他人伤亡、人身财产损失的，应当依法承担相应责任。

第三十三条 违反本条例规定的其他行为，法律法规已有处罚规定的，从其规定。

第三十四条 农业行政主管部门和农村能源管理机构工作人员，在履行监督管理职责中，滥用职权、玩忽职守、徇私舞弊，尚不构成犯罪的，由其所在单位或者上级主管机关依法给予行政处分；构成犯罪的，依法追究刑事责任。

第六章 附 则

第三十五条 本条例自 2014 年 10 月 1 日起施行。1998 年 9 月 28 日甘肃省第九届人民代表大会常务委员会第六次会议通过，2004 年 6 月 4 日甘肃省第十届人民代表大会常务委员会第十次会议第一次修正，2005 年 9 月 23 日甘肃省第十届人民代表大会常务委员会第十八次会议第二次修正，2010 年 9 月 29 日甘肃省第十一届人民代表大会常务委员会第十七次会议第三次修正的《甘肃省农村能源建设管理条例》同时废止。

第三篇

各省（区、市）沼气建设管理、验收办法及细则

天津市农村沼气工程
建设管理办法实施细则（试行）

第一章 总 则

第一条 为加强对天津市农村沼气工程的管理，提高工程建设质量和效益，依据国家发展改革委、农业部印发的《农村沼气工程建设管理办法》和我市现行的项目管理规定制定本实施细则。

第二条 本实施细则适用于在天津市使用中央预算内投资补助建设的规模化大型沼气工程、规模化生物天然气工程。

第三条 市和区县两级发展改革部门和农村能源主管部门要按照职责分工，各负其责，密切配合，加强对工程建设的组织管理、指导协调，共同做好工程建设管理的各项工作，确保发挥中央投资效益。市和区县两级发展改革部门负责农村沼气建设规划衔接平衡；联合农村能源主管部门，做好年度投资计划审核、申报和转发，并监督检查投资计划执行和项目实施情况。市和区县两级农村能源主管部门负责农村沼气建设规划编制、行业审核、行业管理、技术指导和监督检查等工作。

第四条 在农村沼气建设和运行过程中应牢固树立"安全第一、预防为主"的意识，落实安全生产责任制，科学规范操作，确保安全生产。

第二章 项目申报和投资计划管理

第五条 申报中央预算内投资补助的规模化大型沼气工程和规模化生物天然气工程，应符合国家发展改革委和农业部编制的农村沼气工程有关规划、工作方案和申报通知的要求，落实备案、土地、规划、环评、能评、配套资金承诺、安评等前期工作，确保当年能开工建设。已经获得中央财政投资或其他部门支持的项目不得重复申报，已经申报国家发展改革委其他专项或国家其他部门的项目不得多头申报。

第六条 规模化大型沼气工程，项目单位在落实第五条中提出的各项前期工作后，根据工作方案提出资金申请（工艺、设备技术设计内容要能满足编制招标文件、购置设备材料的要求，并附有设计蓝图），资金申请报告由区县审批。资金申请报告审批后由区县发展改革委会同农委联合行文向市发展改革委和市农委申请转报中央预算内投资计划。区县的上报文件需附各项前期工作文件。

第七条 规模化生物天然气工程，在试点阶段，落实第五条中提出的各项前期工作后，由区县发展改革委和农委联合行文向市发展改革委和市农委上报项目资金申请报告。项目资金申请报告应由农业或环境工程设计甲级资质的咨询设计单位编制。市农委出具行业审查意见。市发展改革委依据市农委出具的行业审查意见审批资金申请报告。市发展改革委会同市农委，根据项目单位报送的资金申请报告，开展实地调查，择优选取试点项目，在此基础上编制项目试点方案。

第八条 按照国家发展改革委和农业部项目申报通知要求，市发展改革委会同市农委编制我市农村沼气工程年度投资建议计划，并联合上报国家发展改革委和农业部。前期工作要件不齐备的项目不予上报。

第九条 中央投资规模计划下达后 20 个工作日内，市发展改革委会同市农委依据各区县项目申请情况，分解转发中央投资计划。明确项目建设地点、建设内容、建设工期及有关工作要求，确保项目按照计划实施，并将分解的投资计划报国家发展改革委和农业部备核。凡安排中央预算内投资的项目，必须按第六条、第七条完成资金申请审批工作，可单独批复或者在转发投资计划的同时一并批复。

第十条 投资计划一经下达，应严格执行。项目实施过程中确需调整的，由市发展改革委会同农村能源主管部门做出调整决定。对于仅调整项目建设内容和投资数额的规模化大型沼气工程项目，授权区县发展改革委和区县农委履行调整手续。对于调整项目建设主体的规模化大型沼气工程项目，按新报项目对待。由区县完成本办法第五条、第六条规定的各项前期工作后，区县发展改革委会同区县农委向市发展改革委和市农委上报项目调整申请。市农委对区县上报的调整申请出具行业主管部门审查意见后，市发展改革委据此出具调整意见。对于规模化生物天然气工程，在试点阶段，由区县发展改革委会同区县农委向市发展改革委和市农委上报调整申请。上报文件应附备案、土地、规划、环评、能评、配套资金承诺、安评等前置要件和资金申请报告。由市发展改革委会同市农委转报国家发展改革委和农业部。

第十一条 按照政府信息公开要求，凡安排中央预算内投资的项目，由市发展改革委在门户网站上公开项目名称、项目建设单位、建设地点、建设内容等信息。凡申报项目的单位，视同同意公开项目信息。不同意公开相关信息的项目，请勿组织申报。

第三章 资金管理

第十二条 对于符合条件的规模化大型沼气工程和规模化生物天然气工程，按照规定的中央投资标准进行投资补助，其余资金由企业自筹解决。鼓励市和区县级财政安排资金配套。对于中央补助投资项目给予资金配套的地区，中央将加大支持力度。

第十三条 严格执行中央预算内投资管理的有关规定，切实加强资金和项目实施管理。对于中央补助投资，要做到专账管理，独立核算，专款专用，严禁滞留、挪用。

第十四条　推行资金管理报账制，根据项目实施进度拨付资金。对于已完成项目前期工作且自筹资金到位 30% 的项目，方可拨付中央投资；工程竣工验收后拨付最终 20% 中央投资。

第四章　组织实施

第十五条　鼓励在市和区县级财政配套资金中安排部分工作经费，用于农村沼气工程的项目组织、审查论证、监督检查、技术指导、竣工验收和宣传培训等。

第十六条　项目实施要严格执行基本建设程序，落实项目法人责任制、招标投标制、建设监理制和合同管理制，确保工程质量和安全。

第十七条　农村沼气工程设计和建筑施工应严格执行国家、行业或地方标准，规范建设行为。规模化大型沼气工程的设计和施工单位应具备相应的资质。规模化生物天然气工程的施工单位原则上应具备环境工程专业承包一级资质。

第十八条　市发展改革委会同市农委制定《天津市农村沼气工程竣工验收办法》。验收工作由市农委具体组织。项目建设完成后，应按照《天津市农村沼气工程竣工验收办法》及时组织验收，确保验收合格的项目达到预期效果。对验收不合格的项目，要限期整改。验收总结报告报送国家发展改革委、农业部，国家发展改革委、农业部视情况进行抽查。

第五章　建后管护

第十九条　项目单位应成立或委托专业化运营机构承担日常维护管理，确保工程安全、稳定、持续运行。要做好必要的原料使用量、沼气沼渣沼液生产量和利用量、工程运营情况等的日常记录，配合当地农村能源主管部门开展技术培训、示范推广和信息搜集，接受行政主管部门在合理期限和范围内的跟踪监管。

第二十条　市农委及区县农村能源主管部门要加强对项目运行管护的指导和监督，加强对项目单位和工程运行人员的专业技术培训，促进工程良性运行。

第二十一条　工程质量管理按照《建设工程质量管理条例》（国务院令〔2010〕第279 号）执行，实行终身负责制，农村沼气工程在合理运行期内，出现重大安全、质量事故的，将倒查责任，严格问责，严肃追究。

第六章　监督管理

第二十二条　市农委要会同市发展改革委全面加强对我市农村沼气工程的监督检查。检查内容包括组织领导、相关管理制度和办法制定、项目进度、工程质量、竣工验收和工程效益发挥情况等。要建立项目信息定期通报制度，对建设进度、质量、效益等进行通报，并将通报内容报送农业部、国家发展改革委，原则上每半年一次，其中规模化生物天然气工程试点项目每月报一次。

第二十三条　市农委具体负责项目信息的搜集、汇总与报送，并根据有关规定制定农村沼气工程档案管理的具体办法，档案保存年限不得少于工程设计寿命年限。规模化生物天然气工程项目建设要纳入农业建设信息系统管理，及时报送项目建设进度；项目建成后，要接入农业部正在建设的沼气远程在线监测平台。对于具备条件的规模化沼气工程，可根据需要，纳入农业建设信息系统管理或接入沼气远程在线监测平台。

第二十四条　国家发展改革委和农业部将不定期对项目执行情况进行监督和抽查，或者组织各地交叉检查，并将根据需要开展项目稽查。检查和稽查结果将作为安排后续年度中央投资的重要依据。

第二十五条　细化责任追究制度，对项目事中事后监管中发现的问题，市发展改革委和市农委将按照国家发展改革委和农业部的要求，根据情节轻重，采取责令限期整改、通报批评、暂停拨付中央资金、扣减或收回中央资金、列入信用黑名单、一定时期内不再受理其资金申请、追究有关责任人行政或法律责任等处罚措施。各区县也要进一步细化责任追究制度。

第二十六条　由于区县审核项目时把关不严、项目建设中和建成后监管工作不到位等问题，导致出现不能如期完成年度投资计划任务或未实现项目建设目标、频繁调整投资计划且调整范围大、项目多等情况，将核减其后续年度投资计划的申报规模。

第七章　附　则

第二十七条　本实施细则由市发展改革委和市农委负责解释，自发布之日起施行。

天津市农村沼气工程竣工验收办法（试行）

第一章　总　则

第一条　为加强中央预算内农村沼气工程项目管理，规范项目竣工验收程序，提高工程质量和投资效益，依据《农村沼气工程建设管理办法（试行）》和我市现行的项目管理规定，制定本办法。

第二条　农村沼气工程项目竣工验收是对项目建设及资金使用等情况进行的全面审查和总结。

第三条　本办法适用于 2015 年及以后中央预算内投资建设的规模化大型沼气工程、规模化生物天然气工程。

国家对有关建设项目的竣工验收有特殊规定的，从其规定。

第二章　职责分工

第四条　市农委会同市发展改革委等部门负责本市规模化大型沼气工程竣工验收抽查、规模化生物天然气工程建设项目竣工验收，并将验收抽查和验收总结报告报送国家发展改革委和农业部，配合国家发展改革委和农业部的验收抽查。

第五条　项目所在区、县农村能源主管部门和发展改革委监督、指导项目建设单位做好竣工验收相关工作，审核项目建设单位自验情况，组织规模化大型沼气工程竣工验收，规模化生物天然气工程的初验和提交项目竣工验收申请报告。

第三章　竣工验收条件和内容

第六条　申请竣工验收的项目必须具备下列条件：

（一）完成经审批通过的项目资金申请报告和投资计划中规定的各项建设内容。

（二）系统整理所有技术文件材料并分类立卷，技术档案和施工管理资料齐全、完整。包括：项目审批文件和年度投资计划文件，设计（含工艺、设备技术）、施工、监理文件，招投标、合同管理文件，财务档案（含账册、凭证、报表等），工程总结文件，工程竣工图以及工程相关图片、影像资料等。

（三）土建工程质量经当地建设工程质量监督机构备案。

（四）主要工艺设备及配套设施能够按批复的设计要求运行，并达到项目设计目标。

（五）环境保护、劳动安全卫生及消防设施已按设计要求与主体工程同时建成并经相关部门审查合格。

（六）工程项目或各单项工程已经建设单位初验合格。

第七条 竣工验收的主要内容：

（一）项目建设总体完成情况。建设地点、建设内容、建设规模、建设标准、建设质量、建设工期等是否按审批通过的资金申请报告和下达的投资计划完成。

（二）项目资金到位及使用情况。资金到位及使用是否符合国家有关投资、财务管理的规定。包括中央投资、地方配套及自筹资金到位时间、实际落实情况，资金支出及分项支出范畴及结构情况，项目资金管理情况（包括专账独立核算、入账手续及凭证完整性、支出结构合理性等），材料、仪器、设备购置款项使用及其他各项支出的合理性。

（三）项目变更情况。项目在建设过程中是否发生变更，是否按规定程序办理报批手续。

（四）施工和设备到位情况。各单位工程和单项工程验收合格记录。包括建筑施工合格率和优良率，仪器、设备安装及调试情况。

（五）执行法律、法规情况。环保、劳动安全、卫生、消防等设施是否按批准的设计文件建成，是否合格，建筑抗震设防是否符合规定。

（六）投产或者投入使用准备情况。组织机构、岗位人员培训、物资准备、外部协作条件是否落实。

（七）档案资料情况。建设项目批准文件、设计文件、竣工文件、监理文件及各项技术文件是否齐全、准确，是否按规定归档。

（八）竣工决算情况。财务档案是否齐备，具备由财政局指定机构进行财务决算的条件。

（九）项目管理情况及其他需要验收的内容。

第四章 竣工验收程序与组织

第八条 建设项目在竣工验收之前，施工单位按照国家规定，整理好文件、技术资料，向建设单位提出交工报告，由建设单位组织施工、监理、设计等有关单位组织自验。自验不合格的工程不得报请竣工验收。

第九条 规模化大型沼气工程自验合格并具备竣工验收条件后，建设单位向所在地农村能源主管部门和发展改革委提出竣工验收申请，经项目所在地农村能源主管部门、发展改革委验收合格后，将项目验收总结报告报市农委、市发展改革委备案。

规模化生物天然气工程自验合格并具备竣工验收条件后，建设单位向所在地农村能源主管部门和发展改革委提出竣工验收申请，经项目所在地农村能源主管部门和发展改革委初验合格后报请市农委、市发展改革委组织竣工验收。

第十条　规模化大型沼气工程竣工验收总结报告和规模化生物天然气工程竣工验收申请报告应依照竣工验收条件对项目实施情况进行分类总结，并体现结论意见。竣工验收总结或申请报告应规范、完整、真实，装订成册。

第十一条　竣工验收的组织：

（一）市农委和市发展改革委，在收到规模化大型沼气工程竣工验收总结报告后，对项目组织抽查和绩效评价。在收到规模化生物天然气工程项目竣工验收申请报告后，对具备竣工验收条件的项目组织竣工验收。

（二）对规模化大型沼气工程项目的抽查要组成检查组，对规模化生物天然气工程项目竣工验收要组成验收组。检查组或验收组由相关部门及工艺技术、工程技术、财务等方面的专家组成。成员人数为3人以上（含3人）单数，其中工程、技术、财务等方面的专家不得少于成员总数的三分之二。

建设单位、使用单位、施工单位、勘察设计、工程监理等单位应当配合检查和验收工作。

（三）检查组和验收组要听取各有关单位的项目建设工作报告，查阅工程档案、财务账目及其他相关资料，实地查验建设情况，充分研究讨论，对工程建设内容、资金使用情况和工程质量等方面做出全面评价。

第十二条　规模化生物天然气工程项目验收组通过对项目的全面检查和考核，与建设单位交换意见，对项目建设的科学性、合理性、合法性做出评价，形成竣工验收报告，填写竣工验收表。

竣工验收报告由以下主要内容组成：项目概况，资金到位、使用及财务管理情况，土建及输配管网工程情况，仪器设备购置情况，制度建设、操作规程及档案情况，项目实施与运行情况，项目效益与建设效果评价，存在的主要问题，验收结论与建议。

第十三条　对验收合格的规模化生物天然气建设项目，验收组出具竣工验收合格意见。对不符合竣工验收要求的建设项目暂缓验收，由验收组织单位提出整改要求，限期整改。无法整改或整改后仍达不到竣工验收要求的，由市农委会同市发展改革委将验收情况进行通报并按照国家有关规定进行处理。

第五章　附　则

第十四条　竣工项目（工程）通过验收后，建设单位应及时办理固定资产移交手续，加强固定资产管理。

第十五条　本办法由市农委和市发展改革委负责解释，自发布之日起执行。

河北省农村沼气工程验收办法（试行）

（河北省发展和改革委员会　河北省农业厅　2017 年 9 月 10 日）

第一章　总　则

第一条　为加强农村沼气工程建设管理，规范工程竣工验收程序，提高工程质量和投资效益，依据《农村沼气工程中央预算内投资专项管理办法》《中央预算内投资补助和贴息项目管理办法》《农业基本建设项目管理办法》《农业建设项目竣工验收管理规定》有关规定，制定本办法。

第二条　农村沼气工程竣工验收是对工程建设及资金使用等进行的全面审查和总结。

第三条　本办法适用于 2015 年以后（含 2015 年度）中央预算内投资补助建设的规模化大型沼气工程、规模化生物天然气工程。

国家对有关建设工程的竣工验收有特殊规定的，从其规定。

第二章　职责分工

第四条　省发展改革委、省农业厅共同负责省内规模化生物天然气工程和中央投资补助 1500 万元以上（含 1500 万元）规模化大型沼气工程验收，其中，规模化生物天然气工程验收完成后，省发展改革委、省农业厅要形成验收总结报告并报送国家发展改革委和农业部备查。

第五条　市发展改革委会同新能源主管部门负责辖区内中央补助投资规模 1500 万元以下规模化大型沼气工程竣工验收，并将验收总结报告报送省发展改革委和农业厅，配合省发展改革委和农业厅的验收抽查。

第六条　县（市）发展改革部门和新能源主管部门负责监督、指导工程建设单位做好竣工验收相关工作，审核工程建设单位自验情况，及时提交竣工验收申请报告。

第三章　竣工验收条件和内容

第七条　申请竣工验收的工程必须具备下列条件：

（一）完成经审批通过的项目资金申请报告和投资计划下达文件中规定的各项建设

内容。

（二）系统整理所有技术文件材料并分类立卷，技术档案和施工管理资料齐全、完整。包括：项目审批文件和年度投资计划文件，初步设计（专家论证意见）、施工图设计（含工艺、设备技术）、施工、监理文件，招投标、合同管理文件，基建财务档案（含账册、凭证、报表等），工程总结文件，勘察、设计、施工、监理等单位签署的质量合格文件，施工单位签署的工程保修证书，工程竣工图以及工程相关图片、影像资料等。

（三）土建工程质量经当地建设工程质量监督机构备案。

（四）主要工艺设备及配套设施能够按批复的设计要求运行，并达到设计目标。

（五）环境保护、劳动安全卫生及消防设施已按设计要求与主体工程同时建成并经相关部门审查合格。

（六）工程项目或各单项工程已经初验合格。

（七）编制了竣工决算，并经有资质的中介审计机构或当地审计机关审计。必要时竣工决算审计由项目验收组织单位委托中介审计机构进行竣工决算审计。

第八条 工程竣工验收的主要内容：

（一）工程建设总体完成情况。建设地点、建设内容、建设规模、建设标准、建设质量、建设工期等是否按备案证、资金申请报告、初步设计中要求建成。

（二）工程资金到位及使用情况。资金到位及使用是否符合国家有关投资、财务管理的规定。包括中央投资、自筹资金到位时间、实际落实情况，资金支出及分项支出范畴及结构情况，工程资金管理情况（包括专账独立核算、入账手续及凭证完整性、支出结构合理性等），材料、仪器、设备购置款项使用及其他各项支出的合理性。

（三）工程变更情况。工程在建设过程中是否发生变更，是否按规定程序办理报批手续。

（四）施工和设备到位情况。各单位工程和单项工程验收合格记录。包括建筑施工合格率和优良率，仪器、设备安装及调试情况，生产性项目是否经过试产运行，有无试运转及试生产的考核、记录，是否编制完成各专业竣工图。

（五）执行法律、法规情况。环保、劳动安全、卫生、消防等设施是否按批准的设计文件建成，是否合格。

（六）投产或者投入使用准备情况。组织机构、岗位人员培训、物资准备、外部协作条件是否落实。

（七）竣工决算情况。是否按要求编制了竣工决算，出具了合格的审计报告。

（八）档案资料情况。建设项目批准文件、设计文件、竣工文件、监理文件及各项技术文件是否齐全、准确，是否按规定归档。

（九）工程管理情况及其他需要验收的内容。

第四章 竣工验收程序与组织

第九条 工程在竣工验收之前，施工单位按照国家规定，整理好文件、技术资料，向建设单位提出交工报告，由建设单位组织施工、监理、设计及使用等有关单位组织自验。自验不合格的工程不得报请县级初验。

第十条 自验合格并具备竣工验收条件后，建设单位应在15日内向所在县（市、区）发展改革委和新能源主管部门提出初验申请，工程所在县（市、区）发展改革委、新能源主管部门应在30日内组织初验。初验通过后，中央投资补助规模1500万元以下规模化大型沼气工程报请市发展改革委、新能源主管部门组织竣工验收。规模化生物天然气工程和中央投资补助规模1500万元以上（含1500万元）规模化大型沼气工程经市发展改革委、新能源主管部门审核后，报请省发展改革委、省农业厅组织竣工验收。

第十一条 竣工验收申请报告应依照竣工验收条件对工程实施情况进行分类总结，并附初步验收结论意见、工程竣工决算、审计报告、工作总结报告等。

竣工验收申请报告应规范、完整、真实，装订成册。

第十二条 竣工验收的组织：

（一）省发展改革委、省农业厅，在收到竣工验收申请报告后，对具备竣工验收条件的工程，应在60日内组织竣工验收。市发展改革委会同新能源主管部门，在收到竣工验收申请报告后，对具备竣工验收条件的工程，应在30日内组织竣工验收。

（二）竣工验收要组成验收组。验收组由验收组织单位、相关部门及工艺技术、工程技术、基建财会等方面的专家组成。成员人数为5人以上（含5人）单数，其中工程、技术、经济等方面的专家不得少于成员总数的三分之二。建设单位、使用单位、施工单位、勘察设计、工程监理等单位应当配合验收工作。

（三）验收组要听取各有关单位的工程建设工作报告，查阅工程档案、财务账目及其他相关资料，实地查验建设情况，充分研究讨论，对工程设计、施工和工程质量等方面作出全面评价。

第十三条 验收组通过对工程的全面检查和考核，与建设单位交换意见，对工程建设的科学性、合理性、合法性做出评价，形成竣工验收报告，填写竣工验收表（参照农业部农业基本建设项目竣工验收表制定）。

竣工验收报告由以下主要内容组成：项目概况，资金到位、使用及财务管理情况，土建工程情况，仪器设备购置情况，制度建设、操作规程及档案情况，工程实施与运行情况，效益与建设效果评价，存在的主要问题，验收结论与建议。

第十四条 竣工验收报告、竣工验收表分别由竣工验收组组长和专家签字后，报送项目验收组织单位。

第十五条 对验收合格的建设工程，验收组出具竣工验收合格意见。对不符合竣工验收要求的建设工程暂缓验收，由验收组织单位提出整改要求，限期整改。

无法整改或整改后仍达不到竣工验收要求的，由验收组织单位将验收情况进行通报并按照国家有关规定进行处理。

第五章　附　则

第十六条　工程通过验收后，建设单位应及时办理固定资产移交手续，加强固定资产管理，并将工程档案材料交档案或资料管理单位，做好永久长期性保存。

第十七条　完成工程竣工验收，建设单位应及时向属地政府及相关部门报告工程建设、验收和运行情况，自觉接受当地安监、消防、环保等相关部门的监管。

第十八条　本办法由省发展改革委和省农业厅负责解释，自印发之日起施行。

山西省农村可再生能源建设工程
项目资金管理办法（试行）

第一章 总 则

第一条 为切实加强全省农村可再生能源建设工程项目的管理，规范项目建设行为，提高资金使用效益，根据《中华人民共和国农业法》《中华人民共和国预算法》，参考国家发展和改革委员会、农业部《农村沼气工程建设管理办法（试行）》和《2015年农村沼气工程转型升级工作方案》，结合各地实际，特制定本办法。

第二条 专项资金使用原则：

（一）坚持优先安排中央项目配套资金的原则；

（二）坚持统筹规划、相对集中的原则；

（三）坚持持续使用、安全生产的原则；

（四）坚持因地制宜、自愿申报的原则。

第三条 本办法中所指农村能源专项补助资金适用范围包括国家沼气工程配套资金、沼气工程安全维护、清洁取暖示范工程补助等。

第二章 项目申报与实施

第四条 国家沼气工程配套专项资金。

省负责按照国家批复文件要求切块下达配套资金计划。

第五条 沼气工程安全维护专项资金。

（一）补助对象：需要安全维护的大型沼气工程项目。

（二）补助内容：省级补助资金主要用于大型沼气工程设备、仪器、仪表的老化更新、安全设施的改造、安全设备添置及操作人员安全技能培训等内容的补助。

（三）补助标准：沼气工程维护项目，原则上每处补助不高于10万元，不足部分企业自筹。建议：

供气户数200户以下，补助不高于6万元；

供气户数200~300户，补助8万元；

供气户数300户以上，补助10万元。

（四）申报条件：

1. 国家或省立项的已验收的沼气工程项目；

2. 已经实施过安全维护补助的沼气工程，5 年内不得重复申报；

3. 沼气工程能够正常运行，优先为农户持续供气的工程；

4. 项目单位自愿申报，以消除安全隐患为主要目的；

5. 项目优先在大中型沼气工程保有量多、运行较好的区域实施。

第六条　清洁取暖示范工程补助资金。

（一）补助对象：省级美丽宜居示范创建村。

（二）补助内容：按照示范创建村实际情况，省级补助资金主要用于高效低排放生物质炉、省柴节煤炉灶以及高效预制组装架空火炕等农村地区冬季清洁取暖设施的建设补助。

（三）补助标准：按照每户 1000 元的标准进行补助。

（四）申报条件：

1. 经山西省改善农村人居环境工作领导小组办公室批复的省级美丽宜居示范创建村；

2. 村庄内冬季取暖问题尚未得到有效解决；

3. 有 50% 以上农户有建设意愿，并提出建设申请；

4. 项目优先在有一定的农村能源相关项目建设经验和技术力量的示范创建村建设。

第七条　农村可再生能源建设工程项目管理实行分级管理制度，省农业厅负责依据各市大中型沼气工程项目验收、上年度绩效考核以及各市清洁取暖示范工程申报等情况，切块下达资金计划，进行项目技术指导、督察检查；市负责项目落实、宣传培训、方案批复、项目监管；县农业主管部门对本县项目的申报、建设实施、资金管理及建成后的运行管理等全过程负责。对于项目管理制度不健全、财务管理混乱、建设质量存在严重问题等，要追究相关责任人的责任。

第三章　项目资金管理及监督

第八条　国家沼气工程配套专项资金按照《农村沼气工程建设管理办法（试行）》及有关文件要求进行管理。

第九条　沼气工程安全维护专项资金和清洁取暖示范工程补助资金由各市农委负责项目的审批和监管，各县农委为项目主管部门，负责资金拨付并保证建设质量和运行管理。

项目单位或项目村提出申请后，首先利用自筹资金进行建设，项目验收通过后，主管部门应按照补助标准一次性拨付项目单位。

沼气工程安全维护专项资金在使用过程中符合政府采购管理办法有关规定的，应按要求实行政府采购。

凡有下列情况者不予拨付：

（一）下达计划擅自调整的项目；

（二）存在质量问题未及时采取补救措施的项目；

（三）擅自变更合同内容的项目；

（四）原始凭证不真实、不合法的及超范围开支的项目。

第十条　对已下达的项目计划，不得随意调整建设内容、建设标准、建设规模和建设地点等，如确需进行调整，必须报原批准部门审批。

第四章　项目验收与绩效评价

第十一条　沼气工程安全维护项目和清洁取暖示范工程项目验收按照国家或省有关管理办法及文件要求执行。各项目县要督促辖区内的项目单位或项目村建立健全项目建设档案，在项目计划任务完成后，要先组织自验，合格后，按照程序上报申请验收。验收组织单位在接到申请验收报告后，应及时组织有关人员进行验收（不超过 15 个工作日）。省农业厅按照财政支农资金的有关要求对项目验收情况进行抽查核实，并对各市、县项目实施情况进行绩效评价。

第十二条　绩效评价结果是对农村可再生能源建设工程项目专项资金管理使用的综合评价，将作为省级下年度选择、确定项目县（市、区）和分配资金的重要依据。省级将根据产业发展布局、区域特点、结合绩效评价结果较好的县（市、区），在资金分配时给予倾斜；对资金使用管理过程中出现的违规违纪问题，根据相关规定进行处理。

第五章　项目档案管理

第十三条　加强项目档案管理。农村可再生能源建设工程项目完工后，要建立完整的档案。档案由县农委统一建立和保管。主要包括：

1. 项目申请报告，项目实施方案；

2. 省农业厅下达的项目资金使用计划文件；

3. 项目实施情况，包括项目组织管理措施，实施合同或协议、资金使用凭证等；

4. 项目竣工验收报告；

5. 项目资金使用效益情况；

6. 项目实施中的检查记录。

第十四条　专项资金项目档案要明确专人管理，做到规范化、制度化。

江苏省农村沼气工程建设管理实施细则（试行）

第一章 总 则

第一条 为加强农村沼气工程中央项目建设管理，根据国家发展改革委和农业部《农村沼气工程建设管理办法（试行）》和《2015 年农村沼气工程转型升级工作方案》（以下简称《工作方案》）制定此细则。

第二条 本细则适用于 2015 年及以后中央预算内投资补助建设的规模化大型沼气工程、规模化生物天然气工程项目。

第三条 省、市、县（市）发展改革委和农委，要加强项目建设的组织、指导和协调，共同做好工程建设项目管理的各项工作，确保发挥中央投资效益。

第四条 农村沼气工程建设和运行应坚持"安全第一、预防为主"的原则，落实安全责任制，科学规范操作，确保安全生产。

第二章 项目申报和投资计划管理

第五条 申请中央预算内投资补助的规模化大型沼气工程和规模化生物天然气工程，应符合国家发展改革委和农业部编制的农村沼气工程有关规划、《工作方案》及申报通知要求，落实备案、土地、规划、环评、能评、资金、安评等前期工作，确保当年能开工建设。项目建设用地按国土资源部、农业部《关于进一步支持设施农业健康发展的通知》（国土资发〔2014〕127 号）执行。同一项目，已经获得中央财政投资或省级财政扶持的项目不得重复申报，已经申报国家发展改革委其他专项或国家其他部门的项目不得多头申报。

第六条 规模化大型沼气工程，项目单位在落实前期工作后，根据《工作方案》要求和项目建设规模，委托具有相应资质单位编制资金申请报告，报省农委出具行业审查意见，由省发展改革委下达投资计划时一并审批。

第七条 规模化生物天然气工程，在试点阶段，应由农业或环境工程设计甲级资质的咨询设计单位编制项目资金申请报告，报省农委出具行业审查意见，省发展改革委根据项目单位报送的资金申请报告及行业审查意见，开展实地调研，择优选取上报试点项目，并在下达投资计划时对资金申请报告一并审批。

第八条　市、县（市）发展改革委要会同农委，加强项目备案审查力度，确保项目真实可行。对项目资金申请报告是否符合中央预算内投资使用方向和有关规定、是否符合工作方案或申报通知要求、是否符合投资补助的安排原则、项目前期工作是否落实等进行初审，并对审查结果的申报材料的真实性、合规性负责。

第九条　省发展改革委和省农委根据行业审查结果，编制省级农村沼气工程年度投资建议计划和规模化生物天然气工程项目试点方案，联合报送至国家发展改革委和农业部。

第十条　省发展改革委和省农委在接到中央投资规模计划后 20 个工作日内，分解落实到具体项目并下达投资计划，明确项目建设地点、建设内容、建设工期及有关工作要求，同时一并批复项目资金申请报告。各市、县（市）发展改革委、农委在接到省下达的投资计划后 10 个工作日内，将投资计划及项目资金申请批复转下达项目建设单位。

第十一条　项目建设单位要按照资金申请报告批复和投资计划下达的建设内容、投资规模等，委托具有相应资质单位按期编制项目实施方案，由所在地市、县（市）农委、发展改革委联合行文报省农委和省发展改革委审批。

第十二条　投资计划一经下达，应严格执行，项目实施过程中确需调整的，由省发展改革委会同省农委做出调整决定，调整后拟安排中央补助资金的项目，要符合农村沼气工程中央投资支持范围，严格执行国家明确的投资补助标准，认真履行项目资金申请和审批等前期手续，并报国家发展改革委和农业部备核。试点阶段的规模化生物天然气工程需报请国家发展改革委和农业部做出调整决定。

第十三条　按照政府信息公开要求，凡安排中央预算内投资的项目，需在省发展改革委和省农委网站上公开项目名称、项目建设单位、建设地点和建设内容等信息。凡申报项目的单位，视同同意公开项目信息。

第三章　资金管理

第十四条　对于符合条件的规模化大型沼气工程和规模化生物天然气工程，按照规定的中央投资标准进行投资补助，其余资金由企业自筹解决。

第十五条　严格执行中央预算内投资管理的有关规定，切实加强资金和项目实施管理。对于中央补助投资的项目，要做到专账管理，独立核算，专款专用，严禁滞留、挪用。

第十六条　推行资金管理报账制，根据项目实施进度拨付资金。对于已完成项目前期工作且自筹资金到位 30% 的项目，在实施方案审批后，开工即可拨付 30% 中央投资、主体完成后再拨付 50% 中央投资、工程竣工验收后拨付剩余的 20% 中央投资。

第四章 组织实施

第十七条 项目实施要严格执行基本建设程序，建设单位要切实落实项目法人责任制、招投标制、建设监理制和合同管理制，确保工程质量和安全。

第十八条 农村沼气工程设计和建筑施工应严格执行国家、行业或地方标准，规范建设行为。规模化大型沼气工程的设计和施工单位应具备相应资质，规模化生物天然气工程的施工单位原则上应具备环境工程专业承包一级资质。

第十九条 项目建设完成后，各市、县（市）发展改革委、农委要按照《江苏省农村沼气工程项目竣工验收办法（试行）》要求，及时申请竣工验收，确保验收合格的项目能达到预期效果。对验收不合格的项目，要限期整改。省级验收总结报告报送国家发展改革委、农业部。

第五章 建后管理

第二十条 项目单位应成立或委托专业化运营机构承担日常维护管理，确保工程安全、稳定、持续运行。要做好必要的原料使用量、沼气沼渣沼液生产利用量、工程运营情况等日常记录，配合当地农村能源主管部门开展技术培训、示范推广和信息搜集，接受行政主管部门在合理期限和范围内的跟踪监管。

第二十一条 工程质量管理按照《建设工程质量管理条例》（国务院令〔2010〕第279号）执行，实行终身负责制，农村沼气工程在合理运行期内，出现重大安全、质量事故的，将倒查责任、严格问责、严肃追究。

第六章 监督管理

第二十二条 省发展改革委、农委负责本省农村沼气工程的监督检查、竣工验收。市、县（市）发展改革委和农委负责本地农村沼气工程的监督检查，检查内容包括组织领导、相关管理制度和办法制定、项目进度、工程质量和工程效益发挥情况。市、县（市）农委要加强对项目运行管护的指导和监督，促进工程良性运行。项目建设单位要定期将项目建设进度、质量、效益等信息上报省、市、县（市）发展改革委和农委，原则上每半年报一次，其中规模化生物天然气工程试点项目每月报一次。

第二十三条 农村沼气工程项目档案保存年限不得少于工程设计寿命。规模化生物天然气及规模化大型沼气工程项目建设要纳入农业建设信息管理系统，及时报送项目建设进度。农村沼气工程项目建成后，要接入农业部及省里正在建设的沼气远程在线监测平台。

第二十四条 严格责任追究制度。各级发展改革委、农委对项目事中事后监管中发现的问题，将根据情节轻重采取责令限期整改、通报批评、暂停拨付中央资金、扣减或收回项目资金、列入信用黑名单、一定时期内不再受理其资金申请、追究有关责任人行政或法律责任等处罚措施。

第七章　附　则

第二十五条　本细则由省发展改革委会同农委负责解释。农村沼气工程涉及的建设规范和技术标准参照农业部制定的规范标准执行。

第二十六条　本细则自下发之日起执行。

江苏省农村沼气工程项目竣工验收办法

第一章　总　则

第一条　为加强中央农村沼气工程项目管理，规范项目竣工验收程序，提高工程质量和投资效益，依据《农村沼气工程建设管理办法（试行）》和《江苏省农村沼气工程建设管理实施细则（试行）》及有关规定，制定本办法。

第二条　农村沼气工程项目竣工验收是对项目建设及资金使用等进行的全面审查和总结。

第三条　本办法适用于 2015 年及以后中央预算内投资补助建设的规模化大型沼气工程、规模化生物天然气工程项目。

国家对有关建设项目的竣工验收有特殊规定的，从其规定。

第二章　职责分工

第四条　省发展改革委会同省农委负责本省规模化大型沼气工程、规模化生物天然气工程建设项目竣工验收，并将验收总结报告报送国家发展改革委和农业部，配合国家发展改革委和农业部的验收抽查。

第五条　项目所在地市、县（市）发展改革委和农委监督、指导项目建设单位做好竣工验收相关工作，审核项目建设单位自验情况，及时提交项目竣工验收申请报告。

第三章　竣工验收条件和内容

第六条　申请竣工验收的项目必须具备下列条件：

（一）完成经审批通过的项目资金申请报告、项目实施方案和投资计划下达文件中规定的各项建设内容；

（二）系统整理所有技术文件材料并分类立卷，技术档案和施工管理资料齐全、完整。包括项目审批文件和年度投资计划文件，设计（含工艺、设备技术）、施工、监理文件，招投标、合同管理文件，基建财务档案（含账册、凭证、报表等），工程总结文件，勘察、设计、施工、监理等单位签署的质量合格文件，施工单位签署的工程保修证书，工程竣工图以及工程相关图片、影像资料等；

（三）土建工程质量经当地建设工程质量监督机构备案；

（四）主要工艺设备及配套设施能够按批复的设计要求运行，并达到项目设计目标；

（五）环境保护、劳动安全卫生及消防设施已按设计要求与主体工程同时建成并经相关部门审查合格；

（六）工程项目或各单项工程已经建设单位初验合格；

（七）编制了竣工决算，并经有资质的中介审计机构或当地审计机关审计。必要时竣工决算审计由项目验收组织单位委托中介审计机构进行竣工决算审计。

第七条 农村沼气工程项目竣工验收的主要内容：

（一）项目建设总体完成情况。建设地点、建设内容、建设规模、建设标准、建设质量、建设工期等是否按审批通过的资金申请报告和项目实施方案文件建成。

（二）项目资金到位及使用情况。资金到位及使用是否符合国家有关投资、财务管理的规定。包括中央投资、地方配套及自筹资金到位时间、实际落实情况，资金支出及分项支出范畴及结构情况，项目资金管理情况（包括专账独立核算、入账手续及凭证完整性、支出结构合理性等），材料、仪器、设备购置款项使用及其他各项支出的合理性。

（三）项目变更情况。项目在建设过程中是否发生变更，是否按规定程序办理报批手续。

（四）施工和设备到位情况。各单位工程和单项工程验收合格记录。包括建筑施工合格率和优良率，仪器、设备安装及调试情况，生产性项目是否经过试产运行，有无试运转及试生产的考核、记录，是否编制完成各专业竣工图。

（五）执行法律、法规情况。环保、劳动安全、卫生、消防等设施是否按批准的设计文件建成，是否合格，建筑抗震设防是否符合规定。

（六）投产或者投入使用准备情况。组织机构、岗位人员培训、物资准备、外部协作条件是否落实。

（七）竣工决算情况。是否按要求编制了竣工决算，出具了合格的审计报告。

（八）档案资料情况。建设项目批准文件、设计文件、竣工文件、监理文件及各项技术文件是否齐全、准确，是否按规定归档。

（九）项目管理情况及其他需要验收的内容。

第四章 竣工验收程序与组织

第八条 建设项目在竣工验收之前，施工单位按照国家规定，整理好文件、技术资料，向建设单位提出交工报告，由建设单位组织施工、监理、设计及使用等有关单位组织初验。初验不合格的工程不得报请竣工验收。

第九条 初验合格并具备竣工验收条件后，建设单位应在 15 个工作日内向所在地发展改革委和农委提出竣工验收申请，经项目所在地发展改革委、农委初审后报请省发展改革委、农委组织竣工验收。

第十条　竣工验收申请报告应依照竣工验收条件对项目实施情况进行分类总结，并附初步验收结论意见、工程竣工决算、审计报告。

竣工验收申请报告应规范、完整、真实，装订成册。

第十一条　竣工验收的组织：

（一）省发展改革委和省农委，在收到项目竣工验收申请报告后，对具备竣工验收条件的项目，应在 60 日内组织竣工验收。

（二）竣工验收要组成验收组。验收组由验收组织单位、相关部门及工艺技术、工程技术、基建财会等方面的专家组成。成员人数为 5 人以上（含 5 人）单数，其中工程、技术、经济等方面的专家不得少于成员总数的三分之二。

建设单位、使用单位、施工单位、勘察设计、工程监理等单位应当配合验收工作。

（三）验收组要听取各有关单位的项目建设工作报告，查阅工程档案、财务账目及其他相关资料，实地查验建设情况，充分研究讨论，对工程设计、施工和工程质量等方面作出全面评价。

第十二条　验收组通过对项目的全面检查和考核，与建设单位交换意见，对项目建设的科学性、合理性、合法性做出评价，形成竣工验收报告，填写竣工验收表。

竣工验收报告由以下主要内容组成：项目概况，资金到位、使用及财务管理情况，土建及田间工程情况，仪器设备购置情况，制度建设、操作规程及档案情况，项目实施与运行情况，项目效益与建设效果评价，存在的主要问题，验收结论与建议。

第十三条　竣工验收报告、竣工验收表分别由竣工验收组组长和专家签字后，报送项目验收组织单位。

第十四条　对验收合格的建设项目，验收组出具竣工验收合格意见。对不符合竣工验收要求的建设项目暂缓验收，由验收组织单位提出整改要求，限期整改。

无法整改或整改后仍达不到竣工验收要求的，由验收组织单位将验收情况进行通报并按照国家有关规定进行处理。

第五章　附　则

第十五条　竣工项目（工程）通过验收后，建设单位应及时办理固定资产移交手续，加强固定资产管理。

第十六条　本办法自下发之日起执行。

江西省农村沼气工程建设管理实施细则（试行）

（2016 年 7 月）

第一章　总　则

第一条　为加强农村沼气工程建设管理，根据《中央预算内投资补助和贴息项目管理办法》（国家发展改革委 2013 年第 3 号令）、国家发展改革委、农业部《农村沼气工程建设管理办法（试行）》等有关规定和要求，结合我省实际，制定本细则。

第二条　本办法适用于中央预算内投资补助建设的规模化大型沼气工程、规模化生物天然气工程。

省级财政农村沼气专项资金补助建设的规模养殖场沼气工程、规模化大型沼气工程参照执行。

第三条　农村沼气工程建设应紧密围绕改善农业生态环境，提高农民生产生活条件，优化农村用能结构，促进农业增效、农民增收和生态良性循环。

第四条　农村沼气工程建设必须坚持规划先行、合理布局的原则。注重与国家、本省和本地区的经济发展及循环农业发展规划布局和政策要求相衔接。

第五条　农村沼气工程建设必须坚持因地制宜、量力而行的原则。重点支持"一片两线"生猪生产基地、主要粮食产区和"百县百园"及现代农业示范区规模化大型沼气工程建设。

第六条　农村沼气工程建设必须坚持"政府引导，农民（业主）自愿"的原则。建立合理的投资机制，发挥国家、集体、企业、农民等各方面的积极性。

第七条　农村沼气工程建设必须坚持工艺先进、标准规范的原则，严格执行国家、行业相关技术规范、建设标准、安全规程。

第八条　各级发展改革委和农村能源主管部门要按照职能分工，各负其责，密切配合，加强对工程建设管理的组织、指导、协调和监督，共同做好工程建设管理的各项工作，确保发挥中央、省财政投资效益。

发展改革委负责农村沼气建设规划衔接平衡；联合农村能源主管部门，做好年度投资计划申报、审核和下达，监督检查投资计划执行和项目实施情况。

农村能源主管部门负责农村沼气建设规划编制、行业审核、行业管理、技术指导和监督检查等工作，具体组织和指导项目实施。

第九条 在农村沼气工程建设和运行过程中应牢固树立"安全第一、预防为主"的意识，落实安全生产责任制，科学规范操作，确保安全生产。

第二章 项目申报和投资计划管理

第十条 申请中央预算内投资补助的规模化大型沼气工程和规模化生物天然气工程，应符合当地农村沼气工程发展规划，符合国家发展改革委和农业部相关工作方案和申报通知的要求，落实备案、土地、规划、环评、能评、资金、安评等前期工作，确保当年能开工建设。

第十一条 规模化大型沼气工程和规模化生物天然气工程建设试点项目用地应有规划管理部门及国土资源管理部门出具的项目用地预审意见。工程应具有充足、稳定的原料来源，能够保障沼气工程达到设计日产气量的原料需要，鼓励以农作物秸秆、畜禽粪便、病死畜禽、烂果次叶、农产品加工附产物等多种农业有机废弃物作为发酵原料，确定合理的配比结构。对于规模化生物天然气工程，建设地点周边20公里范围内有数量足够、可以获取且价格稳定的有机废弃物，其中半径10公里以内核心区的原料要保障整个工程原料需求的80%以上；与原料供应方签订协议，建立完善的原料收储运体系，并考虑原料不足时的替代方案。

第十二条 项目单位具有独立法人资格，具备沼气专业化运营的条件，配备必需的专业技术人才；具有较高的信用等级、较强的资金实力，能够落实承诺的自筹资金。规模化生物天然气工程项目单位的经营范围应包括生物质能源或可再生能源的生产、销售、安全管理等内容，掌握规模化生物天然气生产的主要技术，对项目建设、运营的可行性进行了充分论证。

第十三条 规模化大型沼气工程，支持建设日产沼气500立方米及以上的沼气工程（不含规模化生物天然气工程）。其中，给农户集中供气的规模化大型沼气工程，可适当考虑由同一业主建设的多个集中供气工程组成。支持沼气开展给农户供气、发电上网、企业自用等多元化利用。沼渣沼液用于还田、加工有机肥或开展其他有效利用。

规模化生物天然气工程，支持日产生物天然气1万立方米以上的工程。提纯后的生物天然气主要用于并入城镇天然气管网、车用燃气、罐装销售等。沼渣沼液用于还田、加工有机肥或开展其他有效利用。

第十四条 农村沼气工程项目实行储备制度，由设区市负责项目储备和核准工作。

县级发展改革委、农村能源主管部门根据本地相关项目单位的申请进行项目条件审查，符合申报条件的项目由县级农村能源主管部门指导建设单位委托有资质单位编制项目建设和设计方案。设区市农村能源主管部门组织专家对县级发展改革委、农村能源主管部门联合上报的规模沼气工程项目建设和设计方案进行审查，出具行业审查意见，设区市发展改革委依据项目审查意见批复核准项目，并于当年12月底前将储备项目纳入项目储备库和三年滚动投资计划并报省级备案。生物天然气试点项目在设区市审查备案的基础上，再由省农业厅审查、出具省级行业审查意见报农业部审核。

规模化大型沼气工程应委托具有农业或环境工程乙级以上设计或咨询资质的单位编制项目建设和设计方案；规模化生物天然气工程应委托具有农业或环境工程甲级以上设计或咨询资质的单位编制项目建设和设计方案。

第十五条　项目单位在落实前期工作，且项目经设区市核准备案后，根据年度项目申报通知要求提出项目资金申请。

资金申请报告按照《中央预算内投资补助和贴息项目管理办法》的规定要求编报。

资金申请报告内容包括：1、项目单位的基本情况；2、项目的基本情况，包括建设地点、建设内容和规模、总投资及资金来源、建设条件落实情况等；3、申请投资补助的主要理由和政策依据；4、项目经济、环境、社会效益分析，项目风险分析与控制；5、附项目备案、环评、用地、能评、规划选址等批复文件的复印件，并提供自筹资金落实证明或承诺函。

已经获得各级财政类似投资或其他部门类似支持的项目不得重复申报，已经申报国家发展改革委其他类似专项或其他部门的类似项目不得多头申报。

第十六条　各地发展改革委和农村能源主管部门应当对项目资金申请是否符合中央预算内投资使用方向和有关规定、是否符合工作方案或申报通知要求、是否符合投资补助的安排原则、项目前期工作是否落实等进行严格审查，并对审查结果和申报材料的真实性、合规性负责。

第十七条　各地发展改革委和农村能源主管部门要加强项目统筹，根据项目单位报送的资金申请报告，突出重点，择优选取项目，确保申报项目质量。

设区市、省直管县（市）发展改革委会同农村能源主管部门负责做好规模化大型沼气工程申报项目实地调查，在此基础上编报项目资金申请计划；省发展改革委会同省农业厅负责规模化生物天然气工程申报项目实地调查，在此基础上编制项目试点方案。

规模化生物天然气工程项目试点方案除包括每个项目的资金申请报告外，还应说明项目试点的必要性和可行性，明确试点工作的目标和任务，以及试点工作的保障措施。对于市县政府已经或有积极性即将开展地方财政支持沼气终端产品补贴试点、燃气特许经营权市场清理和整顿工作试点、制定鼓励生物天然气或沼气产业发展的税收优惠试点等情况，一并在试点方案中说明。

第十八条　省发展改革委会同省农业厅对各市报送的建议计划和项目试点方案进行审核后，编制农村沼气工程年度投资建议计划，联同规模化生物天然气工程试点方案，上报国家发展改革委、农业部。

第十九条　省发展改革委和省农业厅接到中央下达的投资规模计划后 20 个工作日内，分解落实到具体项目并下达投资计划，明确项目建设地点、建设内容、建设工期及有关工作要求，确保项目按计划实施，并将分解的投资计划报国家发展改革委和农业部备核。

凡安排中央预算内投资的项目，必须在下达投资计划前或同时，由设区市发展改革委负责完成资金申请报告批复，包括项目建设内容批复和招投标方案核准，可单独批复或者一并批复。

第二十条　投资计划一经下达，应严格执行。项目实施过程中确需调整的，由省发展改革委会同省农业厅根据设区市发展改革委会同农村能源主管部门审核并正式上报的调整计划做出调整决定。在试点阶段，规模化生物天然气工程报请国家发展改革委和农业部做出调整决定。

第二十一条　按照政府信息公开要求，凡安排中央预算内投资的项目，各市、县（区）应在政府网站上公开项目名称、项目建设单位、建设地点、建设内容等信息。凡申报项目的单位，视同同意公开项目信息。不同意公开相关信息的项目，请勿组织申报。

第三章　资金管理

第二十二条　对于符合条件的规模化大型沼气工程和规模化生物天然气工程，按照规定的中央和省财政投资标准安排投资补助，其余资金由企业自筹解决。鼓励地方安排资金配套。

第二十三条　严格执行中央预算内投资管理的有关规定，切实加强资金和项目实施管理。对于中央补助投资，要做到专账管理，独立核算，专款专用，严禁滞留、挪用。

第二十四条　推行资金管理报账制，根据项目实施进度拨付资金。对于已完成项目前期工作且自筹资金量已到位 30%的项目，方可申请拨付中央投资资金；工程竣工验收合格后方可申请拨付最终 20%中央投资。

项目建设单位根据项目实施进度提出报账申请，并附报账凭证（工程发票、设备采购发票等），项目监管专员根据监理报告和实地检查情况签署报账意见，县级农村能源主管部门会同发展改革委审核签署意见后，向财政部门申请报账拨款。县级农村能源部门应留存报账拨款全套凭据。

第二十五条　凡存在下列情况之一的，应暂缓或停止拨付项目建设资金：1、违反基本建设程序的；2、擅自改变项目建设内容及规模的；3、资金未按规定实行专款专用的；4、项目自筹资金未按工程进度、比例及时到位的；5、有重大工程质量问题，会计核算不规范的。

第四章 组织实施

第二十六条 各级农村能源主管部门牵头会同其他单位负责项目实施全过程监管。

县级农村能源主管部门负责项目实施日常监督工作。落实项目监管专员制度，监管专员负责督促工程按期开工建设，在工程开工、主体工程的主要隐蔽工程施工、主体工程单体完工检验和总体工程完工验收等关键节点进行现场检查，将施工承包人的违约行为记入企业诚信档案，根据工程建设进度签署项目资金拨款意见，督促项目单位和施工方落实安全措施、排查安全隐患、组织安全生产。

第二十七条 鼓励各地在地方资金中安排工作经费，用于农村沼气工程的项目组织、审查论证、监督检查、技术指导、竣工验收和宣传培训等。

第二十八条 项目实施要严格执行基本建设程序，落实项目法人责任制、招标投标制、建设监理制和合同管理制，确保工程质量和安全。

第二十九条 农村沼气工程的设计和施工应严格执行国家、行业或地方标准，规范建设行为。农村沼气工程项目的设计、施工单位实行备案登记管理，备案登记由设区市农业部门负责，会同发展改革委审查确定备案企业，并将备案结果报省相关部门。

设计单位必须具有农业或环境工程设计乙级以上资质，必须有大中型沼气工程（单体容积300立方米以上）的自主独立设计业绩5处以上。

施工单位必须是具有环保工程专业承包三级（含）以上资质，必须从事沼气工程行业2年（含）以上，且必须有大中型沼气工程（单体容积300立方米以上）的自主独立施工业绩5处以上。

规模化生物天然气工程的施工单位原则上应具备环境工程专业承包一级资质。

第三十条 项目建设完成后，应按照有关规定及时组织验收，确保验收合格的项目能达到预期效果。对验收不合格的项目，要限期整改。

工程竣工验收。工程竣工验收由施工单位负责，项目建设单位、县级农村能源主管和发展改革委等部门、设计和监理单位参加，按工程竣工验收程序进行审查验收。工程竣工验收合格的项目，由县级发展改革委会同农村能源主管部门向设区市发展改革委、农村能源主管部门申请项目竣工验收。工程竣工验收资料由县级农村能源部门保存一份。

项目竣工验收。由设区市农村能源主管部门会同发展改革委组织项目竣工验收。其中，在试点阶段，由省农业厅会同省发展改革委组织规模化生物天然气工程试点项目竣工验收。项目竣工验收资料由设区市农村能源部门保存一份。

省级抽查。省发展改革委、农业厅联合组织对项目完成及验收情况进行重点抽查，重点审查项目建设管理程序的规范性、建设内容和投资计划的完成情况、项目资金管理和使用的规范性和项目工程运行效果。省级验收总结报告报送农业部。

第五章　建后管护

第三十一条　建设单位是农村沼气工程建后管护的责任主体，在通过项目竣工验收后，应及时办理固定资产移交手续。

项目建设单位应成立或委托专业化运营机构承担日常维护管理，确保工程安全、稳定、持续运行。要做好必要的原料使用量、沼气沼渣沼液生产量和利用量、工程运营情况等的日常记录，配合当地农村能源主管部门开展技术培训、示范推广和信息搜集，接受行政主管部门在合理期限和范围内的跟踪监管。

第三十二条　农村能源主管部门要加强对项目运行管护的指导和监督，加强对项目建设单位和工程运行人员的专业技术培训，促进工程良性运行。

第三十三条　工程质量管理按照《建设工程质量管理条例》（国务院令〔2010〕第279号）执行，实行终身负责制，农村沼气工程在合理运行期内，出现重大安全、质量事故的，将倒查责任，严格问责，严肃追究。

工程的环境影响评价、安全评估、消防设施等专项检验按相关规定执行。

第六章　监督管理

第三十四条　省发展改革委会同省农业厅对本省农村沼气工程进行监督管理。监督管理主要内容包括组织领导、相关管理制度和办法制定、项目进度和工程效益发挥情况等。

建立项目信息定期通报制度，对建设进度、质量、效益等进行通报，并将通报内容报送农业部、国家发展改革委，原则上每半年一次，其中规模化生物天然气工程试点项目每月报一次。

第三十五条　各级农村能源主管部门具体负责项目信息的搜集、汇总、保存与报送。规模化生物天然气工程项目建设根据农业部要求纳入农业建设信息系统管理，项目县要及时报送项目建设进度；项目建成后，要接入农业部正在建设的沼气远程在线监测平台。对于具备条件的规模化沼气工程，可根据需要，纳入农业建设信息系统管理或接入沼气远程在线监测平台。

项目建设单位是项目档案管理的责任主体，应真实、完整、及时提供项目资料，县级农村能源部门负责农村沼气工程档案搜集、汇总、保存与报送，包括项目申报文件、项目实施材料、项目监管材料、项目检查验收材料、项目资金管理材料等，档案保存年限不得少于工程设计寿命年限。

第三十六条　省发展改革委和省农业厅将不定期对项目执行情况进行监督和抽查，或者组织各设区市交叉检查，省发展改革委将根据各地项目实施情况开展项目重点稽查。检查和稽查结果将作为后续年度安排中央投资的重要依据。

第三十七条 严格责任追究制度，各级发展改革委会同农村能源主管部门要加强对项目事中事后监管及时发现问题，并根据情节轻重采取责令限期整改、通报批评、暂停拨付中央资金、扣减或收回项目资金、列入信用黑名单、一定时期内不再受理其资金申请、追究有关责任人行政或法律责任等处罚措施。

第三十八条 省农业厅会同省发展改革委将根据项目建设情况，组织有关专家和机构对项目质量、投资效益等进行后评价，进一步提高项目决策的科学性。适时试点委托第三方开展项目工程建设质量、建后运行效果、投资效益等进行评估。

第三十九条 由于地方审核项目时把关不严、项目建设中和建成后监管工作不到位等问题，导致出现不能如期完成年度投资计划任务或未实现项目建设目标、频繁调整投资计划且调整范围大、项目多等情况，将核减其后续年度投资计划规模。

第四十条 省直管县（市）可直接向省发展改革委、省农业厅申报农村沼气项目资金申请，但应同时抄送设区市。项目计划将直接下达，并抄送设区市发改委和农村能源主管部门。农村沼气工程项目的建设和设计方案审查、核准储备、设计和施工单位备案管理由各省直管县（市）负责，项目竣工验收、信息报送等其他日常管理工作由设区市负责。

第七章 附 则

第四十一条 本细则由省农业厅会同省发展改革委负责解释。

第四十二条 本细则自发布之日起施行。原《江西省农村沼气建设项目管理实施细则（试行）》同时废止。

山东省农村沼气安全管理办法

（山东省农业厅 2016 年 3 月）

第一章　总　则

第一条　为加强农村沼气安全管理，保障人民群众生命财产安全，根据《中华人民共和国安全生产法》、《山东省农村可再生能源条例》等法律、法规，结合我省实际，制定本办法。

第二条　本办法所称农村沼气安全管理是指以粪便、秸秆等农村生产、生活有机废弃物为主要原料的农村户用沼气、联户沼气工程、大中小型沼气工程、规模化生物天然气工程和农村沼气服务网点（以下简称农村沼气工程）的建设、使用、设施设备运行及维护维修的安全管理。

第三条　在本省行政区域内，农村沼气工程的建设、安全运行与监管，应遵守本办法。

第二章　责任界定

第四条　沼气安全实行属地管理，地方政府负总责。

县级以上农村能源主管部门负责本行政区域内农村沼气工程的安全监管工作，实行分级负责。农村沼气工程所属的本级地方农村能源主管部门是农村沼气安全监管主体，负责辖区内农村沼气的安全管理、监督检查工作，制定管理制度、落实安全责任及应急预案等制度。

第五条　农村沼气工程所有者包括农户、企业及其他组织是农村沼气安全管理的责任主体。农村沼气工程的生产经营单位主要负责人对沼气安全生产工作全面负责。

第六条　农村沼气工程日常管护和安全使用工作由设施所有者负责。其中，农村户用沼气池及其配套设施归农户家庭所有，日常保养和安全使用工作由农户负责；联户沼气池及其配套设施归联户共同所有，其日常保养和安全使用工作由联户共同负责；大中小型沼气工程、规模化生物天然气工程、沼气服务网点及其配套设施设备等日常保养和安全生产工作由其所有者负责。

第七条　各级农村能源主管部门应当建立农村沼气安全生产责任制，层层签订责任状，强化安全防范措施，做好安全宣传、检查、指导工作。

第三章 安全建设

第八条 农村沼气工程建设应坚持生态环境优先原则，严格执行国家环保、安全和消防等规定。

第九条 从事沼气工程设计、施工和监理的单位和个人，应当取得相应等级的资质证书，具有与承担工程相适应、持有相应资格证书的专业技术人员和稳定的专业技术队伍，保证设计和施工质量。

第十条 建设单池容积500立方米以上的沼气工程，其工程设计方案应在县级农村能源主管部门审查后，由市级农村能源主管部门组织专家论证后予以核准。

第十一条 农村沼气工程所用的设备，应当符合国家、行业或地方标准。

农村沼气工程所用的高压储气设备和锅炉等专用设备必须由具有相应资质的专业企业生产和安装。

第十二条 农村沼气工程的设计、施工应当遵守相应的国家和行业标准规范，保证工程质量。

第十三条 农村沼气工程建设完成后，应及时组织竣工验收，确保工程能够安全运行，方可交付使用。

第十四条 农村沼气工程在正式运行前应按规定通过安全消防检查或验收。

第四章 安全使用

第十五条 农村沼气工程的生产经营单位，应严格遵守安全生产规定及技术操作规程，制定安全使用管理制度，落实安全管理责任，依法设置安全生产管理机构或者配备安全管理人员。

第十六条 农村沼气工程的生产经营单位应当定期对工程设备、设施进行安全检查、检测，及时排除安全运行隐患。并将工程安全隐患排查、设备和部件检修及更换等情况，记录存档。

第十七条 农村沼气工程生产经营单位，应在沼气工程、燃气装置等设备、设施周围，设置安全防护设施和警示标志。任何单位和个人不得擅自拆除、损坏、覆盖、移动、涂改。

第十八条 农村沼气工程生产经营单位安全设备的设计、制造、安装、使用、检测、维修、改造和报废，应当符合国家标准或者行业标准。

农村沼气工程维修或报废工程拆除应由具有相应资质专业公司来承担。

第十九条 农村沼气工程生产经营单位应当对产生、输送、贮存沼气的安全设备进行经常性维护、保养，并定期检测，保证正常运转。

第二十条　农村沼气工程生产经营单位和沼气用具供应单位，应当向用户提供安全用气知识宣传，增强用户的安全意识。

第五章　安全管理

第二十一条　各级农村能源主管部门应当认真履行农村沼气工程安全监管职责，做好统计工作，加强农村沼气工程安全检查，建立健全监管制度，落实安全监管措施。

第二十二条　各级农村能源主管部门应当加强农村沼气工程及从业人员安全生产管理培训。农村沼气工程的生产经营单位应当组织生产和管理人员，参加沼气安全生产和技术培训。生产、管理人员具备相应技能后，方可上岗。

第二十三条　农村沼气服务网点的沼液沼渣抽排车的驾驶人员应当具有合法有效的相应驾驶资格证书。

第二十四条　各级农村能源主管部门应定期对当地沼气农村工程的安全运行和使用情况进行检查，并将检查情况逐级上报。

第二十五条　在农村沼气工程建设和使用中，发生重大安全责任事故，应当按照国家和省里的有关规定逐级上报，不得隐瞒。

第二十六条　各级农村能源主管部门应当建立沼气工程安全监管工作档案，对沼气工程建设、安全监管制度和措施落实、安全隐患排查及人员培训等情况，完整存档备查。

第六章　应急处置

第二十七条　各级农村能源主管部门要根据各地实际制定农村沼气安全事故应急预案，建立应急救援体系。

第二十八条　农村沼气生产经营单位应当制定本单位生产安全事故应急救援预案，建立应急救援组织，落实应急救援人员，配备必要的应急救援器材、设备和物资，并进行经常性维护、保养，保证正常运转。

第二十九条　建立安全事故立即报告制度，在沼气工程建设和使用中，发生安全事故，及时启动安全事故应急预案，第一时间拨打119、110、120救援电话，请求紧急救援。同时，要严格按照国家有关规定，应当在规定的时间内报告地方人民政府和安全生产监督管理部门，同时向上级行业主管部门报告，并做好调查和善后处理工作。

第七章　法律责任

第三十条　农村沼气责任主体有违反本办法规定的行为的，由各级农村能源行政主管部门，责令其限期整改；造成事故的，根据情节轻重依法追究有关责任人的法律责任。

第三十一条 对建设单池容积 500 立方米以上农村沼气工程设计方案未经核准擅自开工建设的,按照《山东省农村可再生能源条例》第六章第三十六条进行处罚。

第三十二条 农村沼气管理工作人员玩忽职守、滥用职权、徇私舞弊或者不履行职责的,由所在单位或者有关主管部门给予行政处分。构成犯罪的,依法追究刑事责任。

第八章 附 则

第三十三条 秸秆热解气化站的安全监管参照本办法执行。

第三十四条 本办法由山东省农业厅负责解释。

第三十五条 本办法自 2016 年 5 月 8 日起施行,有效期至 2021 年 5 月 7 日。

湖南省农村沼气工程建设管理办法

（湖南省发展和改革委员会 湖南省农业委员会 2016 年 4 月）

第一章 总 则

第一条 为加强农村沼气工程投资与建设管理，提高投资效益，确保建设质量，根据国家发改委、农业部《农村沼气工程建设管理办法（试行）》（发改投资〔2015〕1377 号），结合我省实际，制定本办法。

第二条 本办法适用于中央预算内投资或省级财政性资金投资建设的规模化大型沼气工程、规模化生物天然气工程（以下简称大型沼气工程、生物天然气工程）。

第三条 各级发改部门和农业（农村能源）部门要按照职能分工，各司其职，密切配合，加强组织、指导和协调，共同做好农村沼气工程项目建设管理工作，确保政府投资发挥效益。

发改部门会同农业（农村能源）部门编制农村沼气建设规划并负责衔接平衡；做好年度投资计划申报、审核和下达，监督检查投资计划执行和项目实施情况。

农业（农村能源）部门负责行业审核、行业管理、技术指导和监督检查等工作。

第四条 农村沼气工程项目在设计、建设、管理、运营中应牢固树立"安全第一、预防为主"的意识，落实安全生产责任制，依法依规操作，确保安全生产。

第二章 项目申报

第五条 项目建设要符合当地规划要求，不得在划定的畜禽养殖禁养区建设。工程应具有达到设计日产气量需要的充足稳定的原料来源。鼓励以农作物秸秆、畜禽粪便和园艺等多种农业有机废弃物作为发酵原料。对于生物天然气工程，建设地点周边 20 公里范围内应有数量足够的发酵原料，半径 10 公里以内核心区的原料供给应达 80% 以上；并与原料供应方签订协议，建立完善的原料收储运体系。

第六条 项目单位应具有法人资格，具有较高的信用等级，能够落实承诺的自筹资金。生物天然气工程项目单位，其经营范围应包括生物质能源或可再生能源的生产、销售、安全管理等资质，并对项目建设、运营的可行性进行充分论证。

第七条 大型沼气项目日产沼气量应达 500 立方米及以上，生物天然气工程日产生物天然气量应达 1 万立方米及以上。

大型沼气项目给农户集中供气的，可适当考虑由同一业主建设的多个集中供气工程组成；支持沼气用于发电上网、农户供气、企业自用等多元化利用。提纯后的生物天然气主要用于并入城镇天然气管网、车用燃气、罐装销售等。沼渣沼液用于还田、加工有机肥或开展其他有效利用。

第八条　申请中央预算内投资补助的农村沼气建设工程，应做好项目备案及国土、规划、环保、安全等前期工作，确保当年能开工建设。已经获得中央财政或省级财政性资金支持的项目不得重复申报，已经申报国家或省级其他专项的项目不得多头申报。

第九条　项目前期工作具备后，可按程序分权限逐级报送符合要求的资金申请报告。其中大型沼气项目资金申请报告经市州或省直管县农业（农村能源）部门审查并出具行业审查意见后由市州或省直管县发改部门审批。生物天然气工程由省农委审查并出具行业审查意见后报省发改委审批。生物天然气工程审批前，省（市州）发改部门会同省（市州）农业（农村能源）部门根据项目资金申请报告，开展实地调查或委托评估论证，对其是否符合中央预算内投资的使用方向、安排原则、申报要求和有关规定以及前期工作是否落实等进行严格审查。

大型沼气工程资金申请报告应委托具有农业或环境工程咨询乙级及以上资质的单位编制，生物天然气工程资金申请报告应委托具有农业或环境工程咨询甲级资质的单位编制。

第三章　投资计划管理

第十条　省发改委会同省农委在市州或省直管县发改、农业（农村能源）部门联合上报基础上将批复了资金申请报告的项目择优上报国家，申请农村沼气工程项目及生物天然气工程项目年度投资计划。其中生物天然气工程试点项目一并报送项目试点方案。

第十一条　在接到中央投资计划 20 个工作日内，省发改委会同省农委分解下达投资计划，明确项目建设地点、建设内容、建设工期及有关工作要求，确保项目按计划实施。并将分解的投资计划报国家发改委、农业部备核。

第十二条　项目投资计划一经下达，应严格执行。实施过程中确需调整的，按程序上报，由省发改委会同省农委进行调整并报国家发改委、农业部备核。在试点阶段，规模化生物天然气工程投资计划调整须上报国家发改委、农业部。

第十三条　按照政府信息公开要求，凡拟安排中央或省级财政性投资的项目，均须在省政府有关部门网站或湖南日报公示，包括项目名称、建设单位、建设地点、建设内容及拟安排投资等信息。凡申报项目，视同同意公开；不同意公开的，不得组织申报。

第四章 资金管理

第十四条 安排了中央投资的项目，要按规定落实好配套资金。各市州、县市区政府可配套安排部分工作经费，用于项目审查论证、技术指导、竣工验收及宣传培训等。

第十五条 中央、省投资资金和地方配套资金应拨付县级财政进行统一管理，做到专账管理、独立核算，专款专用，严禁滞留、挪用。

推行财政资金管理报账制，由项目单位申请，经（县、市）区农业（农村能源）部门审核后报财政部门分批拨付。对于已完成前期工作且自筹资金到位 30% 的项目，方可开始拨付中央和省投资；预留 20% 的中央和省投资待工程竣工验收合格后再拨付。

第十六条 凡存在下列情况之一的，暂缓或停止拨付项目建设资金：违反基本建设程序的，擅自改变项目建设地点、内容及规模的，资金未按规定实行专款专用的，项目自筹资金未及时到位的，有重大工程质量问题的。

第五章 组织实施

第十七条 从事大型沼气工程初步设计、施工图编制的单位必须具备农业或环境工程设计乙级及以上资质；从事生物天然气工程初步设计、施工图编制的单位必须具备农业或环境工程设计甲级资质，必须有从事过沼气工程设计的专业技术人员。

第十八条 从事大型沼气工程建设施工的单位必须具备环保工程专业承包三级及以上资质；从事生物天然气工程建设施工的单位必须具备环保工程专业承包一级资质，应有相应数量的中高级沼气生产技术人员。

第十九条 项目实施要严格执行基本建设程序，严格执行国家、行业或地方标准，规范建设行为，落实项目法人责任、招标投标、工程监理、合同管理及竣工验收等制度，确保工程质量和安全。项目招投标要严格按照《湖南省实施〈中华人民共和国招标投标法〉办法》等有关规定及中央投资项目招标代理资质要求进行。

第二十条 对农村沼气建设工程施工单位，禁止超越其资质等级许可或允许其他单位或个人以其名义承揽工程，禁止将主体工程转包或违法分包。如有违反，一经查实，将通报批评并停止其从业资格。

第二十一条 在省级转发下达投资计划后的 30 日内，项目单位应委托有相应资质的单位做好项目初步设计编报。大型沼气项目初步设计由市州农业委会同市州发改委组织专家审查，出具专家审查意见即可，不予批复。规模化生物天然气项目初步设计由省农委会同省发改委组织专家审查，出具专家审查意见即可，不予批复。

第二十二条 项目应在初步设计审查后 2 个月内开工。因故不能按期开工的，须向当地发改部门和农业（农村能源）部门申请延期开工，并报省发改委和省农委备案。延期总次数不得超过 2 次，每次不超过 30 天。在规定时间内不开工且不申请延期或已超过延期时限的项目，当地发改、农业（农村能源）部门发出书面整改通知；对拒不整改的项目，上报省发改委、省农委撤销项目投资计划并收回已拨付资金。

第二十三条 项目单位必须依法依规选择有建筑监理资质的单位对工程施工进行监理。工程监理单位与被监理工程的施工承包单位以及建筑材料、构配件和仪器设备供应单位不得有隶属关系或者利益关联关系。监理单位要建立健全监理日志档案。

第二十四条 大型沼气工程项目试运行正常2个月后，由项目单位提出竣工验收申请，县市区发改和农业（农村能源）部门核实后报市州发改和农业（农村能源）部门，并由市州发改会同农业（农村能源）部门在20天内组织专家或委托第三方咨询机构对项目进行竣工验收，验收完成后将验收报告上报省发改委、省农委。省发改委和省农委视情况进行抽查。

生物天然气工程项目试运行正常2个月后，由项目单位向省发改委和省农委提出竣工验收申请，省发改委和省农委在20天内组织专家或委托第三方咨询机构进行竣工验收。

对验收不合格的项目，验收组织部门要责成项目单位限期完成整改。工程建成后3个月内不办理竣工验收手续且无正当延迟理由或者未在限期内完成整改的，不再拨付预留20%的中央和省投资，并依法追究相关单位和个人的责任。

第六章　建后管护

第二十五条 项目单位应组建专业机构或委托专业化运营机构承担日常维护管理工作，建立健全项目运行管理规章制度和突发事件应急预案，确保工程安全、稳定、持续运行。同时配合农业（农村能源）部门做好技术培训和信息搜集等工作。

第二十六条 各级农业（农村能源）部门要加强对沼气工程运行管护的指导和监督，加强对项目单位和工程运行人员的技术培训和安全培训，促进工程良性运行。

第二十七条 各级农业（农村能源）部门要做好农村沼气工程项目信息的搜集、汇总与报送工作，加强档案管理。项目单位要按照国家规定建立健全项目档案，及时收集、整理、归档从项目立项到竣工验收各环节的文件资料。农村沼气工程的档案保存年限不得少于工程设计寿命年限。

第二十八条 农村沼气工程质量管理按照《建设工程质量管理条例》（国务院令第279号）执行，实行终身负责制。农村沼气工程在合理运行期内，出现重大安全、质量事故的，将倒查责任，严格问责，严肃追究。

第七章　监督管理

第二十九条 市州、县市区农业（农村能源）部门要会同同级发改部门加强对辖区内农村沼气工程项目进度、工程质量、相关管理制度制定和工程效益发挥情况等的监督检查。

第三十条　市州农业（农村能源）部门、发改部门应每半年将大型沼气工程项目建设进度、质量、效益等情况汇总报送省农委、省发改委。生物天然气工程项目每月报送一次。

第三十一条　生物天然气工程项目建设要纳入农业建设信息系统管理，项目建成后要接入农业部的沼气远程在线监测平台。对于具备条件的大型沼气工程，可根据需要纳入农业建设信息系统管理或接入沼气远程在线监测平台。各级农业（农村能源）部门要督促项目单位或农村沼气工程专业化运营机构做好上述信息管理工作。

第三十二条　省发改委和省农委将不定期对项目实施及运行情况进行检查，并根据需要开展项目稽查。检查和稽查结果将作为安排后续年度中央、省投资的重要依据。省发改委、省农委将根据需要对项目质量、投资效益等进行后评价。

第三十三条　对在检查、稽查中发现的问题，省发改委和省农委将根据情节轻重采取责令限期整改、通报批评、暂停拨付中央和省级投资资金、扣减或收回项目资金、列入信用黑名单、一定时期内不再受理其资金申请、取消投标（从业）资格、追究有关责任人的行政或法律责任等处罚措施。

第三十四条　对因市州、县市区发改部门、农业（农村能源）部门在审核项目时把关不严、项目建设中和建成后监管工作不到位，导致出现不能如期完成年度投资计划任务或未实现项目建设目标、频繁调整投资计划且调整范围较大等情况，省发改委、省农委将核减或取消该市州或县市区后续年度的投资计划。

第八章　附　则

第三十五条　在本办法中未规定或未涉及的有关农村沼气工程的其他事项按照国家相关法规办理。

广西大中型沼气工程建设项目管理暂行办法

第一章 总 则

第一条 为加强对国家补助投资的大中型沼气工程建设项目管理，规范项目建设程序和行为，提高项目建设质量和投资效益，根据国家有关规定，制定本办法。

第二条 国家补助投资的大中型沼气工程，包括畜禽养殖场沼气、秸秆沼气等集中供气大中型沼气工程适用本办法。

第三条 大中型沼气工程建设项目建设必须坚持开发能源、改善环境、农牧结合、科学建设的原则。

第二章 项目组织管理

第四条 大中型沼气工程建设项目应严格按照基本建设程序和有关要求编制项目可行性研究报告和项目初步设计。

第五条 大中型沼气工程项目可行性研究报告由项目业主单位委托具有农林业或环境工程乙级以上咨询或设计资质的单位编制，经市级发展改革、林业部门组织初审后，上报自治区发展改革委和林业局。

第六条 项目可行性研究报告应包括以下主要内容：项目摘要，项目建设的必要性，建设单位基本情况，建设地点选择分析，工艺技术方案，建设目标，建设内容、标准及规模，投资估算与资金筹措，项目组织管理，建设期限和进度，效益分析，招标方案，并附有关证明材料和表格等。

第七条 行政村村委会及具有独立法人资格的畜禽养殖企业、经济合作组织可作为项目业主申报大中型沼气工程项目建设。项目业主应具有落实自筹资金的能力，具有和厌氧消化器池容相配套的养殖规模和秸秆资源，具有消纳沼渣沼液的农田或果木林。养殖规模原则上要求生猪存栏3000头以上，奶牛存栏200头以上，肉牛存栏500头以上。在建畜禽养殖企业暂不予安排。县级农村能源和发展改革部门共同负责对项目业主是否具备申报大中型沼气建设条件进行审核。

第八条 项目建设应落实用地及水、电、路等配套设施；建设地点应符合土地、城镇规划要求。项目可行性研究报告中应附有关建设用地的证明文件。租用土地的养殖场其土地租期剩余使用年限要在 10 年以上。

第九条　对建池规模 300 立方米以上、取得自治区无公害标准养殖基地证书和加入农民专业合作组织的养殖场给予优先安排。养殖场应健全生产管理制度、防疫消毒制度、档案管理制度和科学合理的饲养管理操作规定。

第十条　优先发展沼肥还田（林、塘）、为农户供气的沼气工程。项目可行性研究报告应明确沼气及沼肥的利用方式。向农户供气应明确供气的村庄名称及供气户数，并附与农户签订的供气协议。沼肥还田要有足够的沼液沼渣消纳面积并注明类型（农田、鱼塘、林地等）与数量。

第十一条　项目建设方案应符合减量化收集、资源化利用、无害化处理的原则，工艺设计应满足中华人民共和国农业行业标准《沼气工程技术规范》（NY/T1220—2006）和《规模化养殖场沼气工程设计规范》（NY/T1222—2006）的要求。高浓度厌氧消化工艺模式鼓励采用全混合厌氧消化器（CSTR）和升流式固体反应器（USR）。低浓度厌氧消化工艺模式鼓励采用升流式厌氧污坭床（UASB）和厌氧过滤器（AF）。鼓励采用先进适用的新工艺和新技术。

第十二条　项目主要建设内容应包括原料预处理、厌氧消化系统、沼气沼肥利用设施。原料预处理设施包括格栅、固液分离装置、集料池、调节池、沉砂池等；厌氧消化系统包括厌氧消化装置、增温设备、保温设备、脱水设备、脱硫设备、贮气柜、检测仪器设备等；沼气利用设施，包括输配管网、流量计、灶具、供热设备、发电机组、余热利用设备等；沼肥利用设施包括贮液池、沼肥加工设备、输送设备等；其他配套设施，包括场区消防、照明、给排水以及标识等。

第十三条　国家对大中型沼气工程进行投资补助，国家补助资金不超过总投资的45%，地方财政配套资金不低于总投资的 5%，项目业主自筹资金不低于总投资的50%。项目业主应足额落实自筹配套资金，并出具配套资金承诺书。

第十四条　项目可行性研究报告由自治区发展改革委委托具有相应资质的评估机构进行评估或组织有关专家进行评审。自治区林业局提出项目审查意见后由自治区发展改革委对项目可行性研究报告进行审批。

第十五条　根据批复的项目可行性研究报告和项目投资计划文件，项目业主委托具有农林业、环境工程或建筑乙级以上设计资质的单位编制项目初步设计文件。

第十六条　项目初步设计编制要按照可行性研究报告批复的内容和规模进行设计，并符合有关技术规范的要求。初步设计材料应包括初步设计说明书、设计图纸、主要设备及材料表和工程概算表等。项目概算投资应控制在可研批复项目总投资的10%以内。

第十七条　项目初步设计由各市发展改革委、林业局组织审查和审批并报自治区发展改革委、林业局备案。初步设计材料报自治区林业局（农村能源办公室）备查。

第三章　项目计划管理

第十八条　县级发展改革局会同农村能源主管部门联合编制大中型沼气工程实施年度投资建议计划，经市审核平衡后，上报自治区发展改革委和林业局。经自治区审核平衡后上报国家发展改革委和农业部。

第十九条　各级项目主管部门在申报项目时，应主动与同级财政部门就项目规模、配套资金以及资金使用和管理等进行沟通和衔接；在分解下达投资计划时，自治区发展改革委、林业局会同自治区财政厅，进一步明确各级财政、项目业主的配套任务，确保地方配套资金及时足额到位。

第二十条　自治区发展改革委和林业局根据国家投资计划分解下达投资计划，各市发展改革委和林业局要及时转发下达各县（市、区）投资计划。

第二十一条　年度投资计划一经下达，要严格执行。因特殊情况确需变更的，属于项目调整、建设规模变化、投资变更等重大变动，须报原审批单位批准；对于不影响项目功能的一般性变更，由市发展改革和林业部门审批并报自治区备案。

第四章　项目建设管理

第二十二条　工程建设必须执行相关的国家或行业标准，执行招投标制、合同管理制、工程竣工验收等制度。

第二十三条　在工程招标过程中，遵守"公开、公平、公正和诚实信用"原则，根据资质、业绩及合理报价，择优选择中标单位。坚决杜绝工程转包和违法分包现象。

第二十四条　项目建设实行从业资质准入制度。从事大中型沼气工程建设的施工单位必须具备土建工程施工资质和环保工程专业资质，优先考虑具有从事沼气工程建设经验的施工单位。

第二十五条　项目建设实行开工报批制度，开工报告由项目业主报告本县发展改革、农村能源主管部门审批。

第二十六条　项目建设单位必须在项目投资计划下达后 3 个月内开工。因故不能按期开工的，须向本县发展改革和农村能源管理主管部门申请延期开工，延期期限不能超过 3 个月。

第二十七条　施工单位应加强施工的组织管理和现场管理，并严格按照设计图纸和施工标准、规范进行施工。

第二十八条　各级发展改革和农村能源主管部门应加强对项目建设进度、施工质量的监督检查。

第二十九条　实行项目建设定期报告制度。项目业主每个月初向县级发展改革、农村能源主管部门报告截至上月底工程进度、资金到位、投资完成等项目进展情况；县级发展改革、农村能源主管部门要及时汇总本县实施情况并逐级上报自治区发展改革委和林业局。

第五章　项目资金管理

第三十条　项目的预算、采购、资金及财务管理必须严格执行财政部、农业部印发的《农村沼气项目建设资金管理办法》（财建〔2007〕434 号）的有关规定。国家补助资金主要用于购置安装厌氧消化器、沼气净化、储存及利用装置以及居民供气管网等设备设施。地方财政配套资金可用于项目前期费用、项目管理费用等。

第三十一条　各级财政部门要依据项目单位资金申请报告和项目进度情况，及时拨付建设资金。项目建设资金可实行各级财政报账制，相关规定和具体操作办法由当地财政部门自行制定。

第三十二条　项目单位必须按照《国有建设单位会计制度》的规定，建立健全会计核算制度，进行会计核算；并严格按财政部《基本建设财务管理规定》（财建〔2002〕394 号）规定的开支标准和范围。厉行节约，控制各项费用的支出。在进行工程结算时，必须按结算金额的 5%～10%预留工程质量保证金，待工程竣工验收完成且交付使用一年后再结清。

第六章　项目竣工验收

第三十三条　建立健全项目管理档案。各级项目管理部门和项目建设单位要按照国家有关规定建立健全项目档案，及时收集、整理、归档从项目提出到工程竣工验收各环节的文件资料。

第三十四条　项目单项工程完工后，财政部门要及时对工程结算进行评审，财政部门的评审结果作为项目单位支付工程款和编制竣工财务决算的依据。项目单位要积极配合财政部门的评审工作，并依据财政评审结果及时编制竣工财务决算报财政部门审核，同时向当地发展改革和农村能源主管部门提出项目验收申请。同级财政部门在项目竣工验收结束后，批复项目竣工财务决算。经财政部门批复的项目竣工财务决算作为固定资产移交和入账的依据。已具备竣工验收条件的项目，3 个月内不办理竣工验收和固定资产移交手续的，视同项目已完工，其费用不得从项目建设资金中列支。

第三十五条　各市发展改革和林业部门组织财政、审计等有关部门进行项目验收，项目验收情况报自治区发展改革委和林业局备案，自治区将视情况对已验收项目进行抽验。

第三十六条　竣工验收过程中，对存在严重违反工程建设程序，工程存在重大质量问题，截留、挤占、挪用建设资金等情况的不予验收。

第三十七条　项目必须办理产权登记。项目法人应当于竣工验收后三十日内办理产权登记手续。项目的国有资产所形成的固定资产所有权，由项目所在地的县级财政部门按有关规定进行管理。

第三十八条 对项目建设形成的固定资产，未经项目原审批机关及国有资产管理部门审批同意，任何单位不得随意变更用途或擅自处置。

第七章 项目运营管理

第三十九条 项目建设单位应建立健全各项规章制度，安排专人负责大中型沼气工程建设项目的运行管理。

第四十条 项目建设单位要加强安全生产知识教育和宣传；建立安全生产管理制度，制定安全运行和突发事件应急预案，杜绝安全事故发生。发现运行异常时，必须采取应对措施，组织上报有关情况，记录处理过程和后果。

第八章 附 则

第四十一条 本办法由自治区发展和改革委员会、林业局和财政厅负责解释。

第四十二条 本办法从印发之日起执行。

重庆市集中型沼气工程建设项目管理办法（试行）

第一章　总　则

第一条　为规范全市集中型沼气工程建设项目监督和管理，提高项目建设质量和投资效益，根据国家有关规定，制定本办法。

第二条　本办法适用于国家补助投资支持建设的集中型沼气工程。集中型沼气工程是指集中处理畜禽粪便、作物秸秆和生活垃圾等有机废弃物，实现高效规模产气和沼渣、沼液处理与利用的沼气工程。

第三条　市发展改革委、市农委会同市财政局，负责全市集中型沼气工程建设管理工作，市科委组织开展集中型沼气新技术引进集成与自主创新研发，并负责全市科技示范工程建设管理工作。

区县发展改革委、农村能源（畜牧）主管部门会同同级相关部门在各自职责范围内负责本行政区域内集中型沼气工程项目建设管理工作；区县财政局负责设立财政资金专账并加强资金管理。

第二章　项目申报与审批

第四条　市发展改革委会同市农委、市科委、市财政局等相关部门编制集中型沼气布局规划，并经市政府同意后组织实施。原则上未列入规划内的项目不纳入申报国家项目范围。规划可根据养殖场发展情况，适时进行年度调整。

纳入规划的集中型沼气工程建设项目应严格按基本建设程序和项目申报要求，做好项目可行性研究报告、初步设计等前期工作。

第五条　项目可行性研究报告（附规划、土地、环保等要件）由区县发展改革委、农村能源（畜牧）主管部门进行初步审查，并联合行文上报市发展改革委和市农委，由市发展改革委、市农委会同市财政局委托有相应资质的中介（评审）机构进行评审，或由市发展改革委、市农委会同市财政局组织技术和财务等方面的专家进行评审，形成审查意见。

市农委在专家评审意见的基础上，出具行业审查意见。市发改委根据行业审查意见对项目可行性研究报告进行审批。

承担编制项目可行性研究报告等业务的机构，不得承担同一项目可行性研究报告的评审任务。

第六条 根据批复的项目可行性研究报告和项目投资计划文件，项目业主委托具备相应资质的单位编制项目初步设计。区县农村能源（畜牧）主管部门、发改委进行审查后，联合行文上报市农委、市发改委。

第七条 市农委会同市发改委组织对沼气工程初步设计及概算的评审工作，委托具备相应资质条件的中介机构进行评审，或组织有关专家进行评审，市农委会同市发改委根据评审意见对初步设计进行批复。

承担编制项目可行性研究报告或初步设计等业务的机构，不得承担同一项目初步设计的评审任务。

第八条 项目初步设计编制要按照可行性研究报告批复的内容和规模进行设计，并符合有关技术规范的要求。项目初步设计概算总投资变更超过批准的可行性研究报告总投资10%以上的，要重新向市发展改革委报批项目可行性研究报告；施工图预算总投资变更超过批准的初步设计概算总投资5%以上的，要重新向市农委、市发改委报批初步设计。

第九条 行政村村委会或具有独立法人资格的畜禽养殖企业、经济合作组织可作为项目业主申报集中型沼气工程项目。项目业主应具有落实自筹资金的能力，具有和工程建设规模相配套的养殖规模或秸秆资源或生活垃圾，具有消纳沼渣沼液的农田或果木林地。养殖规模必须满足：生猪年出栏3000头以上，奶牛存栏200头以上，肉牛出栏500头以上，蛋鸡常年存栏5万羽以上、肉鸡（肉鸭、肉鹅）出栏10万羽以上。养殖场正常运行2年以上；在建畜禽养殖场项目必须完成主体工程建设；优先安排结合新农村建设为农户供气项目；禁养区及主城区二环以内不予安排。

区县农村能源（畜牧）主管部门和发展改革委对项目业主是否具备申报集中型沼气工程建设条件真实性进行书面承诺，并承担相应责任。

第十条 优先发展沼肥还田（林、塘、园）、为农户供气的沼气工程。项目可行性研究报告应明确沼气及沼肥的利用方式。向农户供气应明确供气的村庄名称及供气户数，并附与农户签订的供气协议。沼肥还田要有足够的沼液沼渣消纳面积并注明类型（农田、鱼塘、林地等）与数量。

第十一条 推行行业备案审查制度，市农委、市发改委负责建立全市沼气工程咨询、设计单位候选库。候选库单位由市农委、市发改委面向全国公开征集，并经专家评审确定。原则上候选库每2年更新一次，并实行末位淘汰制。由国家补助投资支持建设的集中型沼气工程的可研、设计单位必须在候选库中择优选择。

第十二条 项目建设方案应遵循先进适用原则，应根据养殖场当地环境条件、"三沼"利用条件、投资能力等综合因素确定技术方案，工艺设计应满足《沼气工程技术规范》（NY/T1220 – 2006）、《规模化养殖场沼气工程设计规范》（NY/T1222 – 2006）和《重庆市集中型沼气新技术工程建设规范》（DB 50/T 371 – 2010）等农业行业标准要求。高浓度厌氧消化工艺模式鼓励采用全混合厌氧消化器（CSTR）和升流式固体反应器（USR）。低浓度厌氧消化工艺模式鼓励采用升流式厌氧污坭床（UASB）和厌氧过滤器（AF）。鼓励采用先进适用的新工艺和新技术，原则上不再采取全地下式厌氧消化工艺。

第三章　项目建设管理

第十三条　工程建设中要严格按照相关的国家或行业标准，执行招投标制、合同管理制、工程监理制、工程竣工验收等制度。

第十四条　项目建设要严格遵守国家有关招投标法和农业基本建设项目管理办法有关要求，通过招标方式择优选择施工单位，不得将工程肢解发包、转包和分包，不得迫使承包方以低于成本的价格竞标，不得任意压缩合理工期。

第十五条　项目建设实行从业资质准入制度。从事养殖场集中型沼气工程建设的施工单位必须具备环保工程专业承包三级及以上资质。

第十六条　项目必须在初步设计批复后 2 个月内开工。因故不能按期开工的，须向市发改委和农村能源管理主管部门书面报告情况，请求下一步工作。

第十七条　项目建设单位要严格按照批复的项目建设内容和投资规模组织实施，不得擅自变更建设地点、建设性质、建设内容、建设规模、建设标准等。确因客观原因需调整的项目，须逐级向原项目审批单位申请变更。

第十八条　各区县农村能源（畜牧）主管部门、发改委应当依照法律、法规以及有关养殖场集中型沼气工程建设项目技术标准、设计文件和建设工程承包合同，对项目建设进度、施工质量进行监督检查，对年度投资计划执行不力，不履行基本建设程序，擅自变更建设单位、地点、性质、内容、标准和投资规模，挤占、挪用、截留、滞留建设资金或不落实配套资金，以及有其他严重问题的建设单位，视情节轻重采取限期整改、通报批评、停止拨款、撤销项目、收回投资、停止安排新建项目等措施，并建议追究有关单位责任人的责任。

第十九条　施工单位应加强施工的组织管理和现场管理，并严格按照设计图纸和施工标准、规范进行施工。

第四章　项目资金管理

第二十条　国家对集中型沼气工程进行投资补助，补助资金不超过总投资的 45%，区县财政配套资金不低于总投资的 5%，项目业主自筹资金不低于总投资的 50%。如国家投资标准发生变化，执行新的标准。

第二十一条　各区县必须严格按照《农村沼气项目建设资金管理办法》（财建〔2007〕434号）有关规定和会计准则要求，实行专款专用，由区县农村能源（畜牧）主管部门会同财政、发展改革部门进行管理。

第二十二条　项目建设资金实行报账制，按照"分段拨付、竣工验收、统一结账"的原则，根据工程建设进度和自筹资金到位情况，凭监理单位出具的建设进度报告，经项目业主审核，报区县相关部门审签后，分阶段直接拨付给施工承担单位，不直接拨付给项目业主。不得向施工企业预拨启动资金。在进行工程结算时，必须将中央补助资金按结算金额的5%预留工程质量保证金，待工程交付使用一年后再结清。

第二十三条　建立健全项目管理档案。各级项目管理部门和项目建设单位要按照国家有关规定建立健全项目档案，及时收集、整理、归档从项目提出到工程竣工验收各环节的文件资料。

第五章　项目竣工验收

第二十四条　项目完工后，项目业主要准备好项目竣工图、竣工结算报告、审计报告，及时向当地农村能源（畜牧）主管部门提出项目验收申请。

第二十五条　区县农村能源（畜牧）主管部门会同发展改革、财政等有关部门，成立由沼气专家组成的验收小组，进行项目竣工验收，并将验收结果报市发改委、市农委、市财政局备案。市农委、市发改委将按国家项目管理要求对项目进行抽验。

第二十六条　竣工验收过程中，对存在严重违反工程建设程序，工程存在重大质量问题，截留、挤占、挪用建设资金等情况的不予验收。

对未通过验收的项目，限期整改，直至验收合格。

第六章　项目运营管理

第二十七条　项目建设单位应建立健全各项规章制度，安排持有沼气生产工高级以上国家职业资格证书上的人员负责集中型沼气工程建设项目的运行管理。

第二十八条　项目建设单位要加强安全生产知识教育和宣传；建立安全生产管理制度，制定安全运行和突发事件应急预案，杜绝安全事故发生。发现运行异常时，必须采取应对措施，并上报有关情况，记录处理过程和后果。

第二十九条　鼓励各区县发展沼气工程专业化服务公司开展专业化管理和服务。

第七章　奖惩措施

第三十条　对项目实施规范、效果突出的区县，在以后项目安排上给予倾斜并在全市通报表彰。

第三十一条　对项目申报过程中存在弄虚作假、项目业主资料严重失实的区县，将给予通报批评并停止 2 年以上相应项目安排。

第三十二条　对项目管理不规范、项目建设质量达不到要求的区县将减少项目安排。对无法完成项目建设内容的业主，将追回项目投资，不再安排类似项目。

第八章　附　则

第三十三条　本办法由市发展和改革委员会会同市农业委员会、市财政局负责解释。

第三十四条　本办法从印发之日起执行。

云南省中央预算内资金畜禽养殖场大中型沼气工程建设管理实施办法（试行）

（云南省农业厅）

第一章 总 则

第一条 为加强我省中央预算内资金畜禽养殖场大中型沼气项目管理，提高工程建设质量和投资效益，确保建设任务顺利完成，根据《中央预算内投资补助和贴息项目管理暂行办法》（国家发展和改革委员会令第 31 号）、《国家发展改革委关于改进和完善中央补助地方投资项目管理的通知》（发改投资〔2009〕1242 号）、《农业部国家发展和改革委员会关于进一步加强农村沼气建设管理的意见》（农计发〔2007〕29 号）和《农村沼气项目建设资金管理办法》财建〔2007〕434 号），以及国家基本建设项目管理有关规定和要求，结合畜禽养殖场大中型沼气项目特点，特制定本办法。

第二条 本办法适用于中央和省级预算内投资补助的畜禽养殖场大中型沼气建设项目。

第三条 坚持因地制宜、量力而行的原则。充分考虑各地规模养殖生产方式、农民生活方式和现有配套条件，选用与本地区自然条件和社会经济发展水平相适应的畜禽养殖场大中型沼气技术模式及配套技术。

第四条 坚持政府引导、企业自愿的原则。畜禽养殖场大中型沼气建设总体以企业为主，政府在政策、资金和服务等方面给予扶持和引导。

第五条 坚持保证质量、注重效益的原则。畜禽养殖场大中型沼气建设必须实行标准化和专业化施工，保证项目建设质量。加强沼气综合利用技术研究和推广，拓展沼气功能，强化综合利用的服务质量和效果，确保沼气效益充分发挥。

第六条 各级农业能源和发展改革部门要按照职能分工，各负其责，密切配合，加强对农村沼气建设项目的组织、管理、指导和协调，共同做好各项工作。

第二章 项目组织管理

第七条 申报大中型沼气工程项目的法人单位需主动申请，由各级发展改革部门和农业（畜牧）部门严格把关、分期分批、逐级申报，须具备以下条件：

1. 业主具有独立法人资格。包括具有独立法人资格的养殖企业、规模养殖场、养殖专业合作社，且正常经营年限两年以上（不含两年），在建、待建企业暂不考虑。

2. 养殖达到一定规模，具有一套严格的疫病防疫规程和科学的饲养管理操作规定。生猪年出栏3000头以上、奶牛存栏200头以上、肉牛年出栏500头以上、蛋鸡存栏5万羽以上、肉鸡年出栏10万羽以上，对以上养殖规模及防疫的认定，必须由县级畜牧主管部门核实认定并出具相关证明。

3. 建设用地符合土地利用规划、城镇发展规划、畜禽养殖场建设规划等发展规划要求。建设地点不在本地畜禽养殖禁养区或限养区。租用土地的养殖场其土地租期剩余使用年限要在15年以上，且租用土地协议中未明确限制发展养殖业或建设沼气工程。

4. 业主配套投资能力好。承担项目的企业资产状况好、盈利能力好，具有自筹资金能力。项目申报业主须出具开户银行关于申报企业的资信证明和具有法律效力的上一年企业资产负债表。

5. 企业防疫工作有效。申报单位必须具有畜禽（动物）防疫合格证和畜禽（种禽）生产经营许可证。

6. 具有综合利用沼渣、沼液的能力。为防止二次污染，实现循环利用，养殖场周边应具有足够农田消纳沼渣、沼液，或养殖企业具备沼渣、沼液加工转运能力。

7. 具有充分利用沼气的能力。为充分合理有效利用沼气资源，防止二次污染空气和减少安全隐患，除满足业主自身生产生活用气外，剩余沼气必须用于发电或向周边农户供气。

第八条　大中型沼气工程建设内容包括原料预处理、厌氧消化系统、沼气沼肥利用设施。原料预处理设施包括格栅、固液分离装置、集料池、调节池、沉砂池等，厌氧消化系统包括厌氧消化装置、增温设备、保温设备、脱水设备、脱硫设备、贮气柜、检测仪器设备等，沼气利用设施包括输配管网、流量计、灶具、供热设备、发电机组、余热利用设备等，沼肥利用设施包括贮液池、沼肥加工设备、输送设备等，其他配套设施包括场区消防、照明、给排水以及标识等。各地根据气候条件等确定具体的建设内容。国家优先支持向农户供气和充分利用附近的农田消纳沼渣沼液的大中型沼气工程。

第九条　中央补助标准原则上按发酵装置容积大小等综合确定，中央补助项目总投资的45%，总量不超过200万元；地方政府投资不得低于项目总投资的5%（其中省级配套不低于3%，州县配套不低于2%）；企业（业主）自筹资金不得低于项目总投资的50%。项目业主应足额落实自筹配套资金，并出具配套资金承诺书。

第十条　省级发展改革部门负责牵头做好工程建设规划的衔接平衡、项目可研审批、投资计划审核下达和项目建设管理监督等工作；省级农业能源主管部门负责牵头做好工程建设规划的编制、年度投资项目建议计划的提出、项目初步设计的审批、项目建设行业管理和监督检查等工作，具体组织和指导项目实施。

第十一条 大中型沼气工程项目的可行性研究报告由发展改革部门会同同级农业能源主管部门逐级上报到省级发展改革部门和农业能源主管部门，由省级农业能源主管部门组织专家审查并提出审查意见，省级发展改革部门审核后审批项目可行性研究报告。项目法人单位根据可行性研究报告批复和下达的投资计划编制初步设计，由省级农业能源主管部门组织专家审查并根据审查意见会签省发展和改革委员会审批项目初步设计。

第十二条 编制大中型沼气工程项目可行性研究报告的单位和部门须具有农业或环境工程乙级以上咨询资质或设计资质。可行性研究报告包括项目摘要、项目建设的可行性与必要性、项目建设单位基本情况、建设地点选址、工艺技术方案、建设目标、建设规模及内容、建设标准，投资估算及资金筹措，项目组织管理，建设期限和进度，效益分析、招标方案，环境评价、节能措施，并附有关证明材料和表格等。项目建设方案应符合减量化收集、资源化利用、无害化处理的原则，工艺设计应满足中华人民共和国农业行业标准《沼气工程技术规范》（NY/T1220—2006）和《规模化养殖场沼气工程设计规范》（NY/T1222—2006）的要求。高浓度厌氧消化工艺模式鼓励采用全混合厌氧消化器（CSTR）、塞流式厌氧消化器（HCPF）和升流式固体反应器（USR）。低浓度厌氧消化工艺模式鼓励采用升流式厌氧污泥床（UASB）和厌氧过滤器（AF）。鼓励采用先进适用的新工艺和新技术。

第十三条 编制大中型沼气工程项目初步设计报告的单位和部门须具有农业或环境工程乙级以上咨询资质或设计资质。初步设计报告包括项目建设目标、建设规模和内容、建设地址和建设标准，施工方案，项目建设进度，消防、安全、节能及环境评价，初步设计说明书、施工图纸，主要设备购置及安装，土建工程及概算，并附可行性研究报告批复文件及投资计划下达文件等。

第十四条 各级发展改革和农业能源主管部门联合编制下一年度的年度项目建议计划。报送的文件材料包括：

1. 大中型沼气项目年度建议计划。

2. 所列大中型沼气工程等的可行性研究报告审批文件。

3. 各级有关部门对地方投资的承诺文件。

第十五条 中央投资计划下达后，各级发展改革部门会同农业能源主管部门将年度投资计划及时下达、安排到具体项目，并报上级发展改革委和农业能源主管部门备案。下达的年度投资项目计划应明确项目的建设内容、建设期限、建设地点、总投资、年度投资、资金来源及工作要求等，确保纳入计划的项目已按规定履行完成各项建设管理程序。年度投资中地方政府出资及其他资金来源，必须在同一计划中列清并明确落实责任。

第十六条 投资项目计划及初设批复一经下达，应严格执行，原则上不再调整。执行过程中确需调整的，涉及变更建设地点、变更建设性质、变更建设单位、变更建设内容、建设标准、建设规模导致初设概算总投资超过可研批复总投资 10% 以上或者实施过程中投资变动超过批复项目总投资 10% 以上、项目主要使用（服务）功能发生变化的，需按照现行投资计划申报程序将投资计划调整请示报送至省发展改革委和省农业厅。其他变更需由州（市）发展改革部门会同农业能源主管部门作出调整决定并报省发展改革委和农业厅备案。对地方前期工作不实、项目监管工作不到位，导致出现项目调整或不能如期完成国家投资计划等问题，在以后年度投资计划安排时将对该州（市）投资予以削减，以此强化地方政府对项目的监管责任。

第三章　项目建设管理

第十七条　工程建设必须执行相关的国家或行业标准，严格执行招标投标制、工程监理制、合同管理制、工程竣工验收等制度。

第十八条　省级农业能源主管部门和发展改革部门结合国内大中型沼气初步设计编制单位的情况，制定全省大中型沼气工程项目初步设计编制单位指导目录并实行动态管理，确保行业规范有序和健康发展。各项目建设单位根据指导目录自行选择初步设计的编制单位。

第十九条　对涉及沼气工程项目土建工程建设和主要仪器设备的购置，要严格按照《中华人民共和国招投标法》《云南省政府采购条例》等有关法律、法规的规定执行，由项目建设单位自行招标。从事大中型沼气工程建设的施工单位必须同时具备土建工程施工三级及以上资质和环保工程三级及以上专业资质、安全生产许可证，优先考虑具有从事沼气工程建设经验的施工单位。从事养殖场大中型沼气工程建设项目施工、运行及管理的技术人员必须持有沼气生产工中级以上国家职业资格证书。招标结果应逐级上报省农业厅和省发展改革委备案。

第二十条　实行工程监理制。在沼气工程项目建设过程中，项目建设单位要聘请相应资质监理单位，工程监理单位及监理人员要按工程设计要求，按照《规模化畜禽养殖场沼气工程运行、维护及其安全技术规程》（NY/T1221—2006）规范，加强施工管理、工程质量监控和检查督促，对建设工程使用的水泥、钢材、标砖及其他建材必须满足设计要求，要有出厂检验合格证等相关材料，由施工监理进行记录抽查，存档备查，严禁使用不合格产品；做好隐蔽工程资料（文字资料、图片资料、音像资料等）收集、整理，并由建设单位（业主）、监理公司、施工单位项目负责人和县级农业能源主管部门代表共同签字，作为工程竣工验收的必备资料，健全工程施工监理记录和报告制度，确保建设工程质量和工期进度按要求进行。

第二十一条　项目建设单位必须在项目投资计划下达后的 3 个月内开工。因故不能按期开工的，须向当地发展改革部门和农业能源管理部门申请延期开工，并报省发展改革委和省农业厅备案；延期以两次为限，每次不超过 1.5 个月。项目投资计划下达后，既不开工又不申请延期，或者因故不能按期开工超过 3 个月的，省发展改革委将暂停下达项目投资计划，责令限期整改；整改达不到要求的，撤销建设项目，收回已下达的投资。

第二十二条　项目建设单位应加强施工的组织管理和现场管理，并严格按照设计图纸和施工标准、规范进行施工。在沼气工程项目建设施工时，必须严格按照建筑施工规范进行操作。完成一道工序后，必须由建设单位（业主）、施工单位、监理公司和县级农业能源主管部门四方共同签字认可，方可进入下一道工序施工。对工程质量不合格的，县级农业能源主管部门应责成返工，强制停工整改。

第二十三条　县级农业能源管理部门应积极配合当地安全生产管理部门做好安全生产监督和管理工作，实行安全事故报告制，及时组织对安全事故的处置。

第二十四条　落实项目责任主体。各级农业能源主管部门和发展改革部门，要依据有关职责分工，加强对项目的管理和监督检查，重点监督项目资金使用、招标采购、施工建设、实施进度及效果等，保证中央补助投资及时足额到位，确保目标任务按时完成。

第二十五条　大中型沼气工程项目建设实行项目法人责任制。承担大中型沼气工程建设的单位（业主）法人为项目法人，项目法人对项目申报、建设实施、资金管理及建后的运行管理等全过程负责。对项目管理制度不健全、财务管理混乱、工程质量存在严重问题、违反招标及政府采购相关规定的要追究项目法人的责任。

第二十六条　各州市农业能源主管部门可根据相关要求建立畜禽养殖场大中型沼气项目建设进度和质量通报制度，原则上每季度不少于一次，相关通报应抄报省农业厅和省发展改革委。

第四章　项目资金管理

第二十七条　项目资金管理须严格执行财政部、农业部联合制定的《农村沼气项目建设资金管理办法》，按照"先建后补、分段拨付、竣工验收、统一结账"的原则，严格执行"三专一单列"的规定，实行专账核算、专人管理、专款专用及预算单列，严格报账手续和报账制度，严禁挤占截留，封闭运行管理。加强资金监督管理，所有的财务原始凭据存档备查。项目建设资金实行县级报账制，凭所在地农业能源管理部门出具的建设进度报告，分阶段拨付资金。县级农业能源主管部门和发展改革部门负责资金监督管理。

第二十八条　项目的预算、采购、资金及财务管理必须严格执行财政部、农业部印发的《农村沼气项目建设资金管理办法》（财建〔2007〕434 号）的有关规定。国家补助资金主要用于购置安装厌氧消化器、沼气净化、储存及利用装置以及居民供气管网等设备设施。地方财政配套资金可用于项目前期费用、项目管理费用等。

第二十九条 项目单位必须按照《国有建设单位会计制度》的规定，建立健全会计核算制度，进行会计核算；并严格按财政部《基本建设财务管理规定》（财建〔2002〕394号）规定的开支标准和范围。厉行节约，控制各项费用的支出。在进行工程结算时，必须按结算金额的5%～10%预留工程质量保证金，待工程竣工验收完成且交付使用一年后再结清。

第五章　项目监督管理

第三十条 项目所在地农业能源主管部门和发展改革部门依照法律、法规以及有关养殖场大中型沼气工程建设项目技术标准、设计文件和建设工程承包合同，对项目建设进度、施工质量进行监督检查，对年度投资计划执行不力，不履行基本建设程序，擅自变更建设单位、建设地点、建设性质、建设内容、建设标准和投资规模，挤占、挪用、截留、滞留建设资金或不落实配套资金，以及有其他严重问题的建设单位，视情节轻重采取限期整改、通报批评、停止拨款、撤销项目、收回投资、停止安排新建项目等措施，并由相关部门追究有关责任人的责任。

第三十一条 各级发展改革和农业能源主管部门切实加强对各地大中型沼气项目的投资计划安排和执行情况进行指导、稽查、检查、考核、监督和检查，检查内容包括组织领导、制度和办法的制定、计划落实、建设管理、项目进度、工程质量、资金使用、运行管护等。对发现的问题，要及时整改和处理；对相关稽查、检查报告应主动公开，接受社会监督。

第六章　项目竣工验收

第三十二条 建立健全项目管理档案。各级项目管理部门和项目建设单位要按照国家有关规定建立健全项目档案，及时收集、整理、归档从项目提出到工程竣工验收各环节的文件资料。竣工验收资料包括竣工总结报告、项目质检报告、消防安全说明书、环境评价报告、工程决算报告、项目审计报告、项目请验报告、档案资料验收。

第三十三条 由县级发展改革部门和农业能源行政主管部门组织设计单位、建设单位（业主）、施工单位、施工监理及有关部门组成，对单项工程完工后进行验收，验收结果作为项目单位支付工程款和编制竣工财务决算的依据；全部工程完工后，对沼气工程项目资料进行逐一核实、现场实地查验，确认工程资料齐全和工程质量达到要求后，由县级发展改革部门和县级农业能源主管部门编写初验报告书，申报州（市）级发展改革部门和农业能源主管部门进行初步验收。

第三十四条 各州（市）发展改革和农业能源主管部门组织有关部门进行项目初验，初步验收合格并具备竣工验收条件后，向省发展改革委和省农业厅报送竣工验收申请报告。省发展改革委和省农业厅组织有关部门按照《农业基本建设项目验收管理规定》进行竣工验收。省级也可视情况委托州（市）级完成验收工作。竣工验收过程中，对存在严重违反工程建设程序，工程存在重大质量问题，截留、挤占、挪用建设资金等情况的不予验收。

第三十五条 验收内容包括：①项目建设总体完成情况。建设地点、建设内容、建设规模、建设标准、建设质量、建设工期等是否按批准的可行性研究报告和初步设计文件建成。②项目资金到位及使用情况。资金到位及使用是否符合国家有关投资、财务管理的规定。包括中央投资、地方配套及自筹资金到位时间、实际落实情况，资金支出及分项支出范畴及结构情况、中央资金的支出情况、项目资金管理情况（包括专账独立核算、财务收支手续及凭证完整性、支出结构的合理性等），材料、仪器、设备购置款项使用及其他各项支出的合理性。③项目变更情况。项目在建设过程中是否发生变更，是否按规定程序办理报批手续。④施工和设备到位情况。各单位工程和单项工程验收合格记录。包括建筑施工合格率和优良率，仪器、设备安装及调试情况。是否编制竣工图。⑤执行法律、法规情况。环保、劳动安全卫生、消防等设施是否按批准的设计文件建成，是否合格，建筑抗震设防是否符合规定。⑥投入使用准备情况。组织机构、岗位人员培训、物资准备、外部协作是否落实。⑦竣工决算情况。是否按要求编制了竣工决算，出具了合格的审计报告。⑧档案资料情况。建设项目批准文件、设计文件、竣工文件、工程及设备招投标及政府采购文件、监理文件及各项技术文件是否齐全、准确，是否按规定归档。⑨项目管理情况及其他验收内容。

第三十六条 大中型沼气工程建成后，必须办理产权登记。项目法人应当于竣工验收后三十日内办理产权登记手续。项目的国有资产所形成的固定资产所有权，由项目所在地的县国有资产管理部门按有关规定进行管理。对项目建设形成的固定资产，未经项目原审批机关及国有资产管理部门审批同意，任何单位不得随意变更用途或擅自处置。

第七章 项目运营管理

第三十七条 项目建设单位应建立健全各项规章制度，安排专人负责大中型沼气工程建设项目的运行管理。

第三十八条 项目建设单位要加强安全生产知识教育和宣传；建立安全生产管理制度，制定安全运行和突发事件应急预案，杜绝安全事故发生。

第八章 附 则

第三十九条 本办法由省农业厅、省发展改革委负责解释。各地可根据本办法，结合当地实际，制定实施细则。

第四十条 本办法自发布之日起施行。

云南省农村能源建设管理办法

（云南省林业厅）

第一条　为了加强农村能源建设管理，合理开发、利用、节约农村能源，保护和改善生态环境，规范项目建设程序和行为，提高建设质量和投资效益，根据《中华人民共和国可再生能源法》《中华人民共和国节约能源法》，结合本省实际，制定本办法。

第二条　农村能源建设应当遵循因地制宜、突出重点、集中连片的原则。与天然林保护工程、退耕还林工程、兴边富民工程、革命老区建设、滇西北生物多样性保护、九大高原湖泊治理等重大项目及新农村建设相结合。

第三条　省林业行政主管部门负责实施管理的农村能源建设项目适用本办法。农村能源建设包括建设项目计划安排、组织实施、培训鉴定、资金使用和监督检查。

第四条　本办法所称农村能源是指用于农村生产、生活的能源，主要包括沼气、秸秆气化、薪炭林等生物质能以及太阳能、风能、微水发电等可再生能源。

第五条　农村能源建设内容包括农村沼气及综合利用技术、生活污水沼气净化技术、农村太阳能利用技术、秸秆综合利用技术、农村节能炉灶等农村能源技术的推广与运用。

第六条　省林业行政主管部门按照职责分工，负责组织、指导农村改灶节柴、推广木材的节约代用、推广使用沼气、太阳能等农村能源建设工作。具体工作由云南省农村能源工作站负责，主要为农村能源工作提供组织管理和技术服务，承担全省农村能源建设规划编制、组织实施、协调、管理以及农村能源新技术、新工艺试验、示范、推广，对农村能源业务技术进行培训。

第七条　农村能源建设项目按年度实施，由省林业行政主管部门、省财政部门于年初发布项目申报指南，各州（市）农村能源主管部门联合财政部门根据省级项目申报指南及当地实际情况，编制项目建设计划和项目实施方案，于每年2月底前上报省林业行政主管部门、省财政部门。

第八条　农村能源建设项目由省林业行政主管部门会同省财政部门依据年度农村能源建设任务、各地申报数量及上一年度任务完成情况予以下达。项目建设计划下达后，不得擅自变更。

第九条　各级农村能源主管部门应当建立农村能源项目建设管理责任制，对项目建设的地点、规模、建设资金的使用及补助标准等进行公示。

第十条 农村能源项目建设工程应当由具有相应资质的施工单位和人员实施，并接受县级以上农村能源管理机构的监督管理各级农村能源主管部门应当按照事前指导、事中检查、事后验收的质量管理要求，确保项目建设质量与成效。

第十一条 农村能源建设应当执行国家标准或行业标准，不得使用未达标的农村能源产品。

第十二条 农村能源建设资金按下列要求实施管理：

（一）省林业行政主管部门、省财政部门下达年度建设计划和资金后，各地应当根据实际情况，配套一定的项目专项工作经费。

（二）项目资金严格按计划和规定用途专款专用，不得擅自改变资金使用方向，调整项目补助标准。

（三）项目实施单位应当建立健全会计核算制度，项目资金实行报账制管理和专账（专项）核算。

（四）项目资金必须落实到农户。任何单位和个人不得以工作经费、项目管理费和奖励经费的名目列支属机构经费性质的费用。

（五）外援资金按项目要求严格执行。农村能源专项资金应当按照财政支农资金的相关规定执行。

第十三条 农村能源项目建设实行月报和年报制度，月报表和年报表必须真实、准确，并经主管部门领导签字确认后，分别于次月 8 日前和次年 2 月 10 日前逐级上报，已上报的报表严禁擅自进行修改。云南省农村能源工作站负责年报和月报的汇总和信息反馈工作。

第十四条 农村能源建设项目应当建立健全档案管理制度，实行信息化和网络化管理。逐步建立省、州（市）、县（市、区）三级管理信息系统。农村能源项目建设实行一户一卡制度。各地农村能源管理机构应当以行政村为单元制定项目用户档案卡，由县级农村能源管理机构保存备查。用户档案卡应当包括项目实施农户基本信息、建设规模、始建和终止日期、施工技术人员及其职业技能鉴定证书代码、施工队负责人和验收人员、使用农户签名等内容。

第十五条 各级农村能源管理机构应当建立农村能源建设服务体系，省级建立技术实训基地、县级建立服务站、乡级建立服务网点。鼓励协会领办、个体承包、股份合作等多元运行机制实施农村能源建设服务。

第十六条 农村能源项目实施前，负责项目实施的单位应当与施工单位或者技术人员签订安全生产责任书。项目完成后移交用户时，项目实施单位应当组织验收，并与施工技术人员和农户三方签字认可。施工技术人员应当对用户进行安全使用和日常管护的培训，并与用户签订安全使用、管护责任书。

第十七条　各级农村能源管理机构应当加强对农村能源建设的管理，加强对施工队伍和用户的培训。从事农村能源工程设计、施工的单位应当按照国家有关规定，取得相应资质证书。从事农村能源建设工程施工、安装、维修的专业技术人员，应当经过农村能源职业技能鉴定培训，取得资格证书后，方可上岗。

第十八条　各级农村能源管理机构应当利用广播、电视、报刊等媒体加强农村能源的宣传；利用现场演示、技术培训、发放科普材料等形式，加强对农村能源用户的技术培训。

第十九条　农村能源建设项目实行定期检查和不定期抽查制度。各级农村能源管理机构应当加强对项目建设进度、建设质量、资金使用等方面进行监督、检查。

第二十条　项目完成后，县级农村能源管理机构应当按照技术规范进行初验，并报州（市）级农村能源管理机构组织全面验收。

第二十一条　县级以上人民政府农村能源管理机构应当对在农村能源项目建设和管理中做出突出成绩的单位和个人给予表彰奖励。对存在问题的单位和个人应当给予通报批评，责令限期整改。造成重大损失或严重不良影响的，提请有关部门依法追究相关人员责任；构成犯罪的，依法追究刑事责任。

第二十二条　本办法自 2011 年 11 月 20 日起实行。

西藏自治区农牧区传统能源替代工程建设

（2016～2020 年）

西藏自治区是国家重要的生态安全屏障，重点生态功能区和禁止开发区分别占全区国土面积的 67.8% 和 37.6%，生态系统极为脆弱，抗干扰能力差。西藏自治区与全国一道全面建成小康社会，面临着生态保护严格限定和资源发展空间有限的双重制约。长期以来，西藏农牧区能源消费主要来自牛粪、薪柴和草根等生物质能，这种传统的能源消费模式不仅污染了大气环境，而且破坏了森林、草场，减少了土壤有机质供给，同时也不适应广大农牧民生活质量不断提高的需要。

中央第六次西藏工作座谈会要求在推进经济社会跨越发展中，把生态保护与建设列为重点，构建高原生态安全屏障。由于西藏农牧区占全区面积的 90%，农牧民占全区人口的 80%，农林牧渔业总产值占全区 GDP 的 22%，因此，加强农牧区资源环境保护，发挥自身比较优势，开发和利用高效清洁能源，改变传统落后的能源消费模式，是保护西藏资源环境、构建高原生态安全屏障的重要内容。

2008 年 6 月，西藏自治区出台了《西藏自治区农村能源替代工程建设规划》，组织实施了农村沼气建设工程、以电代薪工程、太阳能普及工程、固态生物质燃料推广工程，优化了农牧区生活用能结构，实现了由严重依赖传统生物质能源向清洁低碳高效能源转变，目前农牧区传统能源替代率达到 58.7%。但是与全面建成小康社会和构建高原生态安全屏障的要求相比，还有很大差距。为进一步降低农牧区对传统能源的过度依赖，优化用能结构，发展高效清洁能源，保护生态环境，根据中央第六次西藏工作座谈会精神和《西藏高原国家生态屏障保护与建设规划（2006～2030 年）》，以及全国可再生能源发展相关规划，结合西藏实际，制定本规划。

一、加快实施西藏农牧区传统能源替代工程的重要性和紧迫性

习近平总书记在中央第六次西藏工作座谈会上强调坚持生态保护第一，采取综合举措，加大对青藏高原空气污染源控制和治理，确保生态环境良好。按照《西藏生态安全屏障保护与建设规划（2008～2030 年）》要求，到 2030 年，西藏基本实现农村传统能源替代，生态环境与经济社会呈现协调发展态势。为切实保护好世界上最后一片净土，有效遏制生态环境不断退化趋势，必须加快实施农牧区传统能源替代工程，大力推进生

态文明建设进程。

（一）加快实施农牧区传统能源替代工程是保护当地生态环境、构建国家生态安全屏障的迫切需要

西藏高原生态安全是国家生态安全的重要组成部分，是我国乃至亚洲地区重要的生态安全屏障。长期以来，受"高""寒"等气候条件影响，西藏生态环境十分脆弱，一旦破坏很难恢复，甚至不可逆转。近年来，受全球气候变暖、人口增长和经济社会快速发展等因素影响，导致对资源的过度开发和环境的破坏，一定程度上出现草原退化、土地沙化、水土流失、雪线上升、生物多样性减少等现象，以及频发多发的气象灾害、地质灾害和生物灾害。特别是由于能源匮乏，广大农牧民生活用能长期依赖木柴和牛粪等生物质能源，大量采掘树木、草皮、荆棘、树根作为生活能源，在不同程度上破坏了本已稀少的森林、草地等天然植被，加剧了生态环境的退化趋势。因此，实施农牧区传统能源替代工程，减少农牧民对传统薪柴等生物质能源的依赖，降低二氧化碳排放，保护森林、草地等植被，维护生物多样性，有利于全面改善西藏生态环境，巩固生态安全屏障构建成效，是加强西藏生态环境保护与建设，构建西藏高原国家生态安全屏障的迫切需要。

（二）加快实施农牧区传统能源替代工程是推动农牧业废弃物资源循环利用、发展现代高效生态农牧业的迫切需要

立足西藏资源和生态优势，大力发展清洁、高效、生态、循环的农牧业，充分利用现代农牧业生产方式和科学技术手段实现提质增效、转型升级，是实现西藏农牧业可持续、跨越式发展的必由之路。西藏农业用地多为河谷冲积形成，土壤层瘠薄，碎石较多，有机质较少，难以形成较高稳定的作物产量，而且目前大多数农牧业废弃物如牛羊粪、秸秆等主要被用作生物质燃料或饲料，没有返还耕地、草原，使耕地、草原土壤有机质得不到及时补偿，导致土壤板结，肥力下降，作物产量和质量降低。因此，加快实施农牧区传统能源替代工程，大力发展沼气、太阳能和其他生物质能等替代能源，既可以改变农牧区传统能源消费模式，降低农牧区对牛羊粪、秸秆、草皮等过分依赖，大大提高能源利用效率，又能将替代下来的牛羊粪或秸秆直接还田（回归草原），或者通过发酵后的沼液和沼渣以有机肥形式回补农田和草原，有利于提高农田和草原肥力，并依托其他比较优势，大力发展高效生态循环农牧业，加快西藏传统农牧业向现代高效生态农牧业转变。

（三）加快实施农牧区传统能源替代工程是优化农牧民生活用能结构、提高农牧民生活质量的迫切需要

随着西藏农牧民收入水平不断提高，对生活质量也提出新的要求和需求。从2006年起，西藏实施了以农房改造、游牧民定居、扶贫搬迁和"兴边富民"安居为重点的

农牧民安居工程，到目前有 230 万西藏农牧民圆了"新房梦"。随着新农村建设不断加快、城镇化率逐步提高，广大农牧民迫切需要改变传统落后的用能结构，开发利用更多的新型清洁能源。目前，以沼气和太阳能等为主的新型清洁能源，正在逐步改变农牧区群众"烟熏火燎"的传统生活方式，促进了资源的有效利用和环境的逐步改变，但是总体上讲，广大农牧区以薪柴、秸秆、牛粪等传统能源为主的消费结构还没有得到根本改变。据统计，2014 年西藏农牧区生活用能为 197 万吨标煤，其中秸秆占 44.6%，薪柴占 30.5%，煤炭占 13.7%，电力占 6.9%，成品油占 0.9%，液化石油气占 5.9%，沼气占 2.1%，太阳能占 9.1%，因此迫切需要按照"清洁田园、清洁家园、清洁能源、清洁水源"的社会主义新农村环境与能源建设标准，加快实施农牧区传统能源替代工程，不断优化农牧区能源消费结构，促进农牧民生活水平和生活质量不断改善。

二、西藏农牧区推进传统能源替代工作的现状、存在的主要问题及面临的新形势

《西藏自治区薪柴替代能源发展规划》实施以来，自治区在广大农牧区积极探索以户用沼气、太阳灶和生物质炉等为主的能源替代发展模式，逐步降低了对传统生物质能源的依赖，农牧区传统能源替代率达到 58.7%，其中沼气和太阳能在农村生活用能中的比重达到 11.2%。

（一）西藏农牧区推进传统能源替代工作的现状

1. 大力实施农牧区沼气建设工程

西藏自治区从 2006 年开始进行沼气建设示范推广，逐步探索出了符合自治区实际的"一池三改一棚"（沼气池配套改厨、改圈、改院和建设日光温棚种菜）的户用沼气建设模式。截至 2015 年，全区建有户用沼气 21.7 万户，年产沼气量 5760 万立方米，户均产气 385 立方米；建有沼气工程 12 处，总池容 0.39 万立方米，年产气量 21.27 万立方米，供气户数 0.05 万户。乡村服务网点 431 个配有沼气物管员 887 人。开展沼气职业技能培训 5674 人次，通过鉴定持证的沼气工作人员有 1673 人。通过沼气建设，使农牧区畜禽粪便和生活污水得到一定的处理，保护了农村生态环境；替代了大量薪柴和秸秆，改善了农牧区生活用能结构；通过沼渣、沼液制成有机肥返还农田，减少了化肥使用量，提升了农产品质量安全水平。

2. 加快推进农牧区太阳能普及工程

西藏自治区太阳能资源丰富，全区大部分地区太阳能辐射年均达 6000~8000 兆焦耳/平方米，超过同纬度平原地区一倍左右，全年平均日照时数在 3300~3600 小时。自 20 世纪 80 年代开始，西藏在广大农牧区推广使用太阳灶，截至 2014 年，全区拥有太阳灶 38.87 万台，拉萨市周边的农户和部分地区有条件的农户除太阳灶外，还开始用上了太阳能热水器，不仅提高了人们的生活质量，而且减少了对环境的破坏。据测算，一台截光面积 1.6 平方米的太阳灶，每年使用 280 天、每天使用 6 小时所产生的热量，可以替代 2.14 吨薪柴或 2.26 吨牛羊粪，年节约燃料开支约 800 元；一台 120 升的太阳能热水器，每年可节约近 1000 度电，相当于节约 400 多公斤煤，减少二氧化碳排放 1000公斤。

3. 稳步实施固态生物质燃料推广工程

西藏自治区传统的秸秆、薪柴、牛羊粪等生物质能源主要用于炊事、取暖。2013年西藏农牧区能源消费中，秸秆实物量为 154 万吨，薪柴为 105.2 万吨，畜粪生产量3300 万吨左右，其中 60% 用于燃料。由于高寒的气候条件、传统的生活炉具和低效的燃烧方式等原因，造成上述生物质燃料燃烧不充分、利用效率低、环境污染大，如薪柴利用效率只有 15% 左右。因此，稳步实施固态生物质燃料推广工程，大力推广应用高效节能生物质炉具，不仅热效率高而且节省原料，提高了资源利用效率，减少了污染物排放，既解决了生活用能又解决了取暖问题，深受农牧民群众的欢迎。但是全区在推广藏式节能生物质炉具方面进展缓慢，到目前为止只在那曲地区班戈县进行过相关试验。尽管试验效果比较理想，但是由于缺乏资金，没有进行大面积推广，全区仍有 27.36 万户牧民在使用传统炉具解决生活用能。

（二）存在的主要问题

1. 管理推广机构不够健全

在自治区层面，缺乏专门的农村能源管理和推广机构进行业务指导和统筹推进，管理和推广人员严重不足，一定程度上影响了项目的建设进度和实施效果。从已建成的431 个乡村沼气服务网点看，平均每个网点不到 2 人，且补贴仅为 200 元/月，再加上服务面积大、服务手段跟不上，沼气方面的进料、出料、维修、维护等后续服务不能及时跟上，影响户用沼气功能的发挥。

2. 区域发展不平衡

在户用沼气方面，原料充足、平均温度较高、海拔较低的日喀则、山南、昌都、拉萨等地市的部分农区发展比较好，能源替代效果较为显著。而基础条件较为恶劣的阿里地区、那曲西部以及森林资源丰富的林芝市，户用沼气发展相对缓慢，前者农牧民仍以牛羊粪便作为日常生活用能的主要来源，后者主要以薪柴为主要能源。在太阳能利用方面，受光热资源、经济发展水平等因素影响，拉萨、日喀则、山南、那曲、阿里等地市太阳能推广较多，而林芝、昌都等地市相对推广较少。

3. 传统能源替代方式较为单一

目前，西藏自治区农村传统能源替代方式基本上以户用沼气建设和太阳灶推广为主。在冬季用能较多的时候，户用沼气池产气量较低，不能满足农牧民生活需要，而且并不是所有的农牧户都适宜发展沼气，全区还有 21 万农牧户需要考虑使用其他能源替代方式。太阳灶受阴天、刮风等气候影响较大，使用率不高，太阳能热水器价格较高，大多数农牧民难以承受；既节能又环保的新型高效节能生物质炉在农牧区还没有普及。

目前广大农牧民冬季仍在大量使用薪柴、牛粪等传统燃料，农牧区清洁能源使用比例并不高。

4. 农村能源替代工程建设成效有待提高

按照《西藏自治区农村能源替代工程建设规划（2011～2015年）》提出的到2015年的目标要求，目前农牧区传统能源替代率只有58.7%，低于70%以上的目标；大中型沼气工程建设12处，远低于75处的目标；藏式高效节能生物质炉还处在试验示范阶段，远远没有达到推广20万台的目标。原材料涨价较高、补助标准偏低，制约了工程实施规模。一些项目实施缺乏专业设计和施工，建设质量存在一定问题。部分沼气池特别是户用沼气池建成后出现损坏、不产气等现象，影响了能源替代效益的发挥。

（三）面临的新形势

1. 农村沼气处于转型升级的关键时期

当前农村沼气发展进入建管并重、多元发展的新阶段。已由单一的能源需求向能源和环保共同需求发展，由单一的供气向供气、供热、发电多样化发展，由单一处理农业废弃物向轻工业废物（糟、渣）、高浓度有机废水、城市生活垃圾等多种原料发展，由种养分离向种养相结合方向发展。随着农村城镇化进程加快，农村沼气建设中出现了一些问题，如户用沼气利用率不高、中小型沼气工程经济效益低下等。按照中央与地方事权划分，今后中央预算内投资将重点支持发展技术含量和经济效益更高的超大型、特大型沼气工程及生物质天然气工程，并依照市场经济规律进行专业化的设计建设和运营管理。2015年，农业部会同国家发改委启动农村沼气转型升级试点项目，安排20亿元支持18个省份建设25个规模化生物天然气试点工程以及全国各地建设386个规模化大型沼气工程。这些新的形势对基础条件薄弱、资金严重不足的西藏来说，面临严峻挑战。但是，从另一方面来说，沼气发展的需求和潜力还很大，根据《可再生能源中长期发展规划》预计，到2020年沼气生产量达到440亿立方米，而2014年全国农村沼气生产量仅为178.6亿立方米。2008年以来，随着户用沼气发展增速逐渐减缓，以秸秆、工业有机废弃物等为原料的沼气工程项目不断增多，特别是大中型沼气工程出现了快速增长，对推动西藏沼气事业发展带来了新的机遇。

2. 农村太阳能热利用产业化进程不断加快

目前，我国太阳能产业规模位居世界第一，是全球最大的太阳能热水器生产国和使用国，也是重要的光伏组件生产国。截至2014年底，全国有太阳能热水器4345.7万台、7782.8万平方米，太阳房28.7万处、2527.6万平方米，太阳灶230万台，太阳能热利用相关企业2167家，总产值232.6亿元，占农村能源产业总产值的66.3%。党的十八届五中全会通过的《中共中央关于制定国民经济和社会发展第十三个五年规划的建议》要求推动低碳循环发展，加快发展风能、太阳能、生物质能、水能、地热能，为西藏自治区太阳能热利用产业发展提供了难得的发展机遇，太阳能作为绿色清洁能源在解决农牧区常规能源短缺问题、优化能源消费结构、保护生态环境中具有重要地位和开发应用价值。充分发挥西藏地区太阳能资源优势，结合西藏农牧区实际情况，创新政策设计和制度安排，加快推进太阳能热利用产业发展，是推动农牧区传统能源替代升级的重要措施。

3. 农村清洁炉灶发展潜力巨大

据统计，截至 2015 年底，我国有节能炉 3091.6 万台，省柴节煤灶 1.19 亿台，建成生物质固化成型示范工程 1060 处，年产生物质成型燃料 480 多万吨，清洁炉灶生产，特别是生物质炉灶，已进入商业化、规模化发展阶段，部分生物质炉具企业年生产能力超过 6 万台，清洁炉灶产业的发展，不仅带动了农民节能增收，还改善了农村生态环境。但是，目前全国仍有 20% 以上的农户没有使用上清洁炉灶，早期推广的省柴节煤炉灶也有 70% 左右破损，迫切需要加大清洁炉灶推广普及。2014 年 5 月农业部和国家发改委在"中国清洁炉灶与燃料国际研讨会"上承诺，2020 年前在中国至少有 4000 万户家庭推广更清洁的炉灶和燃料，到 2030 年全部淘汰低效炉灶和燃料。2010 年自治区从河南引进高效生物质炉 4 台，在那曲地区班戈县新吉乡进行了试验示范。结果表明，高效节能生物质炉比传统藏式炉子热效率提高 80% 以上，节能在 50% 左右，随着农村城镇化进程加快和农民生活水平不断提高，广大农牧民对便捷、清洁、高效炉具的需求日益强烈，迫切希望使用更加环保、方便、价廉、高效，造型美观的清洁炉灶，必将带动西藏农牧区清洁炉灶的推广普及。

三、指导思想、基本原则和发展目标

（一）指导思想

贯彻落实科学发展观和生态文明建设理念，按照中央第六次西藏工作座谈会精神要求，坚持"政府引导、市场推动、综合利用、保障供应、节能优先、环境友好"的总方针，立足于传统能源替代优化和农村能源转型升级的新要求，着眼于发展资源节约型、环境友好型和生态保育型农业，提高农牧民生活质量，保护农牧区生态环境，促进生产、生活、生态协调发展，稳步发展农村户用沼气，积极推进大中型沼气工程建设，加快推广生物质节能炉具，不断提高农牧区清洁能源比重，优化农牧民生活用能结构，推进农牧区节能减排，保护生态环境，为建设高原生态安全屏障提供有力保障。

（二）基本原则

1. 坚持生态优先、绿色发展

立足西藏农牧区现有资源环境基础，坚持生产发展与资源环境承载能力相匹配，发挥高原独特资源生态优势，转变农牧业发展方式，发展高原特色、现代生态循环农牧业，开发农业多种功能，倡导绿色、低碳的生产生活方式，推进农牧业清洁生产，发展农牧区清洁能源，提高能源资源开发利用效率，建设高原绿色生态安全屏障。

2. 坚持政府主导、多元投入

立足西藏农牧区经济社会发展水平，发挥政府主导作用，加大政府投入力度，积极争取国家相关项目资金和各种补助投入，加强政府统筹规划、部门资源整合和工程实施指导，出台激励扶持政策，创新政府购买服务等方式，充分利用财政、金融、税收等手段，调动企业、社会组织和农牧民参与和投入的积极性，形成多元化投入保障机制，确保农牧区传统能源替代工程顺利实施。

3. 坚持因地制宜、多能并举

立足西藏农牧区能源发展实际，因地制宜，采取不同替代模式，多方式、多途径解决能源不足问题。城市郊区、铁路公路沿线，有条件的可用电力解决照明、取暖用能，以沼气池、液化气解决炊事用能；林区枯死树木枝条较多，可拣拾起来作燃料，再配以节能生物质炉，尽可能降低能耗，提高能效；农区和农牧结合带，应以发展沼气为主，辅之以生物质节能炉灶和太阳能。

4. 坚持建管并重、注重实效

随着农牧区传统能源替代工程建设规模不断扩大，由于后续管理和服务没有及时跟进，一些设施设备损坏后得不到及时维护，影响了正常使用和效益发挥。因此，在开展项目建设的同时，要加强后续管理和服务，明晰产权、落实责任、强化服务，构建集建设、管理、使用、服务于一体的长效机制，走农村能源替代可持续发展之路。此外，在项目建设中还要做到与当地生态环境相结合，与改变农牧民生活习惯相结合，发展速度与培养人才和保证工程质量相结合，确保新型农村能源的实用性与可用性，达到真正实现传统能源替代的效果。

（三）发展目标

"十三五"期间在条件适宜的规模化养殖小区、标准化规模畜禽养殖场新建大中型沼气工程40处；在农牧区示范推广方便实用、安全可靠、高效低排放的藏式生物质炉1万台，在适宜林区配套建设生物质固化成型示范工程1个。通过农牧区传统能源替代工程实施，进一步优化农牧区能源结构，提高农村替代能源使用效率，改善农牧民生活质量，保护农牧区生态环境，力争到2020年，农牧区传统能源替代率达到70%以上。

四、建设任务和建设布局

（一）大中型沼气工程

建设任务：在大型养殖企业、规模化养殖小区、标准化规模养殖场等地积极推进大中型沼气工程。大中型沼气工程建设要与小城镇建设和规模化畜禽养殖场的发展相结合。根据西藏实际情况，大中型沼气工程所在养殖场规模一般为年出栏量2000头猪单位或年饲养量 50 头奶牛肉牛单位以上。"十三五"期间，在农牧区规划新建大中型沼气工程 40 处，总量达到 57 处。

建设布局：选建大中型沼气工程主要考虑满足以下条件：一是原料有保证，便于收集；二是管理跟得上，配有专职技术服务人员，能保证大中型沼气工程常年正常产气；三是沼液沼渣有地方消纳，避免污染周围环境。具体建设布局见下表。

"十三五"西藏农牧区大中型沼气工程建设布局 单位：处

地区名称	拉萨市	山南地区	日喀则市	林芝市	昌都市	那曲地区	阿里地区	合计
拟建个数	7	7	7	7	7	3	2	40

（二）高效节能生物质炉

建设任务：目前在全区有 27.36 万户牧民使用传统炉具解决生活用能，高效节能生物质炉还没有大面积推广。为推动传统炉具升级换代，提高能源利用效率，减少污染排放，"十三五"期间向纯牧区和半农半牧区推广藏式高效节能生物质炉 1 万台，每年推广 2000 台。同时，在生物质原料丰富、交通较为方便的地区建立 1 家固态生物质燃料加工厂，每年提供固态生物质燃料 0.5 万吨左右，满足农牧民对固态生物质燃料的使用需求。

建设布局：重点布局在林区、牧区、半农半牧区，适当考虑农区。林区木柴资源丰富，推广高效节能生物质炉，可减少薪柴消耗，从而减少树木砍伐；高寒牧区温度低，燃料缺乏，不适宜发展沼气，宜配置高效节能生物质炉，主要用于冬季取暖和日常做饭，同时也可减少烧牛粪的用量；农区、半农半牧区属于中间类型，既适宜发展沼气，也适宜配置生物质炉，可根据投资情况统筹考虑。

"十三五"期间藏式高效节能生物质炉建设布局 单位：台

地区名称	拉萨市	山南市	日喀则市	林芝市	昌都市	那曲地区	阿里地区	合计
数量	500	500	2000	500	1500	4500	500	10000

五、建设内容和建设标准

（一）大中型沼气工程

建设内容：主要包括粪污的前处理系统、厌氧消化系统和沼气利用系统等。建设一座 1000 立方米的沼气厌氧发酵池，配套建设 50 立方米的沉淀池、100 立方米的酸化池、500 立方米的贮气柜，配套建设 1000～2000 平方米的塑料大棚温室。同时安装调节搅拌、沼气脱硫脱水净化装置和输气管网等。生产出来的沼气集中供应养殖场职工或周边农户的日常炊事使用，以及养殖场畜禽舍保温和增温。沼渣沼液作为高效有机肥用于周边农田或草场。

建设标准：大中型沼气工程建设规模一般在 500 立方米以上，基础条件较好、能够建设较大规模的优先安排，平均每个投资 1500 万元。

（二）高效节能生物质炉

建设内容：通过统一招标采购方式，购置商品化的高效节能生物质炉。招标前进行全面调研，充分尊重藏族同胞的宗教信仰和生活习惯，提供若干种不同的外观设计，供农牧民选择。同时，对炉灶内部进行充分试验，根据西藏燃料特性及高原特点进行合理改进，生产出适合西藏实际和农牧民需要的高效节能生物质炉。

建设标准：根据目前市场行情，考虑西藏运距较远及物价上涨等因素，每台高效节能生物质炉单价控制在 2500 元以内。

六、建设进度安排

本规划执行年度为 2016～2020 年，各项目的执行进度计划如下：

（一）大中型沼气工程

根据各地实际情况和现代生态循环农牧业发展需要，积极争取国家相关项目支持和自治区配套资金，按需、分步实施，稳步推进。

（二）高效节能生物质炉

从 2016 年开始全面开展藏式高效节能生物质炉的推广应用工作，按照每年 0.2 万台的总规模分地区稳步实施。

"十三五"期间农牧区传统能源替代工程建设进度安排

项目名称	单位	数量	年度安排				
			2016 年	2017 年	2018 年	2019 年	2020 年
新建大中型沼气工程	处	40	8	8	8	8	8
推广高效节能生物质炉	台	10000	2000	2000	2000	2000	2000

七、投资估算及资金筹措

（一）大中型沼气工程

"十三五"期间在农牧区建设大中型沼气工程 40 处，按照平均每个 1000 立方米的工程投资 1500 万元计算，共需投资 60000 万元，其中中央投资 50000 万元，地方和企业自筹配套投资 10000 万元。

（二）高效节能生物质炉

"十三五"期间在农牧区推广应用藏式高效节能生物质炉 1 万台，按照每台售价 2500 元计算，共需投资 2500 万元，其中，申请中央投资 2000 万元，地方和农户自筹 500 万元。

综上所述，"十三五"期间，西藏自治区农牧区传统能源替代工程总投资 62500 万元。按照"中央支持一点、地方政府配套一点、农民和单位自筹一点"的投资原则，规划申请中央投资 52000 万元，占总投资的 83.2%；地方政府配套和其他渠道投资 10500 万元，占总投资的 16.8%。同时，鼓励和引导各地通过各种渠道，吸引社会各界资金投入，加快推进西藏农牧区传统能源替代工程建设进程。

"十三五"期间西藏农牧区传统能源替代工程建设投资表

项目名称	单位	数量	单价（万元）	总投资（万元）	中央投资（万元）	地方和其他渠道投资（万元）
大中型沼气工程	处	40	1500	60000	50000	10000
高效节能生物质炉	台	10000	0.25	2500	2000	500
合计				62500	52000	10500

八、效益分析

（一）生态效益

建设大中型沼气工程，可以直接减少养殖排放和农业废弃物处理不当对环境造成的污染；可以提供优质有机肥（沼肥），改良土壤，避免过量施用化肥带来土壤污染，沼液稀释液还具有杀菌防病作用，有利于减少农药施用量；可以为生产和生活提供清洁能源（沼气），减少对薪柴、牛粪、煤炭等传统能源的需求，进而减少在生产生活过程中使用其他能源带来的环境污染。

推广高效节能生物质炉，热效率可提高 50% 以上，可以大幅减少薪柴使用量，保护森林草原等资源。按照 1 台生物质炉每天节约牛粪 5 公斤计算，每年可节约干牛粪 1825 公斤，1 万台每年可节约 1.83 万吨干牛粪，相当于 1.89 万吨标煤，每年可减排二氧化碳 3.78 万吨，二氧化硫 207.9 吨。同时，高效节能生物质炉通过将减少下来的畜粪用于还田（或草原），相当于配肥 15.5 万吨，改良中低产田 5 多万亩，有效增加了土壤有机质含量，缓解草地退化趋势，促进生态环境良性循环和可持续发展。

（二）经济效益

建设大中型沼气工程的经济效益包括内部经济效益和外部经济效益两方面，内部经济效益主要体现在出售沼气、沼渣、沼液带来的收益，以及减少环保罚款为养殖企业带来的收益，商品性产出较少，但外部经济效益明显，对降低农业生产成本、提高农产品品质和增加农民收入具有十分显著的效果。

高效节能生物质炉的节支增收效果也很显著。以一家四口人计算，每年做饭取暖至少用能折合 4 吨左右的煤炭，而生物质炉只需要农作物秸秆、枯树枝、生活垃圾等为燃料，就能满足农牧民每天的生活用能需求，年节约 2000 元/户，1 万台每年可节约 2000 万元。

（三）社会效益

建设大中型沼气工程，推广高效节能生物质炉，其社会效益主要体现在以下方面：一是可以降低农村人居环境污染，改善农牧民生产生活条件，减少疾病传播，提高生活质量和健康水平；二是可以实现资源循环利用，减少对生物质能的消耗，将畜禽粪便等有机废弃物转化为清洁环保的沼气能源和高效的有机肥料，带动养殖业和种植业的发展，有利于促进农牧民节支增收；三是可以促进农牧业产业结构调整优化，带动农村第二、第三产业发展，加快农牧民富余劳动力向小城镇和第二、第三产业转移，扩大农村内需，增加社会就业。

九、保障措施

（一）加强组织领导

实施农牧区传统能源替代工程，涉及种养加行业，第一、第二、第三产业和生产生活生态等诸多方面，事关广大农牧民的切身利益，必须充分认识、高度重视、加强领导，切实把这项工作列入重要议事日程，作为大事和实事来抓。针对目前农村能源工程建设和管理主体多元化的现状，成立自治区传统能源替代工程实施领导小组，建立部门联席会议制度，强化规划引导，整合相关资源，完善配套政策，加强项目监管，形成工作合力。各地（市）、县应逐步建立健全农村能源管理和推广服务机构，明确职责任务，充实人员队伍，完善条件手段，统筹协调推进全区传统能源替代工程建设工作，逐步形成统一领导、整体规划、分步实施、跟踪问效、持续发展的工作格局。

（二）建立政府主导的多元投入机制

立足于国家生态安全屏障建设需要，发挥政府投资导向作用。加大国家投入力度，积极争取中央相关部门对西藏自治区清洁能源建设的资金项目投入，继续利用中央对西藏自治区特殊优惠税收政策吸引外来投资。加强有关省市对口援藏工作，充分利用对口支援项目资金和技术，推进西藏农牧区传统能源转型升级。加大自治区财政资金对农牧区清洁能源建设的投入力度，适当提高农牧区替代能源项目投资在能源总投资中的比重，引导国债投资和产业发展资金安排向传统能源替代项目倾斜，建立稳定的财政投入增长机制。创新财政、金融、税收等手段，广泛吸引社会投资，鼓励企业、个人等以投资投劳等不同方式，参与沼气、生物质炉等农村能源事业，形成多渠道、全社会参与的多元化投入格局。

（三）完善激励政策和约束机制

制定出台秸秆能源化利用、沼气终端市场产品、农牧区中小型光伏发电推广应用等补贴政策。对农牧区实施传统能源替代工程在投资、产出和用户方面进行补贴，鼓励农牧民购置传统能源替代设备、原料或产品。通过政府购买服务等方式，培育发展农牧区传统能源替代领域市场主体，对相关企业和社会组织给予财政补贴、贴息或担保等优惠政策，探索推广农牧区清洁能源设施运行管护市场化运行模式。同时，建立必要的约束机制和限制措施，反向推动工程项目的顺利实施，如通过行政和法律手段，对工程项目推广应用实行逆向调控，逐步改变农牧民传统落后的生活方式和消费习惯；设立禁采、禁伐区，保护森林、草场、山坡等薪柴资源；建立农牧区传统能源替代工程实施工作考核，强化各级政府责任。

（四）加强服务体系建设

农村能源建设集农业生产、工程建筑、管理服务为一体，建设是基础，管理服务是关键。要建立完善县级农牧区能源综合服务站和乡村农村能源综合服务网点，健全机构队伍，完善条件手段，强化人才培养，积极推行职业资格制度和行业准入制度，大力培养沼气工、沼气物管员等职业技能技术人才，走专业化施工、物业化管理、社会化服务、市场化运作的道路。逐步形成自我管理、自我服务的运行机制，满足农民群众对沼气池、生物质炉等日常管理、配件供应及维修等技术服务的需求，真正做到农户"想建有人指导、想学有人培训、常规故障有人维修"。

（五）强化工程质量监管

严格实行项目法人责任制、国家规定的招标制、监理制、合同管理制和项目开支定额报账制，动态掌握工程建设进度、资金执行及建设质量情况，及时发现和解决项目实施中的问题。在项目建设、后续管理及综合利用过程中，坚持安全第一，强化沼气建设管理人员、技术人员和用户的安全意识，普及安全知识，做到安全施工、安全使用，杜绝清洁能源使用给农牧民带来人身财产损失。加强对沼气工程建设的用途管制，严禁沼气排空等二次污染行为，推进沼渣沼液就近还田，不断提高工程建设质量和使用效益。

陕西省农村沼气工程建设管理细则（试行）

第一章 总 则

第一条 为加强农村沼气工程建设管理，根据国家发改委、农业部《农村沼气工程建设管理办法（试行）》，结合我省实际，在《陕西省农村能源建设项目管理办法（试行）》和《农村沼气工程转型升级工作方案》的基础上，制定本细则。

第二条 本办法适用于中央预算内投资补助建设的规模化大型沼气工程、规模化生物天然气工程。

第三条 农村沼气工程建设项目应紧密围绕改善生态环境，提高农民生产生活条件，优化农村用能结构，促进农业增效、农民增收和生态良性循环，积极推进社会主义新农村建设。

第四条 农村沼气工程建设项目必须坚持规划先行、合理布局的原则。重点安排在果区、退耕还林还草地区及有一定养殖基础的区域，并注重与新农村建设、扶贫开发、移民工作、养殖小区建设、流域污染治理等相结合。

第五条 农村沼气工程建设项目必须坚持因地制宜、量力而行的原则。项目区要有一定的养殖基础和工作基础。项目区建设数量要与当地的专业技术队伍数量和服务能力相匹配。

第六条 农村沼气工程建设项目必须坚持"政府引导，农民（业主）自愿"的原则。必须加强领导，建立合理的投资机制，发挥国家、集体、企业、农民等各方面的积极性。

第七条 农村沼气工程项目建设坚持国家有关技术标准和安全生产的原则。实行职业准入制度，执行持证上岗制度，按照统一布局、统一规划、统一设计的要求，推行标准化生产、专业化施工，积极探索市场化运作、社会化后续服务模式。

第八条 各级发展改革和农村能源主管部门要按照职能分工，各负其责，密切配合，加强对工程建设管理的组织、指导和协调，共同做好工程建设管理的各项工作，确保发挥中央投资效益。

发展改革部门负责农村沼气建设规划衔接平衡；联合农村能源主管部门，做好年度投资计划申报、审核和下达，监督检查投资计划执行和项目实施情况。

农村能源主管部门负责农村沼气建设规划编制、行业审核、行业管理、技术指导和监督检查等工作。

第九条　在项目建设和运行过程中应牢固树立"安全第一、预防为主"的意识，落实安全生产责任制，科学规范操作，确保安全生产。

第二章　项目申报

第十条　项目建设要符合规划、土地、环保、节能等规定，不在本地畜禽养殖禁养区。规模化大型沼气工程和规模化生物天然气工程建设试点项目用地要有规划主管部门及土地部门的土地预审意见。工程具有充足、稳定的原料来源，能够保障沼气工程达到设计日产气量的原料需要。鼓励以农作物秸秆、畜禽粪便和园艺等多种农业有机废弃物作为发酵原料，确定合理的配比结构。对于规模化生物天然气工程，建设地点周边20公里范围内有数量足够、可以获取且价格稳定的有机废弃物，其中半径10公里以内核心区的原料要保障整个工程原料需求的80%以上；与原料供应方签订协议，建立完善的原料收储运体系，并考虑原料不足时的替代方案。

第十一条　项目单位具有法人资格，具备沼气专业化运营的条件，配备必需的专业技术人才；具有较高的信用等级、较强的资金实力，能够落实承诺的自筹资金。规模化生物天然气工程项目单位的经营范围应包括生物质能源或可再生能源的生产、销售、安全管理等内容，掌握规模化生物天然气生产的主要技术，对项目建设、运营的可行性进行了充分论证。

第十二条　规模化大型沼气工程，支持建设日产沼气500立方米及以上的沼气工程（不含规模化生物天然气工程）（规模化大型沼气项目要求日产沼气量大于等于500立方米）。其中，给农户集中供气的规模化大型沼气工程，可适当考虑由同一业主建设的多个集中供气工程组成。支持沼气开展给农户供气、发电上网、企业自用等多元化利用。沼渣沼液用于还田、加工有机肥或开展其他有效利用。

规模化生物天然气工程，支持日产生物天然气1万立方米以上的工程。提纯后的生物天然气主要用于并入城镇天然气管网、车用燃气、罐装销售等。沼渣沼液用于还田、加工有机肥或开展其他有效利用。

第十三条　项目单位在落实前期工作后，按程序逐级向省发改委、省农业厅联合报送资金申请报告。省农业厅出具行业审查意见，省发展改革委审批。

规模化大型沼气工程资金申请报告由项目单位委托具有乙级以上资质的咨询设计单位编制。

规模化生物天然气工程试点项目资金申请报告由项目单位委托农业或环境工程设计甲级资质的咨询设计单位编制。省发展改革委将会同省农业厅，根据项目单位报送的资金申请报告，开展实地调查，择优选取试点项目，在此基础上编制项目试点方案。

第十四条 各市按照《中央预算内投资补助和贴息项目管理办法》规定要求编报《资金申请报告》。

资金申请报告内容包括：①项目单位的基本情况；②项目的基本情况，包括建设地点、建设内容和规模、总投资及资金来源、建设条件落实情况等；③申请投资补助的主要理由和政策依据；④项目经济、环境、社会效益分析，项目风险分析与控制。⑤附具项目备案、环评、用地、能评、规划选址等审批文件复印件，并提供自筹资金落实证明或承诺函。

第十五条 规模化生物天然气工程项目试点方案除包括每个项目的资金申请报告外，还应说明项目试点的必要性和可行性，明确试点工作的目标和任务，以及试点工作的保障措施。对于市县政府已经或有积极性即将开展地方财政支持沼气终端产品补贴试点、燃气特许经营权市场清理和整顿工作试点、制定鼓励生物天然气或沼气产业发展的税收优惠试点等情况，一并在试点方案中说明。

第十六条 资金申请报告批复后，项目单位应抓紧编制实施方案，方案包括项目概算、图纸及招标等内容，由市级农村能源主管部门会同发展改革部门审批后报省农业厅、省发展改革委备案。

根据项目前期工作进度，优先安排前期工作进展较快的项目，以确保项目尽快开工。

第三章　投资计划管理

第十七条 省发改委会同省农业厅对各市报送的建议计划和项目试点方案进行审核，批复资金申请报告后，上报国家农村沼气工程年度投资建议计划。

第十八条 投资计划一经下达，应严格执行。项目实施过程中确需调整的，按程序上报省级部门调整计划。拟安排中央补助资金的项目，要符合农村沼气工程中央投资支持范围，且要严格执行国家明确的投资补助标准。在试点阶段，规模化生物天然气工程由国家做出调整决定。

第十九条 按照政府信息公开要求，凡安排中央预算内投资的项目，各市应在政府网站上公开项目名称、项目建设单位、建设地点、建设内容等信息。凡申报项目的单位，视同同意公开项目信息。不同意公开相关信息的项目，请勿组织申报。

第四章　资金管理

第二十条 对于符合条件的规模化大型沼气工程和规模化生物天然气工程，按照规定的中央投资标准进行投资补助，其余资金由企业自筹解决。鼓励地方安排资金配套。

第二十一条 严格执行资金管理的相关规定，加强资金监管，中央投资和地方配套要做到专户管理、专款专用、独立核算，严禁滞留、挪用。项目资金采取报账制，省级投资计划下达文件抄送省财政厅，市县两级应协调财政建立报账制管理方式。报账发票由县级农村能源主管部门会同发改部门签署意见后，到财政部门办理拨款手续。

第二十二条　推行资金管理报账制，根据项目实施进度拨付资金。对于已完成项目前期工作且自筹资金 30% 到位的项目，方可申请中央投资，剩余 70% 项目自筹资金应按工程进度及时落实到位；工程竣工验收后申请最终 20% 中央投资，待工程验收合格后一次性拨付。

第二十三条　凡存在下列情况之一的，暂缓或停止拨付项目建设资金：违反基本建设程序的；擅自改变项目建设内容及规模的；资金未按规定实行专款专用的；项目自筹资金未按工程进度、比例及时到位的；有重大工程质量问题，会计核算不规范的。

第五章　组织实施及验收

第二十四条　鼓励各地在地方资金中安排部分工作经费，用于规模化大型沼气工程和规模化生物天然气工程的项目组织、审查论证、监督检查、技术指导、竣工验收和宣传培训等。

第二十五条　项目实施要严格执行基本建设程序，落实项目法人责任制、招标投标制、建设监理制和合同管理制，确保工程质量和安全。工程建设实行备案管理，由市级农村能源主管部门会同发改部门通过备案审查确定施工企业范围，建设单位通过招投标从备案名单中选择。项目招投标要严格按照《陕西省实施〈中华人民共和国招标投标法〉办法》等有关规定实施，招标代理机构和工程监理机构应具有相应的资格或资质。工程建设、监理招标结果应逐级上报省农业厅和省发改委备案。

第二十六条　规模化大型沼气工程和规模化生物天然气工程建筑施工应严格执行国家、行业或地方标准，规范建设行为。其中规模化大型沼气工程施工单位应具备相应的资质。规模化生物天然气工程的施工单位原则上应具备环境工程专业承包一级资质。

第二十七条　进入陕西省备案的沼气工程施工单位禁止超越其资质等级许可范围或允许其他单位或者个人以本单位的名义承揽工程，禁止将主体工程转包或违法分包。如有违反的，一经查实，将取消其备案资格。

第二十八条　项目建设单位必须在项目投资计划下达后的 3 个月内开工。因故不能按期开工的，须向当地发改部门和农村能源主管部门申请延期开工，并报省发改委和省农业厅备案；延期以 2 次为限，每次不超过 1 个月。

第二十九条　各级农村能源主管部门会同同级发改部门要对项目的实施过程进行全程跟踪，开展经常性的监督检查，积极推进项目建设。

第三十条　项目主要施工和维护人员必须持有沼气生产工职业资格证书，按照统一标准、专业施工、统一操作规程的要求组织建设。

第三十一条　建立项目绩效奖励机制，对项目实施好的地区在投资上给予适当倾斜，对问题严重的予以通报，限期整改并减少下一年度同类项目投资。

第三十二条 项目建设完成后，建设单位应按照有关规定及时编制项目竣工报告、财务决算报告。各市要认真参照陕发改农经〔2012〕1085 号文件要求组织本市的竣工验收工作，确保验收合格的项目能达到预期效果。

第三十三条 项目建设实施过程中，省农业厅、省发展改革委设立举报电话，公开接受社会各界对项目建设的监督，及时查处各种违规问题。

第六章 附 则

第三十四条 本细则由省发展改革委会同省农业厅负责解释，建设项目涉及的建设规范和技术标准由农业部门组织制定。各市县应根据本细则，结合当地实际，制定实施细则。

第三十五条 本细则自发布之日起施行。

甘肃省农村沼气工程建设管理实施细则（试行）

（甘肃省发展和改革委员会　甘肃省农牧厅 2016 年 1 月）

第一章　总　则

第一条　为加强我省农村沼气工程建设管理，确保工程建设质量和投资效益，根据《甘肃省农村能源条例》（甘肃省人民代表大会常务委员会公告第 13 号）、《中央预算内投资补助和贴息项目管理办法》（国家发展改革委令第 3 号）、《农村沼气工程建设管理办法（试行）》（发改投资〔2015〕1377 号）和《甘肃省政府投资项目管理办法》（甘政办发〔2014〕34 号）等有关规定和要求，结合我省实际，制定本实施细则。

第二条　本实施细则适用于中央预算内投资补助或省级资金建设的规模化大型沼气工程、规模化生物天然气工程。

规模化大型沼气工程。支持建设日产沼气 500 立方米及以上的沼气工程，其中，给农户集中供气的规模化大型沼气工程，可适当考虑由同一业主建设的多个集中供气工程组成。支持沼气开展给农户供气、发电上网、企业自用等多元化利用，沼液沼渣用于还田、加工有机肥或开展其他有效利用。

规模化生物天然气工程。支持日产生物天然气 1 万立方米以上的沼气工程（生物天然气指沼气提纯后达到天然气标准，即甲烷含量在 95％ 以上。一般 1 立方米沼气提纯后可生产 0.6 立方米左右的生物天然气）。提纯后的生物天然气用于并入城镇天然气管网、车用燃气、罐装销售等，沼液沼渣用于还田、加工有机肥或开展其他有效利用。

第三条　各级发展改革部门和农村能源主管部门要按照职能分工，各负其责，密切配合，加强对工程建设管理的组织、指导和协调，共同做好工程建设管理的各项工作，确保发挥投资效益。

发展改革部门负责农村沼气工程建设规划衔接平衡；联合农村能源主管部门，做好年度投资计划申报、审核和下达，监督检查投资计划执行情况和项目实施情况。

农村能源主管部门负责农村沼气工程建设规划的编制、行业审核、行业管理、技术指导、监督检查和竣工验收工作。

第四条　在农村沼气工程建设和运行过程中应牢固树立"安全第一、预防为主"

的意识，项目建设单位、施工单位、运营单位要落实安全生产责任制，科学规范操作，确保安全生产。

第二章　项目备案

第五条　申请中央预算内投资补助或省级资金建设的农村沼气工程项目实行备案制管理。项目建设单位应当向县级发展改革部门申请项目备案，提交《甘肃省农村沼气工程项目备案申请表》（见附件1）。

项目建设单位对提交的备案申请材料及信息的真实性、合法性和完整性负责。

第六条　县级发展改革部门负责对备案项目的基本信息进行核查，备案信息不完整的，应当及时提醒和指导项目建设单位补正。

县级发展改革部门应当对符合条件的项目在5个工作日内予以备案，并出具备案登记表（见附件2）。

第七条　项目备案后，项目法人发生变化，项目建设地点、规模、内容发生重大变更，或者放弃项目建设的，项目建设单位应当向县级发展改革部门提交备案变更申请，修改相关信息。县级发展改革部门应对变更信息核查确认，重新予以备案或予以撤销。

第八条　项目备案后，项目建设单位应根据相关法律法规的规定及时办理项目建设涉及的土地、规划、环评、能评、资金、安评等前期准备工作。

第三章　资金申请

第九条　申请中央预算内投资补助或省级资金的农村沼气工程项目，须具备以下条件：

（一）项目建设单位具有法人资格，具备沼气专业化运营的条件，配备必需的专业技术人才；具有较高的信用等级、较强的资金实力，能够落实项目建设所需的自筹资金。

（二）具有充足、稳定的原料来源，能够保障沼气工程达到设计日产气量的原料需要。对于规模化生物天然气工程，需建立完善的原料收储运体系，并考虑原料不足时的替代方案。

（三）终端产品的利用方式科学合理，确保工程所产沼气、沼渣沼液全部得到有效利用。

第十条　对于符合条件的规模化大型沼气工程和规模化生物天然气工程，按照规定的中央投资标准进行投资补助，其余资金由企业自筹解决，鼓励市县安排配套资金。中央补助资金主要用于沼气发酵装置、预处理设施、沼气利用设施和沼肥利用设施建设补助。

省级每年争取安排一定额度的省预算内基建资金和省财政专项资金用于项目配套，

主要用于向规模化大型沼气集中供气工程沼气输配管网建设、沼气计量设备购置等补助，补助标准按照年度投资总额、供气总户数核算确定。

第十一条　申请中央预算内投资补助或省级资金的农村沼气工程项目，应符合年度申报通知的有关要求，并已完成项目备案和土地、规划、环评、能评、资金、安评等前期准备工作，确保当年能开工建设。已经获得过中央、省级财政投资和其他部门支持的项目不得重复申报，已经申报国家、省级发展改革委其他专项或其他部门的项目不得多头申报。

第十二条　申请中央预算内投资补助或省级资金的农村沼气工程项目，应编制资金申请报告。规模化大型沼气工程，项目建设单位应委托农业或环境工程设计乙级以上资质的设计单位编制资金申请报告；规模化生物天然气工程，项目建设单位应委托农业或环境工程设计甲级资质的设计单位编制项目资金申请报告。资金申请报告编制完成并经设计单位加盖公章后，项目建设单位向县级发展改革部门、农村能源主管部门提出资金申请。

资金申请报告应包括以下内容：

（一）项目建设单位的基本情况。

（二）项目的基本情况，包括：建设地点，建设目标，建设内容、标准及规模，总投资及资金来源、概算，项目组织与管理，建设期限和进度，工艺技术方案和总体平面布置图、主体结构图等设计文件（须达到初步设计深度）。向农户集中供气的项目还需提供沼气输配管网布局及规格设计书（图）等（须达到初步设计深度）。

（三）工程原料来源保障情况，需提供与原料供应方签订的供应协议或自有原料来源证明，规模化生物天然气工程还需提供原料收储运体系建立方案和原料不足时的替代方案。

（四）终端产品的利用情况，根据利用方式分别提供与用户签订的供气、沼肥利用协议，发电上网许可复印件，天然气生产、销售等有关特许经营许可证复印件，城镇天然气管网入网销售协议、车用燃气销售协议等。

（五）申请投资补助的主要理由和政策依据。

（六）项目经济、环境、社会效益分析，项目风险分析与控制。

（七）前期工作落实情况，包括项目备案、土地、规划、环评、能评、安评、资金等审批文件复印件。

第十三条　县级发展改革部门会同农村能源主管部门，对项目资金申请报告是否符合中央预算内投资补助和省级资金使用方向及有关规定、是否符合工作方案或申报通知要求、是否符合投资补助的安排原则、项目前期工作是否落实、原料来源是否充足稳定、终端产品的利用方式是否科学合理等进行严格审查，并对审查结果和申报材料的真实性、合规性负责。

县级发展改革部门会同农村能源主管部门在综合平衡的基础上，确定申报项目，并将项目资金申请报告逐级联合上报省发展改革部门、省农村能源主管部门。

第十四条 省发展改革部门和省农村能源主管部门按程序对报送的资金申请报告进行审核、审批。

规模化大型沼气工程，由省农村能源主管部门组织开展实地调查，提出行业审查意见。对向农户供气的工程，还应当核实供气条件、供气规模等。资金申请报告在下达投资计划时一并批复。

规模化生物天然气工程，由省发展改革部门会同省农村能源主管部门开展实地调查，择优选定项目。选定项目的资金申请报告由省农村能源主管部门邀请农业部专家委员会专家进行评审，出具行业审查意见。资金申请报告由省发展改革部门依据行业审查意见单独批复。

第十五条 省发展改革部门会同农村能源主管部门，对符合条件的项目依据资金申请报告和各市（州）联合上报的建议计划，编制本省农村沼气工程年度投资建议计划及项目方案，联合报送国家发展改革委、农业部。

第四章 投资计划管理

第十六条 省发展改革部门和省农村能源主管部门在接到中央投资计划后 20 个工作日内，分解落实到具体项目并下达投资计划，明确项目建设地点、建设内容、建设工期及有关工作要求，确保项目按计划实施。

省级配套资金按照核定的沼气供气农户规模，分解下达到具体项目。

第十七条 市（州）发展改革部门和农村能源主管部门在接到省级投资计划后 10 个工作日内，完成项目投资计划转下达工作。

第十八条 投资计划一经下达，应严格执行。项目实施过程中确需调整的，由市（州）发展改革部门会同农村能源主管部门联合上报，由省发展改革部门会同农村能源主管部门做出调整决定。对调整后拟安排其他农村沼气工程项目的，要符合项目投资支持范围，并已完成前期相关工作和资金申请。规模化生物天然气工程的调整须逐级报请国家发展改革委、农业部做出调整决定。

第十九条 按照政府信息公开要求，凡安排中央预算内和省级投资的项目，应在政府网站上公开项目名称、项目建设单位、建设地点、建设内容等信息。凡申报项目的单位，视同同意公开项目信息。不同意公开相关信息的项目，请勿组织申报。

第五章 资金管理

第二十条 对于符合条件的规模化大型沼气工程、规模化生物天然气工程，按规定的投资补助标准进行投资补助，其余所需建设资金由企业自筹解决，鼓励市县安排资金配套。

第二十一条　严格执行中央预算内投资和省级资金管理的有关规定，加强资金监管，对于中央补助投资和省级配套资金，要做到专账管理，独立核算，专款专用，严禁滞留、挪用。

第二十二条　推行资金管理报账制。农村沼气工程中央预算内投资和省级配套资金由省财政逐级拨付项目县级财政，县级财政部门和发展改革部门、农村能源主管部门应协商建立具体报账制管理办法。项目建设单位根据项目实施进度提出资金拨付申请，县级农村能源主管部门会同发展改革部门核实后签署意见，由财政部门办理拨款手续。中央投资补助和省级配套资金应当单独申请和拨付。

第二十三条　对于已完成项目前期工作且自筹资金30%到位的项目，方可申请拨付中央投资；工程竣工验收后拨付最终20%中央投资。

凡存在下列情况之一的，暂缓或停止拨付项目建设资金：

（一）违反基本建设程序的；

（二）擅自改变项目建设内容及规模的；

（三）资金未按规定实行专款专用的；

（四）项目自筹资金未按工程进度、比例及时到位的；

（五）工程存在重大质量问题的、会计核算不合规范的。

第六章　组织实施及验收

第二十四条　鼓励各地在地方资金中安排部分工作经费，用于农村沼气工程的项目组织、审查论证、监督检查、技术指导、竣工验收和宣传培训。

第二十五条　项目实施要严格执行基本建设程序，落实项目法人责任制、招标投标制、建设监理制和合同管理制，确保工程质量和安全。

第二十六条　农村沼气工程设计和建筑施工应严格执行《建设工程勘察设计管理条例》、《建设工程质量管理条例》等法律法规和《大中型沼气工程技术规范》（GB/T51063—2014）等国家、行业和地方标准，规范建设行为。

规模化大型沼气工程施工单位应具备环保工程专业承包三级及以上资质，为农户集中供气的沼气管道输配工程施工单位应具有市政公用工程三级及以上资质，且具有燃气管网输配工程施工经验；规模化生物天然气工程施工单位应具备环保工程专业承包一级及以上资质。农村沼气工程施工单位必须在省农村能源管理机构进行资格备案。

第二十七条　农村沼气工程建设实行招标投标制。项目建设单位应按照国家和省级招标投标相关规定，依据项目备案文件通过公开招标的方式在省级备案的施工单位名单中选择施工单位。公开招标的中标通知书和签订的施工合同复印件应逐级上报省农村能源管理机构备查。

项目建设单位依据项目备案文件、批复的项目资金申请报告、下达的投资计划，按照相关规定办理开工手续。

第二十八条 项目建设单位必须在项目投资计划下达后的 1 个月内开工。因故不能按期开工的，须向县级发展改革部门和农村能源主管部门申请延期开工，对同意延期开工的项目要逐级上报省发展改革部门和省农村能源主管部门。对当年不能开工建设的项目，原则上应当收回中央投资补助和省级配套资金。

第二十九条 项目要严格按照批复的资金申请报告确定的建设内容、规模和标准建设；确需调整建设内容、规模和标准的，由项目建设单位提出调整方案，报省发展改革部门和农村能源主管部门调整。工程主要建设内容、规模、标准、资金概算及沼气利用方式发生重大变更的，应重新编制资金申请报告，并重新进行报批。

第三十条 项目建设完成后，项目建设单位应于 3 个月内完成工程结算和竣工决算，办理相关的财务决算审计、审批等手续，并按程序申请竣工验收。

第三十一条 项目在竣工验收之前，施工单位按照国家规定，整理好文件、技术资料，向建设单位提出交工报告，由建设单位组织施工、监理、设计及运营等有关单位依据施工图对工程进行初步验收，并对工程验收结果负责。

第三十二条 申请竣工验收的项目必须具备下列条件：

（一）完成批复的项目资金申请报告和投资计划下达文件中规定的各项建设内容；

（二）系统整理所有技术文件材料并分类立卷，技术档案和施工管理资料齐全、完整。包括项目资金申请报告和年度投资计划文件，设计（含工艺、设备技术）、施工、监理文件，招投标、合同管理文件，基建财务档案（含账册、凭证、报表等），工程总结文件，勘察、设计、施工、监理等单位签署的质量合格文件，施工单位签署的工程保修证书，工程竣工图以及工程相关图片、影像资料等；

（三）土建工程质量须经当地建设工程质量监督机构检验合格；

（四）主要工艺设备及配套设施能够按批复的设计要求运行，并达到项目设计目标；

（五）安全、环境保护、劳动卫生及消防设施已按设计要求与主体工程同时建成并经相关部门审查合格；

（六）工程项目或各单项工程已经建设单位初验合格；

（七）编制了竣工决算，并经有资质的中介审计机构或当地审计机关审计。

第三十三条 工程验收合格并具备项目竣工验收条件的项目，项目建设单位应在15 个工作日内向所在地县级农村能源主管部门、发展改革部门提出竣工验收申请，经项目所在地县级农村能源主管部门、发展改革部门初审后按程序报请省农村能源主管部门、省发展改革部门组织竣工验收。

第三十四条 省农村能源主管部门会同省发展改革部门组织有关专家和市（州）

相关部门对项目建设任务完成情况、资金到位和使用情况、档案资料和项目管理情况进行验收。对验收合格的建设项目，出具竣工验收合格意见。对不符合竣工验收要求的建设项目暂缓验收，由验收组织单位提出整改要求，限期整改。建设单位、设计单位、施工单位、监理单位、运营单位等应当配合项目验收工作。

第七章　监督管理

第三十五条　市、县农村能源主管部门要会同发展改革部门全面加强对本区域内农村沼气工程的监督检查。检查内容包括组织领导、相关管理制度和办法制定、项目进度、工程质量、竣工验收和工程效益发挥情况等。建立项目信息定期上报制度，原则上每月对项目建设进度、质量、效益等情况逐级上报省农村能源主管部门和省发展改革部门，省上将建立项目建设进度定期通报制度。

省发展改革部门和省农村能源主管部门将不定期对项目执行情况进行监督和抽查，或组织开展交叉检查，并根据需要开展项目稽查。检查和稽查结果将作为安排后续年度农村沼气工程投资的重要依据。

第三十六条　进一步细化责任追究制度，对项目事中事后监管中发现的问题，根据情节轻重采取责令限期整改、通报批评、暂停拨付中央资金、扣减或收回项目资金、列入信用"黑名单"、一定时期内不再受理其资金申请、追究有关责任人行政或法律责任等处罚措施。

第三十七条　由于市、县审核项目把关不严、项目建设中或建成后监管工作不到位等问题，导致出现不能如期完成年度投资计划任务或未实现项目建设目标、频繁调整投资计划且调整范围大项目多等情况，将核减该地区后续年度投资计划规模。

第三十八条　项目实施中形成的档案资料，由项目建设单位整理归档管理，档案保存年限不得少于工程设计寿命年限。

第三十九条　规模化生物天然气工程项目建设纳入农业建设信息系统管理；项目建成后，全部接入农业部正在建设的沼气远程在线监测平台。对于具备条件的规模化沼气工程，将逐步纳入农业建设信息系统管理或接入沼气远程在线监测平台。

第八章　建后管护

第四十条　农村沼气工程质量按照《建设工程质量管理条例》（国务院令〔2010〕第279号）执行，实行终身负责制，工程在合理运行期内出现重大安全、质量事故的，将倒查责任，严格问责，严肃追究。

第四十一条　项目建设单位应成立或委托专业化运营机构承担日常维护管理，要建立并严格落实安全生产责任制，确保工程安全、稳定、持续运行。要做好必要的原料使用量、沼气沼渣沼液生产量和利用量、工程运营情况等的日常记录，配合当地农村能源主管部门开展技术培训、示范推广和信息搜集；要接受有关行政主管部门在合理期限和范围内的跟踪监管。

第四十二条 从事农村沼气工程运行维护的人员必须持有国家沼气物管员职业资格证书。项目建设单位或运营机构要定期组织运行维护人员开展专业技术再培训，提高操作水平。

各市（州）、县（区）农村能源主管部门要加强对项目运行管护的指导和监督，加强对项目建设单位和工程运行人员的专业技术培训，促进工程良性运行。

第九章 附 则

第四十三条 本办法由省发展和改革委员会同省农牧厅负责解释。

第四十四条 本办法自 2016 年 1 月 19 日起施行，有效期限 2 年。原《甘肃省大中型沼气工程项目管理办法》《甘肃省大中型沼气工程项目验收办法（试行）》同时废止。

附件：1. 甘肃省农村沼气工程企业投资项目备案申请表
2. 甘肃省农村沼气工程企业投资项目备案登记表

附件 1 甘肃省农村沼气工程企业投资项目备案申请表

报送单位（盖章）：　　　　　　　　　　报送时间：　　　　单位：万元

企业名称					法人代表		联系电话	
企业基本情况	（总资产、资产负债率、生产能力、主要产品、销售收入、上缴税金、利润等情况）							
备案项目情况	项目名称				项目负责人		联系电话	
	建设地点				建设起止年限			
	建设性质		新增土地面积（m²）			新增建筑面积（m²）		
	项目主要建设内容	（发酵装置规模、数量，储气装置规模、数量，主要土建工程及规模，日处理粪便或秸秆量，日沼气生产能力，沼气利用设施或装置，沼气供气户数，沼肥储存及利用设施，沼气输配管网工程及配套工程等）						
	总投资	固定资产投资	其中设备投资	铺底流动资金	建设期贷款利息	资金来源	企业自筹	银行贷款	其他	申请国家补助
	建成后年新增效益	销售收入		利润		税金		创汇	

附件2 甘肃省农村沼气工程企业投资项目备案登记表

备案登记号：发改（备）〔20××〕号　　　　　　　　　　　　　　　单位：万元

企业名称						法人代表		联系电话		
备案项目名称						项目负责人		联系电话		
建设地点				建设起止年限				行业分类		
建设性质				新增土地面积（m²）			新增建筑面积（m²）			
项目主要建设内容										
总投资	固定资产投资	其中设备投资	铺底流动资金	建设期贷款利息	资金来源	企业自筹	银行贷款	其他	申请国家补助	
建成后年新增效益	销售收入		利润		税金		创汇			
县级发展改革部门备案意见					（公章） 单位负责人：					
备注	请按规定办理项目环评、土地、规划、安评等手续，开展招投标工作，抓紧落实项目建设资金，尽快开工建设									

新疆维吾尔自治区农村沼气项目实施管理办法（试行）

第一章 总 则

第一条 为加强农村沼气项目的管理，规范项目建设行为，使项目达到预期的经济、社会和生态效益，促进自治区社会主义新农村建设。根据农业部《农村沼气建设国债项目管理办法》，财政部、农业部《农村沼气项目建设资金管理办法》的规定和农业部办公厅、国家发展改革委办公厅"关于申报 2009 年农村沼气项目的紧急通知"（农办计〔2008〕62 号文件）的要求，结合自治区实际，制定本实施管理办法。

第二条 成立自治区农业厅农村沼气项目建设领导小组，组长由分管厅领导担任，计财处（项目办）、科教处、农村能源工作站、区划办等为成员单位。根据各处（室、站）职能，厅计财处（项目办）负责项目和资金使用的综合监督与管理，厅科教处、农村能源工作站和厅区划办共同负责研究提出拟报项目建议方案和项目的组织实施。厅科教处为项目的业务归口管理部门，会同农村能源工作站提出项目建议方案，参与项目的日常监督检查和验收；农村能源工作站负责项目前期工作，以及项目的组织实施和技术指导；厅区划办参与项目的调研和监督检查。

第三条 农村沼气项目要紧密围绕社会主义新农村建设，坚持进村入户，改善农村生产生活条件、优化农村能源结构、促进农业增效、农民增收和生态良性循环，加快建设资源节约型、环境友好型社会。

第四条 农村沼气项目必须坚持因地制宜、突出重点、集中连片的原则。项目建设要与农村改厕、庭院改圈、设施农业、抗震安居、扶贫帮困等农村基础设施建设配套实施；要形成规模，项目村的项目户要达到总农户 50% 以上。

第五条 农村沼气建设必须坚持政府引导，农民自愿的原则。必须加强领导，做好宣传与农民培训工作，建立合理的投资机制，发挥国家、集体、农民等各方面的积极性。自治区、地（州）、县（市）安排农业项目时要尽可能兼顾农村沼气项目区，增大支持力度，提高建设质量。

第六条 农村沼气项目建设实行职业准入制度。从事沼气池建设的施工人员必须获得"沼气生产工"国家职业资格证书，持证上岗。必须坚持技术规范、建管并重、综合利用、保证绩效、安全生产的原则。

第七条　大中型沼气工程项目要坚持"统一建池、集中供气、综合利用"的原则，最大限度地发挥大中型沼气工程的公益性。

第二章　建设内容

第八条　农村沼气项目建设类型包括：户用沼气、养殖小区和联户沼气工程、乡村服务网点建设和大中型沼气工程。有条件的项目户要按照自治区《养殖型沼气生态模式设计与施工规范》（DB65/T 2632—2006），推广沼气综合利用技术，营造生态家园，发挥综合效益。

第九条　农村户用沼气以"一池三改"为基本建设单元，因地制宜在农户庭院将户用沼气池建设与改圈（温室大棚）、改厕和改厨合理布局、同步设计、同步施工。"一池三改"的基本要求：

（一）沼气池。沼气池必须建在圈舍（温室大棚）地下。根据新疆各地气候条件，建议：和田地区、喀什地区、克州、吐鲁番地区和哈密市农村每户建设沼气池容积 8 ~ 10 立方米，阿克苏地区、巴州 10 ~ 12 立方米，其他地区 15 立方米上下，以保证沼气池产气量充足，完全满足农户一日三餐的基本用气量。沼气池池型主要推广"旋流布料"新池型及其他适合新疆农村使用的国家标准池型，实现自动进料和自动或半自动出料。

（二）改圈（温室大棚）。将圈舍改建成太阳能暖圈，水泥地面，设清粪通道，沼气池建在地下，进料口与清粪通道连通；结合设施农业建设，将沼气池建在温室大棚一端地下，用气增温增光、使用沼液沼渣，增效增收。

（三）改厕。厕所与暖圈一体建设，便池与沼气池进料口相通，厕所内要安装蹲便器，厕所要封顶、门直通暖圈外。

（四）改厨。厨房内的沼气灶具、净化器、输气管道等的安装要符合国家技术标准和规范。厨房内橱柜、灶台等要布局合理，灶台砖垒，台面贴瓷砖，地面要硬化。

第十条　养殖小区集中供气沼气工程以"一池三建"为建设单元，每个单元为50户农户供应沼气。土建工程主要包括沼气发酵池、储气水封池、前处理池、沼液储存池、沼气管网等；设备主要包括泵、流体管网、电器控制、脱硫塔、沼气灶具、检测设备。

第十一条　秸秆联户沼气工程以供5户为1个建设单元，在项目村内建设多个联户沼气池。秸秆联户沼气工程平均每5个联户沼气池配一台粉碎机和1个原料处理池；畜禽粪便联户沼气工程以供10户为1个建设单元。

第十二条　乡村沼气服务网点依托项目村建立。每个网点具备为300个沼气农户服务的能力，原则上应具有"六个一"，即一处服务场所、一个原料发酵贮存池、一套进出料设备、一套检测设备、一套维修工具、一批沼气配件，有 2 ~ 3 名取得国家颁发的沼气生产工证书的沼气技术服务人员。做到服务有人员、有场所、有设备、有配件、有原料。

第十三条 大中型沼气工程要严格按照《沼气工程技术规范》（NY/T1220—2006）、《规模化畜禽养殖场沼气工程设计规范》（NY/T12222006）及其他初步设计文件编制要求进行设计和建设，严格按照《规模化畜禽养殖场沼气工程运行、维护及安全技术规程》（NY/T1221—2006）开展工程运行管理，确保效益和安全运行。

第三章 申报与下达

第十四条 各地（州）、县（市）根据本地的资源、气候、群众意愿和财力等情况，因地制宜，科学编制农村沼气建设规划，报农业厅审定。自治区农业厅编制农村沼气工程建设规划报农业部审定，同时报自治区发改委衔接，并作为安排年度投资计划和建设任务的主要依据。根据农业部办公厅、国家发展改革委办公厅"关于申报2009年农村沼气项目的紧急通知"（农办计〔2008〕62号文件）精神，从2009年开始，以县为单位申报户用沼气建设任务和投资规模，待项目批复后，自治区将项目建设规模、任务分解到县，由项目县编制项目实施方案，将项目建设内容细化到乡村户，进行建设。

第十五条 申请农村沼气项目建设的县（市）必须设立农村能源工作机构，配备专职工作人员，具备电子管理项目和上网填报项目建设进度的能力，负责农村沼气项目的组织实施和建设管理工作。

第十六条 申请农村沼气项目建设的县（市）要积极培养当地农民，建立农民沼气生产技术队伍；持有"沼气生产工"国家职业资格证书的技术人员，每个续建项目县不少于50人、新建县不少于40人；项目村至少具备1名以上、具有独立建池管护能力的本村农民沼气生产工。

第十七条 项目申报工作要公开、公平、公正，通过广播、报纸、会议、公告等多种方式，将项目建设内容、建设条件、国家补助标准、地方财政补助情况等在村内进行公示。

第十八条 当地政府应有相应的资金配套能力。申报项目时，地（州）、县（市）人民政府必须安排必要的项目工作经费，项目县（市）人民政府要按照中央投资10%以上的比例落实配套资金。对不能落实项目工作经费和配套资金的将取消下年度申报资格。

第十九条 各县（市）农村能源管理部门负责编报本县（市）农村沼气项目申报材料，必须对拟上报项目进行实地调查研究，编写项目建议书，聘请具备国家工程咨询资质的中介组织编制大中型沼气工程项目可行性研究报告，填写农村沼气项目申报计划汇总表、农村户用沼气项目申报计划表、农村沼气乡村服务网点项目申报计划表、养殖小区和联户沼气工程试点项目申报计划表、大中型沼气项目申报计划汇总表，当地政府

（财政局）出具配套资金承诺证明，以正式文件上报地（州）农业局。

第二十条 农村沼气项目申报材料经地（州）农业局审核通过后，对拟报项目排序，编写地（州）项目建议书，填写农村沼气项目申报计划汇总表、农村户用沼气项目申报计划表、农村沼气乡村服务网点项目申报计划表、养殖小区和联户沼气工程试点项目申报计划表、大中型沼气项目申报计划汇总表，附拟报项目地方配套资金承诺证明原件、大中型沼气工程项目可行性研究报告，以正式文件上报自治区农业厅计财处（项目办）、科教处和农村能源工作站。自治区农业厅计财处（项目办）会同科教处和农村能源工作站提出项目申报方案，报厅务会议研究同意后，由自治区农村能源工作站负责汇总编制新疆农村沼气项目可行性研究报告，农业厅计财处牵头组织审核论证后，由自治区农业厅会同自治区发改委联合行文以农业厅计字号文上报农业部、国家发展和改革委员会审批。

第二十一条 项目县（市）接到项目立项的下达通知后，1个月内按照《自治区农村沼气建设国债项目实施方案编制提纲》编制项目实施方案，将项目建设任务落实到乡、村；立项企业聘请具备国家工程咨询资质的中介组织编制大中型沼气工程项目初步设计和资金概算，经地（州）农业局审核后报自治区农业厅审批；自治区农业厅接到项目实施方案后1个月内以农业厅计字号文予以批复，同时将中央投资的80%拨付地（州）农业局，地（州）农业局在10个工作日内将中央资金一次性拨付项目县，不再实行按进度拨付资金的方式。

各地（州）农业局要组织、督促、检查项目县落实配套资金，做好项目全面建设的各项工作。各项目县（市）要保证项目建设标准和质量，按期完成建设任务。

项目完成验收后自治区农业厅将中央投资的剩余资金全部拨付到项目单位。

第二十二条 对下达的农村沼气项目，不得随意调整建设内容、建设标准、建设规模和建设地点等。跨县调整，必须按照申报程序，逐级上报原批准部门审批；县内调整报自治区农业厅审批备案。

第四章 组织实施

第二十三条 农村沼气项目的建设与管理实行项目法人责任制。各地（州）农业局与项目县签订项目实施管理合同，各项目县（市）农业局为项目法人单位，县（市）农业局法人代表为项目法人代表，对本县（市）项目的申报、建设实施、资金管理及建成后的运行管理等全过程负责，对建设质量负终身责任。

第二十四条 地（州）农业局负责组织专家核定项目县（市）沼气池建筑施工价格和施工劳务费价格；项目县（市）农业局加强对沼气专业施工队伍的管理，全面实行由当地农民沼气生产工组成施工小组承建户用沼气的方式。

大中型沼气工程的施工建设按照国家有关规定，必须公开招投标，严格按照国家和自治区批复的项目初步设计进行施工建设，并建立健全长效运行机制。

第二十五条 项目村要建立项目公示制度，对建设任务、资金补助、物资分配，施工价格等情况在村务公开栏中进行公示。县、乡、村建立备案。

第二十六条 拟建项目户必须主动申请，填写"农村户用沼气项目农户自愿申请表"，经项目县农业局批准后，推荐沼气施工人员与项目户协商签订沼气池等设施施工合同，县农业局为保证单位，组织施工人员和项目户按时完成项目建设内容。

沼气池建设完工后，经县农业局沼气技术管理人员、施工人员和农户三方共同组织验收，施工人员协助农户投料产气、直到点火成功，三方签字后，才能交付农户使用。

第二十七条 项目县农业局要建立健全农户申请、建池合同、验收合格等全过程档案。"农村户用沼气项目农户自愿申请表"由县农业局存档一份备查，"农村户用沼气项目农户自愿申请汇总表"由地州和县级农村能源管理部门分别存档一份备查；项目施工合同分别由县农业局、施工人员和农户三方备案；项目户必须填写项目用户档案卡片，档案卡一式2份，分别由项目农户和县农业局保存。

第二十八条 沼气灶具及配件由农业部统一组织招标，自治区农村能源工作站统一采购。沼气灯、密封剂、抽渣管等由自治区农村能源工作站下达指导性计划，实行统一供应。项目所需主要建筑材料可由县（市）农业局实行统一采购。

第二十九条 农村沼气项目中央补助资金、地方配套资金和建材实物补助等，全部实行直接补贴给项目农户的发放方法，推行先建后补的方式。建材、灶具等项目补助实物按照建设进度由项目农户携带身份证原件签字领取；现金补助待项目建设单元验收合格后，由项目农户携带身份证原件直接签字领取。项目县农业局必须建立健全补助发放详细档案和财务明细，确保农牧民直接感受到国家政策补助资金的扶持效果。

第三十条 各项目县（市）农业局必须配备1台计算机，指定1名专职或兼职信息员，随时网上填报项目建设进度；同时每季度末将完成数量报地（州）农村能源办和自治区农村能源工作站。

第三十一条 项目施工人员必须在建设沼气池的同时，同步在设施上刻上编号、建设时间的永久性标志，编号、建设时间要与建设档案的编号和建设时间相一致，以便核查验收和建后跟踪服务。

第三十二条 地方配套资金可列支项目前期工作费和建设单位管理费，但总额不得超过中央投资的5%。

第三十三条 农村沼气项目资金要设专户管理、专账核算、专款专用，任何单位和个人不得截留、挪用，如有违纪，严肃处理。

第五章 检查验收

第三十四条 自治区、地（州、市）和项目县（市）要加强农村沼气项目的管理和监督检查工作。重点加强项目建设质量、农民沼气施工人员承建方式、直补政策落实、项目后期管理、财务管理、关键环节档案的检查。

自治区每年抽检范围不少于当年建设项目县的 30%，按季度对各地（州）、县（市）项目建设质量和建设进度实行全疆通报。自治区农业厅设立项目举报电话（0991 - 2850413、2865564、8565179），接受公众监督。对举报有功人员进行奖励；对项目建设过程中的各种违规要及时查处。

各地（州、市）每年至少组织 2 次农村沼气项目的全面检查，项目乡、村抽检范围不少于 50%；项目县每年至少组织 3 次农村沼气项目的全面检查，抽检范围 100%。地（州、市）和项目县检查情况及时报自治区农业厅。

第三十五条　自治区农业厅会同自治区发改委负责组织、委托组织农村沼气项目的竣工验收。验收以县为单位，严格按照批复的实施方案、初步设计、项目计划文件、建设标准、技术规范、施工合同、农户直补档案、用户档案、财务档案等进行。通过实地走访、查验档案等方式，形成验收报告，报农业部审批通过，颁发项目竣工合格证书。农业部、国家发展和改革委员会组织抽查验收。

第三十六条　自治区按照项目检查情况、验收情况和项目绩效对项目建设成效突出的地（州）、县（市）进行年度奖励，并在下年度项目申报计划中予以倾斜和扩大续建规模。无故不完成计划，必须追回所拨经费，并承担相应责任；对项目执行不力，问题严重的县，将通报批评并取消所在地（州）下年度项目申报资格，同时减少其他农业项目的投资安排。

第六章　附　则

第三十七条　本办法由自治区农业厅负责解释。

第三十八条　本办法自发布之日起开始试行。

大连市农村能源发展规划（2016～2020 年）

为了加快大连市农村能源发展，促进节能减排，积极应对气候变化，更好地满足经济和社会可持续发展的需要，在总结大连农村能源"十二五"期间取得的成效，及目前大连市农村资源、技术及产业发展状况，借鉴国内外农村能源发展经验基础上，受大连市农村经济委员会的委托，农业部规划设计研究院主持编写本规划，提出了 2016～2020 年大连市农村能源发展的指导思想、基本原则、主要任务、发展目标、重点领域和保障措施，以指导大连市农村能源发展和项目建设。

本规划坚持以科学发展为统领，遵循"创新、协调、绿色、开发、共享"的发展理念，以解决农民最直接、最关心、最现实的民生问题为出发点，旨在推动大连市农村可再生能源健康快速发展，按照节能、环保、高效、利民的思路，以清洁能源开发利用为重点，通过调整农村用能结构，推广高效新产品和新技术，不断提高农村用能水平。规划实施将改善农村地区的人居环境和生产生活条件，促进农村节能减排和资源的循环利用，有效缓解农村地区人口、资源和环境的压力，有利于促进大连农村能源建设走出一条资源节约、环境友好、生态保育发展之路。

第 1 章 背景

1.1 背景

农村能源指农村地区的能源供应与消费，涉及农村地区工农业生产和农村生活多个方面，主要包括农村电气化、农村地区能源资源的开发利用、农村生产和生活能源的节约等。在我国，农村能源的开发主要包括薪柴、作物秸秆、人畜粪便等生物质能（包括制取沼气和直接燃烧），以及太阳能、风能、小水电和地热能等，属于可再生能源。中国是一个农业大国，农村能源更是关系到全国近 1/2 以上人口的生活用能供应和生活质量改善的问题。

随着我国经济的高速发展，环境和能源问题变得尤为突出，一方面随着工业的发展，能源大量消耗，2014 年我国石油和天然气的对外依存度分别达到 58.1% 和 31.6%，据估计，2030 年我国能源对外依存度将超过 75%，能源安全受到威胁；另一方面，粗放用能方式也面临挑战，如以煤炭为主的能源利用方式会使得温室气体排放增加，产生灾害性雾霾。党的十八大首次提出了生态文明建设，要把"美丽中国"作为未来生态文明建设的宏伟目标，要全面建成小康社会亟须转变城镇化过程中的村镇落后用能方式，带来居民生活品质和环保的双重效益，因此，综合解决能源与环境、能源与农村发展的问题，实现经济增长方式向可持续方向发展成为当前我国的迫切需求，在我国寻找和开发清洁可再生能源，逐步替代相对匮乏的一次能源显得尤为重要。

党的十八大报告提出生态文明建设以来，农业资源环境保护和农村能源工作得到了前所未有过的重视，各级政府主管部门先后多次出台扶持政策，努力推进以沼气为代表的农村能源事业的发展。2013 年 9 月，国务院印发了《大气污染防治行动计划》，提出"积极有序发展水电，开发利用地热能、风能、太阳能、生物质能，安全高效发展核电"。国家发改委、能源局先后发布了《可再生能源发展"十二五"规划》《生物质能发展"十二五"规划》等，提出了沼气、成型燃料、液体燃料等农村能源的发展目标，把农业剩余物的能源化利用作为今后农业生物质能产业发展的主攻方向。为贯彻落实中央关于建设生态文明、做好"三农"工作的总体部署，适应农业生产方式、农村居住方式、农民用能方式的变化对农村能源发展的新要求。2015 年 4 月农业部发布了《农业部关于打好农业面源污染防治攻坚战的实施意见》，指出力争到 2020 年农业面源污染加剧的趋势得到有效遏制，实现"一控两减三基本"的总体目标，实现畜禽粪便、秸秆、农膜基本资源化利用。国家发展改革委、农业部制定了《2015 年农村沼气工程转型升级工作方案》，要求积极发展规模化大型沼气工程，开展规模化生物天然气工程建设试点，推动农村沼气工程向规模发展、综合利用、科学管理、效益拉动的方向转型升级。在中央高度关注下，在各级政府、产业实体和广大农民群众的共同努力下，我国农村能源建设的发展速度与规模迅速提高，正逐步成为现代农业发展和新农村建设的重要支撑。

近年来，辽宁省也大力发展农村能源，辽宁省《国民经济和社会发展第十二个五年规划纲要》中明确提出要加强农村能源工程建设，"改善农村居民用能环境，有序推进农村分布式能源设施建设，积极创造适度集中供热供气条件"。大连市《农业和农村经济发展"十二五"规划》中提出要"推进农村能源建设，新能源得到广泛利用"，明确提出了新建农村户用沼气、大中型沼气工程、推广太阳能热水器等。2014 年大连市人民政府印发了《大连市大气污染防治行动计划实施方案》，提出了"加快发展可再生能源，实现清洁能源供应和消费多元化。大力发展风能、太阳能、生物质能等清洁能源，改造提升农村炊事、采暖燃煤装置和设备"。

大连具有丰富的生物质能、太阳能、风能等资源，近年来，在大连市委、市政府的支持下，大连市的农村能源发展迅速，在户用沼气、大中型养殖场粪污沼气、秸秆综合利用等方面已具有相当的规模与基础，在技术支撑与服务体系、人才与队伍建设等方面也取得了可喜的成果。为积极贯彻落实党中央、国务院一系列有关发展农村能源的指示精神，更好地推进大连市农村能源建设的持续、协调发展，加强全面布局与指导，依据《可再生能源法》，制定本规划。

1.2　必要性

1.2.1　有利于为大连市提供清洁能源，改善农村用能结构

近年来，随着经济社会的快速发展，能源需求持续增长，供求矛盾日益突出。《大连市大气污染防治行动计划实施方案》中提出了经过 5 年努力，全市空气质量总体改善，污染天气天数较大幅度减少，到 2016 年煤炭消费总量控制在 2230 万吨，2017 年煤炭消费总量控制在 2268 万吨，要大力发展风能、太阳能、生物质能等清洁能源。大连具有丰富的生物质能、太阳能、风能等资源，年产农作物秸秆 200 余万吨、畜禽粪便558 万吨，太阳能辐照量为 4996 兆焦/平方米。据测算，如果充分利用大连目前的农业生物质能资源，相当于新增 30 万吨左右标准煤，因此积极发展农村能源，对缓解大连化石能源供应紧张局面，优化农村能源结构，具有重大意义。

1.2.2　有利于治理农业面源污染，改善农村生态环境

化石能源造成的环境污染相当严重，如煤炭占能源消费总量的比例高达 69%，煤烟型污染程度一直较高。农业生态环境破坏严重，秸秆随意焚烧、堆放及畜禽粪便的随意丢弃对农村环境造成极大压力。为此农业部发布了《农业部关于打好农业面源污染防治攻坚战的实施意见》，要实现畜禽粪便、秸秆利用，减少由于秸秆焚烧、粪便随意堆放带来的面源污染。因此积极发展农村能源，可以有效替代高污染、高排放的化石能源，降低薪柴使用量，资源化利用畜禽粪便等农业废弃物，是推动节能减排的战略举措，是改善农村环境的重要途径，有利于建立资源节约型和环境友好型社会，建设美丽乡村。

1.2.3　有利于延伸农业产业链，促进农民增收

积极发展农村能源，突破传统农业的局限，利用农产品及其废弃物生产新型能源，拓展了农产品的原料用途和加工途径，为农业提供了一个产品附加值高和市场潜力无限的平台，有利于转变农业增长方式，发展循环经济，延伸农业产业链条，提高农业效益，拓展农村剩余劳动力转移空间，在促进区域经济发展、增加农民收入等方面大有可为，实现经济、社会和生态效益共赢，据测算，若充分利用大连市现有生物质能、太阳能、风能等资源，可以新增约 50 亿元产值，提供约 1.5 万个就业岗位，这能够多方位为农民提供就业渠道，拓宽收入来源，延伸产业链，从而确保农民收入持续增加，提高农民的生活水平。

1.2.4　有利于发展循环农业，实现农业可持续发展

我国正处于工业化、城市化、现代化快速发展阶段，农业正面临着耕地质量下降、污染加剧、灾害频繁等严峻的问题，而且农业资源和环境的承载力十分有限，发展农业和农村经济，不能以消耗农业资源、牺牲农业环境为代价。农村能源将畜牧业发展与种植业发展连接起来，促进了能量高效转化和物质高效循环，形成了"种植业（饲料）—养殖业（粪便）—沼气池—种植业（优质农产品、饲料）—殖业"循环发展的农业循环经济基本模式，实现了农业资源的高效和循环利用，促进了现代农业的可持续发展。

1.3　规划范围与期限

1.3.1　规划期限

规划基准年 2014 年，规划期 5 年，即 2016～2020 年。

1.3.2　规划范围

规划范围为大连市 11 个涉农区（县、市），包括甘井子区、旅顺口区、普兰店区、金普新区、高新园区、保税区、长兴岛临港工业区、花园口经济区、瓦房店市、庄河市和长海县。

1.4　规划依据

（1）《能源发展战略行动计划（2014～2020 年)》。

（2）《全国农业可持续发展规划（2015～2030 年)》。

（3）《中国共产党第十八届中央委员会第三次全体会议公报》。

（4）《中国共产党第十八届中央委员会第五次全体会议公报》。

（5）《国务院关于加快发展循环经济的若干意见》（国发〔2005〕22 号）。

（6）《中共中央国务院关于加快发展现代农业进一步增强农村发展活力的若干意见》（国办函〔2013〕34 号）。

（7）《国务院办公厅关于加快推进秸秆综合利用的意见》（国办发〔2008〕105 号）。

（8）《国务院关于印发大气污染防治行动计划的通知》（国发〔2013〕37 号）。

（9）《关于进一步加快推进农作物秸秆综合利用和禁烧工作的通知》（发改环资〔2015〕2651 号）。

（10）《农业部关于打好农业面源污染防治攻坚战的实施意见》（农科教发〔2015〕1 号）。

（11）《可再生能源中长期发展规划（2008～2020)》（发改能源〔2007〕2174 号）。

（12）《村庄整治技术规范》（住建部 2008）。

（13）《农业部办公厅关于开展"美丽乡村"创建活动的意见》（农办科〔2013〕10 号）。

（14）《畜禽养殖业污染防治管理办法》2001 年 3 月 20 日。

（15）《辽宁省国民经济和社会发展第十二个五年规划纲要》。

（16）《大连市国民经济和社会发展第十二个五年规划纲要》。

（17）《大连市大气污染防治行动计划实施方案的通知》（大政发〔2014〕47 号）。

（18）《大连市绿色经济发展规划》。

（19）《大连市"十二五"节能减排综合性工作方案》。

（20）《大连市"十二五"能源节约规划》。

（21）《建设项目经济评价方法与参数》第三版。

（22）辽宁省、大连市人民政府工作报告、年度报告、工作总结、相关技术标准规范，以及相关单位提供的基础数据和资料等。

第 2 章　基本情况

2.1　大连市概况

2.1.1　地理位置

大连市地处欧亚大陆东岸，中国东北辽东半岛最南端，位于东经 120°58′～123°31′、北纬 38°43′～40°10′之间，东濒黄海，西临渤海，南与山东半岛隔海相望，北依辽阔的东北平原，是东北、华北、华东以及世界各地的海上门户，是重要的港口、贸易、工业和旅游城市。

全市总面积 12574 平方公里，其中老市区面积 2415 平方公里。区内山地丘陵多，平原低地少，整个地形为北高南低，北宽南窄；地势由中央轴部向东南和西北两侧的黄、渤海倾斜，面向黄海一侧长而缓。长白山系天山山脉余脉纵贯本区，绝大部分为山地及久经剥蚀而成的低缓丘陵，平原低地仅零星分布在河流入海处及一些山间谷地，岩溶地形随处可见，喀斯特地貌和海蚀地貌比较发育。

2.1.2　行政区划

大连市现辖 2 个县级市（瓦房店市、庄河市），1 个县（长海县）和 7 个区（中山区、西岗、沙河口区、甘井子区、旅顺口区、普兰店区金普新区）。另外，还有开发区、保税区、高新技术产业园区 3 个国家级对外开放先导区，以及长兴岛临港工业区和花园口经济区。

图1 大连市地理位置示意图

大连市共辖11个涉农区（市、县），包括甘井子区、旅顺口区、普兰店区、金普新区、高新园区、保税区、长兴岛临港工业区、花园口经济区、瓦房店市、庄河市和长海县。

2.1.3 自然条件

大连市位于北半球的暖温带地区，具有海洋性特点的暖温带大陆性季风气候，是东北地区最温暖的地方，冬无严寒，夏无酷暑，四季分明。年平均气温10.5℃，极端气温最高37.8℃，最低－19.13℃。年降水量550～950毫米，全年日照总时数为2500～2800小时。其中8月最热，平均气温24℃，日最高气温超过30℃的天数只有10～12天。1月最冷，平均气温－5℃，极端最低气温可达－21℃左右。60%～70%的降水集中于夏季，多暴雨，且夜雨多于日雨。

2.1.4 交通运输

大连市公路总里程8735公里，公路密度69.6公里/百平方公里，二级以上公路占公路总里程的40.2%。大连港水域面积346平方公里，陆域面积15平方公里，保税港面积6.88平方公里，集装箱吞吐能力1600万标箱，港区铁路总长160余公里。核心港区陆域面积约18平方公里。现有集装箱、原油、成品油、粮食、煤炭、散矿、化工产品、客货滚装等 84 个现代化专业泊位，其中万吨级以上泊位 54 个。沈大高速纵贯辽东半岛，把沈阳、辽阳、鞍山、营口、大连五大城市紧密相连。丹大高速经庄河直通丹东。东北沿边大通道"鹤大线"（201 国道）和纵贯大通道"黑大线"（202 国道）都以大连为起点。

2.1.5 经济社会情况

大连市是中国重要的港口、贸易、工业、旅游城市。2014 年全年地区生产总值 7650.8 亿元。其中，第一产业增加值 477.6 亿元，第二产业增加值 3892 亿元，第三产业增加值 3281.2 亿元。三次产业结构为 6.2：50.9：42.9，对经济增长的贡献率分别为 3.2%、55.4% 和 41.4%。全年公共财政收入 850 亿元，。其中，市本级 283.3 亿元；县区级 566.7 亿元。公共财政支出 1083.5 亿元。地税局组织各项税收 670.7 亿元；国税局组织各项税收 529 亿元；海关代征税收 465.8 亿元。

2.1.6 农业发展概况

大连市土地总面积 12574 平方公里，耕地面积 406 万亩，海域总面积 2.3 万平方公里，海岸线总长 1906 公里。全市设 114 个乡镇（涉农街道办事处），其中有 66 个乡镇、48 个涉农街道办事处，917 个行政村。拥有农业人口 227.0 万人，占全市户籍人口 584.8 万人的 38.3%。

大连的农业产业化发展较快，初步形成了水产、水果、蔬菜、畜牧、花卉五大优势产业。2014 年，全年农林牧渔及服务业总产值 880 亿元，其中，农业产值 212.3 亿元，林业产值 8.8 亿元，牧业产值 228.8 亿元，增长 2.7%；渔业产值 361.4 亿元，农林牧渔服务业产值 68.7 亿元。全年粮食总产量 110.2 万吨，平均每亩单产 269.7 公斤，水果总产量 161.9 万吨，蔬菜总产量 238.3 万吨，肉产量 81.4 万吨，蛋产量 26.1 万吨，下降 7.6%；奶产量 5.8 万吨，地方水产品总产量 237.5 万吨。

全年启动 10 个都市农业园区建设。新发展设施农业 10.2 万亩。新发展果树 10.1 万亩，创建国家级水果标准园 4 个，创建市级精品果园 15 个。创建国家级粮食高产示范区 15 个。创建国家级蔬菜标准园 2 个，新建省级工厂化蔬菜等育苗中心 5 个。新建畜禽标准化养殖场 73 处，创建国家级畜禽养殖标准化示范场 5 处，建设省级现代畜牧业示范区 1 个。新认证无公害农产品（含水产品）111 个、绿色食品 48 个、有机食品 3 个，新登记地理标志农产品 2 个，"三品一标"有效认证（登记）总数达到 1290 个。新认定省级名牌农产品 13 个、市级 27 个，累计达到 94 个，其中省级 37 个。新增市级以上农业龙头企业 33 家，其中省级农业龙头企业 13 家。引进推广新品种、新技术 50 项，培训农民 52 万人次。新发展农民专业合作社 399 家。农机总动力达到 378.3 万千瓦，主要农作物耕种收综合机械化水平达到 75.6%。

2.2　农村能源发展现状

2.2.1　"十二五"期间取得的主要成就

2.2.1.1　农村户用沼气建设

近年来，全市农村户用沼气发展迅速，主要发展了以"四位一体""一池三改"为主要内容的两种农户为单元的综合利用模式。"四位一体"是将日光温室等种植生产设施、畜禽舍等养殖生产设施、厕所等生活设施与小型户用沼气就近紧密结合，形成生产资料与能源的循环高效利用的模式。"一池三改"是以沼气为纽带，通过改造厨房、改建厕所、改造栏圈，达到对农村废弃物及粪污的无害化处理及有效利用。目前，全市共完成户用沼气池（"一池三改""四位一体"）4.6 万余户，年可处理畜禽粪便约 30万吨。

2.2.1.2　大中型沼气工程

畜牧养殖业是大连市发展农业经济的重点和优势产业，大中型沼气工程是规模化畜禽养殖场（小区）环境综合治理的有效方法，是以厌氧发酵技术为核心，通过处理养殖畜禽粪便和污水，制取沼气和优质有机肥。大中型沼气工程是当前治理畜牧养殖业面源污染、保护农业与农村生态环境、保障畜牧养殖业可持续发展的重要举措。截至2014 年底，大连市建成 500 立方米以上常温沼气工程 496 处，中温沼气工程 7 处。

2.2.1.3　秸秆气化集中供气工程

秸秆气化集中供气工程是以农作物秸秆、稻壳、玉米芯等为原料，制取可燃气体，通过管道供给农户使用。使用秸秆气提高了农民生活质量，使秸秆等可再生能源得到进一步开发利用，而且改善了农业生产、生活环境，加快了农村生活现代化进程。截至2014 年底，已建和在建的秸秆气化集中供气工程 6 处，供气户数 6000 户。

2.2.1.4　秸秆成型燃料工程

秸秆成型是在一定温度和压力作用下，将各类分散的、没有一定形状的农林秸秆经过收集、干燥、粉碎等预处理后，利用特殊的秸秆固化成型设备挤压成规则的、密度较大的棒状、块状或颗粒状等成型燃料，从而提高其运输和贮存能力，提高利用效率，扩大应用范围。截至 2014 年底，大连市已建秸成型燃料加工厂 3 处，年生产成型燃料1.24 万吨左右。

2.2.1.5　太阳能利用工程

大连市在农村能源利用方面还推广了太阳能热水器、太阳房等多种能源利用方式，共推广应用太阳能热水器 82174 台、约 16.92 万平方米，太阳房 15049 户、约 141.56 万平方米，太阳能灯 800 盏。

2.2.2　现有政策与基本情况

国家发改委、财政部、农业部、环保部四部委联合印发的《关于进一步加快推进农作物秸秆综合利用和禁烧工作的通知》指出，按照政府引导、市场运作、多元利用、疏堵结合、以疏为主的原则，完善秸秆收储体系，进一步推进秸秆肥料化、饲料化、燃料化、基料化和原料化利用，加快推进秸秆综合利用产业化，加大秸秆禁烧力度，进一步落实地方政府职责，不断提高禁烧监管水平，促进农民增收、环境改善和农业可持续发展。

《可再生能源中长期发展规划》：充分利用水电、沼气、太阳能热利用和地热能等技术成熟、经济性好的可再生能源，加快推进风力发电、生物质发电、太阳能发电的产业化发展，逐步提高优质清洁可再生能源在能源结构中的比例，力争到 2020 年达到15% 左右。充分利用沼气和农林剩余物气化技术提高农村地区生活用能的燃气比例，并把沼气技术作为解决农村剩余物和工业有机废弃物环境治理的重要措施。

《畜禽规模养殖污染防治条例》于 2014 年 1 月 1 日起施行。国家为了防治畜禽养殖污染，推进畜禽养殖废弃物的综合利用和无害化处理，保护和改善环境，保障公众身体健康，促进畜牧业持续健康发展，制定的本条例。并明确提出相关的激励措施：一是从事利用畜禽养殖废弃物进行有机肥产品生产经营等畜禽养殖废弃物综合利用活动的，享受国家规定的相关税收优惠政策。二是畜禽养殖场、养殖小区的畜禽养殖污染防治设施运行用电执行农业用电价格。

《农业部关于打好农业面源污染防治攻坚战的实施意见》（农科教发〔2015〕1号），提出要推进养殖污染防治，各地要统筹考虑环境承载能力及畜禽养殖污染防治要求，按照农牧结合、种养平衡的原则，科学规划布局畜禽养殖。推行标准化规模养殖，配套建设粪便污水贮存、处理、利用设施，改进设施养殖工艺，完善技术装备条件，鼓励和支持散养密集区实行畜禽粪污分户收集、集中处理。在种养密度较高的地区和新农村集中区因地制宜建设规模化沼气工程，同时支持多种模式发展规模化生物天然气工程。因地制宜推广畜禽粪污综合利用技术模式，规范和引导畜禽养殖场做好养殖废弃物资源化利用。

农业部、国家发改委等国家八部委联合下发的《全国农业可持续发展规划(2015~2030 年)》指出，推进规模化畜禽养殖区和居民生活区的科学分离。禁止秸秆露天焚烧，推进秸秆全量化利用，到 2030 年农业主产区农作物秸秆得到全面利用。开展生态村镇、美丽乡村创建，保护和修复自然景观和田园景观，开展农户及院落风貌整治和村庄绿化美化，整乡整村推进农村河道综合治理。注重农耕文化、民俗风情的挖掘展示和传承保护，推进休闲农业持续健康发展。

近年来，辽宁省在发展农村可再生能源建设方面进行了积极的探索、推进和实践。先后出台了《辽宁省关于加快农作物秸秆综合利用的实施意见》《关于进一步加强全省农村能源生态建设的意见》等一系列支持农村能源产业发展的政策。大连市在《农业和农村经济发展"十二五"规划》中也明确提出，"加快农村能源生态发展步伐。围绕生态家园富民工程，坚持与结构调整、畜牧业发展和改善山区农民生产生活条件相结合，突出抓好可再生能源综合利用工作"，并在户用沼气、大中型沼气、秸秆气化工程方面提出了具体的发展要求。近年来，大连市农村能源建设事业快速发展，取得了良好的经济、生态和社会效益，受到了广大农民群众的普遍欢迎。

2.2.3 存在的主要问题

大连市农村能源建设通过多年的努力，取得了可喜的成绩，但同时也存在不少问题和困难，全市农村能源建设的任务还相当艰巨。

2.2.3.1 设施运行率低、成本高

根据近几年农村能源设施的建设和运行来看，全市的能源设施普遍存在运行率低、使用成本高等问题，尤其是户用沼气工程和部分大中型沼气工程，由于集约化养殖快速发展，分散的粪便资源中断，加之技术缺陷和日常维护不佳等问题，很多工程已经被搁置，造成了严重的浪费。

2.2.3.2 结构性矛盾突出，清洁能源供应不足

当前，大连市农村能源消费结构性矛盾突出，体现在商品能源、可再生能源供应率低，高能耗、低品位的用能结构在能耗中的份额大。农村能源消费以煤、秸秆柴薪为主，液化气、天然气等商品化清洁能源的比例偏低；在部分经济欠发达地区的农村，农民的生产、生活仍然主要依靠传统的秸秆薪柴直燃式能源，严重影响着农村的生态环境和生活质量。

2.2.3.3 发展速度缓慢，环境污染有待解决

近年来，大连市在发展农村能源建设方面进行了探索和实践，相继建成了一批农村能源利用项目，取得了良好的生态、社会和经济效益，但是，全市的农村能源还仅仅处于起步阶段，应用范围还不够广，普及速度还不够快。总体上看，与快速发展的畜牧业、种植业等相关产业的要求相比，全市农村能源建设项目的数量和规模仍匹配不足，发展步伐缓慢，边治理、边污染的问题仍然没有得到有效解决。

2.2.3.4 服务体系管理滞后

由于大连市地域面积较大，尤其是丘陵、山区所占比例较大，农村能源建设比较分散，须管理的面广，管护技术性强。目前所建立的服务体系也不能完全达到全覆盖。因此，应进一步完善镇、村级服务体系建设，通过政府引导整合多方资源，走社会化发展之路，保障农村能源设施能够得到长期稳定运行。

2.3 农村能源资源与潜力分析

大连市管辖区内受自然条件影响，农村可再生能源种类较多，主要包括生物质能、太阳能、地热能、风能和小水电等。

2.3.1 农作物秸秆资源

大连市耕地面积 406 万亩，农业种植以玉米、水稻、马铃薯、豆类作物和蔬菜为主。2014 年玉米播种面积 271 万亩，水稻播种面积 38.4 万亩，豆类播种面积 47.6 万亩，马铃薯 13.1 万亩，其他大田作物 35.2 万亩，当年农业种植受极端天气影响，全年粮食总产量 110.2 万吨，平均每亩单产 269.7 公斤，分别比上年下降 31.3% 和 30.2%，作物秸秆总产量约 163 万吨，其中，玉米秸秆资源量最大，因 2014 年极端天气影响造成玉米减产，理论资源量为 120 万吨，正常年玉米秸秆理论资源量估计 171 万吨左右。大连市主要秸秆资源量及分布见附表 2。

2.3.2 畜禽粪便资源

近年来，大连市畜牧业保持了良好的发展态势。2014 年大连市畜禽生产稳步发展，产品产量实现全面增长。其中，全市生猪存栏 133.3 万头，粪便产量 97 万吨；奶牛存栏 1.46 万头，粪便产量 13.3 万吨；肉牛出栏 38.6 万头，粪便产量 254 万吨；蛋鸡存栏 912 万只，粪便产量 50 万吨；肉鸡存栏 7092.0 万只，粪便产量 43 万吨；羊存栏 107 万只，粪便产 101 万吨，各畜禽粪便年总产量约 558 万吨，资源类型及其分布见附表 3。全市畜牧业生产规模有逐年增加的发展趋势，因此，全市畜禽粪便资源量也将明显增长。

2.3.3 林业废弃物资源

2014 年，森林覆盖率达到 41.5%，林木绿化率达到 49.15%。大连市全年植树 1.23 亿株，造林 60.3 万亩。绿化各类道路 1800 多公里，绿化各类园区 70 余个，绿化企事业单位 700 多个；绿化村屯、社区 155 个。新发展干杂果经济林 3.1 万亩，实施疏林地补植 13 万亩，开展闭坑矿山生态治理 1608 亩，育苗面积 4081 公顷，生产苗木 2.19 亿株。大连市有林地面积 46.62 万公顷，活立木总蓄积量 1186.91 万立方米。据统计，全市经济林剪枝年产量为 15.2 万吨。

2.3.4 太阳能资源

大连市太阳能资源较丰富，属太阳能资源三类地区。统计资料显示，年累计太阳能辐照量为 4996 兆焦/平方米，最大值出现在汛期前的 5 月（其值为 629.36 兆焦/平方米），延峰顶向两边减少（6 月次之，4、7、8 月也较多），最小值出现在 12 月（其值为 194.62 兆焦/平方米）；就季节而言，由多到少的季节为春、夏、秋、冬，季节变化较大，春季总辐射量是冬季的 2 倍以上，夏季仅次于春季。多年月平均日照时数最大出现在 5 月（为 276.6 小时），最小值出现在 11 月（为 181.4 小时）；由多到少季节次序依次为春、夏、秋、冬。在月季分布上，日照时数分布与总辐射分布基本一致。太阳能资源丰富，适合推广太阳热水器、太阳能空调、太阳房、光伏发电技术及日光温室大棚等。太阳能有广阔的应用前景。但由于太阳辐射量随天气的变化而有很大变化，太阳能直接利用的效果很不稳定，需要辅助能源及时对太阳能设备补充能量，以弥补太阳能的不足。

2.3.5　其他农村能源资源

大连地处辽东半岛南端，拥有丰富的风力资源。早在 20 世纪 90 年代，就成为东北地区风力发电的领跑者，先后建成横山、长海风力发电场。近年来，多家风力发电场在大连市沿海地区相继投运。大连市全市水电资源储量较少，根据全国水力资源复查成果分析，大连市水力资源技术可开发量较少，河流水利资源少而分散。

大连市地热资源较为丰富，主要分布在庄河市、长海县等地区，庄河断陷盆地 40 平方公里范围存在储量丰富的层控增温型地热田，ZH33 号地热井，钻探深度 2484.35 米，日出水量达到 628.8 吨，出水温度达到 52℃。出水清澈透明，为深部坚硬石英砂岩、砂质灰岩中上亿年前形成的裂隙水，每年可开发地热能相当于 2116 吨标准煤，至少可开采 100 年，其间总放热量可达 741 亿大卡。

第 3 章　发展条件与发展需求

3.1　优势与劣势分析

3.1.1　优势分析

3.1.1.1　拥有相对丰富可再生资源

大连市属于特色农业优势发展区，具有相对丰富的生物质能资源。近年来，畜牧业适应新常态，紧紧抓住新一轮农业结构调整的机遇，坚持以调结构转方式、稳产提质增效为主线，切实加快都市型现代畜牧业建设，努力实现畜牧业"保供给、保安全、保生态"目标，大连市畜禽规模化饲养率和标准化饲养率稳定提高，养殖规模和粪便资源量将保持基本稳定。同时，大连市还属于太阳能、地热能资源较为丰富的地区。目前，大连市农村可再生能源开发利用刚刚起步，未来全市农村可再生能源建设存在着巨大的发展空间。

3.1.1.2　形成了较好的发展态势

经过多年的试验和示范，普及推广了安全、方便、实用的农村能源建设工艺技术和配套设施设备，解决了农村能源建设运行寿命短、不安全、效益差等问题，推动了全市农村能源项目建设综合效益不断提升，引起了全市农村能源工程建设的重大突破，先后建设了一批示范工程，加快了全市农村能源建设步伐，全市已经形成了大力发展农村能源建设的良好态势。

3.1.1.3　构建了可靠的技术支撑体系

多年来，大连市在农村能源建设中高度重视与相关科研院校的合作，积极联合开展技术研究、试验和攻关，全市农村能源建设技术保持了国内先进水平。目前，全市农村能源的发展直接得到了农业部规划设计研究院、省农村能源办公室和辽宁省能源研究所等单位的有力支持，具有可靠的技术依托。

3.1.1.4 积累了比较丰富的管理经验

经过多年发展，大连市已经积累了发展农村能源事业的丰富经验。各级政府都成立相应的组织领导机构专人负责，明确分工，任务到人。通过加强乡村农村能源服务站的人才和装备建设，初步形成了农村能源建设、管理和使用全过程服务和监督。通过创新运行机制，积极探索"政府支持、市场运作、行政监督"的工程运行管理模式。对建成的工程通过个人承包、集体管理、公司管理等方式，实行市场化运作，有偿供气；同时，在工程运行中，加强行政执法监督，防止过度收费，避免不保养设备、不顾运行安全的掠夺式经营现象。

3.1.2 劣势分析

3.1.2.1 缺乏科学有效的激励机制和政策环境

在现有技术水平和政策环境下，除了水电和太阳能热水器有能力参与市场竞争外，大多数可再生能源开发利用成本高，再加上资源分散、规模小、生产不连续等特点，在现行市场规则下缺乏竞争力，需要政策扶持和激励。目前，国家支持可再生能源发展的政策体系正在逐步完善，相关激励政策、补贴政策陆续出台。作为地方政府应抓住机遇，在借鉴外地经验的基础上，因地制宜研究制定本地支持促进可再生能源发展的相关政策和激励措施，形成支持可再生能源持续发展的长效机制。

3.1.2.2 基层职业技术培训及人才队伍建设滞后

近年来，大连市就实施了农村能源培训，分批对县（市、区）能源办工作人员、各乡镇农业助理、县（市、区）专业队、重点项目承担单位骨干等进行培训，并选拔具有丰富实践经验具有专业资质的人员，组成农村能源专业服务队，奔赴农村一线进行工程建设、能源工程维修、维护、宣传发动工作，但与农村能源发展需求仍有较大差距。

3.1.2.3 区域经济发展不够平衡，农村基础建设相对薄弱

长期形成的城乡二元经济结构体制，导致城乡之间以及农村区域间的经济社会发展不平衡。目前，大连市城市近郊与偏远农村、沿海地区与北部山区、高收入群体与低收入群体之间的差距依然较大。农村文化、教育、卫生、交通等公共设施建设相对落后，农民生产和生活条件有待进一步提高。

3.2 发展需求

3.2.1 改善农村用能结构，提高农民生活品质

农村能源缺乏质量与计量标准的监督检查机制，价格和质量均不稳定，以采暖用煤

为例，主要为本地小商贩或外地游商零散经营，煤炭多为劣质烟煤，不仅热值不高，且
SO_2、烟尘等污染物排放超标严重，是优质型煤的 10 多倍；此外，农村炊事用液化石油
气用气也亟待整顿，掺混二甲醚、过期未检钢瓶、炊事用具老化等现象严重，不仅用气
质量难以保证，安全隐患也极大。近年，市政府出台了一系列针对农村能源结构调整的
政策，进一步加大了对农村清洁能源的支持力度，但与现实需求仍有一定的差距，需进
一步加大农村清洁能源的开发利用力度，从根本上改变农村有能结构，提高农民生活
品质。

3.2.2　保护生态环境，提升农村地区宜居水平

大连市工业化、城市化进程的加快推进使得农村持续发展与人口多、环境容量小的
矛盾更加突出。近年来，随着农村环境综合治理力度加大，大连市农村环境有了很大改
观，但随着畜禽规模养殖规模扩大，废弃物排放仍然需要重视。与城市环境治理水平相
比还有一定差距，畜禽粪便、农作物秸秆和农田残膜等农业废弃物不合理处置，导致农
业面源污染日益严重，加剧了土壤和水体污染风险，因此，实现大连市农村生态环境根
本好转，任重而道远。此外，农村生活污水乱排、生活垃圾随意丢弃的现象严重，沼
气、节能炉具、太阳能等清洁能源在农村使用比重需有序提高。

3.2.3　农林废弃物高效全量化利用，提高农业附加值

水果、蔬菜、畜牧是大连市优势特色产业，农作物秸秆、林业剩余物、畜禽粪便资
源量丰富。当前农作物秸秆随处堆放或连年直接还田，有效利用率低，污染环境并影响
农业生产。大量畜禽粪便露天堆沤，严重破坏了农村和城镇居民的生活环境。特别是随
着种植、养殖业不断发展以及农业生产水平和农民生活水平的提高，对原来用作燃料和
肥料的农业废弃物的利用越来越少，农业废弃物越来越多。农业废弃物含有大量的有机
物，据测定，很多农作物的副产品的化学能不亚于其主产品。因此，农业废弃物利用蕴
藏着广阔的发展前景。农业废弃物高效全量化利用有利于延长农业产业链，提高农业附
加值，增加农民收入。

3.2.4　改善土壤生产条件，促进农业可持续发展

人多地少水缺是我国基本国情，也是大连市农业生产所面临的重大挑战。随着多年
的掠夺式生产，耕地质量下降，黑土层变薄、土壤酸化、耕作层变浅等问题凸显。区域
农业内源性污染严重，化肥、农药利用率低，农田残膜问题严重，畜禽粪污有效处理设
施不足，秸秆过量还田现象严重，这些问题的存在限制了大连农业的可持续发展。通过
农业废弃物综合循环利用，畜禽粪便生产有机肥等技术，可提高农田土壤有机质，恢复
土壤肥力，减少化肥农药的施用。大连市区域内亟须建立循环农业，改善农田环境，实
现农业的可持续发展。

第4章　指导思想、思路与目标

4.1　指导思想

以科学发展观为指导，深入贯彻党的十八大精神，全面落实中央及各级政府关于加强农村能源发展的决策部署和要求，立足于大连市资源禀赋、农业产业结构和农村用能特点，坚持走资源节约、环境友好、生产发展、生活富裕和生态良好的可持续发展道路，紧紧围绕农村能源开发利用与农业生态环境保护两个中心任务，通过加强科技创新、加大政策扶持、强化体系建设，引导、整合社会力量广泛参与，推进农村能源产业健康有序发展，提高农业资源利用效率，优化能源结构，减少污染排放，为建设美丽乡村、保障能源安全、保护生态环境作出积极贡献。

4.2　基本原则

（1）坚持农村能源开发利用与农村生态环境改善相结合。农村能源开发综合效益显著，不仅是提供清洁可再生能源的重要方式，而且对于防治农业面源污染和大气污染、改善农村人居环境、发展生态农业等具有重要作用，农村能源的发展既要重视规模化开发利用，不断提高可再生能源在能源供应中的比重，也要重视可再生能源对解决农村能源问题、发展循环经济和建设资源节约型、环境友好型社会的作用，更要重视与环境和生态保护的协调。要根据大连市资源禀赋、经济社会发展需要，在保护环境和生态系统的前提下，科学规划，因地制宜，合理布局，有序开发。特别是要高度重视农村能源的开发与粮食和生态环境的关系，不得违法占用耕地，不得破坏生态环境。

（2）坚持统筹兼顾和梯级综合利用相结合。在抓好农村沼气、秸秆成型燃料等生物质能源建设的同时，充分利用大连的太阳能比较丰富的特点，因地制宜的开发多种可再生能源，实现从单一生物质能开发利用到太阳能、小水电、风电等开发利用的多能互补，如在供热过程中采用生物质能与太阳能互补（生光互补）充分利用太阳能资源，减少供热工程中的运行成本，在大连市长海县的各岛礁上，建立太阳能与风能相结合的路灯（风电互补）。充分合理利用各种农村能源资源，积极推进梯级综合利用，发挥农村能源在生产燃料、电力、热力等方面的综合效益，实现能源、生态、经济和社会效益的统一。

（3）坚持因地制宜发展和产业协调推进相结合。农村能源的发展要综合考虑资源条件、区域差异、农业生产特点和农村实际情况，以及生物质能、风能、太阳能及小水电等相关利用技术成熟程度和市场发育程度等因素，以原料的可获得性为出发点，以经济合理性为前提，以产业为纽带，注重分散与集中的有机结合，因地制宜、因区施策，科学规划项目建设布局，合理确定大连市各区域内各工程建设数量、建设地点和建设规模，因地制宜推动沼气、成型燃料、生物质、太阳能、风能、小水电等多元化发展，加快新型利用方式的产业化进程，促进农村能源产业和相关产业协调发展。

（4）坚持政府扶持政策完善与市场化运营推进相结合。农村能源工程建设程兼有公益性和经营性，政府对项目建设给予投资补助，加强技术指导和服务，探索完善终端产品补贴政策，逐步破除行业壁垒和体制机制障碍，为农村能源的发展创造良好的环境。同时要注重更好地发挥市场机制作用，引导企业和农民合作组织等各种社会主体进行农村能源工程建设，形成多元化投入机制；推进工程实行专业化管理、市场化运营，不断提高经济效益和可持续发展能力。充分发挥市场机制作用，培育壮大专业化企业，不断提升农村能源产业的市场竞争力。

4.3 发展思路

立足大连农村可再生能源资源禀赋，按照"1352"的发展思路，即围绕农村可再生能源规模化开发利用为中心，突出精准扶贫、新农村建设、农业可持续发展三大重点，落实可再生能源规模化开发利用、"多能互补"示范、节能工程推广、强化科技支撑、健全服务体系等六项任务，解决农民用能结构不合理、农业增产增效难度大两大问题，全面推进生活能源消费清洁化，创新具有区域特色的农村能源发展模式，为辽宁省农村能源发展提供实践经验。

4.4 发展目标

4.4.1 总体目标

农村能源产业发展成效显著，农村可再生能源开发利用水平明显提高，清洁能源在农村能源的比重明显提升，科技支撑能力进一步提升，市场化运行机制和"互联网＋"农村能源社会化服务体系基本完善。农村可再生能源开发对促进农民增收、实现精准脱贫作用日趋明显，成为优化能源结构、保护生态环境的重要力量。

到 2020 年，全市农村可再生能源生产能力达到 50 万吨标准煤，新增 50 万户可再生能源用户，可再生能源在农村生活用能中的比重大幅增加，50% 以上农户的生活用能主要依靠清洁能源。

4.4.2 具体指标

表 1　大连农村能源发展主要指标

领域	内容	工程数量	单位	总规模	单位	备注
生物燃气	果（菜）沼畜规模化沼气工程	10	处	1000	万立方米	年产量
	生物天然气工程	3	处	800	万立方米	年产量
	果（菜）沼畜循环农业基地	13	处	5	万亩	

续表

领域	内容	工程数量	单位	总规模	单位	备注
生物质炭气联产	生物质炭气联产工程	5	处	2.5	万吨	处理秸秆
生物质成型燃料	生物质成型燃料加工工程	5	处	7.5	万吨	
与区域供热	区域供热工程	10	处	4	万平方米	供热面积
太阳能	太阳能热水器			10000	套	
	太阳能集中供热	150	处	3000	平方米	
	太阳房	5000	个	50	万平方米	
	太阳能路灯	150	盏	6000	盏	
地热能	采暖制冷	2	处	2	万平方米	
小风电	风光互补路灯	80		2400	盏	
	小型风电示范	5	处	100	千瓦	装机
综合建设	分布式能源示范	1	处			
	多能互补能源站	3	处			
节能建设	节柴炉具推广	5000	套			
	农村建筑节能	10	处	10	万平方米	
服务体系	培训中心	1	处	—		
	能源服务网点	7	处	—		
	农村能源信息化服务平台	1	个			
	农村能源企业创新平台	4	个			

4.5 主要任务

4.5.1 规模化开发可再生能源，增强持续供应能力

适应农村生产方式、居住方式、用能方式的变化，积极发展规模化生物天然气工程和规模化大型沼气工程。建立多元化原料供应保障体系，培育沼气多元化利用营销网络。同时，积极实施生物质热解炭气联产工程、太阳能工程、地热能工程、小风电和微水电工程等，增强农村可再生能源持续稳定供应的能力。

4.5.2 开展农村"多能互补"示范，提升开发利用水平

大力发展风能、太阳能、地热等，通过"多能互补"推动传统能源转型，解决农村经济社会发展中能源需求问题，如低碳新型社区建设、绿色低碳城镇建设、现代农业综合园区等。重点在风景名胜区周边、林区、边远农村地区，合理布局生光互补、风光互补等多能互补项目。

4.5.3 推进节能工程建设，建设能源节约型新农村

贯彻节能优先理念，把节能贯穿于农村经济社会发展全过程和各领域，严格控制不

合理的能源消费。推广生物质成型燃料和区域供热，推进民居节能改造，推广节能炉（炕、灶），科学合理使用能源，大力提高能源利用效率，引导合理能源消费模式和文化。

4.5.4　强化推广科技新技术，提升创新引领能力

以促进科技成果转化为主攻方向，把科技进步和创新与产业升级紧密结合。加强农村能源产、学、研技术体系建设，加大研发攻关力度，加快新工艺、新材料、新设备的更新换代，集中优势推广农村能源关键技术与核心装备，提升科技服务水平。

4.5.5　健全农村能源监管机制，增强行业服务水平

结合云计算、大数据、物联网和"互联网＋"等新一代信息技术和互联网发展模式，建设乡村服务网点为基础、技术服务人员为骨干的农村能源服务体系和监控平台，加强对农村能源建设、运行和监管，逐步实现农村能源原料收运、工程运营和产品综合利用的全面远程信息化监测。

第 5 章　重点工程

5.1　生物燃气

5.1.1　建设内容与布局

紧紧围绕农村清洁能源供给和循环农业发展，以畜禽粪便、农作物秸秆为原料，建设果（菜）沼畜规模化沼气工程和规模化生物天然气工程，注重沼气工程综合效益，产生的沼气用于为农户供气、企业自用、提纯生物天然气、发电等，沼渣沼液用作有机肥，实现畜禽粪便、农作物秸秆的无害化处理和资源化利用。

在庄河市、瓦房店市和普兰店区等建设规模化沼气工程，共计建设规模化沼气工程10 处；在金普新区和旅顺口区等建设规模化生物天然气工程，共计建设规模化生物天然气工程3 处，同时，为规模化沼气工程与规模化生物天然气工程配套建设果（菜）沼畜循环农业基地 13 处。

5.1.2　重点工程

5.1.2.1　果（菜）沼畜规模化沼气工程

在果菜和畜禽养殖双优县（区）中，统筹考虑县域种养结合现状和已建沼气工程规模数量，新建和优化提升一批果（菜）沼畜规模化沼气工程，统筹考虑沼气、沼肥产品使用，突出农村沼气供肥功能，沼肥施用于果（菜）园，沼气用于城乡居民炊事取暖、并入燃气管网、锅炉清洁燃料、车用燃气、清洁发电、工业原料等领域。按照果（菜）示范园用肥需求和布局，建设一批与示范园用肥规模相匹配的沼气工程。主要建

设内容包括原料预处理单元、沼气生产单元、沼气净化与储存单元、沼气输配与利用单元、沼肥存储调质单元，配套储肥施肥设施设备、沼肥运输和施用机具、沼液田间肥水一体化灌溉设施、沼肥暂存调配设施等设施设备。共计建设果（菜）沼畜规模化沼气工程10处，总池容达到2万立方米以上。

5.1.2.2　规模化生物天然气工程

在生物质原料丰富、生物质产品市场需求较强、建设业主积极性极高和资金自筹能力较强的地区，发展生物质燃气高值利用，积极探索沼气提纯注入天然气管网、沼气提纯制取车用天然气等高值化利用方式，到2020年，全市建设规模化生物天然气工程3处，日产生物天然气3万立方米以上。工程建设内容主要包括：发酵原料完整的预处理系统，进出料系统，增温保温、搅拌系统，沼气净化、提纯、储存、输配和利用系统，计量设备，安全保护系统，监控系统等。同时配套建设沼肥存储调质单元，配套储肥施肥设施设备、沼肥运输和施用机具、沼液田间肥水一体化灌溉设施、沼肥暂存调配设施等设施设备。

5.1.2.3　果（菜）沼畜循环农业基地

为促进沼渣沼液的高效循环利用，在果（菜、茶）沼畜规模化沼气工程中，按照技术标准高、服务机制活、综合效益好、带动能力强的要求，择优认定一批果（菜）沼畜循环农业基地，达到基地内种养平衡，实现农业生态良性循环。制定果（菜）沼畜循环农业标准规范和评价办法，以果树（蔬菜）示范园为重点，建设一批新型沼气工程，优化提升一批已建沼气工程，配套沼肥储存调质设施设备、三园沼肥施用机具等，融合农业物联网技术，提高智能化水平，建立完善的基地运行管理制度，建立从田间到餐桌的绿色农产品生产模式。生物燃气工程建设详细布局、规模及其投资见附表1。

专栏1　生物天然气技术

生物天然气（bio‐natural gas），是指由生物质转化而来的以甲烷为主要成分的燃气，目前主要指通过沼气提纯得到的生物甲烷气（bio‐methane）。由于生物天然气可以直接作为石化天然气的替代燃料，所以发展沼气已成为增加天然气供应量的一个重要方向。瑞典在该领域处于领先地位，其生物天然气已超过石化天然气的消耗量。生物天然气的一项核心技术是沼气的净化提纯。

沼气提纯技术发展到今天，加压水洗法、化学吸收法、PSA法和膜分离法等技术已经实现了商业化应用。这些方法中，加压水洗法和PSA法由于在所产生物天然气 CH_4 含量、CH_4 回收率、能耗、提纯成本以及技术成熟度等方面所表现出来的综合优势，成为目前在使用率最高的 2 种方法，这 2 种技术大约各占了欧洲沼气提纯市场 1/3 的份额，膜分离法则处在发展初期阶段，随着技术水平的不断提高和成本的进一步下降，应该会有更大的发展空间。

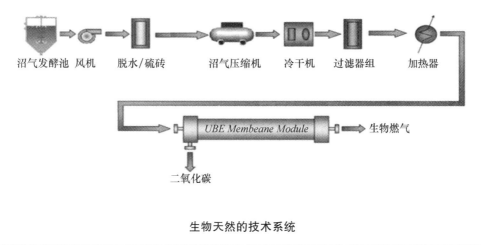

沼气发酵池 风机   脱水/硫砖   沼气压缩机   冷干机   过滤器组   加热器

UBE Membeane Module   生物燃气

二氧化碳

生物天然的技术系统

5.2 生物质热解炭气联产

5.2.1 建设内容与布局

选择工业区周边农林生物质资源丰富地区，推广生物质热解炭气联产技术，实现供气和生物炭联产，有效提高能源利用效率，能源炭用于铸造业的脱模剂、有色金属的冶炼还原剂、铸钢的防氧化剂等，生物炭基肥用于改良农用地土壤。规划到 2020 年，在大连市示范建成生物质热解炭气联产项目 5 处，年消耗农林剩余物 2.5 万吨。

5.2.2 重点工程

在秸秆剩余物资源较多、人均耕地面积较大的粮食主产区，结合林业生态建设，利用林业"三剩物"和林产品加工剩余物，生物质热解炭气联产技术，通过热化学转化，将秸秆等农业废弃物转化为生物质燃气，提高能源利用效率，同时生产能源炭用于铸造业的脱模剂、有色金属的冶炼还原剂、铸钢的防氧化剂等，秸秆生物炭也可作为炭基肥，改善土壤性能，具有蓄肥、保墒、改良土壤、增加土壤活性等。拟在庄河市、瓦房店等建立生物质热解炭气联产工程 5 处，年消耗农林剩余物 2.5 万吨，年供气 1250 万立方米，可供 1 万户农村集中炊事用能需求，生产优质能源炭 0.5 万吨，生物炭基肥 0.5 万吨。生物质原料收获为季节性，为保证全年工程连续运行，需要长期存储。根据原料地区供应量的差异，在庄河市、瓦房店及周边地区热解炭气联产工程配套建立 5 个收储点。

生物质热解炭气联产土建工程包括生产车间、投料棚、成品库及储料场等，主要设备包括生物质热裂解系统、气体喷淋洗涤塔、储气柜、生物质燃气供气管网等。配套的每个收储站配建原料堆料场，粉碎加工的厂房，办公生活用房，计量、消防、电气等设施以及绿化隔离带等工程。收储配置收集转运设备，打捆机械，削片机、卸包、码垛、运输机械，运输车辆，锤片粉碎机等设备。为保证原料收储进厂质量，设立产品检验检测室，需购置检测仪器，主要包括氧弹热量计、马福炉、电子天平、恒温干燥箱以及破碎机等。生物质炭气联产工程详细布局、规模及其投资见附表1。

专栏2　生物质热解炭气联产技术

生物质热解炭化多联产技术以现代生物质炭化技术为核心，通过热解粗燃气的气液分离和净化提质，生产生物炭、生物质燃气、木焦油和木醋液等多种产品，并在此基础上，融合能源梯级利用，多能互补等现代能源利用技术和理念，可实现炭、气、油、冷、热、电等多种组合形式的联产。该技术具有资源利用率高、产品形式多样、二次污染少等优点，可进一步提高生物质资源的开发利用综合效益，符合我国可再生能源开发战略，具有良好的推广应用前景。

近年来，开发的先进生物质热解炭化技术，尤其是分布式能源与多能互补等现代技术支撑下的生物质炭化多联产技术，在生物质能源化利用方面表现出强大的技术优势：生物质热解炭化技术属生物质热化学转化技术，与物理和生物转化技术相比，该技术具有原料适应性好、反应速率快等优点，更加适宜于工业化生产；具有产品形式多样，生物质燃气热值和能源综合转化率高等优点；与分布式能源与多能互补等现代技术融合后的生物质炭化技术，能够满足多元化的能源市场需求。

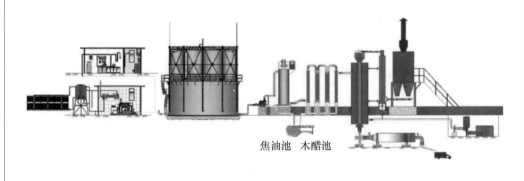

焦油池　木醋池

生物质热解炭气联产系统组成

5.3　生物质成型燃料与区域供热

5.3.1　建设内容与布局

生物质成型燃料具有原料适应范围广、规模适应性强、易于运输储存等特点，作为供热燃料，可直接替代煤炭，是一种经济实用的方式。结合城市大气环境治理，大力推动城市燃煤锅炉改造为生物质成型燃料锅炉，减少城市燃煤量，扩大规模化的生物质成型燃料市场，在人口居住分散、不宜铺设燃气管网的农村地区，推广户用生物质成型燃料，解决户用炊事及采暖用能。

到 2020 年，在庄河市、瓦房店市、普兰店区等县市建设生物质成型燃料清洁生产工程 5 处，年处理玉米秸秆、木屑等 7.5 万吨，年产生物质成型燃料 7.5 万吨，能够替代 3.75 万吨标准煤。全市改造传统燃煤锅炉 10 处，新建生物质成型燃料供热示范工程 10 处，供热面积达到 4 万平方米。

5.3.2　重点工程

5.3.2.1　生物质成型燃料工程

新建或扩建的秸秆成型燃料生产企业（农民专业合作组织），具有稳定的产销渠道，主要用于农村居民和城镇供热锅炉燃料。到 2020 年，在庄河市、瓦房店、普兰店区等县市建设生物质成型燃料清洁生产工程 5 处，年处理玉米秸秆、木屑等 7.5 万吨，年产生物质成型燃料 7.5 万吨，能够替代 3.75 万吨标准煤。生物质成型燃料成型清洁生产，工艺过程包括原料粉碎、干燥、输送、混配、喂料、成型、切断、冷却、计量包装等工序。加工生物质成型燃料包括颗粒状和块状燃料，燃料质量满足产品热值 ≥ 16000kJ/kg，硫含量 ≤ 0.3%，灰分 ≤ 16% 的要求。建设内容包括土建工程和生产线设备，其中，土建工程主要包括堆料场、投料棚、生产车间、成品库、检测室、锅炉房、泵房、门卫房、消防水池以及其他必要的办公与生活用房等。生产线设备主要包括原料预处理设备、成型设备和其他辅助设备，包括秸秆粉碎机、烘干机、成型机、冷却器、除尘器、电控设备、计量、包装设备以及输送设备等。

专栏3　生物质成型燃料技术

生物质成型燃料技术工艺路线包括原料粉碎、干燥、输送、混配、喂料、成型、切断、冷却、计量包装等工序。从整体上分为三个部分，即原料预处理、成型、辅助配套等。

原料预处理工段包括原料接收、粉碎、干燥、混配等工序。成型主要包括颗粒成型和压块成型，颗粒成型工段包括调质喂料、颗粒成型、切断等工序。由环模压块成型机将原料挤压成型，秸秆等生物质原料通过压缩成型，不使用添加剂，此时木质素充当了黏合剂。成型机内装有倾斜挡板，将挤压出的长颗粒按照设计的尺寸折断，便于贮运。压块机刚出来的成型压块温度为75℃～85℃，这种状态的压块燃料易破碎，不宜贮运。冷却工序的任务是将加工成型后的高温压块进行降温，使其温度能够达到包装储存的条件。辅助配套工段包括冷却、除尘、空压、添水、计量包装等工序。

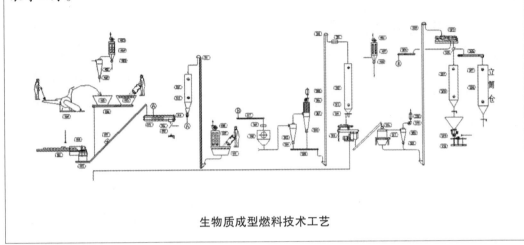

生物质成型燃料技术工艺

5.3.2.2 生物质燃料区域供热

以清洁能源为主体，大力推广区域供热工程，推行合同化能源管理模式，引导企业与集中供暖的村镇、乡镇机关和企事业单位签订供暖合同，负责新型锅炉改造安装、维修维护服务并提供清洁燃料，以市场为主体通过节能增效获取收益。结合城市大气环境治理，重点推广以生物质成型燃料等清洁能源为主的集中供暖示范项目，大力削减城市燃煤量。通过安装新型锅炉，改造传统燃煤锅炉，提高热效率，进一步降低污染物排放。规划到2020年，全市改造传统燃煤锅炉10处，新建生物质成型燃料和生物质捆烧锅炉供热示范工程10处，供热面积达到4万平方米。生物质成型燃料与区域供热工程布局、规模及其投资见附表1。

5.4 太阳能

5.4.1 建设内容与布局

立足大连市资源丰富且稳定的太阳能资源，大力推广太阳能在新农村建设中的普及与应用，支持太阳能与农业生产、农民生活相结合，转变农村传统用能方式。普及推广太阳能热水器，为农民生活和部分生产提供热水；示范推广太阳能节能建筑，增强房屋保暖性能，减少农村冬季采暖能源消耗；大力推广太阳能路灯，实现农村主要道路采用太阳能路灯照明。

通过在广大农村地区普及推广太阳能热水器、太阳能房和太阳能照明灯等，加快推进大连市农村太阳能热利用的发展。规划到 2020 年，在全市范围内推广太阳能热水器 1 万台以上；在全市范围内建设太阳能集中供热工程 150 处；重点在普兰店区、瓦房店市、庄河市、金普新区和旅顺口区进行太阳能节能建筑示范推广，新建太阳能节能建筑 5000 处；在全市范围内选择经济条件较好的地区，新建太阳能照明示范村 10 个，在示范村中推广太阳能路灯 6000 盏。

5.4.2　重点工程

5.4.2.1　太阳能热水器

太阳能热水器工程以适宜农村使用的经济实用型太阳能热水器为重点，在全市范围内进行推广。目前大连市已有太阳能热水器 82174 台，规划到 2020 年，全市范围内新增太阳能热水器 1 万台以上，太阳能热水器累计总量达到 9 万台以上，集热面积达到 20 万平方米以上。

5.4.2.2　太阳能集中供热工程

规划以大连市中小学校、县乡（镇）政府、卫生院等单位为主要对象建设太阳能集中供热工程，包括太阳能集热器、集热机组、空气源泵、自动循环控制系统等，可 24 小时提供热水。到 2020 年，全市范围内新建太阳能集中供热工程 150 处，集热面积达到 3000 平方米以上。

5.4.2.3　太阳能节能建筑

太阳能节能建筑工程以户用太阳房和太阳能校舍的建设推广为主，重点在普兰店区、瓦房店市、庄河市、金普新区和旅顺口区进行示范推广。目前大连市已有户用太阳房 15041 处。规划到 2020 年，全市范围内新增户用太阳房 5000 处，面积达到 50 万平方米以上。

5.4.2.4　太阳能路灯

在全市范围内大力推广太阳能路灯，选择经济条件较好的地区，新建太阳能照明示范村，实现农村主要道路采用太阳能路灯照明。规划到 2020 年，新建太阳能照明示范村 100 个，在示范村中推广太阳能路灯 6000 盏。太阳能利用工程布局、规模及其投资见附表 1。

专栏 4　太阳能建筑

太阳能建筑是指利用太阳能供暖和制冷的建筑。在建筑中应用太阳能供暖、制冷，可节省大量电力、煤炭等能源，而且不污染环境，在年日照时间长、空气洁净度高、阳光充足而缺乏其他能源的地区，采用太阳能供暖、制冷，尤为有利。

太阳能建筑的能源供应系统主要由集热系统、蓄热系统、分配系统、辅助热源和控制系统五部分组成。根据在建筑中利用太阳能供暖和制冷的方式不同，太阳能建筑基本上可分为主动式和被动式两种。

主动式太阳能系统附属于建筑的系统，是指采用高效太阳能集热器以及机械动力系统来完成采暖降温过程，系统运转中需要消耗一定电能。按传热介质又可分为空气循环系统、水循环系统和水、气混合系统。被动式太阳能系统是指经过设计，使建筑构件本身能够利用太阳能采暖供暖，通过自然通风完成降温制冷的过程，系统运转过程中不需消耗电能。

被动式太阳能技术就是充分利用建筑本身的自然潜能，对建筑周围环境、遮阳、通风，以及能量储存中体现太阳能的被动利用。

太阳能公共卫生间与民居

5.5 地热能

5.5.1 建设内容与布局

地热能利用包括发电和热利用两种方式，技术均比较成熟，其中地热能热利用包括地热水的直接利用和地源热泵供热、制冷。立足大连市地热资源条件，与旅游开发结合，合理利用地热资源，推广满足环境保护和水资源保护要求的地热供暖、供热水和地源热泵技术，满足城乡冬季供热需要。在全市有条件的县区，大力推广使用地源热泵供热示范项目。

规划到 2020 年，结合旅游资源开发，重点在庄河市开发地源热泵供暖制冷示范项目，供热和制冷面积达到 2 万平方米。

5.5.2 重点工程

以科学开发庄河市断陷盆地深部蕴存的具有开发价值的地热资源为重点，按照统一规划管理，优化布井的总体思路，严格防止破坏性和掠夺性开采等短期行为，做好取水设施的建设及维护保养，提高地热水的梯级利用，减少资源浪费。同时，积极采取地热水尾水回灌措施，实现资源可持续利用。利用地源热泵系统提取热量，提供采暖、供冷服务，取代热力管网供热和空调制冷，在新型农村社区、农业生态园区等建设地热采暖制冷工程 2 处，总供热制冷面积达到 2 万平方米。地热能利用工程布局、规模及其投资见附表 1。

专栏 5 地热采暖制冷技术

地能分别在冬季作为热泵供暖的热源和夏季空调的冷源，即在冬季，把地能中的热量"取"出来，提高温度后，供给室内采暖；夏季，把室内的热量取出来，释放到地能中去。热泵机组的能量流动是利用其所消耗的能量（如电能）将吸取的全部热能（即"电能＋吸收的热能"）一起排输至高温热源。而其所耗能量的作用是使制冷剂氟利昂压缩至高温高压状态，从而达到吸收低温热源中热能的作用。

地源热泵是利用了地球表面浅层地热资源（通常小于 400 米深）作为冷热源，进行能量转换的供暖空调系统。地表浅层地热资源可以被称为地能，是指地表土壤、地下水或河流、湖泊中吸收太阳能、地热能而蕴藏的低温位热能。地表浅层是一个巨大的太阳能集热器，收集了 47％ 的太阳能量，比人类每年利用能量的 500 倍还多。它不受地域、资源等限制，真正是量大面广、无处不在。这种储存于地表浅层近乎无限的可再生能源，使得地能也成为清洁的可再生能源一种形式。

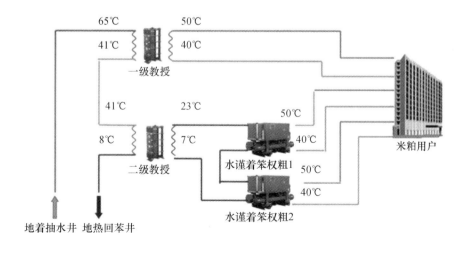

地热利用技术原理图

5.6 小风电

5.6.1 建设内容与布局

立足大连市三环环海、地处两大风能丰富带交回区域的区位优势，积极开展农村风能利用。在风能较为丰富的地区，建设风光互补路灯工程，保证阴雨天时风光互补路灯光源的亮灯时间，为农村照明提供新的解决方案；在有风无电或缺电地区，建设小型风电示范工程，供农民和渔民一家一户使用，解决分散居住的农、渔民的用电问题。

通过在风能较丰富地区示范推广风光互补路灯和小型风电工程，加快大连市农村地区风能利用，进一步改善农村及城镇生产、生活用电条件。规划到 2020 年，在长海县、旅顺口区和瓦房店市各建设风光互补路灯工程 20 处，共计 80 处（2400 盏）；在长海县建设小型风电示范工程 50 个以上，装机容量达到 100 千瓦以上。

5.6.2 重点工程

5.6.2.1 风光互补路灯工程

风光互补路灯可根据不同的气候环境配置不同型号的风力发电机，在有限的条件内以达到风能利用最大化，同时也保证了阴雨天风光互补路灯光源的亮灯时间，大大提升了系统的稳定性。规划在风力资源较为丰富的长海县、旅顺口区和瓦房店市等地区示范推广风光互补路灯。规划到 2020 年，在长海县、大连市辖区、旅顺口区和瓦房店市各地区选取条件适宜的村镇 80 处，每处平均安装风光互补路灯 30 盏，共计 2400 盏。

5.6.2.2 小型风电示范工程

针对长海县电网未通达的偏远地区，建设独立运行（离网型）供电系统，即小型风电示范工程，解决分散居住的农、渔民的用电问题，实现一家一户用电有保障。规划到 2020 年，新建小型风电示范工程 5 处，装机容量达到 100 千瓦以上。小风电工程布局、规模及其投资见附表 1。

专栏 6　小型风电系统

风电资源清洁无污染、安全可控，是一种优质的可再生新能源，分布式发电技术在我国已经得到广泛的应用。分布式小型风电系统指采用风力发电机作为分布式电源，将风能转换为电能的分布式发电系统，发电功率在几千瓦至数百兆瓦的小型模块化、分散式、布置在用户附近的高效、可靠的发电模式。

利用风力带动风车叶片旋转，再透过增速机将旋转的速度提升，来促使发电机发电。系统主要由风力发电机、蓄电池、控制器、并网逆变器组成，依据现有风车技术，大约是每秒三米的微风速度，便可以开始发电。主要运用在农村、牧区、山区，以及发展中的大、中、小城市或商业区附近，以解决当地用户用电需求，是一种新型的、具有广阔发展前景的发电和能源综合利用方式。

分布式小型风电系统

5.7 农村能源综合建设

5.7.1 建设内容与布局

结合辽宁省"百千万宜居乡村创建工程"、"省、市级美丽乡村示范村"项目，集成利用沼气工程、太阳能综合利用技术、节能炉炕灶技术、秸秆综合利用技术、小风电技术，实现全村能源高度自给和节能减排。

在长海县试点创建农村分布式能源示范工程 1 个；在生物质能资源充足，而太阳能资源、风能等资源欠丰富的地区，试点创建多能互补式能源建设示范工程 3 个。

5.7.2 重点工程

5.7.2.1 分布式能源示范工程

结合新型社区和现代农业示范区建设，以大中型沼气和秸秆气化技术为依托，在能量的阶梯利用概念的基础上，建设冷热电多联产的分布式能源系统。利用小型燃气轮机、燃气内燃机、微燃机等设备将可燃气体燃烧后获得高温烟气首先用于发电，然后利用余热在冬季供暖：在夏季通过驱动吸收式制冷机供冷，利用了排气热量可以提供生活热水，或冬季为设施温室供暖。分式能源示范工程达到如下标准：发电机组装机容量400 千瓦，供热制冷面积达到 2 万平方米，农村清洁能源利用技术覆盖率80% 以上农户，能源综合利用率提高 10 个百分点以上。

5.7.2.2 多能互补式能源建设示范工程

在同一自然村或社区内，以秸秆气化集中供气项目、大中型沼气集中供气项目、秸秆成型燃料区域供热工程等一种或多种集中式能源项目为主，以户用沼气、太阳能节能建筑、太阳能光伏发电、太阳能热水器热能蓄热系统、太阳灶、太阳能路灯、小风电等项目为补充，建设多能互补式能源建设示范工程。农村能源综合试点应达到如下标准：发电机组装机容量1000千瓦，供热制冷面积达到5万平方米，示范点内能源自给率达到85%以上，农村清洁能源利用技术覆盖率80%以上农户，清洁能源占全部能源消耗的比例达到90%以上，主要街道安装太阳能路灯或草坪灯；有乡村服务网点覆盖。农村能源综合建设工程布局、规模及其投资见附表1。

专栏7 分布式能源技术

分布式能源系统是相对传统的集中式供能的能源系统而言的，传统的集中式供能系统采用大容量设备、集中生产，然后通过专门的输送设施（大电网、大热网等）将各种能量输送给较大范围内的众多用户；而分布式能源系统则是直接面向用户，按用户的需求就地生产并供应能量，具有多种功能，可满足多重目标的中、小型能量转换利用系统。

分布式能源系统还可以让使用单位本身有较大的调节、控制与保证能力，保证使用单位的各种二次能源能够充分供应，非常适合对发展中区域及商业区和居民区、乡村、牧区及山区提供电力、供热及供冷，大量减少环保压力。分布式能源系统可满足特殊场合的需求，为能源的综合梯级利用提供了可能，为可再生能源的利用开辟了新的方向，并可为提高能源利用率、改善安全性与解决环境污染方面做出突出贡献。

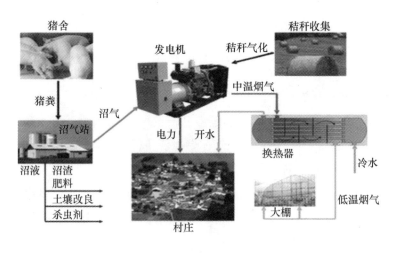

农村分布式能源系统

5.8 农村节能工程

5.8.1 建设内容与布局

农村户用炊事采暖炉灶炕不仅解决农村炊事用能问题，对农村厨房改造、资源节约和生态保护等具有明显改善和促进作用，同时为种植业、养殖业及农副产品加工业提供供热设备，为非集中供暖地区提供热源。在全市各县市区推广省柴节煤炉灶炕 5000 台套，其中，炊事采暖型高效清洁燃烧炉具 2000 台套、炊事烧炕型高效清洁燃烧炉具 2000 台套、户用生物质炊事炉具 500 台套、小型高效清洁生物质锅炉及生物质热风取暖炉 500 台套。直接受益农民超过 3 万人，节约生活用能折合标准煤 0.3 万吨。民居节能改造工程 10 处。指导建设农村节能建筑示范村 5 个 500 户，建设规模达到 10 万平方米。

5.8.2 重点工程

5.8.2.1 节柴、节煤炉推广工程

炊事采暖型高效清洁燃烧炉具。推广清洁燃烧炉具 2000 台套，具备炊事采暖功能。适宜农村供暖需求的用户。生物质成型燃料、洁净型煤、优质低硫散煤通烧，有储料仓和二次配风装置。炊事火力强度 ≥2 千瓦，热效率 ≥70%，封火时间 ≥8 小时，供暖面积不低于 60 平方米。

炊事烧炕型高效清洁燃烧炉具。推广 2000 台套，具备炊暖烧炕功能，生物质成型燃料、洁净型煤、优质低硫散煤通烧，储料仓和二次配风装置。适宜具有烧炕习惯的用户。户用生物质炊事炉具。推广 500 台套，具备炊事功能，生物质成型燃料、薪柴、秸秆通烧。

小型高效清洁生物质锅炉及生物质热风取暖炉。共推广 500 台套，具备供暖功能，适宜多种供暖需求用户，如温室大棚、园艺、独栋住房、联户供暖等。生物质成型燃料、洁净型煤、优质低硫散煤通烧，热效率 ≥70%，供暖面积不低于 100 平方米。

5.8.2.2 农村建筑节能工程

全方位改造提升农村面貌，将其改善民生作为农村面貌改造提升行动的核心，积极推进民居节能改造工程。开展墙体改造、更新供热采暖系统、隔音保温性能高的双玻璃窗，适当利用太阳能、污水源热能、地下水源热能、土壤源热能等非化石能源，对建筑物进行供热改造，规划民居节能改造工程 10 处。

组织开展农村节能建筑示范工作，重点选取整村规划建设、具有一定规模的项目，推广新型墙体材料、太阳能光热等技术与产品，建设新型节能建筑示范村。规划建设农村节能建筑示范村 10 个，建设规模达到 10 万平方米。农村节能工程布局、规模及其投资见附表 1。

5.9　农业能源服务体系

5.9.1　建设内容与布局

围绕推进社会主义新农村建设，以改善农村生产生活条件、促进农民增收、方便农民群众为出发点，将农村能源服务体系建设与农村能源发展协调推进。坚持"政府引导、多元参与、方式多样"和"服务专业化、管理物业化"的原则，逐步建立以软科学为指导，以硬技术为依托、县、乡服务站为支撑、乡村服务网点为基础、技术服务人员为骨干的农村能源服务体系，为农户提供优质、规范、高效、安全的后续服务，巩固农村能源建设成果。

在全市乡镇建设农村能源乡村服务网点 30 处，此外，规划建设科研培训基地 1 处，用于农村能源技术的科研、技术培训以及示范推广。

5.9.2　重点工程

5.9.2.1　农村能源技术开发与推广体系

农村能源服务机构的职能，一是宣传推广农村能源技术，宣传国家、辽宁省和大连市的有关大力开展农村能源建设的政策、方针，负责农村能源节能技术的培训及能源设备的推广。二是指导农村能源项目的建设和运行，有序推动"互联网＋农村能源"建设，构筑大连市农村智慧能源系统。编制农村能源建设技术标准与技术规范，协助进行项目建设的质量监督和检查。三是构建政府与企业共同进行科研开发、技术创新的平台，推进农村可再生能源技术的创新与发展。

5.9.2.2　农村能源社会化服务体系

全市农村能源服务体系的建设，要按照"国家投入引导、多元参与发展、运作方式多样"和"服务专业化、管理物业化"的原则，逐步建立以县级服务站为支撑、乡村服务网点为基础、农民服务人员为骨干的农村能源服务体系。采用 PPP 模式，鼓励私营企业、民营资本与政府进行合作，参与农村能源服务体系建设。市场主体与政府签订服务合同，建立社会化的全市重点乡镇建设（包括新建和改建）农村能源社会化服务机构 7 个。

5.9.2.3　农村能源信息化服务平台

建设农村能源数据中心，实地数据采集验证移动站，远程在线监测点，实时传输系统，在线预警诊断平台；购置核心信息系统软件、服务器群、无线数据采集器、网络与安全设备、操作系统等。到 2020 年，建设农村能源数据中心 1 个，实地数据采集验证移动站 2 个，在线监测点 10 个。

5.9.2.4　农村能源企业创新平台

培育设备生产、规模化农村能源运营、工程设计施工及后续服务的龙头企业。支持设备生产企业：关键设备的引进消化吸收及自主创新，提升核心竞争力，创建知名品牌。支持农村能源运营企业：建设原料分析、发酵条件参数基础实验室，提升工艺水平，提高产出效率及稳定性。支持农村能源工程设计施工及后续服务企业：建设规模化服务基地，升级服务设备，组建专业技术团队，开展人才引进和人员培训。到2020年，建设企业创新平台4个。农村能源服务体系建设布局、规模及其投资见附表1。

5.10　实施进度

在规划期内各类项目按照分步实施有序推进的原则依次推进。各工程建设进度安排如表2所示。

表2　大连市农村能源建设项目分年度实施计划

序号	领域	工程名称	总数量	单位	规划期各年度建设数量				
					2016年	2017年	2018年	2019年	2020年
1	生物燃气	果（菜）沼畜规模化沼气工程	10	处	1	1	2	3	3
		规模化生物天然气工程	3	处		1		1	1
		果（菜）沼畜循环农业基地	13	处	1	2	2	4	4
2	生物质热解炭气联产	生物质热解炭气联产工程	5	处		1		2	1
3	生物质成型燃料与区域供热	生物质成型燃料工程	5	处	1	1	1	2	
		成型燃料供热	10	处	2	2	2	2	2
4	太阳能利用	太阳能热水器	10000	台	2000	2000	2000	2000	2000
		太阳能集中供热	150	处	20	30	30	30	40
		太阳能节能建筑	5000	处	1000	1000	1200	1400	1400
		太阳能路灯	6000	盏	1250	1250	1250	1250	1250
5	地热能利用示范	地热采暖制冷工程	2	处		1		1	
6	小风电利用	风光互补路灯	2400	盏	480	480	480	480	480
		小型风电示范工程	50	处	8	10	12	14	16
7	农村能源综合建设	分式能源示范工程	1	处		1			
		多能互补示范	3	处	1		1		1
8	农村节能	节柴、节煤炉推广	5000	套	1000	1200	1200	1200	1400
		农村建筑节能工程	10	个	2	2	2		2

续表

序号	领域	工程名称	总数量	单位	规划期各年度建设数量				
					2016 年	2017 年	2018 年	2019 年	2020 年
9	农村能源推广服务体系	技术开发与推广体系	1	处		1			
		农村能源社会化服务体系	7	处	1	1	1	2	2
		农村能源信息化服务平台	1	个				1	
		农村能源企业创新平台	4	个		1	1	1	1

第 6 章　投资估算与效益分析

6.1　投资估算

结合大连市新农村建设规划，立足大连市资源禀赋和区域特点，深入开展农业废弃物收储体系建设，积极开展畜禽粪便清洁利用，建设规模化沼气工程，稳步推进秸秆发电、供热等，实现农作物秸秆、畜禽粪便的能源化利用；适度发展太阳能、风能、小水电等，并因地制宜地开发多种可再生能源，实现从单一生物质能开发利用到太阳能、小水电、风能开发利用的多能互补；试点建设农村分布式能源和多能互补能源示范工程；积极推进农村节能工程建设，促进农村节能减排；加强全市农村能源的管理、技术推广、施工和建后服务四支队伍建设，推进农村能源服务的市场化，为全市农村能源可持续发展提供可靠支撑。

总投资 5.80 亿元，其中，生物燃气工程投资 2.38 亿元，占总投资的 36.85%；生物质热解炭气联产工程建设投资 2200 万元，占总投资的 3.80%；生物质成型燃料与区域供热工程建设投资 2000 万元，占总投资的 3.45%；太阳能利用工程建设投资 2.57 亿元，占总投资的 44.34%；地热能工程投资 200 万元，占总投资的 0.35%；小风电工程建设投资 795 万元，占总投资的 1.37%；农村能源综合建设投资 1650 万元，占总投资的 2.85%；农村节能工程投资 1100 万元，占总投资的 1.90%；农村能源社会化服务体系投资 500 万元，占总投资的 0.86%；各工程建设投资估算见表 3。

表 3　农村能源工程建设投资估算

序号	重点工程名称	投资（万元）				投资结构（%）	节本增效（%）	利润（万元）
		合计	政府	银行贷款	企业及农户			
	合计	57965	24681	9489.5	23794.5	100	23576.5	4994.9
1	生物燃气	23820	9449.5	6996	7374.5	41.09	10032.0	2050.2
1.1	规模化沼气工程	5570	1949.5	1671	1949.5	9.61	1880.5	376.1

序号	重点工程名称	投资（万元）				投资结构（%）	节本增效（%）	利润（万元）
		合计	政府	银行贷款	企业及农户			
1.2	规模化生物天然气工程	15750	6300	4725	4725	27.17	5958.6	1191.7
1.3	沼肥综合利用工程	2500	1200	600	700	4.31	2192.9	482.4
2	生物质热解炭气联产	2200	660	880	660	3.80	3500.0	350.0
2.1	生物质热解炭气联产	2200	660	880	660	3.80	3500.0	350.0
3	生物质成型燃料与区域供热	2000	600	800	600	3.45	3870.0	356.7
3.1	生物质成型燃料工程	1750	525	700	525	3.02	3750.0	337.5
3.2	成型燃料供热	250	75	100	75	0.43	120.0	19.2
4	太阳能利用	25700	11805	0	13895	44.34	3691.8	1808.0
4.1	太阳能热水器	3500	1050	0	2450	6.04	438.0	52.6
4.2	太阳能集中供热	2250	900	0	1350	3.88	584.0	70.1
4.3	太阳能节能建筑	18750	9375	0	9375	32.35	1750.0	1575.0
4.4	太阳能路灯	1200	480	0	720	2.07	919.8	110.4
5	地热能	200	60	80	60	0.35	90.0	27.0
5.1	地热采暖制冷工程	200	60	80	60	0.35	90.0	27.0
6	风能	795	238.5	238.5	318	1.37	377.9	52.2
6.1	风光互补路灯	720	216	216	288	1.24	367.9	44.2
6.2	小型风电示范工程	75	22.5	22.5	30	0.13	10.0	8.0
7	农村能源综合建设	1650	660	495	495	2.85	980.0	196.0
7.1	分式能源示范工程	300	120	90	90	0.52	280.0	56.0
7.2	多能互补示范	1350	540	405	405	2.33	700.0	140.0
8	农村节能工程	1100	770	0	330	1.90	1034.8	154.8
8.1	节柴、节煤炉推广	600	420	0	180	1.04	1000.0	120.0
8.2	农村建筑节能工程	500	350	0	150	0.86	34.8	34.8
9	农村能源社会化服务体系	500	438	0	62	0.86	0.0	0.0
9.1	技术开发与推广体系	100	100	0	0	0.17	—	—
9.2	农村能源社会化服务体系	210	210	0	0	0.36	—	—
9.3	农村能源信息化服务平台	110	88	0	22	0.19	—	—
9.4	农村能源企业创新平台	80	40	0	40	0.14	—	—

6.2 资金筹措

资金筹措渠道采取企业自筹、申请国家补贴等多个渠道。建设总投资 5.80 亿元，其中：申请政府补贴资金 2.47 亿元，占总投资的 42.59%；银行贷款 0.95 亿元，占总投资的 16.38%；企业和农户自筹 2.38 亿元，占总投资的 41.03%。

6.3 效益分析

6.3.1 经济效益

到 2020 年，大连市农村能源通过实施大中型沼气工程、秸秆成型燃料工程等，资源化能源化综合处理农业废弃物，为辖区农村提供生产、生活用能，同时为种植业提供生物有机肥料，大连市农村能源产业迅速壮大，同时农村能源建设是一把"双刃剑"，也将带动环保产业快速发展。预计到 2020 年，农村清洁能源产业初具规模，年产值 2.36 亿元，利润可达 4994.9 万元。

6.3.2 社会效益

发展农村清洁能源，提高资源高效利用，可有效替代化石能源，有利于节能减排和实现农业废弃物的"零排放和全消纳"。预计到 2020 年，可提供 2 万余个就业岗位，增加农民年收入 1.5 亿元以上。

6.3.3 生态环境效益

发展农村清洁能源，将为改善农村居民用能状况、带动农村发展作出重要贡献。农林剩余物年利用量达到 20 万吨左右，年处理畜禽粪便 400 万吨左右，减排颗粒物 1500 吨左右，减排 COD 达到 200 吨以上。太阳能热利用面积大幅增加，清洁能源的开发利用减排二氧化碳、保护生态环境和治理大气污染具有重要意义。

6.4 环境影响评价

6.4.1 生态环境影响分析与评价

生态环境影响主要为建设期的影响。本规划涉及项目建设尽量避免对生态环境的破坏，建筑工程和水利工程建设尽量充分利用现有建筑和设施，并在现有基础上进行改造和扩建，建设完成后通过绿化等措施减少对当地生态环境的影响。

6.4.2. 大气环境影响分析与评价

施工活动中，由于土方的开挖与回填，建筑材料的运输、装卸与露天存放等会产生地面二次扬尘，将对环境空气质量产生一定影响。

（1）施工运输车辆尾气对大气环境的影响。由于本项目运输车辆数不多，而且施工地点远离人群，施工期也比较短，故其排放尾气对环境空气影响范围较小，影响程度较轻。

（2）扬尘对大气的影响分析。扬尘主要来源于运输车辆和土层堆放。厂区内均为水泥路面，且运输车辆产生的扬尘对所经过地方的大气环境为瞬间影响，影响程度不大。

6.4.3　水环境影响分析与评价

水环境影响主要为对地表水和地下水环境的影响。

（1）建设期对水环境影响分析。建设期的水环境污染物主要来自施工人员的生活污水，该部分产量比较少，而且是暂时性的，不会对地表水和地下水体产生较大影响。

（2）运行期对地表水环境影响分析。运行期只有消防水池内存在一定量的水，对环境没有影响，环境污染物主要来自生产工人员的生活污水，该部分产量比较少，而且是暂时性的，不会对地表水和地下水体产生较大影响。

6.4.4　声环境影响分析与评价

噪声主要来自项目建设期的施工作业机械，如运输车辆、切割机、混凝土翻斗车、搅拌机等，其强度为 $75 \sim 90dB$（A）。建设期间尽量采用新工艺、新设备，减少施工期间的噪声污染，对可产生噪声的工序，尽量避免夜间施工。

项目建成后，噪声主要来自生产设备，通过对设备采用建造措施，封闭管理，对外界影响可以降低到最小，同时厂区注重绿化，多种植树木隔音，建筑物多采用隔音吸音材料。

6.4.5　固体废弃物对环境影响分析与评价

固体废弃物主要来自于建设施工期间的废渣、弃土、建筑及少量生活垃圾，运行期的生活垃圾，生产废弃物、人粪便等废弃物。对于建设期间所产生的建筑垃圾定时清除出施工现场。固体垃圾实行垃圾袋装化，每日定时由工作人员从收集装置集中后运出。边角废料可回收综合利用，不会对环境造成影响。

6.5　规划前景分析

坚持以科学发展为统领，遵循以人为本和可持续发展的理念，以解决农民最直接、最关心、最现实的民生问题为出发点，旨在推动大连市农村可再生能源健康快速发展，按照节能、环保、高效、利民的思路，以清洁能源利用为重点，调整农村用能结构，推广高效新产品和新技术，不断提高农村用能水平。本规划实施将改善农村地区的人居环境和生产生活条件，促进农村节能减排和资源的循环利用，有效缓解农村地区人口、资源和环境的压力，预期可取得良好的生态效益、社会效益和经济效益。

通过大中型沼气工程、秸秆成型燃料工程、秸秆热解炭气联产工程等农村能源项目的建设，可为辖区农村提供生产、生活用能，为种植业提供生物有机肥料，同时，可有效减少畜禽粪便直接排放和秸秆焚烧等污染。因此，农村能源建设可资源化能源化综合利用农业废弃物，与环保产业有天然的关联性，本规划的实施在有效推动大连市农村能源产业迅速壮大的同时，必将带动农村环保产业快速发展。

第7章 保障措施

7.1 加强组织领导、强化监督管理

各地要把农村新能源建设摆上重要位置，高度重视，精心组织，周密安排。要将秸秆、畜禽粪便资源化利用作为推进节能减排、发展循环经济、治理大气污染、促进生态文明建设的重要内容，纳入各地政府的工作重点，搞好统筹规划和组织协调，加强组织领导，做到分工明确、责任到人、重点突出，形成共同推进合力，确保实现秸秆综合利用目标。每年度督促各县政府召开动员会或现场会，列入各级政府工作报告和考核内容，严格兑现奖惩。

7.2 完善支持政策、加大资金扶持

有关地区要根据本地区农业生产特点，抓紧制订并发布相关支持政策，完善符合各区县相关产业发展方向的农村能源利用土地、电价、运输等方面的优惠政策，推动农村能源的发展。推进农村能源工程建设持续快速发展，必须以资金投入作保障，建立多元化、多层次、多渠道的资金投入体系，要建立健全以业主投入为主体、社会投入为补充、政府投入为引导的多元化投资机制，积极申请国家、省相关的项目支持。

7.3 抓好落实监管、加强目标考核

各区县要建立健全相关部门参与的农村能源综合利用协调机制，将本地区农村能源实施方案的主要目标和重点任务，按年度逐级分解到各部门，加强督促检查，抓紧落实。强化对规划实施情况的跟踪和监督，及时掌握规划执行情况，并根据执行情况适时对规划目标和重点任务进行动态调整，使规划更加科学，符合发展实际。

7.4 加大宣传力度、强化培训帮扶

各区县要利用各种媒体做好宣传工作，充分利用市、县电视台、报刊等媒体，以及各级新能源自拍宣传片、印刷宣传册等，开展了多内容、多层次、多形式的持续不断的宣传活动，使农村新能源产业和节能减排家喻户晓，人人皆知。突出抓好技术普及型培训，各县新能源技术推广人员深入基层组织好新能源技术培训活动，进一步提高新能源行业的技术水平。用实际效果引导、教育农民群众转变观念，为农村能源的发展创造良好的社会舆论氛围。组织领导、体制创新。

附表

附表1　大连市农村能源发展规划重点项目投资估算

序号	重点工程名称	布局	建设内容	规模	投资（万元）				投资结构（%）	节本增效（万元）	利润（万元）
					合计	政府	银行贷款	企业及农户			
	合计				57965	24481	9639.5	23844.5	100	23357.5	4907.3
1	生物燃气				23820	9249.5	7146	7424.5	36.85	9813.0	1962.6
1.1	畜（禽）规模化沼气工程	庄河市、瓦房店市和普兰店	在畜禽养殖量大的规模化养殖场、散养密集区、农户集中上楼地区等原料供应或城市化销售条件较好的地区建设规模化沼气工程10处，总池容达到2万立方米以上	10处	5570	1949.5	1671	1949.5	8.62	1880.5	376.1
1.2	规模化生物天然气工程	金州区和旅顺口区	全市建设规模化生物天然气工程3处，日产生物天然气3万立方米以上。发展生物质燃气高值利用，积极探索沼气提纯注入天然气管网，沼气提纯制取车用天然气等高值利用方式	3处	15750	6300	4725	4725	24.37	5958.6	1191.7
1.3	畜（禽）循环农业基地	与规模化沼气工程和规模化生物天然气工程配建	新建沼肥综合利用示范工程13处，其中沼渣沼液就地利用项目10处，有机肥或有机肥—无机肥复合肥生产项目3处	13	2500	1000	750	750	3.87	1973.9	394.8
2	生物质热解炭气联产				2200	660	880	660	3.40	3500.0	350.0

续表

序号	重点工程名称	布局	建设内容	规模	投资（万元）				投资结构（%）	节本增效（万元）	利润（万元）
					合计	政府	银行贷款	企业及农户			
2.1	生物质热解炭气联产	庄河市、瓦房店市	生物质热解炭气联产土建工程包括生产车间、投料棚、成品库及储料场等，主要设备包括生物质热裂解系统，生物质热燃气供气管网等，配套收储原料供应系统。年消耗农林剩余物2.5万吨，年供气1250万立方米	5处	2200	660	880	660	3.40	3500.0	350.0
3	生物质成型燃料与区域供热				2000	600	800	600	3.09	3870.0	356.7
3.1	生物质成型燃料工程	庄河市、瓦房店、普兰店等	年处理玉米秸秆、木屑等7.5万吨，年产生物质成型燃料7.5万吨。生产线设备主要包括原料预处理设备、成型设备和其他设备，包括秸秆粉碎机、成型机、冷却器、除尘器、计量、电控设备、包装设备以及输送设备等	5处	1750	525	700	525	2.71	3750.0	337.5
3.2	成型燃料供热	全市	通过安装新型锅炉，改造传统燃煤锅炉，提高热效率，进一步降低污染物排放。全市改造传统燃煤锅炉10处，新建生物质燃料供热示范工程10处，供热面积达到4万平方米	10处	250	75	100	75	0.39	120.0	19.2
4	太阳能利用				25700	11805	0	13895	39.76	3691.8	1808.0

续表

序号	重点工程名称	布局	建设内容	规模	投资（万元）				投资结构（%）	节本增效（万元）	利润（万元）
					合计	政府	银行贷款	企业及农户			
4.1	太阳能热水器	全市	以适宜农村使用的经济实用型太阳能热水器为重点，在全市范围内进行推广。目前大连市已有太阳能热水器82174台，新增太阳能热水器10000台以上，太阳能热水器累计总量达到9万台以上，集热面积达到20万平方米以上	10000台	3500	1050	0	2450	5.41	438.0	52.6
4.2	太阳能集中供热	全市	以大连市中小学校、县乡（镇）政府、卫生院等单位为主要对象建设太阳能集中供热工程，包括太阳能集热器、集热机组、空气源泵、自动循环控制系统等，可24小时提供热水。全市范围内新建太阳能集中供热工程150处，集热面积达到30000平方米以上	150处	2250	900	0	1350	3.48	584.0	70.1
4.3	太阳能节能建筑	普兰店市、瓦房店市、庄河市、金州区和旅顺口区	太阳能节能建筑工程以户用太阳房和太阳能校舍为建设的重点推广为主。全市范围内新增户用太阳房5000处，面积达到50万平方米以上	5000处	18750	9375	0	9375	29.01	1750.0	1575.0
4.4	太阳能路灯	全市	在全市范围内大力推广太阳能路灯，选择经济条件较好的地区，新建太阳能照明示范村，实现农村主要道路采用太阳能路灯照明。新建太阳能照明示范村100个，在示范村中推广太阳能路灯6000盏	6000盏	1200	480	0	720	1.86	919.8	110.4

续表

序号	重点工程名称	布局	建设内容	规模	投资（万元）				投资结构（%）	节本增效（万元）	利润（万元）
					合计	政府	银行贷款	企业及农户			
5	地热能				200	60	80	60	0.31	90.0	27.0
5.1	地热采暖制冷工程	庄河市	利用地源热泵系统提取热量，提供采暖、供冷服务，取代热力管网供热和空调制冷，在旅游度假村或农业生态园区建设可再生能源建筑利用示范项目。总供热制冷面积达到2万平方米	2处	200	60	80	60	0.31	90.0	-27.0
6	风能	长海县、大连市辖区、旅顺口区和瓦房店市			795	238.5	238.5	318	1.23	377.9	52.2
6.1	风光互补路灯		在风力资源较为丰富的长海县、大连市辖区、旅顺口区和瓦房店市等地区示范推广风光互补路灯。选取条件适宜的村镇80处，每处平均安装风光路灯30盏，共计2400盏	2400盏	720	216	216	288	1.11	367.9	44.2
6.2	小型风电示范工程	长海县	在长海县电网未通达的偏远地区，建设小型风电示范工程，实现农民、渔民一家一户用电有保障。新建小型风电示范工程5处，装机容量达到100千瓦以上	50处	75	22.5	22.5	30	0.12	10.0	8.0
7	农村能源综合建设				1650	660	495	495	2.55	980.0	196.0
7.1	分布式能源示范工程	长海县	结合新型社区和现代农业示范区建设，以大中型沼气和秸秆气化技术为依托，在能量的阶梯利用概念的基础上，建设冷热电多联产的分布式能源系统，发电机组装机容量400千瓦，供热制冷面积达到2万平方米	1处	300	120	90	90	0.46	280.0	56.0

续表

序号	重点工程名称	布局	建设内容	规模	投资（万元）				投资结构（%）	节本增效（万元）	利润（万元）
					合计	政府	银行贷款	企业及农户			
7.2	多能互补示范	甘井子区	在同一自然村内，以秸秆气化集中供气项目，大中型沼气集中供气项目，秸秆成型燃料区域供热工程等一种或多种集中式能源项目为主，发电机组装机容量1000千瓦，供热制冷面积达到5万平方米	3处	1350	540	405	405	2.09	700.0	140.0
8	农村节能工程				1100	770	0	330	1.70	1034.8	154.8
8.1	节柴、节煤炉推广	全市	在全市各县市区推广省柴节煤炉灶炕5000台套，其中，炊事采暖型高效清洁燃烧炉具2000台套，炊事烧炕型高效清洁燃烧炉具2000台套，户用高效清洁炊事锅炉500台套，小型高效清洁生物质锅炉500台套	5000套	600	420	0	180	0.93	1000.0	120.0
8.2	农村建筑节能工程	全市	开展墙体改造，更新供热采暖系统，隔音保温性能高的双玻璃窗，适当利用太阳能、污水源热能、地下水源热能、土壤源热能等非化石能源，对建筑物进行供热改造，规划民居节能改造工程10处	10个	500	350	0	150	0.77	34.8	34.8
9	农村能源社会化服务体系				500	438	0	62	0.77	0.0	0.0

续表

序号	重点工程名称	布局	建设内容	规模	投资（万元）					投资结构（%）	节本增效（万元）	利润（万元）
					合计	政府	银行贷款	企业及农户				
9.1	技术开发与推广体系	全市	坚持"政府引导、多元参与、方式多样"和"服务专业化、管理物业化"的原则，逐步建立以软科学为指导，以硬技术为依托，县、乡服务站为支撑，乡村服务网点为基础，技术服务人员为骨干的农村能源服务体系。规划在大连市建设科研培训基地1处	1处	100	100	0	0	0.15	—	—
9.2	农村能源服务社会化体系	全市	要按照"国家投入引导、多元参与发展、运作方式多样"和"服务专业化"的原则，逐步建立以县级服务站为支撑，乡村服务网点为基础，农民服务人员为骨干的农村能源服务体系	7处	210	210	0	0	0.32	—	—
9.3	农村能源信息化服务平台	全市	到2020年，建设农村能源数据中心1个，实地数据采集验证移动站2个，在线监测点10个	1处	110	88	0	22	0.17	—	—
9.4	农村能源企业创新平台	全市	支持农村能源工程设计施工及后续服务企业：建设规模化服务基地，升级服务设备，组建专业技术团队，开展人才引进和人员培训。到2020年，建设企业创新平台4个	4处	80	40	0	40	0.12	—	—

附表 2　大连市主要秸秆资源及分布

序号	市县	玉米 种植面积(亩)	玉米 年产量(吨)	玉米 秸秆产量(万吨)	水稻 种植面积(亩)	水稻 年产量(吨)	水稻 秸秆产量(吨)	青贮饲料 种植面(亩)	青贮饲料 年产量(吨)	豆类 种植面积(亩)	豆类 年产量(吨)	豆类 秸秆产量(吨)	其他大田作物 种植面(亩)	其他大田作物 年产量(吨)	其他大田作物 秸秆产量(吨)	蔬菜 种植面积(亩)	蔬菜 产量(吨)	蔬菜 剩余物产量(吨)
0	大连市	2775059	923014	119.99	397841	183293	183354.4	14800	59200	486899	62246	87144.4	354412	58333	60497.8	536907	1559525	77576.24
1	庄河市	890700	361400	46.98	273300	133400	133400	700	2800	151800	22667	31733.8	184950	33500	33500	102900	411621	20581.05
2	瓦房店市	800877	139554	18.14	11736	4538	5899.4	0	0	128620	10813	15138.2	150002	16427	22997.8	145485	694767	34738.35
3	普兰店区	799545	325000	42.25	94005	36855	36855	0	0	167745	24225	33915	3660	136	—	162600	72.87	3.6435
4	旅顺口区	36000	12000	1.56	0	0	0	0	0	2000	400	560	300	70	—	45000	94900	4745
5	金州新区	173400	50300	6.54	5300	2000	2000	14100	56400	25600	2500	3500	13200	2600	—	71000	326000	16300
6	花园口区	66800	32000	4.16	13500	6500	5200	—	—	10800	1611	2255.4	2300	5600	4000	9000	30000	1100
7	长海县	7737	2760	0.36	0	0	0	0	0	334	30	42	—	—	—	922	2164	108.2

注：统计方法采用中华人民共和国国家农业行业标准《农作物秸秆资源调查与评价技术规范》，此表计算的资源量为理论资源量，其中玉米草谷比按 1.3 计算，其他秸秆资源量由各区县直接提供。

附表 3　大连市主要畜禽粪便资源量及分布

市县	合计 粪便(万吨)	合计 尿液(万吨)	合计 污水(万吨)	生猪 存栏量(万头)	生猪 粪便量(万吨)	生猪 尿液(万方)	生猪 污水(万吨)	奶牛 饲养量(万头)	奶牛 粪便量(万吨)	奶牛 尿液(万吨)	奶牛 污水(万吨)
大连市	558.16	321.57	1186.19	133.28	97.29	145.94	486.47	1.457000	13.30	6.38	31.91
庄河市	158.60	90.60	369.06	54.81	40.01	60.02	200.06	0.036	0.33	0.16	0.79
瓦房店市	200.21	117.57	486.37	47.09	34.37	51.56	171.87	0.2924	2.67	1.28	6.40
普兰店区	134.53	82.06	173.37	11.24	8.20	12.30	41.02	0.00	0.00	0.00	0.00
旅顺口区	21.15	9.30	51.94	6.89	5.03	7.54	25.13	0.2395	2.19	1.05	5.25
金州新区	39.30	18.93	94.44	11.14	8.13	12.20	40.66	0.8891	8.11	3.89	19.47
花园口区	3.86	2.58	8.84	1.62	1.18	1.77	5.91	0.00	0.00	0.00	0.00
长海县	0.50	0.55	2.17	0.50	0.37	0.55	1.83	0.00	0.00	0.00	0.00

续表

市县	肉牛				蛋鸡			肉鸡			羊		
	饲养量（万头）	粪便量（万吨）	尿液（万吨）	污水（万吨）	存栏量（万只）	粪便量（万吨）	污水（万吨）	饲养量（万只）	粪便量（万吨）	污水（万吨）	饲养量（万只）	粪便量（万吨）	污水（万吨）
大连市	38.64	253.88	169.25	141.04	911.86	49.92	66.57	7092.45	42.55	70.92	106.65	101.21	389.28
庄河市	6.95	45.63	30.42	25.35	450.16	24.65	32.86	5700.00	34.20	57.00	14.52	13.78	53.00
瓦房店市	14.78	97.09	64.72	53.94	0.05	0.00	0.00	0.81	0.00	0.01	69.63	66.08	254.14
普兰店区	15.93	104.63	69.75	58.13	67.20	3.68	4.91	0.15	0.00	0.00	18.99	18.02	69.32
旅顺口区	0.16	1.07	0.72	0.60	161.09	8.82	11.76	486.92	2.92	4.87	1.19	1.13	4.34
金州新区	0.65	4.25	2.84	2.36	213.73	11.70	15.60	837.29	5.02	8.37	2.18	2.07	7.97
花园口区	0.18	1.20	0.80	0.67	18.43	1.01	1.35	67.28	0.40	0.67	0.07	0.06	0.24
长海县	0.00	0.00	0.00	0.00	1.20	0.07	0.09	0.00	0.00	0.00	0.07	0.07	0.26

注：粪污产量计算主要基于文献报道的单位畜禽粪污产率系数。粪便产率：生猪2千克/头/天，奶牛25千克/头/天，肉牛18千克/头/天，蛋鸡0.15千克/只/天，羊2.6千克/头/天。尿液产率：生猪3升/头/天，奶牛12升/头/天，肉牛10升/头/天，蛋鸡0.2升/只/天，羊10升/头/天。污水产率：生猪10升/头/天，奶牛60升/头/天，肉牛10升/头/天。粪便平均TS为20%。

附表4　大连市农村能源企业建设情况

市县	企业名称	企业性质	企业所在地	企业规模	主营范围	年产值/万元	规模	农村能源利用情况
庄河市	大连双兴现代农业发展有限公司	私营企业	青堆镇三和村	占地17亩，注册资金600万元	食用菌，颗粒燃料	200万元	1万吨	销往丹东等周边供暖企业
瓦房店	瓦房店市庆丰新能源科技有限公司	私营	瓦房店市红沿河镇大咀村	占地面积200亩，注册资金10万元	农作物秸秆，木屑，锯末	225	0.3万吨	因原料价格及销量不好等原因，只少量生产
瓦房店	瓦房店天润度假山庄	私营	瓦房店市谢屯镇花园村	占地面积7.5亩，注册资金20万元	果树种植，采摘，农作物秸秆，木屑	180	0.24万吨	主要用于生物质半气化炉安装用户
普兰店区	莲山街道高瓦房颗粒固化厂	个体	莲山街道高瓦房社区	占地10亩，资金30万元	颗粒燃料	70	7000吨	本区域农户使用

附表 5　大连市农村能源服务网点

序号	市县	网点建设情况		从业人数	主要业务	备注
		处数	地点			
	大连市	67				
1	庄河市	30	大营镇大营村、大营镇人家子村、荷花山镇道河村、吴炉镇吴炉村、栗子房镇永记村、桂云花镇万亿村、步云山镇太平村、长岭镇双胜村、青堆镇保宁村、青堆镇孔家村、青堆镇明沟村、太平岭镇太平岭村、仙人洞镇马道口村、塔岭镇宝巨村、塔岭镇花院村、吴炉山乡山海丰、徐岭镇吕屯村、青堆镇双利村、吴炉镇殿义村、长岭镇洪昌村、塔岭镇来宝沟村、大营镇四门孙村、光明山镇金线沟村、兰店乡磨石房村、步云山乡长巨村、桂云花乡岭东村、蓉花山镇东义村		沼气工程运维	
2	瓦房店市	12	得利寺镇小房村、松树镇莲屯村、许屯镇龙门汤村、永宁镇倪家村、老虎屯镇栾店村、太阳办事处潘大村、三台乡农民新村、永宁镇潘家沟村、复洲湾镇郭屯村、同店乡光明村		沼气工程运维	
3	普兰店区	16	皮口镇修河村、丰荣办事处马沟村、丰荣办事处杏花村、乐甲镇沙河村、沙包镇沙包村、沙包镇孙炉村、夹河乡姜隈村、丰荣办事处谷泡社区、铁西办事处花儿山村、城子坦镇流河村、大刘家镇大刘村、沙包镇轿沟村、乐甲乡乐甲村、瓦窝镇田屯村、四平镇费屯村		沼气工程运维	
4	旅顺口区					
5	金普新区	9	金普新区城西村、华家街道辛家村、金普新区杏树台子村、华家屯镇新石村、华家屯镇华家村、华家屯镇华家村、登沙河街道蔡家村、登沙河街道从家村、向应镇城东村		沼气工程运维	
6	甘井子区					
7	长海县					

第四篇

各省（区、市）沼气建设
"十三五"规划

山西省农业资源环保农村能源建设
"十三五"规划

为提高农产品产地环境质量，增加农村能源有效供给，促进全省农业生态环境逐步改善，根据《山西省"十三五"农业发展规划》，制定本规划。

一、发展基础与形势分析

（一）山西省农业资源环保农村能源发展现状

1. 基本农田及农产品产地环境例行监测制度初步建立。分年度对基本农田及农产品产地环境安全进行了普查和监测，在划分的污水灌溉区、工矿企业区、城市郊区、一般农区及重点农产品生产区五个区域中，逐步摸清监测区域农田环境现状。

2. 开展农业面源污染调查。2007～2009年我省承担了国务院第一次污染源普查农业源普查任务，普查对象9.7万个，通过普查基本摸清了农业污染源，即农药、化肥、地膜、畜禽养殖业污染物的排放数量和排放规律，以及对周围环境的影响，获得大量翔实数据和第一手资料。2014年我省按照农业部的安排，开展了种植业源农业投入物的清查工作，为下一步农业环保工作奠定了基础。

3. 农业野生资源管理取得突破。农业野生植物资源是我国遗传育种和生物技术研究的重要物质基础，"十二五"期间加强了保护力度。省厅成立了山西省农业野生植物保护领导小组及办公室，重点开展了野生大豆、野生荞麦、野生药材等物种资源分布、数量和生境状况调查，经专家确认忻州滹沱河流域紫花野生大豆群分布，取得了突破性成果。

4. 农业资源环保法律法规得到完善。法律、法规和规章是各项工作开展的依据，五年来逐步加强了法制建设，一是对1991年出台的《山西省农业环保条例》进行了修改和完善；二是报请省政府批准了农业野生植物行政审批四项行政许可项目；三是参与编制并以省政府名义出台了《山西省农作物有害生物及农业外来生物入侵灾害应急预案》，编制并以省农业厅名义发布了《山西省农业环境污染突发事件应急预案》；四是2013年3月1日起实施的《农业野生植物原生境保护点监测预警技术规范》和《农业野生植物异位保存技术教程》，逐步建立健全了各级农业资源环保管理体系，使各级农业资源环保应急工作有据可依。

5. 农村能源发展逐步走向科学、成熟。在中央和省投资带动下，全省农村能源建设逐步迈入规范化、科学化。适应农业和农村经济发展，大型沼气工程建设取得突破性进展，农村户用沼气步入了管理机制探索新阶段，全省逐步形成了大型沼气、节能吊炕、生物质炉、太阳能综合利用等多元化协同发展的新格局。

(二) "十三五" 农业资源环保农村能源建设面临的形势分析

1. 发展机遇

(1) 国家、省高度重视和政策法规不断完善，为农业资源环保农村能源发展提供了良好的宏观环境。2004 年以来，连续十一个中央一号文件都把农村能源建设作为加强农村基础设施建设和改善农村生产、农民生活条件的重要措施。"十二五" 期间，有关农业资源环保农村能源建设的法律法规逐步健全，《农业法》第八章专题阐述 "农业资源与农业环境保护"，《农产品质量安全法》强调保护农产品产地环境安全，保障农产品质量安全。《可再生能源法》和《节约能源法》，进一步强调鼓励和支持农村地区可再生能源开发利用，明确了各级政府开发利用沼气等生物质资源的职责和政策。国家《农业野生植物保护条例》、农业部《农业野生植物保护办法》（农业部令 2013 年第 5 号修订）使农业野生植物资源保护有了法律法规依据。农业部发布了《农产品产地环境安全管理办法》，明确了各级农业部门对农产品产地环境管理的职责，以及采取的保护措施。农业部还组织制定了多项农业野生植物保护行业标准，为农业野生植物保护奠定了良好的技术基础。党和政府的高度重视、相关政策和法律法规的不断完善，为农业资源环保农村能源建设提供了良好的宏观环境和有力的制度保障。

(2) 现代农业发展和社会主义新农村建设，为农业资源环保农村能源发展提供了强大的动力。我省已进入加快改造传统农业、走山西特色农业现代化道路，扎实推进社会主义新农村建设的重要时期。现代农业是今后我省乃至全国农业发展的基本思路，现代农业要求发展理念的转变，要求农业生产方式的转变，要求建立确保粮食安全的高产、优质、高效、生态、安全农业体系，农业环境安全是粮食安全的前提，是现代农业可持续发展的基本保障。全省各市的农业部门根据实际情况，选择适宜的建设模式，拓展建设内容，创新发展机制，积极发展养殖业和种植业有机结合、生态环境效益和经济效益相互兼顾的现代农业示范区，为农业资源环保农村能源建设提供了强大的动力。

(3) 科技创新能力与推广应用水平的提升，为农业资源环保农村能源发展提供了坚实的支撑。随着国内外高新技术在农业资源环保农村能源领域的应用，混合原料、农产品加工废弃物、农作物秸秆等沼气原料的拓展、原料处理、发酵工艺、沼气净化、高值利用、农业遥感等技术和设备研发将不断取得突破，进一步拓展了农业资源环保农村能源建设的功能和发展空间。各地根据自然环境条件和发展水平，因地制宜集成工艺技术，加快配套产品开发，大力推广以农业资源环保农村能源技术为纽带的循环农业发展模式，促进了与养殖业、种植业的有机结合，延长了产业链条，促进了农业资源环保农村能源事业的健康发展。

（4）资源节约型、环境友好型社会建设，对农业资源环保农村能源建设提出了更高要求。当前，我国面对日趋强化的资源环境约束，必须增强危机意识，树立绿色、低碳发展理念，以节能减排为重点，健全激励和约束机制，加快构建资源节约、环境友好的生产方式和消费模式，增强可持续发展能力。加强农业环境综合治理，改善环境质量，是资源节约型、环境友好型社会建设的基本要求。2014 年中央一号文件提出："促进生态友好型农业发展。加大农业面源污染防治力度，启动重金属污染耕地修复试点"。

2. 主要挑战

（1）农业物种的野生资源急需保护。农业野生植物资源是农业资源的一部分，是我国遗传育种和生物技术研究的重要物质基础之一，是国家可持续发展的战略资源。通过全省资源调查，发现并确认多处野生大豆及其他野生物种的生存区，对其原生境的保护和监测迫在眉睫。

（2）农业资源环境监测预警能力亟待加强。随着国民经济的高速增长，农业环境保护力度的加强，监测预警任务的快速增加，急需要提升与之相适应的监测应急能力，健全机构、充实人员、提高水平。

（3）全省农田土壤环境受到一定程度的污染。我省是国家能源重工业基地，工业企业排放的"三废"仍然是农业环境污染事故发生的主要污染源，特别是近年来工业企业有向农村转移的趋势，由于工业"三废"污染源造成的农业污染事故时有发生，农田受污染，农作物受害，产量下降甚至绝收，给农民和农业生产造成了一定的经济损失。同时农田土壤一旦遭受污染会很难修复，有些污染物会长期富集在土壤中，造成耕地质量下降。

（4）农业面源污染问题越来越受到社会的广泛关注。2010 年国务院污普办发布了全国第一次污染源普查公报，农业源的主要污染物占很大的比重，农业源是总氮、总磷排放的主要来源，排放量分别占排放总量的 57.2% 和 67.4%，化学需氧量排放量占化学需氧量排放总量的 43.7%。据统计资料显示，2012 年，全省农作物总播种面积3808.140 千公顷，农药施用量 29810 吨，农膜使用量 45864 吨（其中地膜 32330 吨），化肥施用量 118.28 万吨，亩均化肥施用量为 19.4 公斤，在全国排 25 位次，全省生猪年存栏 1079 万头，经估算年产生粪便约 712.8 万吨。随着农业生产的发展，农药、化肥、农膜使用量及畜禽粪便产生量有上升的趋势。

20 世纪 80 年代以来，地膜覆盖在山西得到了持续发展。2012 年以来全省主要农作物地膜覆盖面积约 500 万亩，地膜用量约 3 万吨。地膜使用作物品种主要有：玉米、马铃薯、谷子、豆类等作物，地膜使用范围主要集中在大同、忻州、朔州、太原、长治、晋中、运城等市。地膜难以降解，残留在土壤中会影响土壤物理性状，影响土壤的透气性，改变土壤结构，阻碍土壤水肥的运移。目前尚没有实施广泛有效的地膜回收措施和技术，地膜残留对土壤环境造成的污染将会日益显现。

（5）农村能源建设任务依然艰巨。大中小型沼气建设明显滞后于规模化养殖业发展，据不完全统计，全省较大规模的养殖企业及农产品加工企业近3500家，大中小型沼气工程目前只有286处。规模化畜禽养殖场沼气工程建设比例仅有8.2%。

（6）农村能源发展方式亟待转变。随着农村能源事业的发展，传统的就能源抓沼气的工作思路已完全不能适应新形势的要求，迫切需要转变发展方式，结合全省农业示范区、标准化果园、设施农业、"513"工程以及规模化健康养殖等工程建设，将农村能源建设融入到大农业发展当中去。在发展思路上，由单纯沼气建设向综合利用促进循环农业发展转变；在投资方式上，由全省兼顾向集中资金打造精品转变；在建设模式上，由以户用沼气为主向建设工程集中供气和多能互补转变。

二、指导思想、原则与目标

（一）指导思想

以邓小平理论、"三个代表"重要思想和科学发展观为指导，深入贯彻习近平总书记系列重要讲话精神，主动适应经济发展新常态，以服务三农大局、结合农业产业、创新建设机制为目的，以提高农产品产地环境质量，保障农村能源有效供给为切入点，坚持保护与治理并举、建设与管理并重，积极发展循环农业，不断改善农业生态环境，促进农业更强、农民更富、农村更美。

（二）基本原则

坚持政府引导、市场主体的原则。充分发挥政府综合协调作用和市场在资源配置中的决定性作用，调动社会各界力量参与农业资源环保和农村能源建设。

坚持集中投入、突出示范的原则。加大重点区域特别是示范区的资金投入力度，提高补助标准，改造提升已有项目，高标准建设新项目，同时完善预警监测服务体系建设，进一步提高项目建设质量和效益，发挥示范区的引导辐射带动作用。

坚持扶贫优先、资金倾斜的原则。我省实施的大型沼气高值利用工程、农村冬季清洁节能取暖工程等农村能源重大生态工程，在项目和资金安排上进一步向贫困地区倾斜，大力开发贫困区农村区域的农业废弃物能源化利用，变废为宝，逐步改善贫困区农村生态环境。

坚持围绕主导产业、注重综合效益的原则。要与省农产品加工"513"工程、规模化养殖场、标准化养殖小区、标准化示范果园、设施蔬菜基地等产业相结合，积极发展循环农业，确保工程建设生态、经济、社会效益的充分发挥。

坚持标准化建设、注重创新的原则。工程建设要严格执行国家和行业标准。积极引进消化吸收新工艺新技术、试点示范新材料新装备，特别是在探索运行模式、管理机制上解放思想，大胆创新。

（三）建设目标

到"十三五"末期，全省新增沼气生产量2000万立方米，以大型、特大型沼气高值利用工程为纽带的循环农业经济得到普遍认同，示范效应逐步显现。建立起农产品产地环境监测预警制度，每两年对5760万亩农产品产地土壤进行一次例行监测；开展农产品产地土壤重金属污染修复示范12处，共修复重金属污染土壤30000亩，建立农膜回收制度，地膜回收面积400万亩以上，达到总使用面积的80%以上。农业野生物种资源和原生境得到充分保护，外来有害生物入侵得到有效防控。项目区农户冬季取暖问题得到有效解决。完善农村沼气建管机制，基本实现养殖—沼气建设同步发展，推广秸秆气化、生物质炉、太阳能利用、节能吊炕等节能惠民实用技术，提高生物质能利用水平。

三、重点建设工程

（一）农产品产地环境例行监测及信息化建设

1. 建设内容

建立例行监测制度，每三年对农产品产地环境进行一次例行监测，每年分区域开展工矿企业周边农区、城市郊区、污水灌溉区三类重点区域、重点农产品生产区及一般农区例行监测工作，到2020年建立土壤、灌溉水及农产品国控及省控定位监测点8000个。开展全省农业环境监测信息化建设，建立监测信息化平台及数据库，建设省级土壤样品库，对农产品产地环境质量及农产品质量进行调查和评价。

2. 区域布局

在农产品产地土壤重金属污染普查的基础上，划分重点农产品生产区、污水灌区、工矿企业区、城市郊区、一般农区进行调查和监测。

（二）农产品产地土壤重金属污染修复示范工程

1. 建设内容及规模

按照全省划定的省级以上重金属污染防治重点区域，结合历年来的监测结果，开展产地土壤重金属污染修复试点工程。到2020年，建立产地土壤重金属污染修复试点区10处，每年建设2处，每处试点区划定修复区域1000亩，全省共修复重金属污染土壤10000亩。重金属污染修复工程主要采取物理修复、生物修复等技术、改变农艺措施、改变耕作制度等措施，改善土壤环境质量。

2. 区域布局

根据农产品产地土壤重金属污染普查结果，选取重金属污染较严重的地区开展污染修复试点。

（三）全生物可降解地膜对比试验示范工程

1. 建设内容及规模

对可降解地膜产品的强度、拉伸度等农田适用性指标及有毒有害物质残留对土壤环境的影响进行检测，开展可降解地膜产品示范评估、技术规程制定和推广机制模式探索实践，对可降解地膜补贴机制、政策支持的关键节点进行探索研究。到2020年，建立全生物可降解地膜对比试验区4处，每年开展对比试验，每处试验区域20~50亩，累计试验区域100亩。每年开展可降解地膜对比试验及生产技术模式应用。

2. 区域布局

根据我省地膜推广的情况，选择忻州、朔州、晋中、太原、运城、长治等地膜使用面积较大的市开展试验示范。

（四）农业面源污染定点监测

1. 建设内容及规模

建立粮食、蔬菜、果树种植模式的农业面源污染国控监测点，建立农田地膜国控及省控监测点，长期开展整个作物生长期间的氮、磷等物质流失情况及地膜残留情况的定点监测，探索达到肥料元素最小排放量的最优施肥方案并积极推广应用，减轻化肥带来的农业面源污染。到2020年，建设农业面源污染国控监测点5处，建立农田地膜监测点10处。

2. 区域布局

在晋中市、太原市、吕梁市、临汾市、忻州市等不同气候特点、地理条件及种植类型地区开展监测。

（五）地膜回收和综合利用项目

1. 建设内容及规模

在我省重点地区开展农田残膜回收和资源化利用，解决地膜残留污染问题。一是强化源头防控，结合旱作农业技术推广，支持农民使用标准厚度的地膜，改进种植技术，减少地膜残损度；二是政府扶持引导，建立乡、村回收网点，采取以旧换新，政府补贴等模式，鼓励农民、农民合作社等企业和个人开展地膜回收和储运；三是鼓励企业运作，采取设备补贴，实物补贴等方式，鼓励企业从事废旧农膜回收及加工，进一步完善废旧农膜回收利用的市场化机制。到2020年建立重点县30个，建设乡、村回收网点500个，扶持废旧农膜回收加工企业20个。

2. 建设布局

忻州市、朔州市、晋中市、太原市、运城市等重点地区开展农田残膜回收和资源化利用。

（六）农业野生植物资源调查和原生境保护工程

1. 建设内容及规模

开展农业野生大豆、野生猕猴桃、野生黄芪、野生五味子、甘草等国家和省级重点保护农业野生植物资源及其原生境调查，对调查确认的物种建设原生境保护区，每年建设 1 处，5 年内建设 5 处保护区。

保护区内建立物种隔离区和缓冲区，对野生植物原生境实施动态变化监测和预报。每个保护区建设了瞭望塔 2 座，种子室、工作间等 200 平方米，隔离区建设围栏 10000 米，人行道路 4500 米；缓冲区设置界碑 10 块，保护区标志牌 2 个。购置仪器设备 28 台（套），高倍望远镜 2 台，办公设备 1 套，巡查车 1 辆，建设计算机网络系统 1 套。

2. 区域布局

结合国家重点保护农业野生植物资源调查结果，建立天然的资源宝库，在浑源县、交口县、平陆县、陵川县、和顺县、浮山县、壶关县、平顺县、沁县等发现农业野生植物资源、当地政府和主管部门有积极性的县择优建设野生植物原生境保护区。

对已建成的"原平市滹沱河流域野生大豆原生境保护区"进行管护及动态监测。

（七）农业外来生物入侵预警及防治工程

1. 建设内容及规模

根据省政府《山西省农作物有害生物及农业外来生物入侵灾害应急预案》，建立省、市、县三级农业外来生物入侵应急预警监测站，建立应急储备库。全省每年开展农业外来入侵生物的调查和集中灭除行动，如刺萼龙葵、节节麦、少花蒺藜草、毒麦等危险性外来生物入侵调查与定位监测，采用 GPS 定位，划定分布区域，摸清我省的分布底数。重点对大同、忻州、阳泉、晋中四个市进行防控。在敏感临界区域设立阻截隔离监测点，定期监测其种群发生趋势、面积、传播扩散途径、危害影响方式、经济损失程度、生态环境影响开展监测评估。对重大危险性农业外来入侵生物开展集中灭除。建设综合防治区域，在重点区域沿公路、河流等易传播区域建立阻截带。开展外来入侵生物防治宣传与技术培训。

2. 区域布局

全省建立 1 个省级、11 个市级、20 个重点县级农业外来生物入侵应急预警监测站，每年开展外来入侵生物例行调查和监测。

（八）大型、特大型沼气高值利用示范工程

1. 建设内容及规模

大型沼气高值利用工程发酵池单体容积在 500~1000 立方米，特大型沼气高值利用工程发酵池单体容积在 5000 立方米以上，常采用中温或高温发酵工艺。适宜具有稳定畜禽粪便、秸秆、餐厨垃圾等原料来源的规模化养殖场、养殖专业合作社或沼气运营公司建设。对生产的沼气进行高值利用，主要用途为：村镇集中供气供热，提纯后接入市政燃气管网，提纯后供应（沼气）加气站，并网发电及热电联产。

工程主要包括：发酵原料完整的预处理系统；进出料系统；增温保温、搅拌系统；沼气净化、储存、输配和利用系统；计量设备；安全保护系统；监控系统；沼渣沼液综合利用或后处理系统。

"十三五"期间，示范建设特大型沼气高值利用工程 2 个、大型沼气高值利用工程 30 个（其中在贫困区试点示范建设 8 个）。

2. 建设布局

根据各地养殖业发展情况、气候条件、地区社会经济水平、城镇化程度及本地沼气工程建设规划，"十三五"期间，初步考虑重点围绕我省种养殖优势区域推广大型沼气高值利用工程，试点示范建设两个特大型沼气高值利用工程。

（九）农村冬季清洁节能取暖工程

"十一五"期末我省粮食作物面积 4500 万亩以上，果树种植面积 400 万亩以上，每年大量的树枝、秸秆资源有待利用，同时，我省广大农村地区群众冬季取暖问题没有很好解决，耗能高、污染重、温度低是全省农村地区取暖面临的普遍性问题。该工程主要为农户解决冬季采暖难的问题，内容包括：高效低排放户用生物质炉、高效预制组装架空炕，该工程将在全省适宜地区进行推广，预计每年分别推广 1 万户与 2 万户。

1. 高效低排放户用生物质炉

（1）建设内容及规模。高效低排放户用生物质炉，主要以玉米心与果树枝作为主要燃料并配套采暖设备，达到解决冬季采暖做饭问题，以村为单位每户配置高效低排放户用生物质炊暖两用炉具一台，暖气 4 组，每 20 户配置树枝切碎机一台。"十三五"期间全省拟发展 5 万户。

（2）建设布局。重点在我省果业发展较好、农作物秸秆资源较丰富的运城市、临汾市、晋中市、晋城市、长治市、忻州市等条件适宜地区进行推广。

2. 高效预制组装架空炕

（1）建设内容及规模。高效预制组装架空炕综合热效率提高显著，炕温能做到按季节所需调解，温度适宜，该项目与高效低排放户用生物质炉共同作为沼气配套工程解决农户冬季采暖问题，主要改建高效预制组装架空炕一铺。"十三五"期间拟在全省范围内发展 10 万户。

（2）建设布局。重点在大同市、朔州市、忻州市、太原市、阳泉市、晋中市、临汾市、运城市、长治市 9 个市有睡炕习惯的地区进行推广。

（十）农村地区小型光伏发电示范工程

1. 建设内容及规模

太阳能光伏发电是一种最具可持续发展理想特征的可再生资源发电技术，可以有效缓解能源危机。小型光伏发电主要包括光伏转换组件、控制器、逆变器、配电箱以及储电设备等配件的合理选型，最终形成整个发电系统。

"十三五"期间拟在全省发展 20 处。

2. 建设布局

在全省养殖小区、规模化养殖场、农业现代园区等以及太阳能资源较丰富的农村边远无电区域，解决这些区域照明和用电问题。

四、投资估算与资金筹措

"十三五"农业资源环保农村能源建设重点工程分项投资估算和测算依据如下：

（一）补助标准

1. 农产品产地环境例行监测及信息化建设

省级每次监测投资 500 万元，总投资 1000 万元。

2. 农产品产地土壤重金属污染修复示范工程

每个试点区投资 100 万元，总投资 1000 万元。

3. 全生物可降解地膜对比试验示范工程

每个试点区每年投资 25 万元，总投资 500 万元。

4. 农业面源污染定点监测

每处农业面源污染国控监测点每年投资 10 万元，每处农田地膜监测点每年投资 5 万元，总投资 500 万元。

5. 地膜回收和综合利用项目

每个重点县投资 200 万元，总投资 6000 万元。

6. 农业野生植物资源调查和原生境保护工程

每个保护区（点）平均投资 260 万元，总投资 1300 万元。

7. 农业外来生物入侵预警及防治工程

省级每年投资 100 万元，11 个市每年每市投资 10 万元，20 个县每年每县投资 5 万元，总投资 1550 万元。

8. 大型、特大型沼气高值利用示范工程

本规划按照每个特大型沼气高值利用工程平均投资 8000 万元，大型沼气高值利用工程平均投资 1000 万元。

9. 农村冬季清洁节能取暖工程

（1）高效低排放生物质炉。每户配置高效低排放户用生物质炉 1 台、暖气片 4 组、每 20 户配备树枝切碎机 1 台，根据实际测算，每户总投资 5500 元。中央和省级补助投资 3000 元，市县配套 600 元。

（2）高效预制组装架空炕。根据实际调研，每户高效预制组装架空炕需投资 1019

元，本规划按每户 1000 元测算，中央和省级补助投资 600 元，市县配套 200 元。

10. 农村地区小型光伏发电示范工程

每处投资 50 万元，中央和省级补助投资 30 万元，市县配套 15 万元，企业或农户自筹 5 万元。总投资 1000 万元。

（二）投资估算及筹措

规划 2016~2020 年，全省农业资源环保农村能源建设总投资 9.153 亿元，其中中央和省投资 5.528 亿元，市县配套 2.005 亿元，农民或企业自筹 1.62 亿元。

五、保障措施

（一）加强领导，注重宣传培训

成立由农业、财政、发改、环保、审计等相关部门组成的领导组织，逐步建立农业资源环保农村能源建设工作联席会议制度，明确各部门职责，强化组织领导。同时充分利用广播、电视、报纸、网络等宣传媒体，开展多形式、多层次、多途径的宣传、教育，提高各级领导和广大农民群众对农业资源环保、农村能源建设重要性的认识，使农业资源环保、农村能源技术家喻户晓、深入人心。大力开展技术培训，培养技能人才，提高全社会的农业环保意识，提高工程建设水平、管理水平，促进劳动力就地转移。

（二）加大投入，创新投资机制

在争取国家投入的基础上，每年省级预算内拿出一定的专项资金安排农业资源环保农村能源建设、预警监测服务体系建设、技术创新和攻关以及项目管理。各市、县（区）也要按照国家和省规定的配套比例和要求，足额落实配套建设资金和不低于项目投资 5% 的管理工作经费。整合农村环境整治、生态建设、退耕还林、扶贫开发等农业项目资源，按照管理渠道、工作任务、资金用途"三不变"的原则，形成多渠道、多形式投入机制。建立农业资源环保农村能源发展基金，在有条件的地区积极试点大中小型沼气工程终端补助和以奖代补办法，调动广大农户和大型养殖场、养殖小区、农产品加工企业建设和使用沼气的积极性。明确污染事故处理的经费来源，加强监测预警能力建设，提升应对农业污染事件的快速反应能力。

（三）完善政策，引导健康发展

制定资金投入、信贷、用地、物资供应等方面的优惠政策，完善环境影响评价、可再生能源补贴、发电上网及电价补贴等相关配套政策，执行更加严格的规模化养殖企业、养殖小区以及农产品加工企业的排污标准，积极引导、充分调动和鼓励社会各界参与农业资源环保农村能源建设。

（四）依靠科技，提高建管水平

依靠科技进步，鼓励技术创新，加快关键和瓶颈技术研究。加强稳产高产发酵工艺、多能互补增温保温、沼液沼气高效利用等攻关与研发，重点解决沼气高值利用成本偏高的问题等。积极引进省内外、国内外先进技术，不断提高我省农业资源环保农村能源技术水下、建设管理水平和持续运营水平。

（五）依法监管，确保安全生产

严格执行和进一步完善《山西省农业环境保护条例》。各相关部门要强化对工程项目建设、资金使用、安全运行等方面的监督管理。严格执行项目法人负责制、合同管理制、项目监理制、项目招投标制项目安全责任制等制度。各级农业部门要根据省政府的要求，按照国家和省级《农业环境污染突发事件应急预案》，积极建立应急处置机制，加强部门间合作，提高农业环境污染突发事件处理效率。

安徽省"十三五"农村沼气及农作物
秸秆能源化利用规划

为贯彻落实《全国农业现代化规划（2016～2020 年)》《可再生能源中长期发展规划（2007～2020 年)》《全国农村沼气发展"十三五"规划》和《安徽省农业现代化推进规划（2016～2020 年)》，加快推进农村能源建设，特编制本规划。

一、形势与需求

"十二五"期间，在党和国家一系列惠农政策的大力支持下，各级各部门不断加大投入，我省农村沼气及农作物秸秆能源化利用工作稳步健康发展，经济效益、社会效益和生态效益等日益显现，在改善农村生产生活条件，促进农业发展方式转变，推进农作物秸秆综合利用及保护生态环境等方面，发挥了重要作用。

（一）"十二五"工作成效

1. 农村户用沼气建设稳步发展

"十二五"期间，我省争取中央补助资金 3.62 亿元，省财政配套资金 1.1 亿元，建设农村户用沼气 20.85 万户。截至 2015 年底，全省累计户用沼气池保有量已达 89.1 万户，年产沼气 3.1 亿立方米，可年替代化石能源约 21.6 万吨标准煤，年减排二氧化碳约 56.2 万吨。农村户用沼气建设带动了农村改厨、改厕、改圈、改水、改院，促进了猪—沼—粮（菜、果、茶、鱼）生态循环农业的发展。

2. 沼气配套服务体系基本形成

"十二五"期间，我省争取中央补助资金 8635 万元，省财政配套投资 774 万元，建设农村沼气乡村服务网点 2129 个，具备了开展后续服务的基本功能，并确立了社会公益型、个人领办型、公司经营型三大类运行管理模式，农村沼气服务体系基本形成。

3. 大中型沼气工程向产业化发展

"十二五"期间，我省争取中央补助资金 16894 万元，省级配套资金 1545 万元建设大中型沼气工程 121 处；争取中央补助资金 4913 万元，省级配套资金 773.6 万元建设养殖小区及联户沼气池项目工程 892 处。同时开展了沼气和有机肥生产利用，因地制宜推广沼气工程"三个一"建设模式，在种养循环方面积累了许多成功经验和做法，实现由"以气为主"向"气肥并举、综合利用、提高效益"的产业化发展转变。

4. 秸秆能源化利用步伐加快

2015 年全省秸秆综合利用总量 3943.84 万吨，综合利用率为 81.45%，达到全国平均水平。其中成型燃料和秸秆制气利用秸秆 95.1 万吨，占秸秆利用总量的 2%，并形成了广德秸秆固化产业集群。

（二）面临困难

1. 发展方式亟待转型升级

近年来，随着种养业的规模化发展、城乡一体化进程的加快，特别是农业生产方式、农村居住方式的新转变和农村生活用能的日益多元化和便捷化，原有农村沼气及农作物秸秆能源化利用支持政策和管理模式难以适应新变化，综合效益难以体现。发酵原料短缺和劳动力缺乏导致农村户用沼气使用率呈现下降趋势，农民需求意愿越来越小，废弃现象日益突出。中小型沼气工程整体运行不佳，多数亏损，长期可持续运营能力较低，存在许多闲置现象。此外，现有的沼气工程还面临着原料保障难和储运成本过高、大量沼液难以消纳、工程科技含量不高、沼气工程终端产品商品化开发不足等瓶颈问题，一些工程甚至存在沼气排空和沼液二次污染等严重问题。因此，农村沼气亟待向规模发展、综合利用、效益拉动、科技支撑的方向转型升级。

2. 长效发展机制亟须建立

长期以来，国家对农村沼气及农作物秸秆能源化利用的支持主要体现在前端的投资补助，方式单一，且存在较大的资金缺口。农村沼气缺少管护资金，农作物秸秆能源化利用持续发展支持政策的系统性不够，缺乏终端产品补贴和缺少沼肥综合利用奖补和流通优惠等扶持政策。省级自 2014 年农村沼气项目退出民生工程后，不再安排配套资金，导致中央项目户用沼气池、养殖小区和联户沼气池无法建设，同时从 2015 年开始，中央资金停止支持户用沼气建设，之前新建的大量户用沼气后续维护管理经费难以落实。加之缺乏行之有效的激励机制和运行机制，严重影响效益的发挥，急需健全政策支持体系，加大政府扶持力度，构建长效发展机制，鼓励社会资本参与建设运营，推进产业可持续发展。

3. 市场服务体系亟待健全

面对农村能源建设新形势和农村劳动力的结构调整，尽管沼气服务体系已基本实现了全覆盖，但未建立适应新形势的长效服务机制和运营模式市场化的服务体系，急需形成稳定、专业、多元的市场化服务体系。

4. 秸秆收储瓶颈亟待解决

目前我省还没有完备的秸秆收储体系，秸秆收储处在零打碎敲状态，政府对秸秆收储的支持政策、支持力度弱，配套资金较少。由于受各地区种植模式的影响，机械化收集面临一定困难，同时秸秆专业收储经济效益较差，农民和企业积极性低。秸秆收储难以成为制约秸秆能源化利用的瓶颈。

5. 监管能力亟须科技支撑

农村沼气管理体系仍存在注重项目投资建设、忽视行业监管的问题；一些地方在政府与市场之间、政府部门之间还存在边界不清、职能交叉、缺乏统筹等问题，急需建立适应新形势下的科技支撑体系和信息化监管与远程技术支持网络。

（三）发展优势

我省是"一带一路"的重要节点、长江经济带的重要组成部分，区位优越，是国家粮食和畜禽主产区，农村沼气及农作物秸秆能源化利用资源丰富，需求强劲，发展条件优越。

1. 资源丰富

我省地处亚热带与暖温带过渡性地区，是最适宜沼气发展的地区之一。我省是农业大省，是国家粮油棉及畜产品主产区之一，农业资源丰富，特别是秸秆资源，常年主要农作物秸秆可收集量约4800万吨，为农村沼气和秸秆能源化利用提供了充足的原料供应。因此，自"十五"以来，安徽省一直是国家沼气及农作物秸秆利用发展计划中的重点投资地区。

2. 政策持续支持

虽然从2015年开始中央资金不再安排户用沼气、养殖小区和联户沼气建设，但针对规模化养殖企业和以秸秆为原料的沼气工程建设投入呈逐年加大的趋势，并启动了生物天然气（特大型沼气）试点；近年来，中央和省、市、县各级对秸秆综合利用的政策扶持力度和资金投入不断加大，我省农村能源建设正处于新一轮的发展期；随着推进农业供给侧结构改革，加快调结构、转方式，促进产业转型升级，实现生态农业现代化，为我省农村能源的发展提供了良好的环境和机遇。

3. 技术力量较完备

安徽省省属和中央在皖科研院所和大专院校设有从事农村能源研发的专业机构，有长期从事农村沼气工程技术与装备研发团队，积累了丰富的技术成果和工程经验。经过多年的探索实践，目前在沼气开发利用和秸秆能源化利用上已形成较为成熟的应用技术体系。我省各级农村能源技术推广和管理机构，具有丰富的项目实施、组织和管理经验，全省持证沼气生产工10275人、太阳能利用工326人。完备的技术力量，为农村能源及农作物秸秆利用行业发展创造了有利条件。

4. 公众参与积极性高

经过十多年的发展，农村能源在我省农村经济发展、农业生产和农民生活中的作用越来越明显，影响越来越大，加之各级政府对生态农业的重视和农村面源污染治理的新要求，企业和个人参与农村沼气及农作物秸秆能源化利用的积极性越来越高。

（四）发展机遇

随着农村社会经济的高速发展和新型城镇化建设的快速推进，农村沼气及农作物秸秆能源化利用将逐步转型升级形成战略性新兴产业。

1. 农村社会经济发展为产业发展提出了新需求

随着我省新型城镇化不断深入推进，农民生活生产水平不断提高，对优质清洁能源的需求显著增加，对农村生态环境提出了更高的要求。据研究表明，城镇化率每提高1个百分点，能源消费至少会增长6000万吨以上标准煤。由于目前城镇化主要采用就地城镇化的方式，民用燃气管网铺设投资和输送成本过高导致现有的燃气供应体系难以覆盖新型城镇化区域。通过大力发展农村大中型秸秆沼气工程，生产供应清洁能源，解决新形势下农民的用能需求。

2. 生态农业产业化对产业发展提出了新任务

随着我国农业集约化程度提高和种养业的快速发展，畜禽粪便和秸秆问题越来越突出，对大气、土壤和水体等生产生活环境造成破坏，导致农业面源污染日趋严重。农业部提出力争到2020年农业面源污染加剧的趋势得到有效遏制，实现"一控两减三基本"的目标任务。农村沼气将种植业与养殖业连为一体，把农村的有机废弃物转化为燃料、饲料、肥料，有效地降低了农业生产成本，提高了农产品的质量和市场竞争力，推动了生态农业产业结构的调整与升级。

3. 农业供给侧改革对产业发展提出了新要求

"提质增效转方式、稳粮增收可持续"，为市场提供更多优质农产品，是农业供给侧结构性改革的重要内容。施用沼肥可以替代或部分替代化肥。通过大力发展农村沼气及农作物秸秆能源化利用，提升土地质量，促进生态农业产业的转型升级，有效降低农业生产成本，提高农产品的质量和市场竞争力，推动优质绿色农产品生产，保障食品安全。

4. 国家能源战略为产业发展提供了新契机

我国能源生产供应结构不合理、总体缺口较大等问题突出。习近平总书记关于能源生产和消费革命的重要论述指出，要立足国内多元供应保安全，形成煤、油、气、核、新能源、可再生能源多轮驱动的能源供应体系。我国在G20峰会和巴黎峰会做出承诺，2030年非化石能源占一次能源消费比重提高到20%左右。据统计，我省每年可用于农村沼气及农作物秸秆能源化利用的畜禽粪便和秸秆总量约4724万吨，可产沼气70亿立方米。因此，发展农村沼气及农作物秸秆能源化利用，可降低煤炭消费比重、补充天然气缺口，进一步优化我省农村能源供应结构。

5. 发展以农作物秸秆资源利用为基础的现代环保产业为行业发展提出了新方向

农作物秸秆制沼气是较成熟的先进技术，也是最适宜在我省大多数区域推广的高值利用技术。"十三五"期间，大力发展以农作物秸秆为资源的现代环保产业为行业发展提出了新方向。通过秸秆沼气建设，实现秸秆生态循环利用的同时，提供绿色清洁能源，全面改善农村居住生活环境和村容村貌，减少秸秆就地焚烧产生的大气污染和随意丢弃产生的水体污染，有效改善农村生态环境。

二、指导思想、基本原则和建设目标

（一）指导思想

以"创新、协调、绿色、开放、共享"五大发展理念为指导，以新农村、新能源、新产业发展为契机，坚持生态环境保护、循环农业发展和清洁能源供给的新定位，适应农业生产方式、农村居住方式、农民用能方式的新变化，面向清洁能源供给、农村环境改善和循环农业发展的新需求，加快推进农村沼气转型升级。

大力发展大中型沼气工程，积极推进秸秆能源化利用，户用沼气提质增效，健全沼气服务监管体系和运行机制，逐步建立农村沼气及农作物秸秆利用终端产品补贴和生态补偿制度，促进农村沼气和秸秆能源化利用产业持续健康发展，有效支撑新农村建设和循环农业发展，开创农村能源事业新局面，为建设生态文明、转变农业发展方式、优化能源结构、改善农村人居环境作出更大的贡献。

（二）基本原则

1. 突出重点、循环发展

把农村沼气及秸秆能源化利用纳入"十三五"地方政府的重点工作、重大规划、重大项目之中，建立长效机制。发展农村清洁能源与改善农村生态环境相结合，通过沼气和秸秆能源化利用等农村能源项目建设，引导、激励和推进农村生产生活有机废弃物的循环利用，积极探索和推广多种形式的循环利用农业模式，实现农业生产方式和农村生活方式的根本转变。

2. 转型升级、持续发展

依据资源状况和环境承载力情况，统筹考虑沼气、沼肥产品使用，建设适应市场需求的农村清洁能源体系。与国家的投资方向同步，重点建设大中型沼气工程，试点特大型秸秆沼气工程，促进农村沼气转型升级；完善沼气服务体系，试点"管用分离"，市场化发展，提高使用率；开展"三沼"（沼气、沼渣、沼液）综合利用，充分发挥沼气的能源、生态、环保和社会效益，促进农村沼气可持续发展。

3. 市场运作、协调发展

充分考虑农村沼气的准公共产品特性，发挥政府的引导作用，利用市场资源配置的作用，鼓励社会力量积极参与，建立以市场为导向，企业为主体，农民积极参与的长效机制探索完善终端产品补贴、沼气收购政策，逐步破除行业垄断和体制机制障碍。综合考虑资金、人才、技术、政策法规和市场的促进作用，确保农村沼气协调发展。

4. 科技支撑，创新发展

加强科技自主创新能力建设，建设产学研推用一体化技术创新与推广体系，整合资源，着力解决我省农村沼气和秸秆能源化利用领域共性和关键性技术难题和发展机制，提高技术、装备和工艺水平。构建技术支撑体系，建设全省沼气信息化平台，强化培训指导，加快先进、成熟技术的推广普及，推动创新发展。

（三）建设目标

到 2020 年，转型升级基本完成，产业体系基本完善，多元协调发展的格局基本形成。农村沼气及农作物秸秆能源化利用在处理农业废弃物、改善农村环境、供给清洁能源、助推新农村建设和循环农业发展等方面的作用更加突出。

1. 户用沼气功能得到巩固和提高

农村 10 万口户用沼气提质增效，巩固户用沼气建设成果，全面提升户用沼气利用水平，生态效益显著增强，使用率提高 25%。

2. 大中型沼气工程技术水平显著提高

实施 50 处规模化畜禽养殖场大中型沼气工程技术改造试点，转型升级。实施后的沼气工程供气保障率提升至 90% 以上，沼气使用率提高 25%。新建规模化畜禽养殖场混合原料大中型沼气工程 100 处，工程常年稳定运行。

3. 农作物秸秆能源化利用发展速度加快

新建秸秆沼气试点工程、秸秆综合利用试点工程 10 处以上，试点建设规模化生物天然气（特大型沼气）工程 5 处以上，新建秸秆固化成型燃料点 200 处。到 2020 年底，全省秸秆综合利用率达 90% 以上，秸秆能源化利用率（主要包括秸秆固化成型燃料和秸秆沼气）达到 10% 左右。

4. 技术服务和监管能力全面提升

结合云计算、大数据和物联网等新一代技术，完善省和市、县级服务站 30 处，乡镇服务中心网点 500 个，使服务覆盖率达到 100%。

5. "三沼"产品增值能力大幅增强

完善"三沼"综合利用技术体系，拓宽"三沼"的多元化利用渠道，按照"肥气并用、以肥为先、种养循环"的发展思路，以"三沼"利用为纽带，实现种养平衡，推进生态循环农业建设。

6. 试点沼气补贴，促进产业可持续发展

出台秸秆收储运优惠扶持政策，试点沼气产品补贴政策；推进沼气发电无障碍并入电网并享受相关补贴，促进产业可持续发展。

三、主要任务

（一）稳步发展特大型和大中型沼气工程

通过推广混合原料发酵工艺和工程装备智能化提升工程效益，完善沼气原料收储系统，推进生物燃气的多渠道利用，提高"三沼"综合利用水平，发展以沼气为纽带的生态农业，推动特大型和大中型沼气工程稳步可持续发展。

（二）积极推进秸秆能源化利用

通过各种秸秆利用新工艺、新技术的试点示范，探索秸秆能源化利用新模式，构建秸秆生态能源化、产品多元化的产业链体系，培育秸秆能源化利用战略新兴产业。

（三）巩固提升农村沼气建设成果

"十三五"期间，规模化畜禽养殖场已建大中型沼气工程转型升级，提高使用率和工程效益；户用沼气提质增效，工作重点是提升已建沼气池的"三沼"综合利用水平、供气保障能力和能源替代效果，促进生态循环农业产业发展。针对我省户用沼气分布较为集中区域，创新农村沼气后续管护，完善沼气配套设施，确保农村沼气在生产和生活中发挥重要作用。

（四）完善健全技术服务和监管体系

建设省、市、县和乡村农村沼气物联网服务体系，建立可测量、识别、核查、追溯的信息化监管和技术支持服务平台，增强沼气安全生产监管和技术支持服务能力，提升农村沼气效益。在农村沼气管理与服务基层单位培养建设一批具有服务意识强、主动适应农村沼气转型升级发展需要的日常管理与服务人才队伍；依托科研院所和大专院校的技术力量，积极开展行业从业人员技能培训，提高沼气人才队伍的专业能力和职业素养。创新政府购买公益服务、市场主体提供服务运营机制，重点培育新型社会化服务主体和中介服务组织。

四、重点工程

（一）规模化畜禽养殖场大中型沼气工程

建设要求：在规模化养殖企业安排建设混合发酵原料的大中型沼气工程，解决养殖污染问题，提供清洁能源。要求项目承建单位应具有较强的自筹资金能力和运营管理能力。已建大中型沼气工程转型升级，供气保障率提升至90%以上，使用率提高25%。

建设内容：主要包括：厌氧消化系统、原料（粪便和秸秆）预处理系统、沼气供气系统和沼肥利用设施、智能监控系统。

建设规模：新建大中型沼气工程150处，每处厌氧装置容积800立方米以上。50处大中型沼气工程技术改造，转型升级，供气保障率提升至90%以上。

重点布局在规模化养殖企业、养殖企业集中区域和环保重点监控地区。新建项目资金按国家标准申请中央财政补助资金，不足部分由企业自筹。财政资金采取以奖代补方法直补。

（二）大型秸秆沼气示范工程

建设要求：大型秸秆沼气工程以农作物秸秆为主要原料，采用厌氧发酵技术制取沼气，可直接用于居民的生产、生活用能。

建设内容：采用中高温高浓度发酵工艺技术路线（池容产气率不小于1.0），建设规模化秸秆厌氧发酵工程，配套管网，向农户四季均衡供气，同时落实沼渣综合利用。

建设规模：全省建设大型秸秆沼气试点工程10处，每处建设3000立方米左右的大型秸秆沼气工程。

重点布局在粮食主产区，选择基础较好、积极性高的省市级美丽乡村建设示范点，农户居住相对集中的村，采取商业化运行模式，实现秸秆综合利用效益最大化。项目资金按国家标准申请中央财政补助资金，不足部分由企业自筹。财政资金采取以奖代补方法直补。

（三）规模化生物天然气（特大型沼气）试点工程

建设要求：工程以农作物秸秆、畜禽粪便和其他多种农业有机废弃物为原料，采用厌氧发酵技术制取沼气，可直接提纯用于商品能源供应和分布式集中供气，用于农户生活，沼渣、沼液用于开发生产有机商品肥。建设地点周边半径10公里以内的原料要占整个工程原料需求的80%以上。

建设规模：全省试点建设5处，每处工程建设规模日产生物天然气10000立方米以上的特大型沼气工程。

重点布局在我省粮食、畜禽主产区和生态农业产业化示范区。项目资金按国家标准申请中央财政补助资金，不足部分由企业自筹。财政资金采取以奖代补方法直补。

（四）秸秆固化成型燃料加工示范工程

建设要求：以农作物秸秆为原料，通过机械粉碎、压块等技术生产成型燃料，用作居民生活用能。

建设内容：主要包括配备秸秆粉碎机、秸秆成型机和加工厂房等配套推广秸秆成型燃料户用炉具。

建设规模：全省新建秸秆成型燃料加工企业（站、点）200处，产能每处不小于1万吨/年。

重点布局在全省秸秆资源丰富地区和新农村建设示范点。企业自筹为主，财政给予补贴。财政资金由各地在秸秆禁烧和综合利用资金中解决。

（五）秸秆多元化利用示范工程

建设要求：建设以农作物秸秆为原料的秸秆利用示范工程，通过各种秸秆利用新工艺、新技术的试点示范，探索秸秆高值利用新模式，促进秸秆高值化利用战略新兴产业发展。

建设内容：各种秸秆高值多元化利用新工艺、新技术示范，要求有一定的前期工作基础，并已经产业化，或经过中试试验的成熟技术。

建设规模：全省新建秸秆利用新技术试点示范工程200处，产能每处不小于1万吨/年。重点布局在全省秸秆资源丰富地区和新农村建设示范点。每个秸秆高值多元化利用示范工程按国家标准申请。财政资金由各地在秸秆禁烧和综合利用资金中解决，并采取以奖代补方法直补。

（六）"三沼"综合利用试点工程

建设要求：遵循以果定畜、以畜定沼、以沼促果的原则，因地制宜，结合高效经济作物与畜牧养殖业，试点"三沼"综合利用。

建设内容：鼓励沼气集中供气、发电、提纯天然气等多元化应用渠道；积极开展沼渣沼液制有机肥、生物农药等多种高附加值产品应用试点；推广植物营养液和生物活性剂等高端产品；推广以沼气为纽带的种养殖循环模式，实现沼肥高效利用。

建设规模：5年内试点工程100处。重点布局在全省秸秆资源丰富地区和畜牧养殖业集中区域。"三沼"综合利用试点工程以地方投入为主，财政给予适当补助。

（七）农村户用沼气提质增效改造工程

建设要求：对已有农村户用沼气发展较好区域，实施农村户用沼气提质增效工程。通过技术更新改造，将户用沼气与生态农业有机结合起来，指导开展综合利用，提高综合效益。

建设内容：沼气池冬季保温增温技术改造，提高冬季产气率；推广多原料替代技术和智能化技术支持，通过原料和工艺调节实现均衡产气、常年稳定供气，提高供气保障能力和能源替代效果；推广农村沼气部分托管或全托管运营的管用分离模式，实现农村沼气后续服务专业化、物业化。

建设规模：5年内对全省10万口户用沼气池进行提质增效。实施的户用沼气使用率提高25%，"三沼"综合利用水平、供气保障能力和能源替代效果全面提升，基于沼气的生态循环农业产业有较好发展。

重点在户用沼气发展较好的县（市、区）实施，同新农村建设、村庄规划点建设结合，保证项目布局合理、集中建设、整村推进。同时兼顾技术力量强、积极性高、有自筹资金能力的地区。根据国家对农村沼气建设投资的指导意见，扶持资金主要由地方财政安排解决，不足部分农户自筹。

（八）农村能源技术服务和监管体系建设工程

1. 省、市和县（区）农村能源服务站

建设要求：省、市和县（区）服务站是农村能源远程智能监管和技术支持服务的枢纽，承担区域农村能源的行政监管和技术支持服务职能，主要接受管理部门委托对乡村服务网点实施管理，开展技术轮训、巡回检查、应急处理、配件供应、大修服务、试点示范、循环利用等方面的服务。

建设内容：农村能源远程监管调控服务中心，主要由数据采集系统、传输模块、监测管理中心等组成。配备信息处理设备和检测仪器，农村能源技术巡回服务多媒体车、进出料车、应急处理专用摩托车、培训和教学设施设备、实训场地及工具、维修工具等。

建设规模：省、市和县（区）服务站30处。选择具有区位优势、沼气发展较好的市和县（区），以具备专业知识和服务能力的推广、培训、企业、协会等各类服务组织为依托，建设县级服务站。

2. 乡村农村能源服务网点

建设要求：按照农业部、国家发改委制定的《全国农村沼气服务体系建设方案（试行）》要求，以"国家投入引导、资产集体所有、农户购买服务"的方式，逐步完善健全农村能源乡镇服务体系，为村级服务网点做支撑，为广大用户提供优质、规范、高效、安全的服务。

建设内容：一处固定服务场所和远程监管信息基站，提供农村能源产品和沼气配件，农村能源数据远程自动采集和上传，对村级服务网点提供技术支持保障；配备若干套进出料和秸秆粉碎设备，为农户提供全方位服务；配备必要的检测设备和工具。

建设规模：乡镇服务站500处。重点在沼气户基数较大（≥500口）的乡镇布局，每个中心站至少配备1名技术服务人员。补助资金以地方投入为主。

五、保障措施

（一）加强组织领导

各地要充分认识做大做强农村沼气及农作物秸秆能源化利用工作的重要意义，将其纳入地方政府国民经济与社会发展"十三五"规划并提供必要的保障。各级农委作为行政主管部门，要将其摆上重要议事日程，稳定和健全管理机构，充实管理人员，确定专人负责行政监管工作，并建立严格的工作责任制和目标考核制，确保各项任务落到实处。

省市级管理部门，要不断加强自身的能力建设，加强工作指导和督察。县级管理部门作为各项具体事务行政监管的责任主体，要做好从项目申报、物资采购、现场施工、技术培训、资金管理、安全维护、检查验收到后续服务及综合应用的全程行政监管工作。

（二）强化行业监督

针对农村沼气及农作物秸秆能源化利用工作中存在的问题，加强从工程建设到运营全过程监管，进一步健全技术监督体系，出台安徽省地方标准。加强工程质量安全检查，规范市场行为；建立健全项目环境监管体系，严格执行污染物排放监测监督；完善项目管理办法，严格执行项目法人责任制、招标投标制、建设监理制和合同管理制。

项目立项、建设、运营等全程公开接受用户和社会的监督、质询和评议。完善项目建设与运行中安全生产制度，建立定期巡回检查、隐患排查、政企应急联动和安全互查等工作机制，确保生产安全。

（三）完善政策支持

"十三五"期间，我省将继续积极争取中央投资资金，对获得中央资金奖励的，按照国家规定，提供配套支持。用好省财政农作物秸秆处理和综合利用奖补资金，积极推进秸秆综合利用，特别是能源化利用。

探索农村沼气补贴政策和补偿机制，推进前端原料补贴与后端产品补贴相结合，由目前的建设投资补助逐渐转向全产业链关键环节补贴政策。

参照财政部门出台的政府购买服务流程相关文件规定，结合我省农村沼气建设实际情况，制定安徽省农村沼气建后管护政府购买服务流程，使之规范化、常态化，保证沼气后续服务资金来源。

（四）建立多元化投入机制

按照政府引导、市场化运作的原则，创新政府投入方式，健全政府和社会资本合作机制，大力推进农村沼气及农作物秸秆能源化利用工程建设和运营的市场化、企业化、专业化，积极引导各类社会资本参与。

探索运营补偿机制，鼓励通过项目有效整理打包，提高整体收益能力，保障社会资本获得合理投资回报。建立项目业主遴选机制，选择技术水平高、资金实力强、诚实守信的企业从事农村沼气及农作物秸秆能源化利用项目建设和管理，适度推进同一专业化主体建设多个农村沼气及农作物秸秆能源化利用工程。积极探索碳排放权交易机制，鼓励专业化经营主体完善沼气碳减排方案，开展碳排放权交易试点。建立项目业主信用记录体系。

（五）加强科技支撑和人才培养

农村沼气及农作物秸秆能源化利用工作的开展更多地要依靠科技的进步来推动。为了实现"十三五"规划目标，完成建设任务，将加强与科研院所的合作力度，依托其科技力量，研发、引进和推广各项新技术，提高行业技术水平，强化对农村沼气及沼肥产品质量和安全监管。

加强农业高新技术人才的培养和引进，优化农业科技人才的结构，建立多层次、多类型的农业人才队伍。大力开展专业技能提升、安全教育等多种形式的培训和再教育。结合新型职业农民培训工程、农村实用人才带头人素质提升计划，加强服务网站点技术人员和新型经营主体知识更新再培训，着力提高专业化水平，从而形成高效的农业科技优秀人才队伍。

（六）开展宣传评估

对规划实施情况进行动态监测，及时发现规划实施存在的问题，开展规划实施中期评估和末期评估。利用网络、电视、报纸等媒体，开展农村沼气及农作物秸秆能源化利用多形式、多层次、多途径的宣传活动，营造良好的社会舆论氛围，引导社会各界和广大人民群众积极参与农村能源的开发利用。

江西省农业循环沼气工程建设规划（2016～2020年）

发展循环经济，是转变经济增长方式，建立节约型社会的有效措施，是实现"五位一体"战略布局、建设美丽中国的必然选择。加快推进农村沼气工程建设，推进"农业废弃物—绿色产品—再生资源"的循环工程建设，是发展生态循环农业的主要内容，是中国特色新型农业现代化道路的内在要求，对于促进农村能源消费结构调整、促进绿色农产品生产、稳定农业生态平衡、缓解资源约束、减轻农业面源污染压力都具有十分重要的意义。为指导全省农业循环沼气工程建设，特编制本规划。

一、规划依据与范围

（一）规划依据

1. 法律依据

（1）《中华人民共和国农业法》；

（2）《中华人民共和国可再生能源法》；

（3）《中华人民共和国节约能源法》；

（4）《中华人民共和国环境保护法》；

（5）《中华人民共和国清洁生产促进法》。

2. 政策依据

（1）《中共中央关于制定国民经济和社会发展第十三个五年规划的建议》；

（2）中央关于生态文明建设的系列部署；

（3）《国务院关于加强节能工作的决定》（国发〔2006〕28号）；

（4）《国务院办公厅关于加快推进农作物秸秆综合利用的意见》（国发〔2008〕105号）；

（5）《国务院关于促进畜牧业持续健康发展的意见》（国发〔2007〕4号）；

（6）《国务院关于加快发展节能环保产业的意见》（国发〔2013〕30号）；

（7）《农业部关于加强农业和农村节能减排工作的意见》；

（8）农业部《2015年农村沼气工程转型升级工作方案》。

3. 相关规划

（1）《江西省农业可持续发展规划》；

（2）《江西省现代农业发展规划（2016~2020年)》；

（3）《全国可再生能源中长期发展规划》。

4. 数据来源

（1）全国农村可再生能源统计；

（2）江西省农村可再生能源统计；

（3）江西省统计年鉴；

（4）2015年规划编制组江西省11地市29个典型农业循环沼气工程调查数据。

（二）规划期限

规划基准年为2015年，规划期限为2016~2020年，简称"十三五"农业循环沼气工程建设规划。

（三）规划范围

本规划所指农业循环沼气工程主要包括通过沼气发酵等工艺技术，资源化利用农业废弃物，开发利用沼气可再生能源和沼肥等有机肥，实现农业面源污染的有效无害化处理及相关支撑系统建设。

规划重点是推进资源循环利用、农村沼气工程、沼肥加工利用等建设，促进农业资源与生态环境保护治理水平的提高。

二、发展形势

（一）主要成就

1. 农村沼气产业步入多元化发展

一是沼气用户规模稳步扩大，截至2014年底，全省沼气用户规模达196万户，沼气入户率由10.2%提高到22.04%。全省建成农业废弃物资源化利用沼气工程7071处，生活污水沼气净化工程1927处。二是建设投资稳步增加。"十二五"期间，全省下达农村沼气建设中央预算内投资突破4亿元，省级财政"以奖代补"农村沼气专项资金达2亿元。三是投资主体日益多元化。农户依然是沼气建设的主体，但养殖企业、能源服务企业、服务网点等主体，已成为投资建设和运营管理沼气工程的重要新生力量。通过鼓励和引导社会资本采取市场化运作的方式，建成了永修县恒丰、新余市罗坊、彭泽县马当等规模化沼气集中供气项目。

2. 管理服务能力不断提升

一是体系建设不断完善。省、市、县、乡四级农村能源管理、技术推广和服务体系日益健全，技术服务网络初步建立，全省已建成1个省级实训基地、45个县级服务站、3169个乡村服务网点，服务已覆盖121万户沼气用户；以沼气装备、沼气施工、沼气科技、沼气服务为主要内容的农村沼气产业体系逐步壮大，全省农村沼气产业企业数达

27 个，年度总产值达 2.1 亿元。二是行业管理日渐规范。出台了《江西省农村沼气建设项目管理实施细则（试行）》，首创实行"先建后补，以奖代补"管理方式，建立了"自愿申请、逐级上报，条件审查、专家评审，备案施工、过程监管，量化补贴、核量奖补"的项目建设和管理规程。

3. 综合效益越来越显著

通过大力实施以农村沼气工程为主的农村能源项目，有效地治理了农业面源污染，保护了生态环境，改善了农村人居环境，提高了农村居民的幸福指数。一是改善了农村能源消费结构。沼气占全省农村生活用能比重达 3.7%。二是促进了农业节能减排。全省沼气年产能可达 6.2 亿立方米，形成年节约标准煤 44 万吨、减排二氧化碳 112 万吨的能力。三是推动了农业发展方式转变，全省每年可生产沼渣、沼液 1900 多万吨，可将 50 万户农业特色种植户纳入生态循环生产模式。

4. 农村能源领域日益拓展

一是推广节能减排技术。在农村大力推广太阳能热水器、太阳能路灯、省柴节煤炉灶等新技术和新产品。全省农村省柴节煤炉灶保有量达 508 多万台、节能炉 95 万台，农村太阳能热水器保有量 184 万平方米。二是积极推动秸秆综合利用。大力推广秸秆能源化利用技术，全省秸秆热解气化、秸秆沼气集中供气户数达 4503 户。全省秸秆综合利用率达 82.17%。

（二）面临挑战

我省农业农村经济取得巨大成就，农村可再生能源开发利用取得了重大突破，但仍不能满足农业可持续发展的需要。如何适应条件、形势变化，推动农村沼气的产业化转型升级面临重大挑战。

1. 政策及保障机制还不够完善

农村沼气等生物质能源的开发利用具有资源分散、规模小、生产不连续等特点，在较大程度上体现了较高的社会效益和生态效益，但相对生产成本高，经济效益不明显，在现行市场规则下缺乏竞争力，需要政策激励和保障机制扶持。而目前，国家支持农村沼气产业化发展的经济激励力度弱，政策的稳定性差，相关政策之间缺乏协调，没有形成支持沼气等生物质能源产业可持续发展的强制普惠性政策体系和长效保障机制。

2. 产业和市场激励措施力度不够

长期以来，我国农村能源发展缺乏明确的发展目标，农村能源消费结构、水平与农村实际需求不相适应，农业废弃物资源化利用率和沼气等清洁能源利用率较低，没有形成稳定的市场需求。虽然国家逐步加大了对农村沼气发展的支持力度，但由于没有按照市场规则建立清晰的投资、建设、运营和监管体制，无法形成稳定的市场需求和产业基础，发展缺少持续的市场拉动。

3. 技术和服务体系能力薄弱

由于政策体制的不完善和产业市场的不成熟，沼气等可再生能源开发的人力资源不足，先进技术得不到充分应用，建设标准得不到严格执行，工程质量得不到全面保障。同时，农村能源资源评价、技术标准、产品检测和认证等体系不完善，没有形成支撑可再生能源产业发展的技术服务体系。

4. 职能部门的思想认识不足

部分地区对于新型城镇化和现代农业条件下，农村沼气的民生公益性、节能减排认识不足，对推进农村沼气的产业化发展信心不足、动力不足、政策不足，推动农村沼气产业化发展的措施、方法不力。

（三）发展机遇

党的十八大将生态文明建设纳入"五位一体"的总体布局，推进农业可持续发展，推进农村沼气转型升级面临前所未有的历史机遇。

1. 发展理念指明了方向

党的十八大将生态文明建设纳入"五位一体"的总体布局，十八届五中全会提出创新发展、协调发展、绿色发展、开放发展、共享发展理念，为农业循环沼气工程发展指明了方向。全社会对资源安全、生态安全和农产品质量安全、农业面污染高度关注，绿色发展、循环发展、低碳发展系统推进理念深入人心，以沼气为主的农业循环工程是动植物转化和种养结合的有效载体，是发展生态农业的重要途径，为农业循环发展集聚了社会共识。

2. 政策保障机制日益完善

《全国可再生能源中长期发展规划》《全国农业可持续发展规划》《农村沼气工程转型升级工作方案》提出资源化利用农业废弃物，推进沼气的产业化发展，促进循环经济发展；江西省将沼气工程建设列入省级财政预算支持，并制定《江西省省级财政农村沼气专项资金管理办法》，为我省农村沼气产业化发展提供资金支持。《农村沼气工程建设管理办法（试行）》《江西省农村沼气建设项目管理实施细则（试行）》等政策法规已经颁布实施，《江西省农业生态环境保护条例》已进入立法程序，将为我省农村沼气产业化发展提供法律保障。

3. 科技支撑日新月异

传统农业技术精华广泛传承，现代生物技术、信息技术、新材料和先进装备等日新月异、广泛应用，生态农业、循环农业沼气工程技术模式不断集成创新，一批高校及科研部门协同建立的生态能源系统工程示范点和示范工程已取得重大成果；一些新技术（如混合原料中高温发酵、沼气提纯、生物天然气罐装等）和新材料已展现后发优势，为沼气产业持续发展提供有力的技术支撑。

4. 资源支撑日益坚实

"智慧农业"的迅速增大为农业循环工程开发了新市场，为农业循环工程绿色产品流通开发了新通道，为农业循环工程提高经济效益开辟了新途径。2015 年开始，中央投资突出重点，大力支持规模化大型循环农业沼气工程建设、规模化生物天然气工程建设试点，为农村沼气产业化发展奠定基础。

三、总体要求

（一）指导思想

以邓小平理论、"三个代表"重要思想、科学发展观为指导，深入贯彻习近平总书记系列重要讲话精神，全面落实党的十八大和十八届二中、三中、四中、五中全会精神，落实省委"发展升级，小康提速，绿色崛起，实干兴赣"战略方针，牢固树立生态文明理念，围绕农业可持续发展、环境持续改善、能源有效保障的目标，按照"巩固成果、优化结构、科技创新、绿色发展、提升效益"的发展思路，以农业废弃物无害化处理和资源化利用沼气工程为切入点，推广新型生态循环农业模式和集成创新技术，构建布局生态、利用高效、生产安全、环境友好的现代生态循环农业产业体系。

（二）基本原则

1. 坚持政府引导与主体参与相结合

坚持农业循环沼气工程的公益和民生属性，强化政府在规划引领、政策激励、示范带动和公共服务等方面的主导作用，完善政府扶持政策，推进市场化运营。通过环境倒逼、政策支持等手段，强化法治保障措施，落实生产经营主体在农业废弃物无害化处理的主体责任，保障社会投资在农业废弃物资源循环利用中的合理收益，构建多元化投入机制，形成社会联动的发展氛围。

2. 坚持创新驱动与主攻方向相协同

根据各地资源禀赋、产业布局、发展水平等实际，坚持目标导向、问题导向，推动理念创新、技术创新和制度创新，探索完善终端产品补贴政策，逐步破除行业壁垒和体制机制障碍，在探索实践过程中，瞄准不同的主攻方向，选择不同的技术路线，集聚各方资源，形成各具特色的发展模式，依靠创新驱动提升能源效益、生态效益、经济效益，发展现代生态循环农业。

3. 坚持突出重点与全面推进相结合

牢固树立保护生态环境就是保护生产力、改善生态环境就是发展生产力的理念，从土地承载力突出问题入手，根据沼气工程原料的可获得性、周边农田的消纳能力和终端产品利用渠道，统筹开发沼气能源，沼肥资源，优化生产力布局，合理确定区域内农业循环沼气工程建设数量、建设地点和建设规模。形成全省推进与市、县（市、区）整建制推进并重，面上推进与示范创建并举的局面。

（三）发展目标

以打造升级版江西"猪沼果"生态循环农业发展模式为核心，着力推动农村沼气产业化转型升级，以"三大循环工程"建设为重点，构建覆盖全省不同农业生产主体的农业生态循环体系，农业废弃物资源化利用率显著提高，沼气产能和使用率、沼气产业化程度显著提升，绿色农产品和绿色能源生产贡献率明显提升。"十三五"期末，全省新增沼气产能 25350 万立方米，预计到 2030 年，全省沼气年产能达到 5 亿立方米。

四、重点任务

（一）着力构建全覆盖农业生态循环体系

以打造升级版江西"猪沼果"生态循环农业发展模式为核心，引导沼气工程向规模化发展，着力推动构建覆盖全省不同生产主体的农业生态循环体系。一是鼓励农业种养大户、家庭农场、农民专业合作社、农业龙头企业等主体，通过种养配套生产、农业废弃物循环利用等途径，实现主体小循环。二是通过农牧对接、沼液利用、畜禽粪便收集处理中心等节点建设，构建种养平衡、产业融合、物质循环的格局，实现区域中循环。三是以县域为单位，统筹布局农业产业和沼气工程、沼液配送、有机肥加工、农业废弃物收集处理等配套服务设施，整体构建生态循环农业产业体系，实现县域大循环。

（二）不断丰富循环系统建设内涵

生态循环农业是一项复杂的系统工程，根据系统论理论，着力构建以沼气为纽带的动态反馈循环开放大系统。一是丰富原料仓储和预处理子系统、厌氧消化子系统、沼气利用子系统、沼肥利用子系统、智能监控子系统五个子系统构成的内部循环结构建设。二是加强政府投资及政策引导顶层设计、"互联网＋农业循环沼气工程"、科研部门理论与实践创新推进的三个环境支撑作用。三是加强环境对内部循环结构作用，紧扣五个子系统间同增同减因果关系的特性，实施有效措施，提高农业循环沼气工程开放系统功能，实现经济效益与社会效益协调发展。

（三）着力培育多功能沼气产业支撑实体

以推动农村沼气产业化转型升级为核心，围绕"能源、环保、农业"三大产业发展，着力培育"三位一体"农业循环沼气产业支撑实体。一是培育投资、建设、运营"三位一体"的绿色能源产业实体。围绕提高沼气产业效益，以规模化大型沼气工程或生物天然气工程项目为载体，按照市场化规律，通过特许经营、购买服务、股权合作等方式，引入有实力的专业化投资运营公司，以集中资源化处理农业废弃物，商品化生产销售沼气和沼肥为主营，有效解决新型城镇化过程中农村清洁能源保障问题。二是培育养殖、沼气、种植"三位一体"的新型农业经营实体。围绕沼气产业链延伸，结合现代农业示范园等建设，培育产业主体投资规模化畜禽养殖、集约化特色农作物种植和沼气工程的运营，培育高信任度的沼肥用户群体，通过农业废弃物的沼气发酵，在一定区域内建立起农业各产业、农业与生态环境之间的循环利用链条，有效解决绿色农产品的生产安全保障，成为支撑"藏粮于地，藏粮于技"的有效措施。三是培育节能、减排、循环"三位一体"的生态环保运营实体。围绕农业废弃物的无害化处理和资源化利用，推进政府投资与社会资本合作 PPP 模式和农业面源污染第三方治理机制，通过特许经营、购买服务、股权合作等方式，建立利益共享、风险分担及长期合作关系，引入有实力的专业化投资运营公司，集中资源化处理养殖、种植和农产品加工产生的废弃物，实现区域内农业面源污染有效处理，有机质资源有效开发并循环利用，农业生态环境有效改善。

（四）科学开发多元化绿色产品

产品、效益和民生是农村沼气产业可持续发展的三个核心因素，科学开发利用绿色能源、绿色农产品、绿色环境"三大绿色产品"是农村沼气产业的显著特色。一是资源化利用农业废弃物。无害化处理规模养殖粪污、农作物秸秆等污染是农业循环工程提供的主要产品，通过建设农业循环沼气工程，促进规模畜禽清洁生产，推进秸秆全量化利用，示范区内农业废弃物趋零排放。到 2020 年和 2030 年农业废弃物综合利用率分别达到 75% 和 86% 以上，到 2030 年粮食主产区农作物秸秆基本得到综合利用。二是高值开发利用沼气，培育高依赖度的沼气用户群体，全面开发沼气多元化利用，是实现农业循环沼气工程效益和民生目标的最主要途径。着力开发智慧型沼气集中供气、发电上网、提纯入城镇天然气管网、提纯车用加气、提纯 CNG 镇村微网联供等；引导培育一批有作为、想作为的能人、老板牵头建立专业公司或合作社，以沼气服务、沼肥配送等为主要获利途径，开展社会化沼气服务，优化提升乡村沼气服务能力、内容、方式，提高农村沼气的使用率、使用效率和保障率，进一步巩固农村沼气建设成果。三是发展沼肥种植绿色农产品，打通规模养殖和种植之间的通道，构建"养殖—沼肥—特色农产品生产—销售收入—养殖"循环供应链。用沼肥生产特色绿色农产品满足市场需求，增加销售收入，促进种养发展，实现生态循环绿色可持续发展。

五、重点工程与建设内容

以最急需、最关键的领域为重点，围绕重点建设任务，统筹安排中央投资和省级财政资金，积极引导带动地方和社会投入，组织实施一批重大工程，全面夯实农村沼气产业发展基础。

（一）区域沼气生态大循环农业示范工程

1. 技术路线

着力推动以县域为单元，以规模养殖重点县的畜禽粪污和粮食种植主产区的农作物秸秆无害化处理为核心，引入专业化投资建设主体，重点支持规模化特大型沼气工程建设，开展生物天然气工程试点建设，推进沼气发电上网、提纯入网、加压灌装加气或"镇村微管网联供"等高值利用，推进沼肥综合利用或精深加工有机肥，促进区域沼气生态大循环农业发展（简称"大循环工程"）。

2. 建设规模

"十三五"期间，全省规划新建规模特大型沼气工程或生物天然气工程20处，"十三五"期间，平均每年新增沼气产能2000万立方米，到"十三五"期末，年新增沼气产能10000万立方米。

3. 建设区划

每个设区市支持建设1~2处规模特大型沼气工程或生物天然气工程；重点支持新余市全区域可持续发展农业示范建设和镇村联供多元用气模式示范建设；支持鹰潭市、赣州市等生物天然气工程试点建设。

4. 建设内容

依据重点任务要求，建设由5个子系统构成的以沼气为纽带的区域沼气生态大循环农业开放系统。

（1）原料收储和预处理子系统建设。推动建立县域规模养殖粪污无害化处理和农作物秸秆焚烧约束机制；推广规模养殖粪污减量化及全量便捷收集技术模式，推广水稻机械化低茬收割及打捆等全量离田利用技术模式；建设规模养殖畜禽粪便的收集、输送设施设备，农作物秸秆的收集、仓储和预处理设施设备。

（2）厌氧消化子系统建设。按照《沼气工程技术规范》（NY/T1220）等标准，推广高浓度、高温度、高产气率、全混合厌氧发酵工艺，建设进出料、厌氧发酵、增温保温和搅拌等设施设备。

（3）沼气利用子系统建设。推进沼气发电上网、提纯入网、加压灌装加气或"镇村微管网联供"等高值利用，按照《城镇燃气设计规范》（GB50028）、《城镇燃气输配工程施工及验收规范》（CJJ33）、《农村沼气集中供气工程技术规范》（NY/T2371）、《沼气电站技术规范》（NY/T1704）等标准，建设沼气脱硫脱水、气柜、管网等沼气发电与气热电利用系统；建设沼气提纯，接入城镇燃气管网；建设加压灌装、CNG运输及加气站、分布式镇村联供CNG供气站等多元用气设施设备。

（4）沼肥利用子系统建设。推进沼肥综合利用或精深加工有机肥，按照《沼肥加工设备》（NY/T2139）、《沼肥施用技术规范》（NY/T2065）等标准，建设高浓度沼液、沼渣存贮设施，有机肥加工生产，推广沼肥、有机肥特色农产品绿色种植生产。

（5）智能监控子系统建设。按照《沼气远程信息化管理技术规范》（待颁布）标准，建设工程全自动化智能控制和操作系统；建设远程在线计量和智能监控平台，形成可测量、可识别、可核查和可追溯的功能。

（二）局域沼气生态循环农业工程

1. 技术路线

以规模大型养殖场、养殖密集区或粮食主产区为单元，以局域内养殖粪污或农作物秸秆的资源化利用为核心，以专业化运营企业为主体，重点支持规模化大中型沼气工程建设，推广"三改二分"养殖粪污处置模式和水稻机械化收割打捆离田收集模式，推广粪便、污水分离厌氧发酵和秸秆水解，多种原料混合发酵工艺，推广沼气发电、联户供气、沼气保暖等多元全量利用技术，推广沼肥就近综合利用或沼液好氧深度处理用作灌溉用水，促进局域中型沼气生态循环农业发展（简称"中循环工程"）。

2. 建设规模

"十三五"期间，全省规划重点新建或扩建规模化大中型沼气工程100处，"十三五"期间，平均每年新增沼气产能730万立方米，到"十三五"期末，年新增沼气产能3650万立方米。

3. 建设区划

以南昌、新建、进贤、修水、余江、信丰、定南、南康、吉安、新干、袁州、上高、丰城、樟树、高安、东乡、万年17个国家生猪调出大县和芦溪、湘东、渝水、赣县、兴国、万载、泰和、安福、临川、于都、瑞金11个省级生猪调出大县，共28个生猪养殖重点县（市、区）和粮食主产县为重点。

4. 建设内容

依据重点任务要求，建设由5个循环工程子系统构成的以沼气为纽带的局域沼气生态循环农业开放系统。

（1）原料收集和预处理子系统建设。推广"三改二分"养殖粪污处置模式和水稻机械化收割打捆离田收集模式，建设规模养殖场畜禽粪便收集、固液分离设施设备，水稻秸秆机械化收割打捆设备、收集、仓储和预处理设施。

（2）厌氧消化子系统建设。按照《沼气工程技术规范》（NY/T1220）等标准，推广粪便、污水分离厌氧发酵和秸秆水解、多种原料混合发酵工艺，建设进出料、厌氧发酵、增温保温和搅拌等设施设备。

（3）沼气利用子系统建设。建设规模大型沼气工程脱硫脱水等净化设备，气柜、管网等沼气发电输配系统，和联户供气、沼气保暖等沼气利用设施设备。

（4）沼肥利用子系统建设。建立沼液就地消纳和区域加工配送的有效运行机制，推广沼肥就近综合利用或沼液好氧深度处理用作灌溉用水，建设沼渣、沼液存贮和固液分离设施、沼肥运输设备；建设低浓度沼液多级生物净化沟塘、肥水一体化利用设施。

（5）智能监控子系统建设。按照《沼气远程信息化管理技术规范》（待颁布）标准，建设在线计量和远程监控智能平台。

（三）小型循环沼气工程

1. 技术路线

鼓励农业种养大户、家庭农场、农民专业合作社、农业龙头企业等为主体，因地制宜建设中小型沼气工程和提高使用率，循环利用农业废弃物，通过种养配套生产，实现主体小循环。

2. 建设规模

"十三五"期间，以巩固农村非规模化沼气建设成果为重点，建立小型循环"猪沼果"生态农业，到"十三五"期末，年沼气稳定产能11700万立方米。

3. 建设区划

全省非规模化沼气工程建设重点县区。

4. 建设内容

（1）沼气使用率提升工程。在全省范围内有条件的乡村，提升已建的户用沼气池和中小型中气工程的使用率，在德安县高塘乡、萍乡芦溪县等试点的基础上，推广政府补贴服务，养殖户的粪污作为原料，沼气物管员承担技术服务，农户用好沼气，农户种植用沼肥的"五协同"模式等成功经验。促进养殖户粪污资源利用，消除污染；促进农户使用清洁能源，改善生活；促进农户沼液种植，发展生产，推动小型微循环沼气工程新发展。推广南城县的户用沼气池开发的成功模式，并探索已建户用沼气池开发提升使用率的五协同模式成功经验。全省农村长年在家从事农业生产沼气用户正常使用率55%以上，达50万户。

（2）服务网络能力提升工程。狠抓乡村沼气服务网点服务能力升级建设，推广万安县"协会领办"、南城县"五协同"等成功服务模式经验，巩固和提高农村沼气用户的使用率，每个重点乡镇要抓好1个以上的沼气服务网站示范建设，力争到2020年，全省达标的服务网点超过1000个，覆盖服务用户50万户以上。

（四）投资估算和资金筹措

根据规划项目的建设规模和建设内容，参照国家工程定额的计价估算方法，以及目前市场价格以及国家有关标准进行投资估算。

1. 规划投资

（1）区域沼气生态大循环农业示范工程。按新增沼气生产能力估算，每1立方米沼气产能投资5000元。2016～2020年全省新建特大型沼气工程及生物天然气工程20处，平均每年新增沼气生产能力2000万立方米，年均总投资27400万元左右，"十三五"规划总投资137000万元。

（2）局域沼气生态循环农业工程。按新增沼气生产能力估算，每1立方米沼气产能投资3000元。全省新建规模养殖场大中型沼气工程100处，平均年新增沼气生产能力

730 万立方米，年总投资 6000 万元左右，"十三五"规划总投资 30000 万元。

（3）小型微循环沼气工程。服务能力提升工程。每户补贴服务经费 60 元/年，全省常用沼气用户正常使用达 50 万户，3000 万元/年，规划总投资 15000 万元。"十三五"全省农村沼气工程建设，规划总投资 182000 万元左右。

2. 资金筹措

（1）区域沼气生态大循环农业示范工程。按新增沼气生产能力估算，每 1 立方米沼气产能中央投资 1500 元。全省新增日产沼气能力 5.48 万立方米，"十三五"总投资 137000 万元，其中中央投资 41100 万元。

（2）局域沼气生态循环农业工程。按新增沼气生产能力估算，每 1 立方米沼气产能中央投资 1500 元。全省新增日产沼气能力 2 万立方米，"十三五"总投资 30000 万元，其中中央投资 15000 万元。

（3）小型微循环沼气工程。服务网点能力提升工程，全省规划政府投资 15000 万元。

（4）总资金筹措。"十三五"全省农村沼气工程建设，规划总投资 182000 万元，其中中央、地方政府投资 71100 万元。

（五）效益分析

1. 能源效益

"十三五"期间，全省农村沼气新增产能可开发利用量 2.535 亿立方米，相当于 1.81 亿吨标准煤，可显著减少煤炭消耗，弥补天然气和石油资源的不足，对改善农村能源结构和节约能源资源将起到重大作用。

2. 环境效益

到 2020 年底，全省农村沼气年可开发利用量 8.735 亿立方米，相当于年减少二氧化碳排放量约 157.3 万吨，形成年可减排 COD 排放量 159 万吨的能力。

3. 生态效益

农作物秸秆和农业废弃生物质的能源化利用可提高农业生产效益，可有效无害化处理农业源污染，有效提升土壤地力，改善农业生产环境。到 2020 年，农业废弃物综合利用率可达到 75%。到 2030 年粮食主产区农作物秸秆基本得到全面利用。

4. 社会效益

农村沼气工程建设将改善农村地区环境卫生，减少畜禽粪便对河流、水源和地下水的污染。生态循环农业的发展将促进农村和县域经济发展。沼气产业化发展带动设备制造及相关配套产业，可增加大量就业岗位。有力地推进经济和社会的可持续发展，对全面建成小康社会和社会主义新农村起到重要作用。

六、保障措施

（一）加强组织领导

各级政府要加强发展生态循环农业的主体职责，切实提高对农业循环沼气工程建设的重视程度。要加强组织领导，建立部门协调机制，明确工作职责和任务分工，形成部门齐抓共管合力。要围绕本地农业循环沼气工程发展规划，积极推动重大政策和重点工程项目的实施。要创建农业循环沼气工程发展评价指标体系，将资源利用与节约纳入各级政府绩效考核范围，为农业循环沼气工程发展提供保障。

（二）完善扶持政策

各级政府要建立健全发展生态循环农业沼气工程的扶持政策体系，切实落实具公益民生特性的农业循环沼气工程的支持政策。要健全农业循环沼气工程可持续发展投入保障体系，整合各方资源，推动投资方向由生产领域向生产与生态并重转变，投资重点向大中型循环沼气工程、生物天然气工程项目倾斜，补助环节由基本建设向引导构建原料收储体系、支持基本建设和以产品为目标的后端产品补贴机制。要完善政策激励机制，推行第三方运行管理、政府购买服务、农村环保合作社等模式，引导各方力量投向生态循环农业沼气工程领域。

（三）深化创新发展

深化沼气开发和应用创新发展。创新发展适合江西环境的高浓度、高温度、高产气率、全混合厌氧发酵工艺。培育高依赖度的沼气用户群体，着力开发智慧型沼气集中供气、发电上网、提纯入城镇天然气管网，提高沼气的使用率。

深化绿色农产品产业创新发展。开发沼肥种植饲料，喂养特色生猪绿色发展工程。构建"养殖—沼肥—特色农产品生产—销售收入—养殖"循环供应链，发展沼肥种植绿色农产品生产，进一步开发"互联网＋绿色农产品销售"，改造农产品供给结构，深化绿色农产品产业创新发展。

深化企业与农户共建共享制度创新发展。在区域沼气生态大循环农业示范工程、局域沼气生态循环农业工程中，建立多种形式生态能源企业适度规模经营，农民以土地经营权入股发展农业产业化经营制度，实现企业生产生态能源和沼液资源，农户沼气利用、沼肥利用、劳动力转移共享发展。在小型循环沼气工程中，推广政府补贴服务，利用规模养殖企业粪污作原料，开发户用沼气池，沼气物管员承担技术服务，促进养殖户粪污资源利用，消除污染；促进农户使用清洁能源，改善生活；促进农户沼液种植，发展生产；促进物管员技术服务水平提升，人才开发；形成企业与农户及物管员共建共享创新发展制度。

（四）强化科技和人才支撑

加强农业循环沼气工程的科学技术和人力资源开发工作。在区域沼气生态大循环农业示范工程、局域沼气生态循环农业工程、小型循环沼气工程的原料收储和预处理、厌氧消化、沼气利用、沼肥利用、智能监控五子系统建设中组织实施相关重大科技项目和重大工程，建立全省农业科技协同创新联盟，进行技术协同攻关，促进科学技术和人力资源开发。

建立科技成果转化交易平台。与高校研究部门联合，每年定期组织生态能源企业进行科学技术研究实践成果交流研讨，加大国外先进环境治理技术的引进、消化、吸收和再创新力度。坚持产学研协同发力，进一步积极探索"项目＋基地＋企业""科研院所＋高校＋生产单位＋龙头企业"等现代农业技术集成与示范转化模式，推广江西近15年南昌大学等高校通过建立《生态能源系统工程科研教学基地》实现顶天立地集成创新系统理论服务"三农"模式。创新科技成果评价机制，加强人才培训，对于在农业循环沼气工程发展领域有突出贡献的技术人才给予奖励，强化科技和人才支撑，从多角度建立规划实施保障体系。

湖北省农村能源发展第十三个五年规划

农村能源是国家能源战略的重要组成部分，农村能源对实现节能减排、保护生态环境、调整农业结构、改善农村生产生活条件和促进经济社会可持续发展具有重大意义。"十三五"既是湖北全面深化农村改革，加快实现农业现代化的关键时期，也是转变农村能源发展方式，加快农村能源建设，实现农村能源转型升级的重要时期。为加快湖北农村能源建设，推进可持续发展，现根据《湖北省经济和社会发展第十三个五年规划纲要》有关农业农村经济发展的总体部署和要求，编制本规划。

一、"十二五"农村能源发展回顾

（一）发展成就

"十二五"期间，湖北省农村能源建设实现了历史性的跨越，走在全国前列，农村能源基础设施建设、技术推广与应用、农村生产生活用能结构调整、服务体系建设等方面成效显著，对于减轻农业面源污染，改善农村生产生活条件，推进"两型"农业建设做出了重要贡献。

1. 农村能源项目建设上新台阶

"十二五"期间，湖北省农村能源建设实现了历史性的跨越。中央和省级对农村能源建设总投资为 22.3954 亿元。截至 2015 年，全省累计农村清洁能源入户 335.1117 万户，清洁能源入户普及率为 33.42%。其中有 7 个县（市、区）普及率超过 70%。各类已建和在建沼气工程 6532 处，其中小型沼气工程 6289 处、大中型沼气工程 222 处、生物质气化和秸秆沼气集中供气示范工程 21 处，全省年产沼气和生物质燃气合计 11.7 亿立方米，供 336 万户农户生产生活用气。累计推广高效节能减排生物质炉具 38.9 万台，太阳能热水器 21.3 万台。

2. 农村能源综合利用显新成效

"十二五"时期，以改变农民传统生产生活方式为目标，以能源建设为切入点，推进循环农业示范县、示范村、农业清洁生产综合示范基地建设，探索"农产品生产—废弃物利用—高效有机肥"的循环农业方式，每年生产沼液沼渣有机肥 2785 万吨。截至 2015 年，"猪—沼—果"、"猪—沼—茶"等综合利用面积达到 1200 万亩，实现了循环农业和生态环境保护"双赢"。全省养殖场中，畜禽粪便无害化处理和资源化利用率超过 20%，农业面源污染防治稳步推进。减排二氧化碳 219 万吨，二氧化硫 0.71 万吨，氮氧化物 0.62 万吨，保护林地 48 万公顷，节约标准煤 83.5 万吨。

3. 农村生产生活用能结构有新改善

为适应农村劳动力非农化和老龄化、新型城镇化加快发展、城郊和农村传统燃料使用量减少、种养结构调整等新形势，在传统户用沼气用户数量和普及率大幅提高的同时，小型沼气工程、大中型沼气工程、生物质气化和秸秆沼气集中供气示范工程、太阳能利用等得到快速发展，实现了农村能源结构多能互补、协调发展。据测算，沼气用户年可节省电费和燃气费 300～400 元，太阳能热水器用户年均可节省电费和燃气费 1000元左右，太阳能光伏发电用户年均可节省 2000 元左右，全省各类农村能源项目建设和节能技术推广年均节约化石能 83.5 万吨标准煤。

4. 农村能源服务能力有新提升

"十二五"期间，农村能源服务体系建设力度加大，现有管理推广机构 456 个，县（市）级农村能源中心服务站 8 个，乡（镇）村级服务网点 5331 处，管理推广人员1953 人，沼气技工 8199 人。形成了以县级服务中心为纽带、以乡（镇）级服务中心为骨干和以村级服务网点为补充的服务体系，实现了农村能源由单一服务向多元服务体系转变，较好地满足了沼气项目由以建为主向建管并重转变的服务需求，促进了能源服务体系建设与新农村建设的有机结合。全省 1.5 吨以上沼液抽车 3331 辆，固定抽沼液设备 2000 台，有效缓解了沼气池出料难的问题；成立了以高校和科研单位组成的技术支撑团队，及时提供技术服务。

（二）存在问题

1. 开发利用程度不高

总的来看，全省可再生能源资源十分丰富，但是开发利用程度还不高。一是养殖业快速发展，畜禽粪便处理和大中型沼气发展不够。截至 2015 年底，农村清洁能源入户率为 33.42%，小型沼气工程仅占全省养殖小区总量的 9.5%，大中型沼气工程占需求量的 33.6%。二是秸秆资源化利用程度比较低，露天焚烧现象比较普遍，秸秆能源化年利用量占全省农作物秸秆可利用量不到 2%。三是太阳能、风能、地热资源开发利用化程度很低，农村太阳能热水器（中央和地方财政补助项目）普及率仅为 7.8%。

2. 与农村发展形势不匹配

农村能源发展面临新形势与新挑战：一是沼气项目建设与现代养殖业发展速度不匹配。平原湖区农村普遍实现了规模化养殖，沼气工程无法满足需求；丘陵、山区等适宜沼气发展的农村，户用沼气仍有发展空间。二是城乡居民对优质安全农产品需求与农村能源及其"三沼"的综合利用不相匹配。一方面绿色农产品市场需求为刚性并呈稳步上升态势；另一方面农村能源及其"三沼"综合利用面积不大，效益不高。三是美丽乡村建设与农村新型城镇化发展对农村清洁能源需求不相匹配，集中供应农村沼气、太阳能路灯等农村清洁能源及产品欠缺。

3. 保障措施不强

一是农村能源硬件设施滞后，主要是网点建设硬件投入不足，工作条件差，与农村能源加快发展的要求不相符，难以满足现实需求。二是农村能源发展理念落后，仍然以政府大包大揽为主，市场主体参与程度低，项目投入综合效益不高。三是农村能源建设技术保障还存在瓶颈，沼气工程装备技术存在制造水平低下、品种单一或缺档、耐用性和配套性差等问题，部分设备技术瓶颈并没有得到很好解决和突破。四是相关政策支撑力度不大，《湖北省农村可再生能源条例》贯彻执行不力，效用不明显；沼气用气补贴政策酝酿多年，但推广铺开困难重重；信贷、税收、用地用电，行业准入等方面不能形成有效的扶持政策。五是农村能源建设信息化保障功能滞后，特别是远程信息化监控平台监控设施设备规模化、系统化和运行稳定性、可靠性还远未达到要求。

二、"十三五"发展环境

（一）形势要求

1. 国家重视生态文明建设，为农村能源加快发展提供政策机遇

党的十八大从新的历史起点出发，对生态文明建设和生态环境保护提出一系列新思想、新论断和新要求，为努力建设美丽中国，实现中华民族永续发展，走向社会主义生态文明新时代，指明了前进方向和实现路径。农村能源建设是农村经济社会发展的一项基础性工作。推广适合农村的节能和可再生能源技术，改善农村能源消费结构，提高农村能源利用效率，将农村能源生态建设融入到城乡统筹发展与建设美丽乡村的各个方面，促进农村社会经济的协调发展，是农村生态文明建设的重要组成部分。随着国家对生态文明、美丽乡村建设和环境保护高度重视，并作出了一系列新的部署，农村能源政策，为湖北省农村能源建设提供了新的政策机遇。

2. 能源技术加速创新升级，为农村能源发展提供重要技术支撑

经过多年的科学研究和生产应用，符合湖北省实际的沼气技术逐步成熟，农村沼气技术与种植业、养殖业等农业生产技术结合起来，形成了以"猪—沼—果""猪—沼—茶""猪—沼—鱼"为代表的农村循环经济发展模式；生物质固体成型燃料技术解决了功率大、生产效率低、成型部件磨损严重和寿命短等问题；采用改进燃烧室结构、二次进风半气化燃烧等方式，研发出高效低排生物质炉，薪柴、秸秆、生物质成型燃料和煤炭等均可使用；搪瓷钢材料、新型沼气灶具、沼渣沼液抽排车、生物质气化新工艺、多晶硅、物联网等在部分地区得到了较好应用；太阳能热利用从单一的供热水扩大为热力供应；切入风速低、满功率发电风速低方面，风能技术以及风力—太阳能联合运行技术稳步发展。"十三五"期间，这些能源新技术的推广和应用将极大缓解全省农村能源发展面临的技术"瓶颈"，提高各种新能源应用普及率。

3. 农村生态环境恶化，为农村能源转型升级提供新契机

当前，种植业和养殖业快速发展带来的农村环境问题，阻碍了湖北省生态文明体制改革和美丽乡村建设。在农产品连年丰产增收的同时，全省资源开发利用强度过大，环境容量已逼近极限，资源约束进一步趋紧，农业长期持续发展面临生态环境恶化和资源条件制约。化肥、农药和农膜的使用，使耕地和地下水受到了大面积污染，农药残留、重金属超标制约农产品质量的提高；60%以上的农作物秸秆未被有效利用，成为污染农村生态环境的重要因素；集约化养殖场其污染危害更加严重，畜禽粪便对地表水造成有机污染和富营养化污染，对大气造成恶臭污染，甚至对地下水造成污染。

4. 高品质清洁能源需求增加，为农村能源发展提供市场驱动力

随着农民收入和生活水平的进一步提高，未来农村能源消费量将越来越大，并向着优质化方向转变，其必将影响到能源消费总量与结构的变化。传统的秸秆、薪柴和煤炭消费在农村家庭的能源消费中比重下降，沼气、电力、天然气、成品油等新的能源消费需求上升，农村地区可供选择的能源品种和供应量增加，农民的能源消费需求被激发出来，能源消费数量出现较大幅度的增加。综合考虑新型城镇化、农民生活水平的提高、居住方式和生活方式的变化，能源结构的调整，各种用能设备保有量的变化，以及节能和可再生能源技术的推广应用等因素，"十三五"期间全省农村居民生活用能消费总量和优质能源需求量将进一步加大，必将为农村能源发展提供市场驱动力。

5. 农村可利用废弃物资源丰富，迫切需要与之配套的资源化利用新技术

一方面全省农村可利用废弃物资源丰富，另一方面农村废弃物开发利用不足，造成严重的环境污染，使农业面临着发展与环境污染的双重压力。当前，随着畜禽养殖业的快速发展，改变传统的能源生产和消费方式，利用畜禽粪污开发利用沼气清洁能源是在实现农村经济发展和环境保护最好的选择之一。沼气利用与秸秆利用等新型能源技术在回收有机肥资源，用来治理污染、净化环境、回收能源、有机农业、改善生态环境方面发挥了重要的作用。但是，在利用农业废弃物生产生物质能源和生物肥料等方面，迫切需要发展禽畜粪便厌氧消化、农作物秸秆热解气化、生物质转换等新能源技术与之相配套，促进农业废弃物的高效循环利用。

（二）资源条件

湖北省处于中国地势第二级阶梯向第三级阶梯过渡地带，植被具有南北过渡特征，又处在中国东西植物区系的过渡地区，农村能源资源十分丰富，开发利用潜力较大。

1. 农作物秸秆资源

湖北是农业大省，农作物秸秆资源十分丰富，每年产生农作物秸秆 3490 多万吨。随着农业生产和农民生活方式的转变，农作物秸秆剩余量逐年增多，其中相当一部分被付之一炬，严重污染空气，加重土壤板结，危及公共安全。根据 2015 年《湖北省人民代表大会关于农作物秸秆露天禁烧和综合利用的决定》的要求，到 2020 年全省农作物

秸秆综合利用率力争达95%以上。除农作物秸秆用于肥料化、饲料化、基料化、原料外，其余约1700多万吨秸秆可进行固化成型燃料、气化、秸秆炭化、秸秆沼气等利用，秸秆能源化利用潜力较大。

2. 养殖、果蔬废弃物资源

湖北是畜牧大省，是全国畜禽产品重要生产基地，全国重要生猪调出大省，近年来畜禽产业发展较快，生猪规模化养殖比例达76%以上，家禽、牛羊规模养殖比例分别达85%和44%。畜禽粪便资源十分丰富，全省现有分散养殖农户730万户，养殖小区共66364处，养殖大户共861处，生猪出栏量约4500万头，牛、羊出栏量约152万头和540万只，家禽约51600万只；每年可产生7200万吨粪污。"十三五"期间，如稳定这一发展势头，全省按规模化养殖场污染治理率95%计，将有6840万吨的粪便资源可开发利用，可开发沼气约41.03亿立方米，折标准煤293万吨。另外，还有蔬菜播种面积约1890万亩，水果种植面积约640万亩，每年可生产蔬菜4000多万吨，水果600多万吨。据统计，每年可收集蔬菜废弃物约945万吨，蔬果加工废弃物1000万吨，可开发沼气，沼气开发潜力很大。

3. 林木三剩物资源

全省现有森林面积736万公顷，林地面积860多万亩，活立木总蓄积39580万立方米，森林蓄积36508万立方米，每年因砍伐、建材、加工形成的林木"三剩物"约2000万吨，残枝败叶等废弃物在150万吨以上，折1227万吨标准煤，尤其以山区林业废弃物（薪柴）资源量较为丰富。目前由于农村耗能结构的改变以及薪柴燃用方法落后（直燃），山区薪柴资源还没有有效全部利用，其高质化能源开发利用空间较大。

4. 太阳能资源

全省年均日照1100~2000h，太阳总辐射量达3200~4800MJ/（m^2·a），在年均太阳总辐射量、日照时数、年天晴日数等指标方面，鄂东北、鄂西北、鄂北岗地资源较丰富，对于光电和光热直接利用有利；江汉平原、鄂东南及鄂西北一部分地区是光热与光—生物综合利用的最佳区域，有较好的开发利用太阳能资源潜力。

5. 风能资源

全省风能资源可利用区域面积为5575.48km^2，实际可开发区域面积为1664.16m^2，可装机容量为332.8kW，开发利用潜力大。其中，山体相对独立的中高山地区、北岗地到江汉平原的冷空气南下通道区域、湖岛及沿湖地带风能资源丰富，平均风力均超过每秒6米，可满足风力发电的要求，尤其是湖北省风力冬春强盛、夏秋减弱的特点，正好与水电互为补充。在与现行大电网并行不悖的情况下，可以在城市和乡村大力开发和实行小电网。

6. 地热资源

经初步计算，全省地热资源的可开采量达11.65×$10^4 m^3$/d，其中天然流量为

$8.44 \times 10^4 \mathrm{m}^3/\mathrm{d}$，主要集中分布在 4 个地区的 33 个县（市），其中鄂东北地区，以温热水、热水地热田（或泉）为主：主要分布在英山、罗田、蕲春等县市；鄂东南地区，以温水地热田为主：主要分布于咸宁、崇阳、通山、赤壁、嘉鱼等县市；鄂西北地区，以温水地热田为主，主要分布于房县、保康、郧县、郧西等县市，其余地热分布于全省各地，主要分布于京山、应城、钟祥、长阳等县市。目前除全省地热资源主要用于温泉洗浴、养殖、医疗保健、体育等方面，从长远来看还具有供热和发电能力，开发利用空间和潜力较大。

（三）建设需求

1. 户用沼气

全省到"十二五"末尚有 730 万户农户适宜建设户用沼气，在全省山区和丘陵的实地规划调研表明其户用沼气池的使用率超过了 85%，户用沼气的需求还是很大。这些农户主要分布在经济欠发达的山区和丘陵，无论从保护生态和满足清洁能源供给，还是从全省经济社会均衡发展角度考虑，这些地区都应该继续稳步有序推进户用沼气发展。另外，有相当一部分早期建设的沼气池使用寿命超过 15 年，需要在"十三五"期间进行逐步淘汰和更新，还有一部分病池、旧池需要维修。

2. 规模化沼气集中供气工程

随着我省新农村和美丽乡村建设以及城镇化加速推进，同时农村劳动力转移，散户畜禽养殖数量急剧减少，规模养殖企业快速发展，传统的农村能源项目结构面临新挑战。全省现有自然村组 16 万个，推进村庄集并后，新建社区、小区、村组估计还有 8 万个之多。这些村组亟待盼望以集中供气的方式供给清洁优质能源，寻找农村能源建设新的方向性支撑点势在必行。实践证明，小型沼气集中供气工程具有投资适中、占地面积较小、便于管理维护等优点，既适合我省分散村组居民对集中供气的需求，又符合国家规模化集中供气的投资方向，是推进农村能源专业化、标准化、市场化和长远化的有效路径，需求量巨大。另外，还有针对养殖大户粪污和秸秆等有机质资源等较集中的特点，建设规模化集中供气沼气工程，满足人口较为集中的村镇对集中供气的需求，发展前景广阔。

3. 秸秆能源化利用

全省每年可能源化利用林木"三剩物"2000 万吨和秸秆 1700 万吨资源量，其中水稻秸秆 700 万吨、小麦秸秆 300 万吨、玉米秸秆 300 万吨、棉花秸秆 300 万吨、油菜秸秆 100 万吨。同时，为落实省政府提出的从 2015 年开始全省范围全面禁止焚烧秸秆的任务，需要对这些生物质资源进行规模化沼气、固化、气化和推广高效节能半气化生物质炉等工程和措施开发利用。水稻、玉米和小麦秸秆适合秸秆沼气工程利用，油菜和棉花秸秆适合秸秆固化利用，林木"三剩物"适合碳气联产利用，探索秸秆综合利用的新途径。

4. 生物天然气工程

随着国家能源发展战略"2020 年在总能耗中可再生能源要达到 15%"的期限日趋接近，目前国家对可再生能源的一系列优惠政策连续出台，如沼气工程提档升级投资补贴、可再生能源产品终端补贴等。全省可能源化利用的 1700 万吨/年秸秆、6840 万吨/年的畜禽粪便和 1945 万吨/年蔬果废弃物等资源，为生物天然气工程提供了丰富的原料。在"十三五"期间，综合利用多种农业废弃物生物质资源开发可再生生物天然气优质能源是重大方向。

5. 太阳能产品

随着农村收入的增加生活条件改善，农村对太阳能热水器、路灯、分布式发电等光伏产品的需求逐年加大。目前全省农村安装太阳能热水器（中央和地方财政资金补助项目）约为 21.3 万台，普及率约 7.8%，远低于江苏、浙江等发达省份。据测算，"十三五"期间在我省太阳总辐射量在 $3200 \sim 4800MJ/(m^2 \cdot a)$，晴天日数 130 天以上的农村地区对太阳能热水器需求量将高达 300 万台以上。此外，随着新农村建设和城镇化快速发展对太阳能路灯的需求量日益增加，对分布式光伏能源系需求也逐年增加。

三、总体思路

（一）指导思想

坚持以科学发展观为指导，根据国家推进生态文明建设、促进农业可持续发展和可再生能源创新发展、防治农业和大气污染总体要求，紧紧围绕"强能力、调结构、惠民生"发展目标，坚持"因地制宜、多元投入、建管并重、创新举措"基本原则，以科技创新为支撑，以市场效益为向导，以服务民生为宗旨，以转型升级为重点，积极转变农村能源发展方式，着力推进农村能源结构调整，深化农村能源服务体制机制创新，加快构建"清洁高效、多元互补、城乡协调、统筹发展"的现代农村能源体系，提高可再生能源在能源消费中的比重，促进农村能源健康持续发展。

（二）基本原则

坚持因地制宜，重点突出的原则。依据不同地区资源和地域差距，结合农户需求，统筹规划，合理布局，突出重点，有序开发，分期推进，逐步形成不同类型、不同特点的农村能源建设新格局，最大限度发挥各地能源资源优势。

坚持政府引导，市场主体的原则。进一步加强政府规划指导、政策引导的力度，充分发挥市场机制在农村能源建设中的作用，引导农民和业主自筹资金，鼓励和引导符合条件的多元市场主体参与农村能源项目建设，推动农村能源建设项目持续高效运行，最大限度发挥经济效益。

坚持建管并重，机制创新的原则。按照可持续发展的需求，探索农村能源建设可持续发展新模式和长效运行机制，既要提高建设标准和质量，更要注重管理和运行，形成齐抓共管的建设局面，充分发挥农村能源建设的综合利益，实现农村生态、能源、经济、社会的良性循环。

坚持科技支撑，技术创新的原则。紧紧抓住世界能源技术大变革、大调整的有利时机，以增强能源技术和管理创新能力作为转变农村能源发展方式的重要手段，推进现代能源新技术、新产品、新模式的开发应用，不断提升能源设施建设和管理服务的信息化、自动化和智能化水平，提高农村能源科技创新服务能力。

（三）发展目标

在"十三五"期间，通过努力建设，实现非化石能源占一次性能源消费比重达到15%，实现农业部提出的畜禽排放物基本能源与资源化利用、秸秆基本能源与资源化利用，实现美丽乡村和生态文明建设，实现农民生产生活用能更便捷、居住环境更卫生、生活环境更优美三大目标。具体指标是：

1. 结构调整

到 2020 年，在农村新能源和可再生能源占一次性能源比例达 25% 以上，民用清洁燃烧炉具普及率 80% 以上。

2. 能源供给

到 2020 年，每年新产生沼气 2.1 亿 m^3，新增加年供给生物天然气 3285 万 m^3 和秸秆固化成型燃料 100 万吨，新提供优质有机沼液沼渣肥近 1400 万吨，年增加消耗畜禽粪污近 1500 万吨和秸秆 150 万吨以上。全省清洁能源受益农户增加 100 万户，使农村清洁能源入户率达到 45% 以上。

3. 节能减排

到 2020 年，新增二氧化碳减排量 100 万吨，对全省年度减排总量的贡献比例达到15% 以上，节能减排炉具推广有较大提高，成型燃料成本明显下降。

4. 服务体系

到 2020 年，建立完善的农村能源综合服务体系，实现农村能源后续服务网点覆盖率达到 90% 以上，确保工程能持续、稳定和安全运行，发挥应有的效益。

四、重点任务

围绕上述思路和目标，"十三五"时期重点完成六项任务。

（一）大力发展新能源与可再生能源，全面拓展农村能源开发空间

综合考虑不同地区农村资源条件和用能习惯，与美丽乡村建设、循环农业发展、农村环境综合治理相结合，加快各类沼气工程建设和太阳能开发利用，积极开发推广节能减排炉灶，因地制宜开发微水电、风能、地热能等新能源，进一步拓展农村能源开发空

间。积极拓展农林及其他有机废弃物的循环利用途径，推广生物质成型、气化和炭气油联产技术，加强农林废弃物能源化利用；适度发展能源作物种植，生产非粮生物液体燃料。以能源示范村方式参与"美丽乡村"建设，促进农村炊事、取暖和洗浴用能高效化、清洁化，形成"多能互补"的农村能源格局。

（二）推进农村能源结构调整与优化，促进农村经济社会低碳发展

坚持"因地制宜、多能互补、开发与节约并举"的原则，倡导多元化的用能结构。能源利用上，合理调整以薪柴、秸秆、沼气为主的生活用能结构，鼓励开发生物质能、太阳能、风能、水能等多种可再生能源，实现农村能源以沼气建设为主向多种清洁能源同步推广的转变。能源布局上，根据农村产业结构和养殖方式的转变以及美丽乡村建设的需要，适时调整建设重点，丘陵山区适度发展户用沼气，平原湖区重点建设规模化集中供气和生物天然气工程；加快秸秆和林业"三剩物"资源能源化利用建设步伐，提高农村能源建设与农业生产、资源环境、农民生活的匹配度。能源项目上，积极发展以生物质能源为主要内容的生物质产业，重点推动生物质炭、生物质燃气、生物天然气等工程的建设；鼓励有条件的地方发展太阳能发电、采暖、供热工程；积极发展"产业沼气"，推动沼气应用由生活为主向生活、生产、生态一体化发展，提高沼气综合利用效益，使农村能源建设融入到大农业中。

（三）加快推进农村能源科技创新，提高能源开发和利用效率

围绕制约农村能源发展瓶颈问题，加大农村能源技术创新投入，依靠科技进步，鼓励技术创新，把农村能源利用技术与种植、养殖技术进行有效结合，与生态环境保护和经济社会建设紧密结合。根据农村生产、生活实际需要，集中资金、集中力量加大农村能源新技术、新产品的引进、吸收，示范推广和开发利用。加强科研示范和产业化的衔接，促进技术集成，加快模式转化进程，促进科研成果迅速转化为生产力，充分发挥农村能源在拉长和优化农业产业链条中的积极作用。鼓励扶持农民合作组织、养殖企业和家庭农场等新型农业经营主体，通过秸秆和畜禽粪便等农业有机废弃物能源化利用，发展循环农业与生态农业，促进农业生产绿色、循环、低碳可持续发展，延长农业生产链条，提高农业生产效益，提升农业发展水平。

（四）加强农村能源民生工程建设，有效改善农村居民生活条件

坚持以保障和改善民生为出发点，统筹城乡和区域能源发展，加强农村能源项目建设，重点推进落后地区能源项目建设。在农作物秸秆资源丰富的地区，建设秸秆沼气、秸秆气化站、生物质固化成型等工程，通过秸秆沼气、气化、固化成型等方式将农作物秸秆进行能源化利用，为城乡居民和工农业生产提供高品质生物质能源。在畜禽粪便和秸秆资源丰富的地区，集中力量示范建设一批规模化生物天然气工程，为城乡居民提供商品化可再生能源。积极引导和支持农户使用太阳能产品，逐步推进条件成熟的乡村实

施太阳能路灯建设工程。在偏远地区建设一批太阳能发电、风光互补电站、太阳能热利用等设施，提升太阳能利用层次。大力实施生活污水处理、养殖小区沼气工程，减少面源污染。

（五）构建农村能源综合服务体系，提升农村能源服务水平

建立和完善以县级服务中心为龙头，片区服务站为骨干，村组服务网点为支撑，示范户为基础，城乡联动、上下贯通、功能齐全、运转高效的农村能源综合服务体系。加大资源整合力度，重点建立健全"县（区）级沼气后续服务中心＋片区沼气服务点"的梯级沼气后续服务行业网络体系，推动农村沼气以建站布点为主向建管结合的运营机制转变。适应农村能源建设转型升级新要求，加强基层能源技术服务人才队伍建设，优化农村能源项目建设管理运行模式，按照服务人数、服务区域配备能源专业服务人员，推动农村能源技术服务逐步实现由注重项目管理转为注重行业管理。鼓励合作社、公司、农民兴办各种形式的农村能源服务组织，为农民提供市场化服务。

（六）着力推进农村能源市场化建设，提高农村能源建设项目综合效益

创新发展理念模式，在政府引导和政策支持下，充分发挥市场机制的作用，通过培植市场主体，完善产业服务方式，改善发展环境，多渠道吸引民间资本参与农村能源设施建设，提高农村能源建设综合效益。积极探索农村能源建设新模式，鼓励社会资本通过直接投资、融资租赁等方式参与农村能源项目建设、管理与运营。重点参与生物天然气、规模化沼气集中供气、秸秆能源化、光伏发电、风电、地热等新能源建设。积极探索以农户为主体，自筹资金建设户用沼气池、使用太阳能产品、使用生物质炉灶等节能产品的发展模式，巩固农村能源建设成果，提高农村清洁能源利用率，进一步提升农村能源建设项目综合效益。

五、重点工程和项目

"十三五"全省农村能源建设，中央资金主要支持重点项目和重大项目，省级资金主要支持面上项目和重点项目。既突出重点，又兼顾面上，形成点面结合科学全面发展的局面。

（一）面上项目建设与布局

1. 农村户用沼气

"十三五"期间，全省新建户用沼气10万户。建设内容主要是"一池三改"，主要在十堰、黄冈、宜昌、襄阳、恩施等地。规划与需求对比如图1所示，规划布局如图2所示。

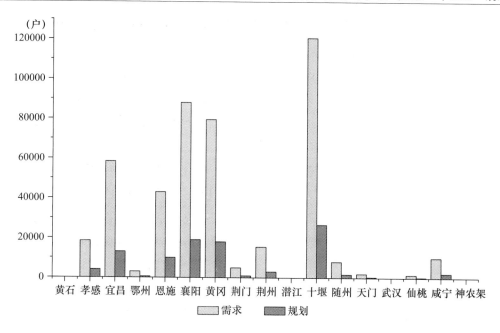

图1　户用沼气需求与规划户数对比

图2　湖北省户用沼气建设布局示意图

2. 秸秆（炭）气化、秸秆固化和大型秸秆沼气工程

"十三五"期间全省新建各种秸秆利用工程 150 处，供气农户 10 万户，其中新建秸秆（炭）气化工程 25 处，每年新建 5 处，到 2020 年末，供气农户达 2.5 万户以上；新

建秸秆固化工程 100 处，每年新建 20 处，力争到 2020 年末，秸秆固化成型燃料年利用量达到 100 万吨左右；新建大型秸秆沼气工程 25 处，每年新建 5 处，力争到 2020 年末，供气农户 1.25 万户以上。建设布局为秸秆（炭）气化集中供气工程和秸秆固化工程主要布局在棉产区、林业"三剩物"比较丰富的地区，主要在恩施、黄冈、襄阳、荆门、直管市（天门、潜江、仙桃）等地；大型秸秆沼气工程布局在主要粮油产区，主要在荆州、荆门、黄冈、襄阳等地。

秸秆利用工程的建设内容分别是：秸秆（炭）气化工程中鼓励采用炭气联产技术；原料预处理及输送系统；气化炉及净化装置；炭化炉；贮气罐；配有发电机等基础设备；供气管网。秸秆固化工程：原料预处理及输送系统；原料混合设备；秸秆铡切、粉碎设备；生物质挤压成型设备。大型秸秆沼气工程：秸秆铡切、揉撕设备；原料堆沤预处理装置；高效厌氧发酵装置；进出料机具，后处理堆肥制肥等；沼气储存与供气系统；基于物联网信息采集与传输系统等。

规划与需求对比如图 3、图 4、图 5 所示，规划布局如图 6 所示。

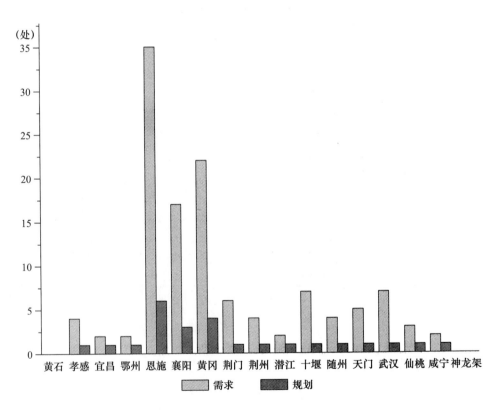

图 3　秸秆（炭）气化工程需求量与规划量对比

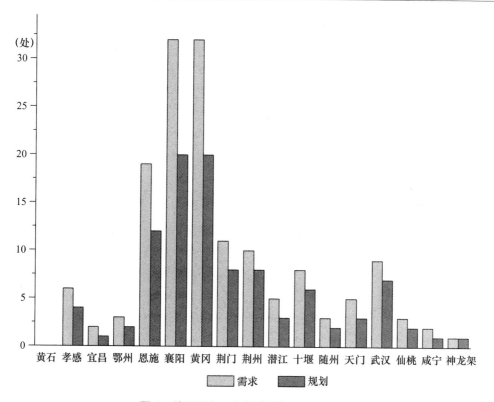

图4　秸秆固化工程需求量与规划量对比

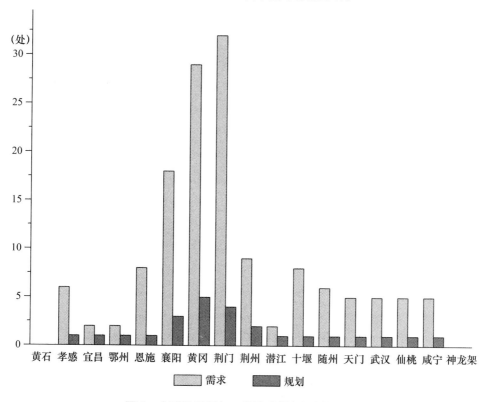

图5　大型秸秆沼气工程需求量与规划量对比

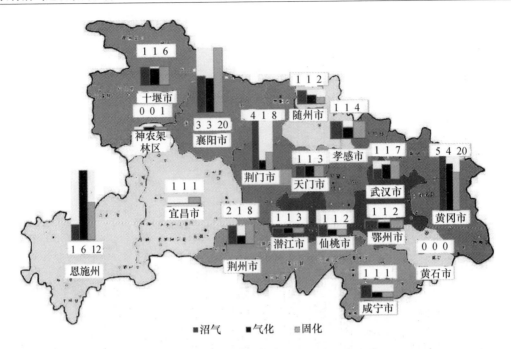

图 6　湖北省秸秆（炭）气化、固化和大型秸秆沼气工程建设布局示意图

3. 高效低排生物质炉

"十三五"期间全省推广高效低排生物质炉 20 万户，在全省充分利用秸秆、薪柴等生物质资源，大型秸秆沼气工程布局在主要粮油产区，主要在宜昌、恩施、襄阳、十堰、咸宁等地。规划与需求对比如图 7 所示，规划布局如图 8 所示。

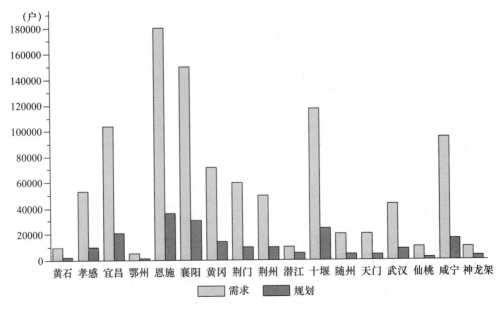

图 7　高效低排生物质炉需求量与规划量对比

图8 生物质半气化炉建设布局示意图

4. 太阳能热水器

"十三五"期间全省推广高太阳能热水器 12.5 万户，在全省充分利用太阳能资源，提高农民生活质量。规划与需求对比如图 9 所示，规划布局如图 10 所示。

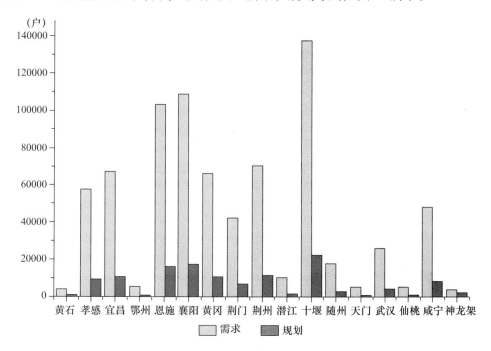

图9 太阳能热水器需求量与规划量对比

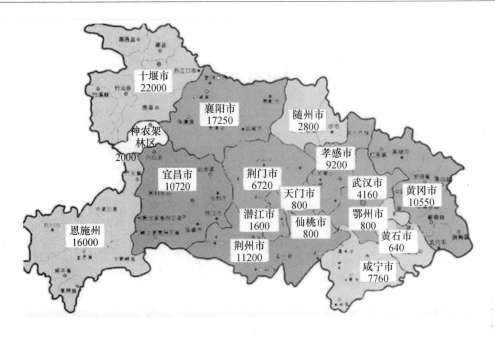

图 10 太阳能热水器建设布局示意图

5. 服务体系

"十三五"期间全省新建乡、村服务网点 1000 处，每年新建 200 处，主要分布在宜昌、黄冈、荆门等地。规划与需求对比如图 11 所示，规划布局如图 12 所示。

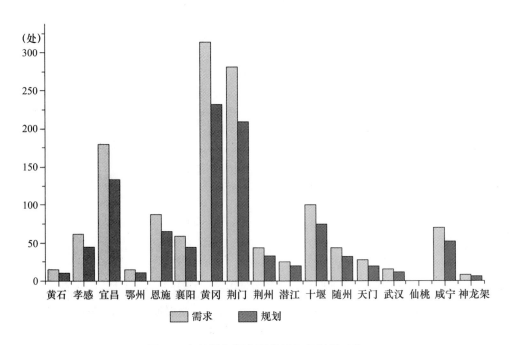

图 11 乡村服务网点需求量与规划量对比

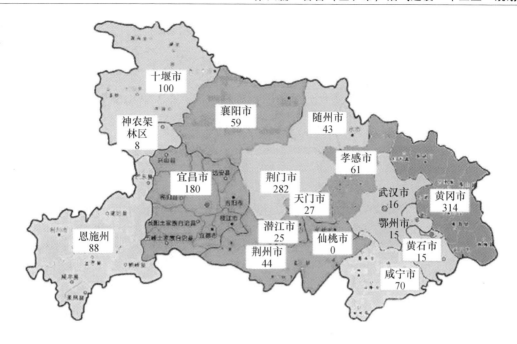

图 12 乡村服务网点建设布局示意图

到 2020 年末，基本实现全省 330 万沼气用户服务的全面覆盖目标。

到 2020 年末，共培养技师 100 名，高级工 1500 名，保证每个建设县技师不少于 1 名，高级工不低于 20 名。省实训基地建在武汉；科技支撑平台通过集中相关大专院校、科研院所、企业研发机构的优势，以项目引导进行组建。

6. 三沼综合利用

"十三五"期间，选择 40 个条件较好的县（市）进行三沼综合利用试点示范，示范点的沼气、沼液、沼渣达到 100% 全面开发利用，发挥其综合效益。

7. 可再生能源终端产品补贴

"十三五"期间，选择 40 个条件较好的县（市）开展对生物燃气和生物有机肥等终端产品的补贴试点，通过补贴带动和促进可再生能源可持续发展。

8. 碳减排交易

"十三五"期间，参与 CCER 碳减排交易，通过碳减排交易为农村能源服务体系提供资金支持，使农村能源运行机制形成良性循环，提高各类已建工程的使用率。

9. 其他农村能源项目试点示范

"十三五"期间，充分利用各种可再生资源，在全省范围内，结合新农村建设推广太阳能路灯、风力提水和微水电等，开展分布式太阳能光伏利用发电试点示范。

（二）重点工程和项目布局

1. 小型沼气工程

"十三五"期间全省新建小型沼气工程 10000 个，沼气入户 50 万户，主要分布在专业户养殖较多的平原和丘陵地区，主要在十堰、黄冈、宜昌、襄阳、孝感、恩施、荆州、荆门等地。到 2020 年末，基本实现养殖小区畜禽粪便的减量排放及能源化利用。

小型沼气工程向养殖小区和养殖大户较为集中的地区倾斜，鼓励以村或服务体系合作社为主体建设和运营，建设沼气发酵池、预处理设施、供气装置和沼肥利用设施等基础内容，以及形成发酵、供气、残余物利用的整体配套系统规划与需求对比如图 13 所示，规划布局如图 14 所示。

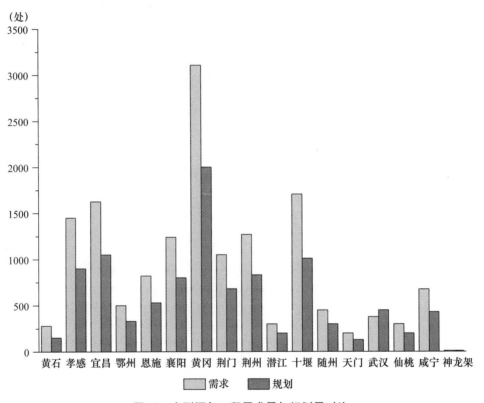

图 13　小型沼气工程需求量与规划量对比

2. 规模化沼气工程

"十三五"期间全省新建大中型规模化沼气工程 150 处，沼气入户 4.5 万户，主要分布在集约化养殖场较多的平原和丘陵地区，主要在十堰、黄冈、宜昌、襄阳、孝感、恩施、荆州、荆门、随州、武汉等地，鼓励有经济实力的村或企业建设和运营。力争到 2020 年末，全省 70% 以上的万头养殖场配套沼气利用工程，实现养殖粪污的减量排放和资源化利用。

主要建设包括预处理设施，沉淀、调节、计量、进出料、搅拌等装置；发酵装置，以 CSTR、USR 等工艺为主建设搪瓷钢板中温发酵装置；脱硫脱水等沼气净化利用设施；沼气储存、输送和利用装置；沼肥、沼渣、沼液存储、输送与运输及综合利用设施；商品有机肥加工系统及基于物联网信息采集与传输系统等。

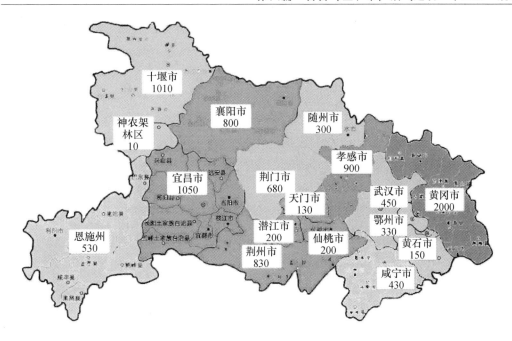

图 14　小型沼气工程建设布局示意图

规划与需求对比如图 15 所示，规划布局如图 16 所示。

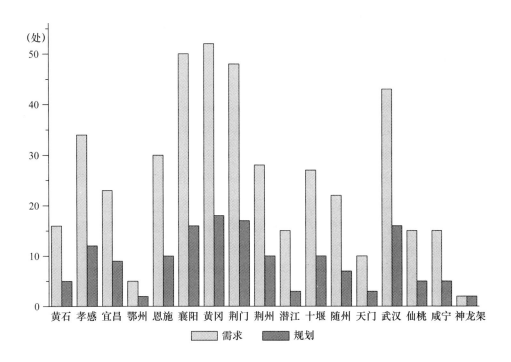

图 15　大中型沼气工程需求量与规划量对比

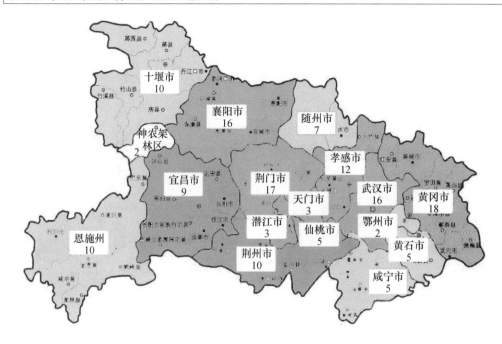

图 16 大中型沼气工程建设布局示意图

3. 信息共享平台建设

"十三五"期间，力争建设一个信息共享平台，对于覆盖全省重点建设项目，该平台具有以物联网传感硬件为基础的信息收集系统，以互联网为信息传输通道，实现信息收集和共享；对于一般项目，该平台对数据进行收集、储存和提取，建立数据库；对于建设单位和用户，提供技术咨询服务，建设专家系统；对农村能源产品，提供以数据库和专家系统为技术支撑的物联网加，实现网上营销，满足供需，为农村能源的项目建设、运行状况、技术监督、技术服务、统计数据收集等服务。

4. 农村能源科技创新和服务能力提升工程

建立集农村能源技术攻关、装备研发、培训、技术指导等功能为一体的省级科技支撑平台，为建设清洁能源示范县、村和沼气综合利用试点提供技术服务，探索以沼气为纽带的生态循环农业新模式；为生物天然气工程探索多原料、多工艺、零排放、沼气提纯等组合技术；突破秸秆气化焦油减量和利用等关键技术；开发太阳能、风能、地热能等新能源利用技术与装备。力争"十三五"期间，共培训技师 100 名，高级工 1500 名，保证每个建设县技师不少于 1 名，高级工不低于 20 名。

（三）重大工程项目

"十三五"期间，全省建设特大型生物天然气工程 15 处，进行提纯高质化能源利用，实现规模化生产和市场运营。建设地点应选在生物质原料丰富、生物质产品市场需求较强、地方政府扶持力度较大、建设业主积极性很高和资金自筹能力强的地区。

（四）投资估算及资金筹措

"十三五"全省农村能源建设需要投资建设资金 51.65 亿元（投资概算参照 2014 年物价水平），其中中央投资 15 亿元，占总投资的 29.05%；省级投资 10 亿元，占总投资 19.36%；市和县投资 5 亿元，占总投资的 9.68%；自筹 21.65 亿元，占总投资的 41.9%。"十三五"期间建设规划及投资结构详见附件 1。

六、保障措施

（一）加强领导，明确责任

农村能源建设是全面深化生态文明建设的重要组成部分，是建设美丽乡村的重要内容。各级政府要提高认识，切实把农村能源建设列入重要议事日程、加强组织领导、搞好部门协调，明确各方职责，共同做好规划的落实和组织实施工作。农业部门会同发改、财政、审计等部门搞好项目的申报、审核、批复和监管等工作。市、县、乡加强制度建设，明确职责，责任到人。实行项目建设目标责任制，层层签订责任书，实行"年度验收、评比打分、择优扶持"的绩效考核办法，确保规划项目建设质量和进度。

（二）健全机制，强化管理

按照简政放权要求，推动项目管理权限下放和简化项目申报程序，项目申报审核、物资招标采购权限下放至市县，扩大市、县项目申报审核和验收权限。按照公共财政管理要求，实行农村能源建设全过程计算机信息系统管理，运用绩效考评体系标准，采取科学规范的考评方法，对农村能源建设资金效益情况，作出科学客观公正的评价，为合理分配资金和优化支出提供依据。建立全省农村能源建设奖励机制、责任追究制度。

（三）规范管理，强化服务

一是强化建设管理。对农村能源建设的重要环节，实行市场准入制度，沼气技工必须持证上岗；施工单位必须具有相应资质。二是强化环境建设。简化审批程序，规范认证、检测、监理和培训等程序，创造良好的有序竞争的市场环境。三是强化建后服务。因地制宜，探索不同的服务模式，重点发展县城内全托式服务模式和由专业公司建管用"一条龙"服务模式。

（四）科技创新，加强培训

依托科技支撑体系，突破现有技术瓶颈，加快技术转化，逐步实现沼气建设机械化、专业化和标准化，努力提高我省农村能源开发科技水平。开展技术交流与合作，引进农村能源新技术、新产品、新设施、新模式，因地制宜地推广成熟的技术和模式。制定年度培训计划，培养一支业务精通、技术过硬的农村能源建设队伍，建立起完善的社会服务体系。专群结合，建立制度，加强农村能源设施建成后的维护，实现农村能源的专业化管理。

（五）多元筹措，保障投入

遵循"政府引导、社会参与、多元筹措、区别对待"的原则，采用积极争取中央财政项目资金、整合相关资金和发动农户自筹资金等方式，多渠道筹措建设资金，带动全省农村能源建设。中央财政扶持主要用于生物天然气工程、规模化沼气工程及同业主多地点建设的小型沼气工程等重点工程和重大工程补贴，省级财政扶持主要用于关系到全省广大农村千家万户能否使用到清洁能源、关系到全省农业面源污染及美丽乡村和生态文明建设、关系到全省范围全面禁烧秸秆等项目的补贴，主要包括户用沼气、小型沼气工程、秸秆综合利用工程、服务体系建设、节能产品推广、"三沼"综合利用等。充分发挥资金的投资效益，防止无序的重复建设。同时，积极利用国际资金，特别是利用好 CCER 碳减排机制，为服务体系筹集运行经费。

附　件

附件 1　湖北省"十三五"农村能源建设规划及投资概算表

序号	项目类别	单位	建设规模	受益农户（户）	补助标准（万元）	投入资金合计（万元）	中央补助资金（万元）	省级投资金（万元）	自筹（万元）
合计				1050000		516500	150000	150000	216500
1	生物天然气工程	处	15		4000	180000	60000		120000
2	大中型沼气工程	处	150	45000	150	45000	22500		22500
3	大型秸秆沼气工程	处	25	10000	200	10000	5000		5000
4	小型沼气工程	处	10000	500000	12	150000	60000	60000	30000
5	终端产品补助	万 m³	5000		1.0	5000	2500	2500	
6	户用沼气	户	100000	100000	0.3	40000		30000	10000
7	户用沼气池修复	户	50000	50000	0.1	5000		5000	
8	乡村服务网点	个	1000		5	5000		5000	
9	秸秆气化工程	处	25	20000	200	5000		5000	
10	秸秆固化成型	处	100		100	10000		10000	
11	高效低排生物质炉	台	200000	200000	0.08	20000		16000	4000
12	三沼综合利用	处	100		50	5000		5000	
13	其他能源建设	处	100		10	1000		1000	
14	省共享信息平台	处	1		500	500		500	
15	太阳能热水器	台	125000	125000	0.08	35000		10000	25000

附件2　湖北省已有秸秆和畜禽资源量

县（市、区）	秸秆量（万吨）					散养畜类（户）			小型畜禽养殖场（个）			大型畜禽养殖场（个）			其他可利用生物质（万吨）
	水稻	小麦	玉米	棉秆	其他	猪	牛	羊	猪（年存栏500~2000头）	牛（年存栏30~200头）	鸡/鸭（3万~8万只）	猪（年存栏3000头以上）	牛（年存栏500头以上）	鸡/鸭（15万只以上）	
湖北省	2383.45	1219.8	1162.71	340.7	1562	3137852	612706	1145677	21244	10259	6826	2905	594	872	1442.65
恩施州	60.49	4.026	145.62	0	60.6	624556	97075	88297	1718	768	162	82	43	17	125
恩施市	10	2	20	0	0	120000	50000	20000	600	300	100	50	30	10	3
建始县	1.2	0.15	11	0	0	102580	3093	43813	12	8	0	0	0	0	24
巴东县	2.3	1.8	25	0	1	95800	2000	6000	10	5	7	6	4	4	5
利川市	13.17	0.076	21.8	0	10	120000	15000	3500	600	80	10	6	2	0	20
宣恩县	6.95	0	9.9	0	5.83	40000	8000	9000	400	100	10	3	3	1	20
咸丰县	20	0	45	0	40	60000	5000	2000	15	200	15	5	2	2	50
来凤县	5.07	0	3.42	0	2.67	41076	7436	1107	73	72	18	11	0	0	0
鹤峰县	1.8	0	9.5	0	1.1	45100	6546	2877	8	3	2	1	2	0	3
十堰市	431.63	639.32	516.1	0	712.3	369417	81867	101583	768	1061	305	53	32	59	518.84
丹江口市	4.46	4.63	4	0	2.48	9170	5085	783	65	265	88	4	12	54	7.4
郧县	392	619	467	0	681	105000	45000	50000	55	33	5	10	5	2	110
房县	4	2.1	8.2	0	12.1	79536	4160	19550	115	90	30	15	0	0	21.44
郧西县	2.97	7.187	13.5	0	1.68	37278	6022	14896	120	235	15	0	0	0	0
竹溪县	18	1	6	0	6	45000	3600	4300	352	205	115	20	10	0	300
竹山县	10.2	5.4	17.4	0	9	93433	18000	12054	21	222	25	2	4	3	80
张湾区	0	0	0	0	0	0	0	0	0	1	10	0	0	0	0

续表

县（市、区）	秸秆量（万吨）					散养畜类（户）			小型畜禽养殖场（个）			大型畜禽养殖场（个）			其他可利用生物质（万吨）
	水稻	小麦	玉米	棉秆	其他	猪	牛	羊	猪（年存栏500~2000头）	牛（年存栏30~200头）	鸡/鸭（3万~8万只）	猪（年存栏3000头以上）	牛（年存栏500头以上）	鸡/鸭（15万只以上）	
茅箭区	0	0	0	0	0	0	0	0	40	10	17	2	1	0	0
宜昌市	61.77	14.53	139.45	9.95	134.1	1121467	36052	715276	3981	359	334	1201	250	41	278.49
夷陵区	4	2.4	50	0.5	10	100000	10000	45000	197	35	26	14	3	19	200
宜都市	2.5	0	8.5	0	0	20000	200	1500	230	50	100	15	230	1	0
枝江市	30.26	7.02	8.33	6.1	10.8	78500	1580	1250	205	89	68	30	6	17	0
当阳市	14.36	3.75	11.57	3.35	6.84	61223	2630	11567	785	15	8	56	0	0	7.62
远安县	6	0.3	2	0	2.5	20000	1000	500	100	50	10	30	10	2	5
长阳县	2.25	0.4	7.8	0	0	700100	3373	622500	2000	10	10	1000	1	0	14.42
兴山县	1.6	0.06	8.25	0	0	33200	8230	15200	62	2	4	1	0	0	6.45
秭归县	0.5	0.3	18	0	4	65578	557	16003	89	7	5	5	0	2	50
五峰县	0.3	0.3	22	0	0	35000	8000	1000	300	100	100	50	0	0	0
点军区	0	0	3	0	100	7866	482	756	13	1	3	0	0	0	0
襄阳市	195.24	268.58	209.36	35.12	111.1	289359	69070	85347	4973	5199	1207	532	92	186	51.3
襄州区	50	65	30	4	10	18800	12000	18400	142	116	136	32	2	24	0
襄城区	12	8.8	2.1	0.3	1.6	20389	5430	1200	128	40	5	12	0	0	0
樊城区	6.6	7.2	7	0.7	2.5	1830	510	267	180	98	45	29	19	8	0
枣阳市	56.67	61.39	43.8	12.6	23.5	93080	6530	1280	1187	20	207	107	6	93	18.3
宜城市	2.72	2.55	1.06	0.52	0.83	8000	3000	800	600	800	500	100	50	50	0
谷城县	10	6	6	0	10	43760	15500	15000	280	530	220	40	11	7	0
保康县	2.25	2.64	9.4	0	7.7	34500	2100	8400	196	45	4	6	2	2	0
南漳县	45	80	40	6	30	60000	16000	20000	2200	3500	60	200	0	0	33

续表

县（市、区）	秸秆量（万吨）					散养畜类（户）			小型畜禽养殖场（个）			大型畜禽养殖场（个）			其他可利用生物质（万吨）
	水稻	小麦	玉米	棉秆	其他	猪	牛	羊	猪（年存栏500~2000头）	牛（年存栏30~200头）	鸡/鸭（3万~8万只）	猪（年存栏3000头以上）	牛（年存栏500头以上）	鸡/鸭（15万只以上）	
老河口市	60	100	100	15	25	9000	8000	20000	60	50	30	6	2	2	0
随州市	129.04	47.43	5	6.75	11.71	226186	97852	100888	875	766	138	82	28	40	17.8
曾都区	25	10	3	3	5	52000	23000	1100	278	117	28	32	1	18	15
随县	68.2	28.2	2	2.5	3.5	132700	57000	96000	248	292	79	26	10	16	2.8
广水市	35.84	9.23	0	1.25	3.21	41486	17852	3788	349	357	31	24	17	6	0
荆门市	194.14	54.22	24.59	26.15	46.68	85773	16515	12480	2204	420	412	188	62	6	32
钟祥市	49	20	10	16	8	9335	744	3795	334	163	62	27	45	2	10
京山县	44	11	5.5	5	10	35680	3850	1150	337	130	60	44	1	2	0
沙洋县	73	10.27	2.9	0.93	20	6087	3874	268	1291	104	246	84	15	2	20
东宝区	17.5	4.43	2.55	0	4.98	8998	8000	6780	134	20	39	20	0	0	0
掇刀区	9	2	1	3	3	25527	43	453	40	1	2	4	1	0	2
屈家岭区	1.64	6.52	2.64	1.22	0.7	146	4	34	68	2	3	9	0	0	0
漳河新区															
鄂州市	38.1	2.1	2.7	7.9	27.5	527	103	14	473	46	152	23	2	3	17
黄冈市	337.32	30.38	8.85	91.06	58.67	2942	151	11	8598	1568	332	143	58	31	145
黄州区	452.32	66.78	17.45	129.66	82.07	6	4	0	91	9	2	9	1	1	21
团风县	40.12	4.2	1.1	3.23	3.3	14	0	0	160	46	224	10	18	3	26
红安县	46.82	5.39	1.6	23	5.6	0	39	0	1498	229	3	17	10	3	0
麻城市	25.3	0.73	0.5	5.83	4.77	1941	0	7	191	599	3	19	4	4	19.4
罗田县	21.7	3.6	0	0	4.1	0	2	0	280	96	22	6	2	2	
英山县	7.98	1.45	0.2	0.05	0.5	3	18	0	164	43	8	5	1	2	0.8

续表

县（市、区）	秸秆量（万吨）					散养畜类（户）			小型畜禽养殖场（个）			大型畜禽养殖场（个）			其他可利用生物质（万吨）
	水稻	小麦	玉米	棉秆	其他	猪	牛	羊	猪（年存栏500~2000头）	牛（年存栏30~200头）	鸡/鸭（3万~8万只）	猪（年存栏3000头以上）	牛（年存栏500头以上）	鸡/鸭（15万只以上）	
浠水县	34.6	2.5	1.25	1.45	7.3	510	43	4	1864	51	25	15	1	4	1.5
蕲春县	41	3	1	16	6	164	43	0	1156	453	27	23	18	5	20
武穴市	78	6	2	30	15	249	2	0	1360	10	7	21	1	3	50
黄梅县	40.6	2.3	1.2	11.3	11.8	0	0	0	1456	32	8	11	2	4	6
龙感湖管理区	1.2	1.21	0	0.2	0.3	55	0	0	378	0	3	7	0	0	0.25
咸宁市	79.138	3.6411	10.1547	0.6853	14.77	169023	24056	4056	636	202	196	78	16	11	0
咸安区	13.91	0.0648	1.562	0.0285	6.2	36015	2351	549	100	16	3	9	1	1	0
赤壁市	17.72	0.1797	0.2492	0.2903	4.016	31560	5780	970	110	50	15	30	1	2	0
嘉鱼县	11.97	1.494	3.498	0.231	1.6	7253	5849	327	26	4	2	2	1	0	0
通城县	15.116	0.2322	0.7925	0.0355	0.83	24589	4250	961	200	18	7	12	6	0	0
崇阳县	13.154	0.8311	2.1699	0.1	1.436	32750	3000	500	80	65	120	20	5	5	0
通山县	7.2682	0.8393	1.8831	0	0.687	36856	2826	749	120	49	49	5	2	3	0
黄石市	92.82	17.206	11.1358	8	12	24451	14315	1445	333	56	23	60	1	15	5
大冶市	22.82	2.2056	1.1358	0	0	21325	13400	203	190	31	16	36	1	13	0
阳新县	70	15	10	8	12	3126	915	1242	143	25	7	24	0	2	5
孝感市	198.79	43.12	3.94	10.41	27.25	55954	47357	6484	1870	348	1689	192	36	417	34.27
孝南区	18.6	2.2	0.2	0.8	7.8	534	326	52	157	23	78	7	3	12	33.2
应城市	28.42	4.5	0.25	1.45	5.95	1349	371	120	116	27	80	18	0	12	0
云梦县	8.31	0.63	0.19	0.34	0.059	4850	1882	182	112	16	80	12	1	126	0.47
安陆市	42.67	12.18	0.12	0.19	3.63	4961	16507	4358	315	7	228	10	12	0	0
汉川市	53.04	14.83	2.74	6.81	0	1935	82	448	88	35	709	23	0	57	0
大悟县	26.25	3.86	0.39	0	9.41	45000	28000	1000	150	128	1	7	0	0	0

续表

县（市、区）	秸秆量（万吨）					散养畜类（户）			小型畜禽养殖场（个）			大型畜禽养殖场（个）			其他可利用生物质（万吨）
	水稻	小麦	玉米	棉秆	其他	猪	牛	羊	猪（年存栏500~2000头）	牛（年存栏30~200头）	鸡鸭（3万~8万只）	猪（年存栏3000头以上）	牛（年存栏500头以上）	鸡鸭（15万只以上）	
孝昌县	21.5	4.92	0.05	0.82	0.4	1325	189	324	932	112	513	115	20	210	0.6
荆州市	310.66	35.42	40	89.98	192.4	104713	24412	11287	2285	435	1316	178	12	42	80.1
荆州区	16.56	5.4	30.1	2.56	10.56	5988	165	344	42	26	28	6	1	12	50.6
沙市区	8.45	2.54	0	0.7	0.7	8520	698	32	22	5	8	4	1	0	0
江陵县	24.4	4.6	0.16	11	0.3	18000	0	31	48	20	15	36	0	1	0
松滋市	26.27	3.36	3.22	5.12	9.12	23501	4831	10414	308	141	39	33	2	1	0
石首市	17.7	6.8	3.5	9.9	18.8	20000	200	100	30	60	30	20	5	20	28
监利县	113	1.5	2.25	30	103.8	13304	14688	56	1222	59	1037	59	0	2	0
公安县	56.08	9.82	0.27	27.4	44.99	12400	2830	210	53	114	109	12	1	1	0
洪湖市	48.2	1.4	0.5	3.3	4.2	3000	1000	100	560	10	50	8	2	5	1.5
省直辖	167.238	37.905	25.3287	47.52	95.08	21857	73736	17863	604	374	500	123	11	1	32.4
天门市	41.5	15.4	3.2	10.4	33.6	1514	66568	15408	259	294	2	46	10	0	27.4
仙桃市	76.7	9.37	15.16	28.62	25.96	1027	437	53	230	22	429	57	0	0	0
潜江市	49	13	5.7	8.5	35	8657	6158	864	107	54	67	20	1	1	5
神农架	0.038	0.1348	1.2687	0	0.525	10659	573	1538	8	4	2	0	0	0	0
武汉市	87.07	21.94	20.48	7.17	57.75	44569	30296	657	524	225	392	113	9	34	105.5
江夏区	11.45	0.52	2.02	0	13.03	17300	0	0	132	0	1	20	0	11	0
黄陂区	38.45	16.58	0.31	1.47	10	23000	28000	320	42	99	40	36	6	5	100
蔡甸区	10.25	1.66	2.45	1.5	4.72	1850	736	0	16	0	4	6	1	0	0
新洲区	24.12	2.08	0	3	3.23	2250	1560	260	243	125	345	20	1	18	5.5
汉南区	0	0	0	0	0	0	0	0	79	1	2	28	0	0	0
东西湖区	2.8	1.1	15.7	1.2	26.77	169	0	77	12	0	0	3	1	0	0

附件 3　湖北省 2016～2020 年农村能源建设需求总表

县（市、区）	建设户用沼气池（户）	建设小型沼气工程（个）	建设大型沼气工程（个）	建设高效低排生物质炉（户）	建设太阳能热水器（户）	建设大型秸秆沼气工程（个）	建设秸秆炭化一气化工程（个）	建设秸秆固化成型工程（个）	建设特大型沼气及提纯工程（个）	成立农村能源服务体系（个）		
										县/区/市级服务点	乡/镇级服务点	村级服务点
湖北省	356382	15239	435	1003050	785935	142	122	151	53	103	1652	4350
恩施州	43000	820	30	180000	103000	8	35	19	2	8	96	575
恩施市	2000	120	4	5000	3000	1	1	3	0	1	18	50
建始县	5000	100	3	50000	50000	1	1	3	0	1	9	75
巴东县	8000	40	4	40000	15000	1	2	3	0	1	13	50
利川市	10000	150	4	15000	20000	1	1	2	0	1	15	80
宣恩县	5000	200	5	40000	4000	1	2	2	0	1	10	20
咸丰县	4000	60	5	15000	5000	1	5	2	2	1	12	150
来凤县	4000	50	3	20000	4000	1	3	2	0	1	9	50
鹤峰县	5000	100	2	20000	2000	1	20	2	0	1	10	100
十堰市	120582	1707	27	117400	147500	8	7	8	3	7	214	803
丹江口市	30000	500	10	117400	40000	1	3	1	1	1	107	300
郧县	20000	500	5	30000	20000	1	2	1	1	1	18	200
房县	10000	150	5	2800	10000	1	1	1	0	1	21	100
郧西县	10000	250	0	20000	5000	1	0	1	0	3	21	30
竹溪县	38582	37	2	25000	33000	1	0	1	0	0	18	63
竹山县	10000	100	4	10000	25000	1	1	1	1	1	6	100
张湾区	2000	100	0	25000	4000	1	0	1	0	0	21	10

续表

县（市、区）	建设户用沼气池（户）	建设小型沼气工程（个）	建设大型沼气工程（个）	建设高效低排生物质炉（户）	建设大阳能热水器（户）	建设大型秸秆沼气工程（个）	建设秸秆炭化一气化工程（个）	建设秸秆固化成型工程（个）	建设特大型沼气及提纯工程（个）	成立农村能源服务体系（个）		
										县/区/市级服务点	乡/镇级服务点	村级服务点
茅箭区	0	70	1	4000	500	1	0	1	0	0	2	0
武当山区	0	0	0	600	10000	0	0	0	0	0	0	0
宜昌市	58500	1555	23	103500	67000	2	2	2	1	8	58	199
夷陵区	5000	250	5	10000	17523	1	1	0	1	1	5	25
宜都市	15000	150	2	10000	2061	1	0	0	0	1	4	25
枝江市	10000	250	5	10000	10307	0	0	0	0	1	0	25
当阳市	10000	150	1	2500	20615	0	0	1	0	0	5	25
远安县	0	50	5	5000	2061	0	0	0	0	0	9	5
长阳县	10000	75	1	15000	2576	0	0	0	0	1	5	14
兴山县	2500	55	2	15000	3092	0	0	0	0	1	12	25
秭归县	2000	500	2	10000	5153	0	0	1	0	1	6	15
五峰县	2000	50	0	5000	2576	0	0	0	0	1	6	20
点军区	2000	25	0	1000	1030	0	0	0	0	1	6	20
西陵区	0	0	0	0	0	0	0	0	0	0	5	0
猇亭区	0	0	0	0	0	0	0	0	0	0	4	0
襄阳市	8800	1240	50	150000	108500	18	17	32	4	9	68	456
襄州区	2500	150	5	10000	1500	2	1	4	1	1	6	30
襄城区	0	100	5	5000	1000	2	0	4	0	1	5	10
樊城区	3000	20	1	0	5000	2	0	4	0	0	0	15
枣阳市	10000	200	20	20000	2000	2	5	4	1	1	16	50

续表

县(市、区)	建设户用沼气池(户)	建设小型沼气工程(个)	建设大型沼气工程(个)	建设高效低排生物质炉(户)	建设太阳能热水器(户)	建设大型秸秆沼气工程(个)	建设秸秆炭化—气化工程(个)	建设秸秆固化成型工程(个)	建设特大型沼气及提纯工程(个)	成立农村能源服务体系(个)		
										县/区/市级服务点	乡/镇级服务点	村级服务点
宜城市	20000	150	5	20000	10000	2	5	4	1	1	12	30
谷城县	2500	150	5	10000	5000	2	1	3	0	2	8	100
保康县	10000	200	3	35000	4000	2	1	3	0	1	14	120
南漳县	30000	120	3	30000	70000	2	0	3	0	1	1	66
老河口市	10000	150	3	20000	10000	2	4	3	1	1	6	35
随州市	8000	450	22	20000	17500	6	4	3	3	3	46	70
曾都区	3000	250	15	5000	10000	2	3	1	1	1	12	20
随县	2500	100	2	10000	2500	2	0	1	1	1	16	25
广水市	2500	100	5	5000	5000	2	1	1	1	1	18	25
荆门市	5000	1050	48	60000	42000	32	6	11	5	7	282	221
钟祥市	2500	250	10	16000	16000	5	2	2	1	1	50	32
京山县	0	250	8	15000	10000	5	1	1	0	1	50	40
沙洋县	2500	250	5	10000	5000	0	1	1	0	1	75	85
东宝区	0	150	9	10000	5000	20	2	5	2	2	62	50
掇刀区	0	90	5	5000	2000	2	0	2	2	1	15	7
屈家岭新区	0	50	7	2000	2000	0	0	0	0	1	15	7
漳河新区	0	10	4	2000	2000	0	0	0	0	0	15	0
鄂州市	3000	450	5	5000	5000	2	2	3	0	3	79	50
鄂城区	1500	250	2	2500	2000	1	1	1	0		33	
华容区	300	80	1	800	1000	1	0	1			15	

续表

县（市、区）	建设户用沼气池（户）	建设小型沼气工程（个）	建设大型沼气工程（个）	建设高效低排生物质炉（户）	建设太阳能热水器（户）	建设大型秸秆沼气工程（个）	建设秸秆炭化一气化工程（个）	建设秸秆固化成型工程（个）	建设特大型沼气及提纯工程（个）	成立农村能源服务体系（个）		
										县/区/市级服务点	乡/镇级服务点	村级服务点
梁子湖区	1000	150	2	1500	1500	0	1	0			25	
市直镇区	200	20	0	200	500	0	0	1			6	
黄冈市	79500	3105	52	71275	65935	29	22	32	10	27	325	713
红安县	10000	150	10	10000	11000	3	2	3	5	1	11	50
麻城市	10000	250	6	5000	10000	3	2	3	0	1	6	15
团风县	2000	400	0	10000	3000	3	2	3	0	1	201	200
罗田县	15000	300	5	15000	10000	3	2	3	0	1	11	50
英山县	10000	150	5	5000	5000	3	2	3	1	2	12	50
浠水县	20000	900	10	10000	7500	2	2	3	1	1	16	50
蕲春县	10000	300	10	10000	10000	2	2	3	1	1	31	150
武穴市	2500	255	2	3275	2035	2	2	3	1	5	13	100
黄梅县	0	180	2	2000	1500	2	2	3	1	1	10	0
黄州区	0	100	2	1000	2500	2	2	2	0	0	6	0
龙感湖管理区	0	120	0	0	3400	2	1	2	0	13	8	48
经济开发区	0	0	0	0	0	2	1	2	0	0	0	0
咸宁市	10000	675	15	95000	48500	5	2	2	0	6	76	217
咸安区	1500	50	2	20000	5000	1	1	1	0	1	12	60
赤壁市	1000	50	2	5000	5000	1	0	0	0	1	9	10
嘉鱼县	2500	25	1	20000	2500	1	0	1	0	1	9	12

续表

县（市、区）	建设户用沼气池（户）	建设小型沼气工程（个）	建设大型沼气工程（个）	建设高效低排生物质炉（户）	建设太阳能热水器（户）	建设大型秸秆沼气工程（个）	建设秸秆炭化一气化工程（个）	建设秸秆固化成型工程（个）	建设特大型沼气及提纯工程（个）	成立农村能源服务体系（个）		
										县/区/市级服务点	乡/镇级服务点	村级服务点
通城县	0	200	2	10000	10000	1	1	0	0	1	11	20
崇阳县	5000	200	3	20000	10000	1	0	0	0	1	21	50
通山县	0	150	5	20000	16000	0	0	0	0	1	14	65
黄石市	0	280	16	9375	4000	0	0	0	0	2	30	10
市直	0	0	0	5000	0	0	0	0	0	0	15	0
大冶市	0	160	10	3000	1600	0	0	0	0	1	11	0
阳新县	0	120	6	3000	2400	0	0	0	0	1	4	10
孝感市	18500	1450	34	53500	57500	6	4	6	5	7	68	446
孝南区	500	600	10	10000	10000	1	1	1	1	1	18	150
应城市	0	70	5	7500	2000	1	0	1	1	5	5	20
云梦县	1000	100	2	5000	1500	1	1	1	0	1	6	0
安陆市	5000	260	8	5000	10000	1	0	1	1	1	15	60
汉川市	0	100	2	2000	2000	1	1	1	1	1	6	20
大悟县	7000	220	2	18000	26000	1	1	1	0	1	5	96
孝昌县	5000	100	5	6000	6000	0	0	0	1	1	13	100
荆州市	15500	1270	28	50000	70000	9	4	10	8	7	51	255
荆州区	0	30	4	11000	15000	2	1	2	1	0	2	5
沙市区	0	20	0	0	4000	1	0	0	0	0	0	0
江陵县	0	100	2	5000	5000	1	1	1	1	1	11	25
松滋市	5000	150	5	2000	1000	1	1	2	1	1	17	75

续表

县（市、区）	建设户用沼气池（户）	建设小型沼气工程（个）	建设大型沼气工程（个）	建设高效低排生物质炉（户）	建设太阳能热水器（户）	建设大型秸秆沼气工程（个）	建设秸秆炭化一气化工程（个）	建设秸秆固化成型工程（个）	建设特大型沼气及提纯工程（个）	成立农村能源服务体系（个）		
										县/区/市级服务点	乡/镇级服务点	村级服务点
石首市	0	110	2	10000	20000	1	0	1	1	1	1	15
监利县	0	400	8	10000	15000	1	1	2	1	1	9	0
公安县	10000	260	5	7000	5000	1	0	1	3	2	2	85
洪湖市	500	200	2	5000	5000	1	0	1	0	1	9	50
省直辖	3500	810	42	45000	23500	12	10	14	4	3	237	230
天门市	2000	200	10	20000	5000	5	5	5	2	1	28	50
仙桃市	1500	300	15	10000	5000	5	3	3	1	1	180	50
潜江市	0	300	15	10000	10000	2	2	5	1	1	21	100
神农架	0	10	2	5000	3500	0	0	1	0	0	8	30
武汉市	0	377	43	43000	26000	5	7	9	8	6	22	105
江夏区	0	130	10	25000	2000	1	1	2	5	1	1	0
黄陂区	0	100	30	10000	10000	1	1	2	3	1	7	32
蔡甸区	0	10	0	2000	0	1	1	2	0	1	1	0
新洲区	0	50	2	2000	3500	1	2	1	0	1	1	0
汉南区	0	75	1	4000	500	1	1	1	0	1	5	10
东西湖区	0	12	0	0	10000	0	1	1	0	1	7	63

附件 4 湖北省 2016～2020 年农村户用沼气建设规划表

单位：户

县（市、区）	总户数	"十三五"需求	已建 2014年前已建	已建 2015年规划新增	"十三五"规划	满足率（%）	普及率（%）	年度安排 2016年	2017年	2018年	2019年	2020年
湖北省	10026756	437082	3006037	42579	100000	22.9	30.4	20000	20000	20000	20000	20000
恩施州	934200	43000	557670	4000	10000	23.3	60.1	2000	2000	2000	2000	2000
恩施市	176200	2000	120619		465	23.3	68.5	93	93	93	93	93
建始县	121800	5000	62739	500	1163	23.3	51.9	233	233	233	233	233
巴东县	126900	8000	62159	500	1860	23.3	49.4	372	372	372	372	372
利川市	206900	10000	94944	1000	2326	23.3	46.4	465	465	465	465	465
宣恩县	84500	5000	60140	500	1163	23.3	71.8	233	233	233	233	233
咸丰县	94000	4000	55535	1500	930	23.3	60.7	186	186	186	186	186
来凤县	68300	4000	55647		930	23.3	81.5	186	186	186	186	186
鹤峰县	55600	5000	45887		1163	23.3	82.5	233	233	233	233	233
十堰市	682000	120582	271922	10000	26700	22.1	41.3	5340	5340	5340	5340	5340
丹江口市	88700	30000	31417	1000	6643	22.1	36.5	1329	1329	1329	1329	1329
郧阳县	130900	20000	46476	1500	4429	22.1	36.7	886	886	886	886	886
房县	126000	10000	49944	2000	2214	22.1	41.2	443	443	443	443	443
郧西县	107900	10000	44071	1500	2214	22.1	42.2	443	443	443	443	443
竹溪县	101800	38582	42007	2500	8543	22.1	43.7	1709	1709	1709	1709	1709
竹山县	94500	10000	45630	1500	2214	22.1	49.9	443	443	443	443	443
张湾区	21200	2000	6670		443	22.1	31.5	89	89	89	89	89
茅箭区	11000	0	5707		0	—	51.9	0	0	0	0	0
武当山区	0	0	0		0	—	—	0	0	0	0	0
宜昌市	793700	58500	421931	3900	13000	22.2	53.7	2600	2600	2600	2600	2600

续表

县（市、区）	总户数	"十三五"需求	已建		"十三五"规划	满足率（%）	普及率（%）	年度安排				
			2014年前已建	2015年规划新增				2016年	2017年	2018年	2019年	2020年
夷陵区	125700	5000	83750	500	1110	22.2	67.0	317	317	317	317	317
宜都市	88900	15000	54039	500	3330	22.2	61.3	634	634	634	634	634
枝江市	97700	10000	64050	500	2220	22.2	66.1	317	317	317	317	317
当阳市	93700	10000	51635	900	2220	22.2	56.1	634	634	634	634	634
远安县	49200	0	22974		0	—	46.7	0	0	0	0	0
长阳县	105500	10000	39656	1500	2220	22.2	39.0	159	159	159	159	159
兴山县	46100	2500	18124		555	22.2	39.3	159	159	159	159	159
秭归县	104500	2000	32870		444	22.2	31.5	127	127	127	127	127
五峰县	53900	2000	30735		444	22.2	57.0	127	127	127	127	127
点军区	28500	2000	24098		444	22.2	84.6	127	127	127	127	127
西陵区	0	0	0		0	—	—	0	0	0	0	0
猇亭区	0	0	0		0	—	—	0	0	0	0	0
襄阳市	907000	88000	266417	4000	19000	21.6	29.8	3800	3800	3800	3800	3800
襄州区	166000	2500	33083		540	21.6	19.9	108	108	108	108	108
襄城区	50000	0	12055		0	—	24.1	0	0	0	0	0
樊城区	43000	3000	11855		648	21.6	27.6	130	130	130	130	130
枣阳市	179000	10000	34332		2159	21.6	19.2	432	432	432	432	432
宜城市	107000	20000	33074	500	4318	21.6	31.4	864	864	864	864	864
谷城县	105900	2500	34010		540	21.6	32.1	108	108	108	108	108
保康县	65000	10000	42678	1500	2159	21.6	68.0	432	432	432	432	432
南漳县	110000	30000	34445	1500	6477	21.6	32.7	1295	1295	1295	1295	1295
老河口市	81100	10000	30885	500	2159	21.6	38.7	432	432	432	432	432
随州市	453259	8000	80792	1300	1700	21.3	18.1	340	340	340	340	340

续表

县（市、区）	总户数	"十三五"需求	已建		"十三五"规划	满足率（％）	普及率（％）	年度安排				
			2014年前已建	2015年规划新增				2016年	2017年	2018年	2019年	2020年
曾都区	93000	3000	22570	500	638	21.3	24.8	128	128	128	128	128
随县	178900	2500	38122	500	531	21.3	21.6	106	106	106	106	106
广水市	181359	2500	20100	300	531	21.3	11.2	106	106	106	106	106
荆门市	486705	5000	163220	2000	1100	22.0	33.9	220	220	220	220	220
钟祥市	178000	2500	48094	500	550	22.0	27.3	110	110	110	110	110
京山县	109606	0	40503	500	0	—	37.4	0	0	0	0	0
沙洋县	120000	2500	38930	500	550	22.0	32.9	110	110	110	110	110
东宝区	49994	0	23060	500	0	—	47.1	0	0	0	0	0
掇刀区	23700	0	9443		0	—	39.8	0	0	0	0	0
屈家岭区	5405	0	3190		0	—	59.0	0	0	0	0	0
漳河新区	0	0	0	0	0	—	0	0	0	0	0	0
鄂州市	170619	3000	16635	1000	600	20.0	10.3	120	120	120	120	120
鄂城区	77343	1500	7764	400	300	20.0	10.6	60	60	60	60	60
华容区	54085	300	4320	300	60	20.0	8.5	12	12	12	12	12
梁子湖区	39191	1000	4551	300	200	20.0	12.4	40	40	40	40	40
市直镇区	0	200	0	300	40	20.0	—	8	8	8	8	8
黄冈市	1451600	79500	273454	10300	18000	22.6	19.5	3600	3600	3600	3600	3600
红安县	125000	10000	30718	1500	2264	22.6	25.8	453	453	453	453	453
麻城市	257000	10000	33948	2500	2264	22.6	14.2	453	453	453	453	453
团风县	90600	2000	19991	500	453	22.6	22.6	91	91	91	91	91
罗田县	130000	15000	33295	1000	3396	22.6	26.4	679	679	679	679	679
英山县	92400	10000	29570	1000	2264	22.6	33.1	453	453	453	453	453
浠水县	230000	20000	49398	2500	4528	22.6	22.6	906	906	906	906	906

续表

县（市、区）	总户数	"十三五"需求	已建		"十三五"规划	满足率（%）	普及率（%）	年度安排				
			2014年前已建	2015年规划新增				2016年	2017年	2018年	2019年	2020年
蕲春县	170100	10000	23007	500	2264	22.6	13.8	453	453	453	453	453
武穴市	126000	2500	25196		566	22.6	20.0	113	113	113	113	113
黄梅县	170000	0	19763	500	0	—	11.9	0	0	0	0	0
黄州区	49000	0	6868	300	0	—	14.6	0	0	0	0	0
龙感湖管理区	4100	0	700		0	—	17.1	0	0	0	0	0
经济开发区	7400	0	1000		0	—	13.5	0	0	0	0	0
咸宁市	504709	10000	124630	1000	2200	22.0	24.9	440	440	440	440	440
咸安区	99660	1500	21384		330	22.0	21.5	66	66	66	66	66
赤壁市	81374	1000	22920	500	220	22.0	28.8	44	44	44	44	44
嘉鱼县	73938	2500	17477		550	22.0	23.6	110	110	110	110	110
通城县	87858	0	16530		0	—	18.8	0	0	0	0	0
崇阳县	84479	5000	23613		1100	22.0	28.0	220	220	220	220	220
通山县	77400	0	22706	500	0	—	30.0	0	0	0	0	0
黄石市	303159	0	43801	0	0	—	14.4	0	0	0	0	0
市直	0	0	0		0	—	—	0	0	0	0	0
大冶市	159800	0	10729		0	—	6.7	0	0	0	0	0
阳新县	143359	0	33072		0	—	23.1	0	0	0	0	0
孝感市	932494	18500	154373	2800	4000	21.6	16.9	800	800	800	800	800
孝南区	115230	500	17117	500	108	21.6	15.3	21	21	22	22	22
应城市	144664	0	16338	500	0	—	11.6	0	0	0	0	0
云梦县	113000	1000	13955		216	21.6	12.3	44	43	43	43	43
安陆市	113000	5000	20271	500	1081	21.6	18.4	217	216	216	216	216
汉川市	193600	0	33641		0	—	17.4	0	0	0	0	0

续表

县（市、区）	总户数	"十三五"需求	已建		"十三五"规划	满足率（%）	普及率（%）	年度安排				
			2014年前已建	2015年规划新增				2016年	2017年	2018年	2019年	2020年
大悟县	126000	7000	38666	800	1514	21.6	31.3	302	303	303	303	303
孝昌县	127000	5000	14385	500	1081	21.6	11.7	216	217	216	216	216
荆州市	1005800	15500	367449	2000	3000	19.4	36.7	600	600	600	600	600
荆州区	73900	0	8262		0	—	11.2	0	0	0	0	0
沙市区	23700	0	6682		0	—	28.2	0	0	0	0	0
江陵县	60100	0	43460		0	—	72.3	0	0	0	0	0
松滋市	173800	5000	104464	500	968	19.4	60.4	194	194	194	194	194
石首市	113500	0	24006	500	0	—	21.6	0	0	0	0	0
监利县	222900	0	58762		0	—	26.4	0	0	0	0	0
公安县	192900	10000	77851	500	1935	19.4	40.6	387	387	387	387	387
洪湖市	145000	500	43962	500	97	19.4	30.7	19	19	19	19	19
省直辖	760700	3500	175303	279	700	20.0	23.1	140	140	140	140	140
天门市	293000	2000	41900		400	20.0	14.3	80	80	80	80	80
仙桃市	296000	1500	78888		300	20.0	26.7	0	0	0	0	0
潜江市	158400	0	47240		0	—	29.8	0	0	0	0	0
神农架	13300	0	7275	279	0	—	56.8	0	0	0	0	0
武汉市	640811	0	88440	0	0	—	13.8	0	0	0	0	0
江夏区	95573	0	20900		0	—	21.9	0	0	0	0	0
黄陂区	224792	0	22910		0	—	10.2	0	0	0	0	0
蔡甸区	86846	0	11013		0	—	12.7	0	0	0	0	0
新洲区	172100	0	24407		0	—	14.2	0	0	0	0	0
汉南区	17500	0	9079		0	—	51.9	0	0	0	0	0
东西湖区	44000	0	131		0	—	0.3	0	0	0	0	0

附件5　湖北省2016～2020年小型沼气工程建设规划表

县（市、区）	"十三五"总需求（处）	"十二五"规划已建（处）	"十三五"规划建设（处）	满足率（%）	年度安排				
					2016年	2017年	2018年	2019年	2020年
湖北省	15569	6289	10000	83.5	2000	2000	2000	2000	2000
恩施州	820	327	530	64.6	106	106	106	106	106
恩施市	120	34	80	66.7	16	16	16	16	16
建始县	100	50	65	65.0	13	13	13	13	13
巴东县	40	36	25	62.5	5	5	5	5	5
利川市	150	41	100	66.7	20	20	20	20	20
宣恩县	200	46	130	65.0	26	26	26	26	26
咸丰县	60	38	40	66.7	8	8	8	8	8
来凤县	50	39	30	60.0	6	6	6	6	6
鹤峰县	100	43	60	60.0	12	12	12	12	12
十堰市	1707	513	1010	59.2	202	202	202	202	202
丹江口市	500	72	300	60.0	60	60	60	60	60
郧县	500	101	300	60.0	60	60	60	60	60
房县	150	81	90	60.0	18	18	18	18	18
郧西县	250	49	155	62.0	31	31	31	31	31
竹溪县	37	59	20	54.1	4	4	4	4	4
竹山县	100	52	55	55.0	11	11	11	11	11
张湾区	100	68	55	55.0	11	11	11	11	11
茅箭区	70	31	35	50.0	7	7	7	7	7
武当山区	0	0	0	—	0	0	0	0	0
宜昌市	1625	576	1050	64.6	210	210	210	210	210
夷陵区	250	92	162	64.6	34	34	34	34	34
宜都市	150	86	97	64.6	21	21	21	21	21
枝江市	250	69	162	64.6	34	34	34	34	34
当阳市	150	73	97	64.6	21	21	21	21	21
远安县	50	35	32	64.6	7	7	7	7	7
长阳县	100	47	65	64.6	10	10	10	10	10
兴山县	100	37	65	64.6	7	7	7	7	7
秭归县	500	41	323	64.6	65	65	65	65	65
五峰县	50	78	32	64.6	7	7	7	7	7
点军区	25	18	16	64.6	4	4	4	4	4
西陵区	0	0	0	—	0	0	0	0	0
猇亭区	0	0	0	—	0	0	0	0	0
襄阳市	1240	415	800	64.5	160	160	160	160	160

县（市、区）	"十三五"总需求（处）	"十二五"规划已建（处）	"十三五"规划建设（处）	满足率（%）	年度安排				
					2016 年	2017 年	2018 年	2019 年	2020 年
襄州区	150	48	95	63.3	19	19	19	19	19
襄城区	100	8	60	60.0	12	12	12	12	12
樊城区	20	23	15	75.0	3	3	3	3	3
枣阳市	200	61	130	65.0	26	26	26	26	26
宜城市	150	70	100	66.7	20	20	20	20	20
谷城县	150	47	100	66.7	20	20	20	20	20
保康县	200	60	130	65.0	26	26	26	26	26
南漳县	120	44	75	62.5	15	15	15	15	15
老河口市	150	54	95	63.3	19	19	19	19	19
随州市	450	246	300	66.7	60	60	60	60	60
曾都区	250	133	170	88.0	34	34	34	34	34
随县	100	63	65	90.0	13	13	13	13	13
广水市	100	50	65	90.0	13	13	13	13	13
荆门市	1050	416	680	64.8	136	136	136	136	136
钟祥市	250	125	160	64.0	32	32	32	32	32
京山县	250	87	160	64.0	32	32	32	32	32
沙洋县	250	86	160	64.0	32	32	32	32	32
东宝区	150	68	100	66.7	20	20	20	20	20
掇刀区	90	27	58	64.4	12	12	12	11	11
屈家岭区	50	23	35	70.0	7	7	7	7	7
漳河新区	10		7	70.0	1	2	2	1	1
鄂州市	500	195	330	66.0	66	66	66	66	66
鄂城区	250	62	165	66.0	33	33	33	33	33
华容区	80	31	50	62.5	10	10	10	10	10
梁子湖区	150	32	100	66.7	20	20	20	20	20
市直镇区	20	70	15	75.0	3	3	3	3	3
黄冈市	3105	878	2000	64.4	400	400	400	400	400
红安县	150	59	100	66.7	20	20	20	20	20
麻城市	250	67	160	64.0	32	32	32	32	32
团风县	400	139	250	62.5	50	50	50	50	50
罗田县	300	64	190	63.3	38	38	38	38	38
英山县	150	74	100	66.7	20	20	20	20	20
浠水县	900	116	600	66.7	120	120	120	120	120
蕲春县	300	72	200	66.7	40	40	40	40	40

县（市、区）	"十三五"总需求（处）	"十二五"规划已建（处）	"十三五"规划建设（处）	满足率（%）	年度安排				
					2016年	2017年	2018年	2019年	2020年
武穴市	255	110	165	64.7	33	33	33	33	33
黄梅县	180	126	115	63.9	23	23	23	23	23
黄州区	100	10	60	60.0	12	12	12	12	12
龙感湖管理区	120	41	60	50.0	12	12	12	12	12
经济开发区	0	0	0	—	0	0	0	0	0
咸宁市	675	291	430	63.7	86	86	86	86	86
咸安区	50	54	30	60.0	6	6	6	6	6
赤壁市	50	34	30	60.0	6	6	6	6	6
嘉鱼县	25	48	15	60.0	3	3	3	3	3
通城县	200	51	120	60.0	24	24	24	24	24
崇阳县	200	44	120	60.0	24	24	24	24	24
通山县	150	60	90	60.0	18	18	18	18	18
黄石市	280	90	150	35.7	40	40	40	40	40
市直	140	5	75	35.7	20	20	20	20	20
大冶市	80	71	45	37.5	12	12	12	12	12
阳新县	60	14	30	33.3	8	8	8	8	8
孝感市	1450	504	900	62.1	180	180	180	180	180
孝南区	600	74	370	61.7	74	74	74	74	74
应城市	70	52	45	64.3	9	9	9	9	9
云梦县	100	56	60	60.0	12	12	12	12	12
安陆市	260	50	160	61.5	32	32	32	32	32
汉川市	100	48	65	65.0	13	13	13	13	13
大悟县	220	151	135	61.4	27	27	27	27	27
孝昌县	100	73	65	65.0	13	13	13	13	13
荆州市	1270	889	830	65.4	166	166	166	166	166
荆州区	30	53	20	66.7	4	4	4	4	4
沙市区	20	9	10	50.0	2	2	2	2	2
江陵县	100	41	65	65.0	13	13	13	13	13
松滋市	150	248	100	66.7	20	20	20	20	20
石首市	110	263	70	63.6	14	14	14	14	14
监利县	400	52	265	66.3	53	53	53	53	53
公安县	260	111	170	65.4	34	34	34	34	34
洪湖市	200	112	130	65.0	26	26	26	26	26
省直辖	810	695	540	66.7	108	108	108	108	108

县（市、区）	"十三五"总需求（处）	"十二五"规划已建（处）	"十三五"规划建设（处）	满足率（%）	年度安排				
					2016 年	2017 年	2018 年	2019 年	2020 年
天门市	200	179	130	65.0	26	26	26	26	26
仙桃市	300	279	200	66.7	40	40	40	40	40
潜江市	300	226	200	66.7	40	40	40	40	40
神农架	10	11	10	100.0	2	2	2	2	2
武汉市	377	254	450	119.4	90	90	90	90	90
江夏区	130	47	155	119.2	31	31	31	31	31
黄陂区	100	79	120	120.0	24	24	24	24	24
蔡甸区	10	37	10	100.0	2	2	2	2	2
新洲区	50	51	60	120.0	12	12	12	i2	12
汉南区	75	40	90	120.0	18	18	18	18	18
东西湖区	12	0	15	125.0	3	3	3	3	3

附件 6　湖北省 2016～2020 年大中型沼气工程建设规划表

单位：处

县（市、区）	"十三五"需求	"十二五"已建	"十三五"规划	满足率（%）	年度安排				
					2016 年	2017 年	2018 年	2019 年	2020 年
湖北省	435	230	150	34.5	30	30	30	30	30
恩施州	30	5	10	33.3	2	2	2	2	2
恩施市	4	0	1	25.0	1	0	0	0	0
建始县	3	1	1	33.3	0	1	0	0	0
巴东县	4	0	1	25.0	0	0	1	0	0
利川市	4	2	1	25.0	0	0	0	1	0
宣恩县	5	1	2	40.0	0	1	0	0	1
咸丰县	5	0	2	40.0	1	0	1	0	0
来凤县	3	0	1	33.3	0	0	0	0	1
鹤峰县	2	1	1	50.0	0	0	0	1	0
十堰市	27	13	10	37.0	2	2	2	2	2
丹江口市	10	0	4	40.0	1	0	1	1	1
郧阳县	5	3	2	40.0	0	1	0	1	0
房县	5	4	2	40.0	1	0	1	0	0
郧西县	0	0	0	—	0	0	0	0	0
竹溪县	2	2	1	50.0	0	1	0	0	0

县（市、区）	"十三五"需求	"十二五"已建	"十三五"规划	满足率（％）	年度安排				
					2016 年	2017 年	2018 年	2019 年	2020 年
竹山县	4	1	1	25.0	0	0	0	0	1
张湾区	0	2	0	—	0	0	0	0	0
茅箭区	1	1	0	—	0	0	0	0	0
武当山区	0	0	0	—	0	0	0	0	0
宜昌市	23	16	9	39.1	2	2	2	2	1
夷陵区	5	3	2	40.0	1	0	0	0	1
宜都市	2	2	1	50.0	0	0	1	0	0
枝江市	5	0	2	40.0	0	1	0	1	0
当阳市	1	3	0	—	0	0	0	0	0
远安县	5	0	2	40.0	1	0	1	0	0
长阳县	1	0	0	0.0	0	0	0	0	0
兴山县	2	2	1	50.0	0	1	0	0	0
秭归县	2	2	1	50.0	0	0	0	1	0
五峰县	0	1	0	—	0	0	0	0	0
点军区	0	1	0	—	0	0	0	0	0
西陵区	0	1	0	—	0	0	0	0	0
猇亭区	0	1	0	—	0	0	0	0	0
襄阳市	50	12	16	32.0	3	3	3	3	4
襄州区	5	4	2	40.0	1	1	0	0	0
襄城区	5	0	2	40.0	0	0	1	1	0
樊城区	1	0	0	—	0	0	0	0	0
枣阳市	20	1	6	30.0	1	1	1	1	2
宜城市	5	2	2	40.0	0	1	0	0	1
谷城县	5	1	2	40.0	1	0	0	0	1
保康县	3	3	1	33.3	0	0	0	0	1
南漳县	3	0	0	—	0	0	0	0	0
老河口市	3	1	1	33.3	0	0	0	1	0
随州市	22	13	7	31.8	2	1	2	1	1
曾都区	15	5	4	26.7	1	1	1	0	1
随县	2	3	1	50.0	0	0	1	0	0
广水市	5	5	2	40.0	1	0	0	1	0
荆门市	48	20	17	35.4	3	4	3	4	3
钟祥市	10	3	3	30.0	1	0	1	1	0
京山县	8	2	3	37.5	1	1	0	1	0
沙洋县	5	5	2	40.0	0	1	0	0	1

续表

县（市、区）	"十三五"需求	"十二五"已建	"十三五"规划	满足率（%）	年度安排				
					2016年	2017年	2018年	2019年	2020年
东宝区	9	4	3	33.3	1	0	1	0	1
掇刀区	5	4	2	40.0	0	1	0	1	0
屈家岭区	7	2	3	40.0	0	1	1	1	0
漳河新区	4		1	25.0	0	0	0	0	1
鄂州市	5	6	2	40.0	1	0	0	0	1
鄂城区	2	4	1	50.0	1	0	0	0	0
华容区	1	0	0	—	0	0	0	0	0
梁子湖区	2	2	1	50.0	0	0	0	0	1
市直镇区	0	0	0	—	0	0	0	0	0
黄冈市	52	33	18	34.6	3	4	4	4	3
红安县	10	3	3	30.0	1	0	1	0	1
麻城市	6	2	2	33.3	0	1	0	1	0
团风县	0	4	0	—	0	0	0	0	0
罗田县	5	4	2	40.0	1	0	0	1	0
英山县	5	4	2	40.0	0	1	0	0	1
浠水县	10	3	3	30.0	0	1	1	1	0
蕲春县	10	2	3	30.0	1	0	1	0	1
武穴市	2	4	1	50.0	0	1	0	0	0
黄梅县	2	4	1	50.0	0	0	0	1	0
黄州区	2	0	1	50.0	0	0	1	0	0
龙感湖管理区	0	3	0	—	0	0	0	0	0
经济开发区	0	0	0	—	0	0	0	0	0
咸宁市	15	13	5	33.3	1	1	1	1	1
咸安区	2	3	1	50.0	0	0	1	0	0
赤壁市	2	1	1	50.0	1	0	0	0	0
嘉鱼县	1	2	0	—	0	0	0	0	0
通城县	2	3	1	50.0	0	1	0	0	0
崇阳县	3	1	1	33.3	0	0	0	0	1
通山县	5	3	1	20.0	0	0	0	1	0
黄石市	16	11	5	31.3	1	1	1	1	1
市直	0	2	0	—	0	0	0	0	0
大冶市	10	7	3	30.0	1	0	1	0	1
阳新县	6	2	2	33.3	0	1	0	1	0
孝感市	34	19	12	35.3	2	3	2	2	3
孝南区	10	2	3	30.0	0	1	1	0	1

县（市、区）	"十三五"需求	"十二五"已建	"十三五"规划	满足率（%）	年度安排				
					2016 年	2017 年	2018 年	2019 年	2020 年
应城市	5	6	2	40.0	0	1	0	1	0
云梦县	2	1	1	50.0	0	0	0	0	1
安陆市	8	3	2	25.0	1	0	0	1	0
汉川市	2	1	1	50.0	0	0	1	0	0
大悟县	2	3	1	50.0	1	0	0	0	0
孝昌县	5	3	2	40.0	0	1	0	0	1
荆州市	28	25	10	35.7	2	2	2	2	2
荆州区	4	4	1	25.0	0	1	0	0	0
沙市区	0	2	0	—	0	0	0	0	0
江陵县	2	4	1	50.0	1	0	0	0	0
松滋市	5	5	2	40.0	0	0	0	1	1
石首市	2	4	1	50.0	0	0	1	0	0
监利县	8	1	2	25.0	1	0	1	0	0
公安县	5	3	2	40.0	0	1	0	1	0
洪湖市	2	2	1	50.0	0	0	0	0	1
省直辖	47	18	13	27.7	3	2	3	3	2
天门市	10	5	3	30.0	1	0	1	1	0
仙桃市	15	5	5	33.3	1	1	1	1	1
潜江市	15	8	3	20.0	0	1	1	0	1
神农架	2	2	2	100.0	1	0	0	1	0
武汉市	43	26	16	37.2	3	3	3	3	4
江夏区	10	13	4	40.0	0	1	1	1	1
黄陂区	30	7	11	36.7	2	2	2	2	3
蔡甸区	0	3	0	—	0	0	0	0	0
新洲区	2	1	1	50.0	0	0	0	0	0
汉南区	1	1	0	—	0	0	0	0	0
东西湖区	0	1	0	—	0	0	0	0	0

附件7　湖北省2016～2020年大型秸秆气化集中供气工程建设规划表

单位：处

县（市、区）	"十三五"需求	"十三五"规划	满足率（%）	年度安排				
				2016 年	2017 年	2018 年	2019 年	2020 年
湖北省	122	25	20.5	25	0	0	0	0
恩施州	35	6	17.1	6				
恩施市	5	1	20.0	1				

县（市、区）	"十三五"需求	"十二五"已建	"十三五"规划	满足率（%）	年度安排				
					2016 年	2017 年	2018 年	2019 年	2020 年
建始县	5	1	20.0	1					
巴东县	5	1	20.0	1					
利川市	4	1	25.0	1					
宣恩县	4	1	25.0	1					
咸丰县	4	1	25.0	1					
来凤县	4		—						
鹤峰县	4		—						
十堰市	7	1	14.3	1					
丹江口	1								
郧阳县	1		—						
房县	1		—						
郧西县	1	1	100	1					
竹溪县	1		—						
竹山县	1		—						
张湾区	1		—						
茅箭区			—						
武当山区									
宜昌市	2	1	50.0	1					
夷陵区	1		—						
宜都市			—						
枝江市			—						
当阳市			—						
远安县	1	1	100	1					
长阳县			—						
兴山县			—						
秭归县			—						
五峰县			—						
点军区			—						
西陵区			—						
猇亭区			—						
襄阳市	17	3	17.7	3					
襄州区	2	1	50.0	1					
襄城区	2	1	50.0	1					
樊城区	2		—						
枣阳市	2		—						

续表

县（市、区）	"十三五"需求	"十二五"已建	"十三五"规划	满足率（%）	年度安排				
					2016 年	2017 年	2018 年	2019 年	2020 年
宜城市	2	1	50.0	1					
谷城县	2		—						
保康县	2		—						
南漳县	2		—						
老河口市	1		—						
随州市	4	1	25.0	1					
曾都区	2	1	50.0	1					
随县	1		—						
广水市	1		—						
荆门市	6	1	16.7	1					
钟祥市	1		—						
京山县	1		—						
沙洋县	1	1	100	1					
东宝区	1		—						
掇刀区	1		—						
屈家岭区	1		—						
漳河新区									
鄂州市	2	1	50.0	1					
鄂城区	1		—						
华容区									
梁子湖区	1	1	100	1					
市直镇区			—						
黄冈市	22	4	18.2	4					
红安县	2	1	50.0	1					
麻城市	2		—						
团风县	2	1	50.0	1					
罗田县	2		—						
英山县	2	1	50.0	1					
浠水县	2		—						
蕲春县	2	1	50.0	1					
武穴市	2		—						
黄梅县	2		—						
黄州区	2		—						
龙感湖管理区	1		—						
经济开发区	1		—						

续表

县（市、区）	"十三五"需求	"十二五"已建	"十三五"规划	满足率（%）	年度安排				
					2016 年	2017 年	2018 年	2019 年	2020 年
咸宁市	2	1	50.0	1					
咸安区	1		—						
赤壁市			—						
嘉鱼县			—						
通城县	1	1	100	1					
崇阳县			—						
通山县			—						
黄石市	0	0	—						
市直									
大冶市			—						
阳新县									
孝感市	4	1	25.0	1					
孝南区	1		—						
应城市			—						
云梦县	1		—						
安陆市			—						
汉川市	1	1	100	1					
大悟县	1		—						
孝昌县			—						
荆州市	4	1	25.0	1					
荆州区	1		—						
沙市区			—						
江陵县	1								
松滋市	1		—						
石首市			—						
监利县	1	1	100	1					
公安县									
洪湖市			—						
省直辖	10	3	30.0	3					
天门市	5	1	20.0	1					
仙桃市	3	1	33.3	1					
潜江市	2	1	50.0	1					
神农架	0	0	—						
武汉市	7	1	14.3	1					
江夏区	1		—						

县（市、区）	"十三五"需求	"十二五"已建	"十三五"规划	满足率（%）	年度安排				
					2016 年	2017 年	2018 年	2019 年	2020 年
黄陂区	1		—						
蔡甸区	1		—						
新洲区	2	1	50.0		1				
汉南区	1		—						
东西湖区	1		—						

附件8　湖北省2016~2020年秸秆固化燃料工程建设规划表

单位：处

县（市、区）	"十三五"需求	"十三五"规划	满足率（%）	年度安排				
				2016 年	2017 年	2018 年	2019 年	2020 年
湖北省	151	100	66.2	69	7	20	4	0
恩施州	19	12	63.2	8	1	3		
恩施市	3	2	66.7	1	1			
建始县	3	2	66.7	1		1		
巴东县	3	2	66.7	1		1		
利川市	2	2	100	1		1		
宣恩县	2	1	50.0	1				
咸丰县	2	1	50.0	1				
来凤县	2	1	50.0	1				
鹤峰县	2	1	50.0	1				
十堰市	8	6	75.0	6				
丹江口	1	1	100	1				
郧阳县	1		—					
房县	1	1	100	1				
郧西县	1	1	100	1				
竹溪县	1	1	100	1				
竹山县	1		—					
张湾区	1	1	100	1				
茅箭区	1	1	100	1				
武当山区			—					
宜昌市	2	1	50.0	1				
夷陵区			—					
宜都市			—					

2

续表

县（市、区）	"十三五"需求	"十三五"规划	满足率（%）	年度安排				
				2016 年	2017 年	2018 年	2019 年	2020 年
枝江市			—					
当阳市	1		—					
远安县			—					
长阳县			—					
兴山县			—					
秭归县	1	1	100	1				
五峰县			—					
点军区								
西陵区			—					
猇亭区			—					
襄阳市	32	20	62.5	9	4	5	2	
襄州区	4	3	75.0	1	1		1	
襄城区	4	3	75.0	1	1		1	
樊城区	4	2	50.0	1		1		
枣阳市	4	2	50.0	1		1		
宜城市	4	2	50.0	1	1			
谷城县	3	2	66.7	1		1		
保康县	3	2	66.7	1	1			
南漳县	3	2	66.7	1		1		
老河口市	3	2	66.7	1		1		
随州市	3	2	66.7	2				
曾都区	1		—					
随县	1	1	100	1				
广水市	1	1	100	1				
荆门市	11	8	72.7	7		1		
钟祥市	2	1	50.0	1				
京山县	2	1	50.0	1				
沙洋县	2	1	50.0	1				
东宝区	2	2	100	1		1		
掇刀区	1	1	100	1				
屈家岭区	1	1	100	1				
漳河新区	1	1	100	1				
鄂州市	3	2	66.7	2				
鄂城区	1		—					
华容区	1	1	100	1				

续表

县（市、区）	"十三五"需求	"十三五"规划	满足率（%）	年度安排				
				2016 年	2017 年	2018 年	2019 年	2020 年
梁子湖区			—					
市直镇区	1	1	100	1				
黄冈市	32	20	62.5	12		8		
红安县	3	2	66.7	1		1		
麻城市	3	2	66.7	1		1		
团风县	3	2	66.7	1		1		
罗田县	3	2	66.7	1		1		
英山县	3	2	66.7	1		1		
浠水县	3	2	66.7	1		1		
蕲春县	3	2	66.7	1		1		
武穴市	3	2	66.7	1		1		
黄梅县	3	1	33.3	1				
黄州区	2	1	50.0	1				
龙感湖管理区	2	1	50.0	1				
经济开发区	2	1	50.0	1				
咸宁市	2	1	50.0	1				
咸安区	1		—					
赤壁市			—					
嘉鱼县	1	1	100	1				
通城县			—					
崇阳县			—					
通山县			—					
黄石市	0	0	0					
市直			—					
大冶市			—					
阳新县			—					
孝感市	6	4	66.7	4				
孝南区	1	1	100	1				
应城市	1	1	100	1				
云梦县	1		—					
安陆市	1	1	100	1				
汉川市	1		—					
大悟县	1	1	100	1				
孝昌县			—					
荆州市	10	8	80.0	7		1		

县（市、区）	"十三五"需求	"十三五"规划	满足率（%）	年度安排				
				2016年	2017年	2018年	2019年	2020年
荆州区	2	1	50.0	1				
沙市区			—					
江陵县	1	1	100	1				
松滋市	2	1	50.0	1				
石首市	1	1	100	1				
监利县	2	2	100	1			1	
公安县	1	1	100	1				
洪湖市	1	1	100	1				
省直辖	14	9	64.3	4	2	1	2	
天门市	5	3	60.0	1	1		1	
仙桃市	3	2	66.7	1		1		
潜江市	5	3	60.0	1	1		1	
神农架	1	1	100	1				
武汉市	9	7	77.8	6		1		
江夏区	2	2	100	1		1		
黄陂区	2	1	50.0	1				
蔡甸区	2	1	50.0	1				
新洲区	1	1	100	1				
汉南区	1	1	100	1				
东西湖区	1	1	100	1				

附件 9　湖北省 2016～2020 年大型秸秆沼气集中供气工程建设规划表

单位：处

县（市、区）	"十三五"需求	"十三五"规划	满足率（%）	年度安排				
				2016年	2017年	2018年	2019年	2020年
湖北省	142	25	46.6	25				
恩施州	8	1	12.5	1				
恩施市	1	1	100	1				
建始县	1	0						
巴东县	1	0						
利川市	1	0						
宣恩县	1	0						
咸丰县	1	0						

续表

县（市、区）	"十三五"需求	"十三五"规划	满足率（%）	年度安排				
				2016 年	2017 年	2018 年	2019 年	2020 年
来凤县	1	0						
鹤峰县	1	0						
十堰市	8	1	12.5	1				
丹江口市	1	1	100	1				
郧阳县	1	0						
房县	1	0						
郧西县	1	0						
竹溪县	1	0						
竹山县	1	0						
张湾区	1	0						
茅箭区	1	0						
武当山区	0	0						
宜昌市	2	1	50.0	1				
夷陵区	1	1	100	1				
宜都市	1	0						
枝江市		0						
当阳市		0						
远安县		0						
长阳县		0						
兴山县		0	—					
秭归县		0						
五峰县		0	—					
点军区		0						
西陵区		0						
猇亭区		0						
襄阳市	18	3	16.7	3				
襄州区	2	1	50.0	1				
襄城区	2	0	—					
樊城区	2	0						
枣阳市	2	1	50.0	1				
宜城市	2	0	—					
谷城县	2	0	—					
保康县	2	1	50.0	1				
南漳县	2	0	—					
老河口市	2	0	—					

续表

县（市、区）	"十三五"需求	"十三五"规划	满足率（%）	年度安排				
				2016 年	2017 年	2018 年	2019 年	2020 年
随州市	6	1	16.7	1				
曾都区	2	0	—					
随县	2	1	50.0	1				
广水市	2	0	—					
荆门市	32	4	12.5	4				
钟祥市	4	1	25.0	1				
京山县	6	1	16.7	1				
沙洋县	5	0	—					
东宝区	4	1	25.0	1				
掇刀区	4	1	25.0	1				
屈家岭区	4	0	—					
漳河新区	4	0	—					
鄂州市	2	1	50.0	1				
鄂城区	1	0	—					
华容区	1	1	100	1				
梁子湖区	0	0	—					
市直镇区		0						
黄冈市	29	5	17.2	5				
红安县	3	1	33.3	1				
麻城市	3	1	33.3	1				
团风县	3	0	—					
罗田县	3	0	—					
英山县	3	0	—					
浠水县	2	0	—					
蕲春县	2	1	50.0	1				
武穴市	2	0	—					
黄梅县	2	0	—					
黄州区	2	1	50.0	1				
龙感湖管理区	2	0	—					
经济开发区	2	1	50.0	1				
咸宁市	5	1	20.0	1				
咸安区	1	0	—					
赤壁市	1	1	100	1				
嘉鱼县	1	0	—					
通城县	1	0	—					

续表

县（市、区）	"十三五"需求	"十三五"规划	满足率（%）	年度安排				
				2016 年	2017 年	2018 年	2019 年	2020 年
崇阳县	1	0	—					
通山县		0	—					
黄石市	0	0	—					
市直		0	—					
大冶市		0	—					
阳新县		0	—					
孝感市	6	1	16.67	1				
孝南区	1	0	—					
应城市	1	0	—					
云梦县	1	1	100	1				
安陆市	1	0	—					
汉川市	1	0	—					
大悟县	1	0	—					
孝昌县		0	—					
荆州市	9	2	22.22	2				
荆州区	2	0	—					
沙市区	1	1	100	1				
江陵县	1	0	—					
松滋市	1	0	—					
石首市	1	0	—					
监利县	1	1	100	1				
公安县	1	0	—					
洪湖市	1	0	—					
省直辖	12	3	25.0	3				
天门市	5	1	20.0	1				
仙桃市	5	1	20.0	1				
潜江市	2	1	20.0	1				
神农架	0	0	—					
武汉市	5	1	20.0	1				
江夏区	1	0	—					
黄陂区	1	0	—					
蔡甸区	1	0	—					
新洲区	1	1	100	1				
汉南区	1	0	—					
东西湖区		0	—					

附件10 湖北省2016～2020年农村高效生物质炉推广规划表

单位：处

县（市、区）	"十三五"需求	"十三五"规划	满足率（％）	年度安排				
				2016年	2017年	2018年	2019年	2020年
湖北省	981675	300000	30.6	60000	60000	60000	60000	60000
恩施州	180000	36000	20.0	7200	7200	7200	7200	7200
恩施市	5000	1000	20.0	200	200	200	200	200
利川市	15000	3000	20.0	600	600	600	600	600
建始县	50000	10000	20.0	2000	2000	2000	2000	2000
巴东县	40000	8000	20.0	1600	1600	1600	1600	1600
宣恩县	15000	3000	20.0	600	600	600	600	600
咸丰县	15000	3000	20.0	600	600	600	600	600
来凤县	20000	4000	20.0	800	800	800	800	800
鹤峰县	20000	4000	20.0	800	800	800	800	800
十堰市	117400	34000	29.0	9508	10742	10742	10742	10742
丹江口	30000	6090	20.3	1218	1218	1218	1218	1218
郧阳县	20000	4060	20.3	812	812	812	812	812
郧西县	10000	2030	20.3	406	406	406	406	406
竹山县	25000	5075	20.3	1015	1015	1015	1015	1015
竹溪县	2800	570	20.4	114	114	114	114	114
房县	25000	5075	20.3	1015	1015	1015	1015	1015
张湾区	4000	810	20.3	162	162	162	162	162
茅箭区	600	120	20.0	24	24	24	24	24
武当山区	0	0	—	0	0	0	0	0
宜昌市	103500	20700	20.0	4140	4140	4140	4140	4140
宜都市	10000	2000	20.0	400	400	400	400	400
枝江市	10000	2000	20.0	400	400	400	400	400
当阳市	2500	500	20.0	100	100	100	100	100
远安县	5000	1000	20.0	200	200	200	200	200
兴山县	15000	3000	20.0	600	600	600	600	600
秭归县	10000	2000	20.0	400	400	400	400	400
长阳县	15000	3000	20.0	600	600	600	600	600
五峰县	5000	1000	20.0	200	200	200	200	200
夷陵区	10000	2000	20.0	400	400	400	400	400
点军区	1000	200	20.0	40	40	40	40	40
西陵区	0	0	—	0	0	0	0	0

续表

县（市、区）	"十三五"需求	"十三五"规划	满足率（％）	年度安排				
				2016 年	2017 年	2018 年	2019 年	2020 年
猇亭区	0	0	—	0	0	0	0	0
襄阳市	150000	30000	20.0	6000	6000	6000	6000	6000
枣阳市	20000	4000	20.0	800	800	800	800	800
宜城市	20000	4000	20.0	800	800	800	800	800
南漳县	30000	6000	20.0	1200	1200	1200	1200	1200
保康县	35000	7000	20.0	1400	1400	1400	1400	1400
谷城县	10000	2000	20.0	400	400	400	400	400
老河口市	20000	4000	20.0	800	800	800	800	800
襄州区	10000	2000	20.0	400	400	400	400	400
襄城区	5000	1000	20.0	200	200	200	200	200
樊城区	0	0	—	0	0	0	0	0
随州市	20000	4000	20.0	800	800	800	800	800
随县	10000	2000	20.0	400	400	400	400	400
曾都区	5000	1000	20.0	200	200	200	200	200
广水市	5000	1000	20.0	200	200	200	200	200
荆门市	60000	10000	16.7	2000	2000	2000	2000	2000
钟祥市	16000	2660	16.6	532	666	666	666	666
京山县	15000	2500	16.7	500	500	500	500	500
沙洋县	10000	1670	16.7	334	334	334	334	334
东宝区	10000	1670	16.7	334	334	334	334	334
掇刀区	5000	830	16.6	166	166	166	166	166
屈家岭	2000	335	16.8	67	67	67	67	67
漳河新区	2000	335	16.8	67	67	67	67	67
鄂州市	5000	1000	20.0	200	200	200	200	200
市直管区	200	40	20.0	8	8	8	8	8
鄂城区	2500	500	20.0	100	100	100	100	100
华容区	800	160	20.0	32	32	32	32	32
梁子湖区	1500	300	20.0	60	60	60	60	60
黄冈市	71275	14000	19.6	2800	2800	2800	2800	2800
黄州区	1000	195	19.5	39	39	39	39	39
团风县	10000	1965	19.7	393	393	393	393	393
红安县	10000	1965	19.7	393	393	393	393	393
麻城市	5000	980	19.6	196	196	196	196	196
罗田县	15000	2945	19.6	589	589	589	589	589
英山县	5000	980	19.6	196	196	196	196	196

续表

县（市、区）	"十三五"需求	"十三五"规划	满足率（％）	年度安排				
				2016 年	2017 年	2018 年	2019 年	2020 年
浠水县	10000	1965	19.7	393	393	393	393	393
蕲春县	10000	1965	19.7	393	393	393	393	393
武穴市	3275	645	19.7	129	129	129	129	129
黄梅县	2000	395	19.8	79	79	79	79	79
龙感湖	0	0	—	0	0	0	0	
经济开发区	0	0	—	0	0	0	0	0
咸宁市	95000	16000	16.8	3200	3200	3200	3200	3200
咸安区	20000	3370	16.9	674	674	674	674	674
嘉鱼县	5000	840	16.8	168	168	168	168	168
赤壁市	20000	3370	16.9	674	674	674	674	674
通城县	10000	1680	16.8	0	336	336	336	336
崇阳县	20000	3370	16.9	674	674	674	674	674
通山县	20000	3370	16.9	674	674	674	674	674
黄石市	9375	1870	20.0	374	374	374	374	374
市直	5000	997	20.0	199	199	199	199	199
大冶县	3000	598	20.0	120	120	120	120	120
阳新县	3000	1875	62.5	375	375	375	375	375
孝感市	53500	10000	18.7	2000	2000	2000	2000	2000
安陆市	5000	935.0	18.7	187	187	187	187	187
大悟县	18000	3365.0	18.7	673	673	673	673	673
孝昌县	6000	1120.0	18.7	224	224	224	224	224
孝南区	10000	1870.0	18.7	374	374	374	374	374
应城市	7500	1400.0	18.7	280	280	280	280	280
云梦县	5000	935.0	18.7	187	187	187	187	187
汉川市	2000	375.0	18.8	75	75	75	75	75
荆州市	50000	10000	20.0	2000	2000	2000	2000	2000
荆州区	11000	2200	20.0	440	440	440	440	440
沙市区	0	0	—	0	0	0	0	0
江陵县	5000	1000	20.0	200	200	200	200	200
松滋市	2000	400	20.0	80	80	80	80	80
公安县	7000	1400	20.0	280	280	280	280	280
石首市	10000	2000	20.0	400	400	400	400	400
监利县	10000	2000	20.0	400	400	400	400	400
洪湖市	5000	1000	20.0	200	200	200	200	200
省直辖	45000	24000	53.3	4800	4800	4800	4800	4800

续表

县（市、区）	"十三五"需求	"十三五"规划	满足率（%）	年度安排				
				2016 年	2017 年	2018 年	2019 年	2020 年
天门市	20000	4000	20.0	8000	8000	8000	8000	8000
仙桃市	10000	2000	20.0	400	400	400	400	400
潜江市	10000	5000	50.0	1000	1000	1000	1000	1000
神农架	5000	3000	60.0	600	600	600	600	600
武汉市	43000	8600	20.0	1720	1720	1720	1720	1720
新洲区	2000	400	20.0	80	80	80	80	80
江夏区	25000	5000	20.0	1000	1000	1000	1000	1000
黄陂区	10000	2000	20.0	400	400	400	400	400
汉南区	4000	800	20.0	160	160	160	160	160
东西湖	0	0	—	0	0	0	0	0
蔡甸区	2000	400	20.0	80	80	80	80	80

附件 11　湖北省 2016～2020 年农村太阳能利用规划表

单位：处

县（市、区）	"十三五"需求	"十三五"规划	满足率（%）	年度安排				
				2016 年	2017 年	2018 年	2019 年	2020 年
湖北省	787935	125000	16.0	25000	25000	25000	25000	25000
恩施州	103000	16000	15.3	3200	3200	3200	3200	3200
恩施市	3000	466	15.5	94	93	93	93	93
建始县	50000	7766	15.5	1554	1553	1553	1553	1553
巴东县	15000	2330	15.5	466	466	466	466	466
利川市	20000	3106	15.5	622	621	621	621	621
宣恩县	4000	621	15.5	125	124	124	124	124
咸丰县	5000	776	15.5	156	155	155	155	155
来凤县	4000	621	15.5	125	124	124	124	124
鹤峰县	2000	310	15.5	62	62	62	62	62
十堰市	147500	22000	14.9	5966	1194	1193	1193	1193
丹江口市	40000	5966	14.9	2983	597	597	597	596
郧阳县	20000	2983	14.9	1491	299	198	198	198
房县	10000	1491	14.9	745	149	149	149	149
郧西县	5000	745	14.9	4922	985	985	984	984
竹溪县	33000	4922	14.9	3728	746	746	746	745
竹山县	25000	3728	14.9	596	120	119	119	119

县（市、区）	"十三五"需求	"十三五"规划	满足率（%）	年度安排				
				2016年	2017年	2018年	2019年	2020年
张湾区	4000	596	14.9	74	15	15	15	15
茅箭区	500	74	14.9	1491	299	298	298	298
武当山区	0	0	—	0	0	0	0	0
宜昌市	67000	10720	16.0	2144	2144	2144	2144	2144
夷陵区	17523	2803	16.0	561	561	561	560	560
宜都市	2061	329	16.0	66	66	66	66	65
枝江市	10307	1649	16.0	330	330	330	330	329
当阳市	20615	3298	16.0	660	660	660	659	659
远安县	2061	329	16.0	66	66	66	66	65
长阳县	2576	412	16.0	83	83	82	82	82
兴山县	3092	494	16.0	99	99	99	99	98
秭归县	5153	824	16.0	166	166	164	164	164
五峰县	2576	412	16.0	83	83	82	82	82
点军区	1030	164	16.0	33	33	33	33	32
襄阳市	108500	17250	15.9	3450	3450	3450	3450	3450
襄州区	1500	238	15.9	48	48	48	47	47
襄城区	1000	158	15.9	32	32	32	31	31
樊城区	5000	794	15.9	159	159	159	159	158
枣阳市	2000	317	15.9	64	64	63	63	63
宜城市	10000	1589	15.9	318	318	318	318	317
谷城县	5000	794	15.9	159	159	159	159	158
保康县	4000	635	15.9	127	127	127	127	127
南漳县	70000	11129	15.9	2226	2226	2226	2226	2225
老河口市	10000	1589	15.9	318	318	318	318	317
随州市	17500	2800	16.0	560	560	560	560	560
曾都区	10000	1600	16.0	320	320	320	320	320
随县	2500	400	16.0	80	80	80	80	80
广水市	5000	800	16.0	160	160	160	160	160
荆门市	42000	6720	16.0	1344	1344	1344	1344	1344
钟祥市	16000	2560	16.0	640	640	640	640	640
京山县	10000	1600	16.0	320	320	320	320	320
沙洋县	5000	800	16.0	160	160	160	160	160
东宝区	5000	800	16.0	160	160	160	160	160
掇刀区	2000	320	16.0	64	64	64	64	64
屈家岭区	2000	320	16.0	64	64	64	64	64

续表

县（市、区）	"十三五"需求	"十三五"规划	满足率（%）	年度安排				
				2016年	2017年	2018年	2019年	2020年
漳河新区	2000	320	16.0	64	64	64	64	64
鄂州市	5000	800	16.0	160	160	160	160	160
鄂城区	2000	320	16.0	64	64	64	64	64
华容区	1000	160	16.0	32	32	32	32	32
梁子湖区	1500	240	16.0	48	48	48	48	48
市直镇区	500	80	16.0	16	16	16	16	16
黄冈市	65935	10550	16.0	2110	2110	2110	2110	2110
红安县	11000	1760	16.0	352	352	352	352	352
麻城市	10000	1600	16.0	320	320	320	320	320
团风县	3000	480	16.0	96	96	96	96	96
罗田县	10000	1600	16.0	320	320	320	320	320
英山县	5000	800	16.0	160	160	160	160	160
浠水县	7500	1200	16.0	240	240	240	240	240
蕲春县	10000	1600	16.0	320	320	320	320	320
武穴市	2035	325	16.0	65	65	65	65	65
黄梅县	1500	240	16.0	48	48	48	48	48
黄州区	2500	400	16.0	80	80	80	80	80
龙感湖管理区	3400	544	16.0	108	109	109	109	109
经济开发区	0	0	—					
咸宁市	48500	7760	16.0	1552	1552	1552	1552	1552
咸安区	5000	800	16.0	160	160	160	160	160
嘉鱼县	2500	400	16.0	80	80	80	80	80
赤壁市	5000	800	16.0	160	160	160	160	160
通城县	10000	1600	16.0	320	320	320	320	320
崇阳县	10000	1600	16.0	320	320	320	320	320
通山县	16000	2560	16.0	512	512	512	512	512
黄石市	4000	640	16.0	400	400	400	400	400
市直	0	0	—	0	0	0	0	0
大冶市	1600	160	16.0	32	32	32	32	32
阳新县	2400	240	16.0	48	48	48	48	48
孝感市	57500	9200	16.0	4000	4000	4000	4000	4000
孝南区	10000	1600	16.0	320	320	320	320	320
应城市	2000	320	16.0	64	64	64	64	64
云梦县	1500	240	16.0	48	48	48	48	48
安陆市	10000	1600	16.0	320	320	320	320	320

县（市、区）	"十三五"需求	"十三五"规划	满足率（％）	年度安排				
				2016 年	2017 年	2018 年	2019 年	2020 年
汉川市	2000	320	16.0	64	65	66	67	68
大悟县	26000	4160	16.0	832	832	832	832	832
孝昌县	6000	960	16.0	192	192	192	192	192
荆州市	70000	11200	16.0	5000	5000	5000	5000	5000
荆州区	15000	2404	16.0	2404	480	481	481	481
沙市区	4000	641	16.0	641	128	129	128	128
江陵县	5000	801	16.0	801	160	161	160	160
松滋市	1000	160	16.0	160	32	32	32	32
公安县	5000	801	16.0	801	160	161	160	160
石首市	20000	3205	16.0	3205	641	641	641	641
监利县	15000	2404	16.0	2404	480	481	481	481
洪湖市	5000	801	16.0	801	160	161	160	160
省直辖	23500	3760	16.0	752	752	752	752	752
天门市	5000	800	16.0	160	160	160	160	160
仙桃市	5000	800	16.0	160	160	160	160	160
潜江市	10000	1600	16.0	320	320	320	320	320
神农架	3500	2000	57.1	400	400	400	400	400
武汉市	26000	4160	16.0	2000	2000	2000	2000	2000
江夏区	2000	320	16.0	64	65	66	67	68
黄陂区	10000	1600	16.0	320	320	320	320	320
蔡甸区	0	0	—					
新洲区	3500	560	16.0	112	112	112	112	112
汉南区	500	80	16.0	16	16	16	16	16
东西湖区	10000	1600	40.0	320	320	320	320	320

附件 12　湖北省 2016～2020 年乡镇服务网点建设规划表

单位：处

县（市、区）	"十三五"需求	"十三五"规划	满足率（％）	年度安排				
				2016 年	2017 年	2018 年	2019 年	2020 年
湖北省	1347	1000	74.2	202	200	198	197	193
恩施州	88	65	73.9	14	14	14	13	10
恩施市	17	14	82.4	3	3	3	3	2
利川市	14	10	71.4	3	2	3	1	1

县（市、区）	"十三五"需求	"十三五"规划	满足率（%）	年度安排				
				2016年	2017年	2018年	2019年	2020年
建始县	8	5	62.5	2	1	0	1	1
巴东县	12	8	66.7	1	2	2	2	1
宣恩县	9	7	77.8	2	2	2	1	0
咸丰县	11	8	72.7	2	2	1	2	2
来凤县	8	6	75.0	0	1	2	1	1
鹤峰县	9	7	77.8	1	1	1	2	2
十堰市	100	74	74.0	15	15	14	15	15
丹江口市	50	41	82.0	9	8	8	8	8
郧阳县	9	5	55.6	1	1	1	1	1
房县	9	6	66.7	1	1	1	1	2
郧西县	10	7	70.0	1	2	1	2	1
竹溪县	8	6	75.0	2	1	1	1	1
竹山县	3	2	66.7	0	0	1	1	0
张湾区	10	6	60.0	1	2	2	2	2
茅箭区	1	1	100.0	0	1	0	0	0
武当山区	0	0	0.0	0	0	0	0	0
宜昌市	180	133	73.9	27	27	27	26	26
夷陵区	14	10	71.4	2	2	2	2	2
宜都市	12	7	58.3	2	2	1	1	1
枝江市	0	0	0	0	0	0	0	0
当阳市	14	9	64.3	2	2	2	2	1
远安县	23	18	78.3	4	4	4	4	2
长阳县	12	10	83.3	2	2	2	2	2
兴山县	31	26	83.9	5	5	6	5	5
秭归县	16	13	81.3	3	3	3	2	2
五峰县	16	12	75.0	2	2	2	2	4
点军区	16	11	68.8	2	2	2	2	3
西陵区	15	10	66.7	2	2	2	2	2
猇亭区	11	7	63.6	1	1	1	2	2
襄阳市	59	45	76.3	8	8	9	10	10
枣阳市	14	11	78.6	3	2	2	2	2
宜城市	11	10	90.9	2	2	2	2	2
南漳县	1	1	100.0	0	0	0	0	1
保康县	12	9	75.0	1	1	1	3	3
谷城县	7	4	57.1	1	1	1	1	0

续表

县（市、区）	"十三五"需求	"十三五"规划	满足率（%）	年度安排				
				2016年	2017年	2018年	2019年	2020年
老河口市	5	3	60.0	0	1	1	1	0
襄州区	5	4	80.0	1	1	1	1	1
襄城区	4	3	75.0	0	0	1	1	1
樊城区	0	0	0.0	0	0	0	0	0
随州市	43	32	74.4	7	7	6	6	6
曾都区	11	8	72.7	2	2	2	2	0
随县	15	12	80.0	2	2	2	2	4
广水市	17	12	70.6	3	3	2	2	2
荆门市	282	209	70.6	42	42	42	42	41
钟祥市	84	65	74.1	13	13	13	13	13
京山县	46	32	77.4	6	7	7	6	6
沙洋县	70	50	69.6	10	10	10	10	10
东宝区	56	40	71.4	8	8	8	8	8
掇刀区	13	10	71.4	2	2	2	2	2
屈家岭	13	12	76.9	3	2	2	3	2
漳河新区	0	0	0	0	0	0	0	0
鄂州市	15	11	73.3	3	2	2	2	2
市直管区	1	1	100.0	1	0	0	0	0
鄂城区	7	5	71.4	2	1	1	1	0
华容区	3	2	66.7	0	1	0	0	1
梁子湖区	4	3	75.0	0	0	1	1	1
黄冈市	314	233	74.2	47	47	47	46	46
黄州区	5	5	100.0	1	1	1	1	1
团风县	200	160	80.0	32	32	32	32	32
红安县	10	5	50.0	1	1	1	1	1
麻城市	5	2	40.0	1	1	0	0	0
罗田县	10	5	50.0	1	1	1	1	1
英山县	11	6	54.5	1	1	1	1	2
浠水县	15	10	66.7	2	2	2	2	2
蕲春县	30	25	83.3	5	5	5	5	5
武穴市	12	6	50.0	1	1	2	1	1
黄梅县	9	5	55.6	1	1	1	1	1
龙感湖	7	4	57.1	1	1	1	1	0
咸宁市	70	52	74.3	10	10	10	11	11
咸安区	11	8	72.7	1	1	2	2	2
嘉鱼县	8	6	75.0	1	1	1	1	2
赤壁市	8	6	75.0	1	1	1	2	1

县（市、区）	"十三五"需求	"十三五"规划	满足率（%）	年度安排				
				2016 年	2017 年	2018 年	2019 年	2020 年
通城县	10	8	80.0	2	2	1	2	1
崇阳县	20	14	70.0	3	3	3	2	3
通山县	13	10	76.9	2	2	2	2	2
黄石市	15	11	73.3	2	2	3	2	2
市直	8	6	75.0	1	1	2	1	1
大冶市	5	4	80.0	1	0	1	1	1
阳新县	2	1	50.0	0	1	0	0	0
孝感市	61	45	73.8	9	9	9	9	9
孝南区	17	12	70.6	3	3	2	2	2
应城市	4	3	75.0	1	1	0	1	0
云梦县	5	4	80.0	0	1	1	1	1
安陆市	14	10	71.4	2	2	2	2	2
汉川市	5	4	80.0	1	1	1	0	1
大悟县	4	3	75.0	0	1	0	1	1
孝昌县	12	9	75.0	2	0	3	2	2
荆州市	44	33	75.0	7	7	7	6	6
荆州区	2	1	50.0	1	0	0	0	0
沙市区	0	0	0.0	0	0	0	0	0
江陵县	10	6	60.0	2	1	1	1	1
松滋市	13	12	92.3	2	3	3	2	2
公安县	2	1	50.0	0	1	0	0	0
石首市	1	1	100.0	0	0	0	0	1
监利县	8	6	75.0	1	1	1	2	1
洪湖市	8	6	75.0	1	1	2	1	1
省直辖	60	46	76.7	10	9	9	9	9
天门市	27	20	74.1	4	4	4	4	4
仙桃市	0	0	0.0	0	0	0	0	0
潜江市	25	19	76.0	4	4	4	4	3
神农架	8	6	75.0	1	1	1	1	2
武汉市	16	12	75.0	3	3	2	2	2
江夏区	1	1	75.0	1	0	0	0	0
黄陂区	5	3	100.0	0	1	0	0	2
蔡甸区	1	1	60.0	1	0	0	0	0
新洲区	1	1	100.0	0	0	1	0	0
汉南区	3	2	100.0	0	0	0	1	0
东西湖区	5	4	66.7	1	2	0	1	0

广西农村能源发展"十三五"规划

根据《中共中央国务院关于加快推进生态文明建设的意见》、《中国农村扶贫开发纲要（2011～2020 年)》、国家发展和改革委员会和农业部《全国农村沼气发展"十三五"规划》以及中共广西壮族自治区委员会《关于贯彻落实〈中共中央关于全面深化改革若干重大问题的决定〉的意见》（桂发〔2013〕16 号）、《广西壮族自治区林业推进生态文明建设规划》（2014～2020 年）、广西林业厅《关于加快林业"十三五"规划编制工作的通知》（桂林办计字〔2014〕43 号）等文件要求，结合广西农村能源的农村沼气、生物质能、省柴节煤炉灶、太阳能、科技和服务体系建设实际，组织编制本规划（以下简称《规划》）。

《规划》是在总结我区多年来农村能源建设经验的基础上，认真分析了农村能源发展工作存在的主要问题，阐明了农村能源发展的意义，有利条件和制约因素，明确了"十三五"期间农村能源的发展目标、建设主要内容、任务和重点工程，并提出了实施《规划》的保障措施。

《规划》是指导全区各级农村能源行政主管部门开展农村能源建设工作的重要依据。规划基准年为 2015 年，规划期 2016 年至 2020 年。

第一章 "十二五"发展回顾

第一节 主要成效

自治区党委和政府高度重视发展农村能源事业，把农村沼气建设作为惠及百姓的"民心工程"、"富民工程"、农村沼气建设列入自治区为民办实事项目，同时贯彻执行国家发展和改革委员会和农业部发展农村能源政策，不断优化投资结构，农村沼气年生产能力 16 亿立方米。2015 年国家调整中央投资方向，广西紧跟调整步伐，扎实推进农村沼气转型升级，农村能源建设取得可喜的成就。

一、农村能源安全供给能力得到增强

农村能源建设提高了农户炊事用能质量，促进了清洁用能，改善了农村人居环境。

截至 2015 年 12 月底，全区累计建设沼气池 406.6 万户，沼气入户率达 50.7%，户用沼气入户率位居全国前列，受益人口达到 2000 多万人；建设小型沼气工程 2296 处，大中型沼气工程 225 处，生态卫生学校沼气工程 375 处，农村生活污水净化沼气池 251 处；建成乡村沼气服务网点 6663 个，县级沼气服务站 81 个，市级沼气服务总站 3 个，从业人员 15308 人，服务 220 多万农户，覆盖率达到 40%；全区累计推广省柴节煤灶 749 万户，节能炉 2.11 万台，太阳能热水器 33 万台，微型水力发电 1.2 万处，小型风力发电 1130 处，生物质气化集中供气 1064 户。

二、沼气建设技能水平进一步提升

"十二五"期间，广西农村能源办持续培训管理人员 8 期，培训 600 多人（次），沼气技工培训 20 期，培训 800 多人（次），2013 年举办全区沼气工技能大赛，沼气技工水平提高获得突破，确保广西沼气建设质量。2014 年 9 月，农业部、中华全国总工会、人社部联合在广西南宁举办第三届全国沼气生产职业技能竞赛，自治区农村能源办与广西林科院出色地完成了组织竞赛的各项工作任务，并带领广西代表队获得大赛总分第一名，自治区林业厅荣获"第三届全国沼气生产职业技能竞赛优秀组织奖"，来自博白县的李拥民技工荣获"全国技术能手"称号，并获"全国五一劳动奖章"。

三、有效推进农业发展方式转变

农村沼气上联养殖业，下促种植业，不仅有效防止和减轻了畜禽粪便排放和化肥农药过量施用造成的面源污染，而且对实现农业节本增效、循环发展，提高农业综合生产能力和竞争力发挥了重要作用。据统计，我区农村沼气工程年处理粪污 7900 万吨，沼肥利用可减少 20% 以上的化肥和农药施用量，可实现粮食增产 15%～20%，蔬菜增产 30%～40%，为农民增收节支 59 亿多元，推进生态农业、循环农业、绿色农业的发展。

四、生态文明建设全面向好

发展农村沼气等可再生能源是国家节能减排的重要内容，对于减少化石能源消耗，改善自然生态环境发挥了不可替代的作用。据测算，全区 406 万户沼气池年产沼气量约为 16 亿立方米，相当于替代 255 万吨标准煤、减少甲烷排放约 68.9 万吨、减少二氧化碳排放 1445 万吨。助推全区森林覆盖率也从 2010 年的 55%，提高到 2015 年的 62%，实现了能源效益、生态效益和社会效益同步增长。

五、农村生活生产环境有效改善

发展农村沼气，扎实推进"六改十化"，即改厨、改厕、改水、改路、改圈、改房；推动家居环境清洁化、农业生产无害化、庭院经济高效化、住宅楼房化、用水自来化、村屯道路硬化、家具现代化、燃料沼气化、电视数字化、言行文明化。实现了粪便、秸秆、有机垃圾等农村主要废弃物的无害化处理、资源化利用，使困扰农村建设的诸多"脏乱差"环境问题得到了有效解决，清洁了田园、水源，美化了家园，提高了农民生活质量。

<h3 style="text-align:center">第二节　主要经验</h3>

一、坚持加强组织领导

中共十八届四中全会通过的《中共中央关于全面推进依法治国若干重大问题的决定》对加强生态环境保护法制建设提出明确要求。中共中央、国务院印发的《关于全面深化农村改革加快推进农业现代化的若干意见》要求促进生态友好型农业发展，因地制宜发展户用沼气和规模化沼气。各级农村能源部门围绕中央的决策部署，结合本行业、本地区、本单位的实际情况，开拓进取，勇于创新，在农村能源建设领域做了卓有成效的工作，以沼气为主的农村能源建设得到了快速发展。

二、坚持多项措施并举

广泛宣传抓发动。重点加强了农村能源门户网站建设，利用报纸杂志、广播电视、网络等媒体，广泛宣传农村沼气的能源、生态、环保效益，赢得了社会各界的普遍支持；"工程模式"抓推动。根据自治区统一部署，五年来，我区实施了为民办实事沼气工程、桂西五县基础设施建设大会战工程、兴边富民基础设施建设大会战工程、城乡风貌改造沼气工程、人口较少民族地区沼气工程、燃煤污染型地方性氟中毒病区农村能源工程六大工程，有效地推动了我区沼气建设快速发展；争取投资抓拉动。在沼气建设方面，五年来，以争取中央沼气建设资金为着力点，带动地方配套，引导社会、企业和农民投入，逐步建立起了多元化的投资机制；督查检查抓促动。把督查检查作为推进工作的抓手，确保目标任务完成，严格按标准建设，按规范运行。

三、坚持提升农村沼气使用率

技术创新，破解原料单一和沼肥利用难题。针对当前农村家庭生猪养殖量下滑，造成原料供给不足问题，近年来我区研究出了"新顶返水式回流补压沼气发酵技术工艺"等新池型，部分缓解了秸秆沼气结壳难题，扩大了沼气原料范围。与此同时，我区容县、融水、北流等县（市）先后探索出了沼液沼渣分离晾干利用法，有效推动沼肥综合利用上新水平；服务创新，努力解决沼气便捷使用难题。针对户用沼气无人管护、养殖场大中型沼气池无专业技术人员管护的难题，我区初步创建形成了北流市"三级联动，市场运作，四业循环"后续服务管理模式、容县小区物业化管理服务模式、恭城县"公司＋农户"、"全托管"管理服务模式、合浦县村级服务队服务模式等，提升沼气使用的便捷性；模式创新，探索农村能源商品化道路。我区先后在陆川、浦北、博白、容县、北流等县（市）开展了由养殖场与农户共同出资建设大中型沼气工程的探索，通过管道直接向农户供气，让农户以低廉的价格享受到管道沼气的方便；管理创新，开展沼气能源共享新尝试。在隆林县采用了新型移动便捷式池型，由沼气服务队与农户签订使用合同，定期不定期检查使用率，对使用率低的农户采取移池换户的做法，开辟了沼气能源共享新模式。

四、坚持全面开展农村能源建设

着力抓典型建精品。先后在合浦、恭城、博白、临桂、青秀区等县区建立了一批户用养殖型沼气、户用秸秆型沼气、大中型秸秆沼气、大中型养殖场沼气、养殖小区和联户沼气等精品沼气工程；着力抓推广惠民生。通过推广沼气池建设，使农民广泛受益，结合新农村和新型城镇化建设，针对农村地区对新型能源的需求增长，2011 年起，我区加大了太阳能、生物质能、风能、小水电等可再生能源的开发利用，自治区本级财政预算每年都安排资金用于推广农村能源综合试点项目建设；着力抓创新、拓新路。2013年，根据自治区"美丽广西·清洁乡村"活动的统一部署，经过广泛调研和专家论证，提出了在全区推广"垃圾分拣—沼气发酵—焚烧—填埋""四位一体"的农村垃圾处理模式。

五、坚持多渠道筹措建设资金

加大对国家农村沼气建设项目的争取力度。加强与自治区发展改革委沟通，提前谋划一批沼气建设项目，搞好项目的筛选、论证，建立沼气建设项目库，争取更多的中央投资扶持我区农村沼气建设；将中央投资农村沼气项目与巩固退耕还林成果、改水改厕、异地搬迁、新农村建设、乡村环境综合治理等项目有机结合，充分发挥投资综合效益；按照"谁投资，谁受益"的原则，积极争取自治区财政对农村沼气终端产品补贴，同时鼓励和吸引企业、个人和金融机构投资农村沼气建设。

六、坚持与"美丽广西"乡村建设紧密结合

积极拓宽沼气建设发展领域，扎实服务生态乡村，依托农村沼气已取得成绩，多方争取在全区范围开展农村有机垃圾沼气化处理试点工程，以沼气化方式有效处理畜禽粪污、果皮菜叶、废弃秸秆为主的农村生产生活有机垃圾。2015 年实施农村有机垃圾沼气化处理试点工程 33 个，覆盖全区 12 个市、32 个县（市、区）。以中小型沼气工程为主，建设 300 立方米以上中型有机垃圾处理池 12 个，20～300 立方米小型有机垃圾处

理池 21 个，获得农村生产生活有机垃圾建设成套技术和可复制、易推广的建设模式，有效改善农村人居生产生活环境，有效巩固提升广西"山清水秀生态美"的生态品牌。

第三节 存在问题

一、农村沼气使用便捷性优势变弱

随着农村居民生活水平的提高，农民对能源供给提出了更高要求。根据调查，居民在用能选择时优先条件依次为：便捷→安全→清洁→价廉。沼气虽在安全、清洁、价廉等方面有一定的优势，但由于沼气的正常使用需要农民掌握一定的技能和付出一定的劳动时间，在便捷方面明显处于劣势，导致近年来选择商品化能源农户逐年增多，这也是我区沼气池使用率逐年下降的一个重要原因，在一定程度上影响了沼气使用率的巩固和提高。

二、户用沼气规模推进难度加大

"十二五"期间，我区建材、劳动力等价格的持续上涨，导致农村户用沼气建设成本大幅度提高；同时农村户用沼气建设推广方式由整村规模化建设向已建项目村"填平补齐"和分散居住农户建设转变，向大石山区、丘陵山区和边境地区等交通不便地区转移，而目前中央和自治区级补助资金达不到"一池三改"建设成本的 30%，市县财政配套能力有限，造成农民自筹压力增加，使部分有需求的农户由于自筹资金落实困难而无力开展建设；随着大量青壮年劳动力进城务工，农村劳动力出现了结构性、季节性短缺，对农村户用沼气建设、管理、使用等环节的负面影响日趋加重，农村户用沼气建设难度不断加大。

三、农村沼气服务与管理总体较弱

农村沼气建设管理和后续服务工作在乡镇出现"短腿"现象，由县级农村能源主管部门直接组织村级开展后续服务工作难度很大；我区国土面积 82% 属山区丘陵地区，建池农户分散不集中，村级服务网点服务辐射半径平均比平原地区减少 40% 以上，服务成本较高，同时农村沼气后续服务市场尚未形成，服务站点所服务的农户较少，创收能力有限，大部分村级服务网点存在运营收入低、收取服务费用难、工作人员报酬难落实等问题，村级服务网点面临难以维持运行的困境；大中型沼气工程的建设和管理机制不完善，没有发挥应有的效益。

四、其他清洁能源建设资金缺口较大

随着国家对环境保护越来越重视和农户环保意识不断提升，以及社会各界对环保问

题的高度关注，沼气建设在农村环保方面所发挥的积极作用得到各方的高度认可。自治区党委、政府决定在全区集中开展"美丽广西"乡村建设活动，各级党委、政府高度重视，积极行动，广大农村对太阳能和柴节煤炉灶建设需求量较大，但资金缺口较大。

五、科技创新基础投入不足

我区在农村能源系统科研投入偏少，用于农村能源的科研经费、人力、物力投入不足，难以有效组织大专院校、科研院所开展科技攻关，新技术、新产品、新工艺、新材料等方面研发推广滞后；农村沼气科研实训基地建设经费短缺，缺乏从建设、管理、应用、维护等诸多环节形成完整的科技支撑体系；全区系统内技术管理人员文化水平偏低、年龄老化现象普遍，特别是创新型人才不足。

第二章　面临形势

"十三五"时期，是全面贯彻落实中央和自治区关于加快推进生态文明建设一系列重大部署的关键时期，是农村沼气工程转型升级、贯彻落实绿色发展理念、大力发展生态经济、建设"美丽广西"和生态文明示范区的战略机遇期，广西农村能源改革发展面临较好形势，机遇与挑战并存，发展空间和潜力巨大。

第一节　发展机遇

一、党中央、国务院高度重视农村能源建设

党中央、国务院高度重视农村能源建设，连续多年的中央一号文件都对发展农村沼气提出了明确要求。把以农村沼气为重点的可再生能源建设作为提高生态文明水平，推进农业现代化，加快社会主义新农村建设，加快建设资源节约型、环境友好型社会的重要内容。党的十八大提出生态文明建设以来，农村能源工作得到更多的重视。习近平总书记、李克强总理、张高丽副总理、汪洋副总理等中央领导多次对农村能源工作作出重要批示，提出更高要求。中央农村工作会议提出"中国要美，农村必须美"。全国农业工作会议要求更加注重资源环境，坚持当年生产与长远发展相结合，加强农村面源污染治理，大力发展资源节约型、生态友好型农业。2016 年中央一号文件一如既往提出发展农村规模化沼气，推动农业绿色发展。广西党委政府对农村能源工作也给予高度重视和大力支持，对农村能源工作多次批示。这给农村能源发展带来了难得的发展机遇。

二、农村能源建设成就为"十三五"发展打下坚实基础

自"十二五"以来，全国农村能源建设快速发展，截至 2015 年底，全国农村沼气用户达 4383 万户，年产气量 132 亿立方米，受益人口达 1.6 亿，各类型沼气工程达 103036 处，总池容达到 1690 万立方米，年总产气量 22.57 亿立方米，供气户数达到 192.27 万户，年发电量 46679 万千瓦时。自 2003 年国家启动农村沼气国债项目以来至 2015 年底，广西累计争取到农村沼气项目中央投资 19.86 亿元、落实自治区级补助资金 12.25 亿元。从 2005 年起，自治区人民政府将农村户用沼气项目建设列入当年为民办实事内容，各级党委、政府的重视和资金的落实到位，使我区农村沼气建设进入了快速普及、多元发展、建管用并重的发展阶段，沼气入户率稳居全国前列。这些建设成就，为农村能源发展带来难得的发展机遇。

三、推进节能减排应对气候变化赋予农村能源新的使命

当前减少温室气体排放已成为全球关注的焦点，各国都在采取行动减少碳排放。2015 年 11 月，习近平主席在巴黎气候大会开幕式上的讲话中指出："中国坚持正确义利观，积极参与气候变化国际合作。多年来，中国政府认真落实气候变化领域南南合作政策承诺，支持发展中国家特别是最不发达国家、内陆发展中国家、小岛屿发展中国家应对气候变化挑战。为加大支持力度，中国在 2016 年 9 月宣布设立 200 亿元人民币的中国气候变化南南合作基金。中国将于 2017 年启动在发展中国家开展 10 个低碳示范区、100 个减缓和适应气候变化项目及 1000 个应对气候变化培训名额的合作项目，继续推进清洁能源、防灾减灾、生态保护、气候适应型农业、低碳智慧型城市建设等领域的国际合作，并帮助他们提高融资能力。"会上，中国政府承诺到 2020 年单位国内生产总值二氧化碳排放比 2005 年下降 40% ~ 45%。2013 年 9 月，国务院发布了《大气污染防治行动计划》，其中一项很重要的措施就是"以气代煤、以气代油"。我国推广的沼气技术在减少温室气体排放方面具有巨大潜力，据测算，我国沼气的生产能力可达每年 2000 亿立方米，作为一种重要的清洁能源，我国将会继续增加对沼气发展的投入和支持。目前，我国已出台对沼气工程建设的补贴转为拉动和鼓励终端市场用户的沼气用气补贴政策；同时，我国还通过 FAO 等国际组织，积极参与南南合作，拟将输出适用于发展中国家的中国沼气技术、产品、人才，为全球市场碳交易提供新的可能性。而碳交易产生的利润又可用于推动国内沼气技术的研究、发展和推广。广西是后发展地区，正处在加快发展的新阶段，节能减排任务艰巨，压力很大，大力发展农村可再生能源减少碳排放，增加森林碳汇，可为广西经济社会发展争取更大的发展空间。

四、生态文明与美丽广西建设为农村能源发展注入新动力

中共中央、国务院关于加快推进生态文明建设的意见明确指出："生态文明建设是中国特色社会主义事业的重要内容，关系人民福祉，关乎民族未来，事关'两个一百年'、奋斗目标和中华民族伟大复兴中国梦的实现。支持农村环境集中连片整治，开展农村垃圾专项治理，加大农村污水处理和改厕力度。加强农业面源污染防治，加大种养业特别是规模化畜禽养殖污染防治力度，推进秸秆等农林废弃物以及建筑垃圾、餐厨废弃物资源化利用。"国务院颁布《循环经济发展战略及近期行动计划》指出："加强畜禽粪污资源化利用。鼓励利用畜禽粪便发展农村户用和集中供气沼气工程，鼓励利用畜禽粪便、秸秆、有机生活垃圾等多种原料发展超大型沼气工程。推广堆肥处理、工厂化生产有机肥、好氧发酵农田直接施用技术，促进养殖粪污资源化利用和无害化处理。"《广西生态经济发展规划（2015～2020 年）》指出："推进规模化、基地化种植，创新发展生物能源新路子，探索新时期实施大中型沼气工程和集中供气工程。"党的十八大报告提出"努力建设美丽中国，实现中华民族永续发展。"建设美丽中国要求我们打造一个"美丽广西。"以"美丽广西"为主题，把党的十八大确定的"建设美丽中国"的战略任务在我区具体化，使我区秀丽的山水风光与整洁的卫生环境相匹配。农村能源建设能较大范围并且有效地解决美丽广西环境问题，是美丽广西活动的总体要求的具体体现。这为农村能源带来了难得的发展机遇。

五、精准扶贫对农村能源工作提出新要求

党的十八大以来，党中央、国务院把扶贫工作提高到了前所未有的高度。习近平总书记和李克强总理多次看扶贫、讲扶贫，亲自抓扶贫。习近平总书记在提出"科学扶贫、精准扶贫"新要求的同时，强调指出，"全面建成小康社会，最艰巨、最繁重的任务在农村，特别是在贫困地区。没有农村的小康，特别是没有贫困地区的小康，就没有全面建成小康社会"。"'三农'工作是重中之重，革命老区、民族地区、边疆地区、贫困地区在'三农'工作中要把扶贫开发作为重中之重。"多年来，农村能源工作在与"三农"工作密切结合，在"兴边富民和桂西五县沼气建设"、"兴边富民基础设施建设"、改善农村人居环境等工作中，为农村农户脱贫致富发挥重要作用。精准扶贫既对农村能源工作提出新要求，又给农村能源工作带来难得的发展机遇。

第二节　困难和挑战

一、农村沼气发展方式亟待转型升级

2012 年 12 月召开国家农村沼气工作会议明确指出：农村沼气发展结构上要由户用

沼气为主向沼气多元化发展转变、功能上生活为主向生活生产生态一体化转变、服务上由建站布点为主向注重可持续运营转变、政策上由前端建设补助向前端建设补助和终端产品补贴相结合转变。2015 年国家发展改革委、农业部出台的《农村沼气工程转型升级工作方案》明确提出：根据农村沼气发展需要，因地制宜开展农村沼气工程各类项目建设。鼓励地方政府利用地方资金建设中小型沼气工程、户用沼气、沼气服务体系等。中央预算内投资突出重点，主要用于支持规模化大型沼气工程建设，开展规模化生物天然气工程建设试点，促进农村沼气工程转型升级。所以，中央资金不再支持适宜我区发展的户用沼气、养殖小区和联户沼气、乡村服务网点的建设。

二、农业供给侧改革给农村沼气建设带来新的挑战

农业结构调整是国家改革开放多年来实践总结出来的农业和农村工作的一项战略性举措，其对农村的发展有着举足轻重的作用，直接影响到农民的增收及生活水平的提高。由于大量农村富余劳动力涌入城市，尤其是一些懂技术、有经营理念的农民的流失，给农村第二产业和第三产业发展带来了致命打击，造成部分沼气池日常管理困难。随着养殖业由过去一家一户分散养殖逐步向集约化、规模化方向转变，不少农户不再养猪养牛，造成一些以家畜粪便为传统发酵原料的户用沼气池出现原料不足现象。随着农村居民生活水平的提高，农民对能源供给提出了更高要求，选择商品化能源的农户逐年增多，这也是我区户用沼气池使用率逐年下降的一个重要原因，在一定程度上影响了户用沼气使用率的巩固和提高。

三、城镇化建设步伐对农村能源建设提出新的要求

城镇化是伴随工业化发展，非农产业在城镇集聚、农村人口向城镇集中的自然历史过程，是人类社会发展的客观趋势，是国家现代化的重要标志。根据国家新型城镇化规划（2014～2020 年）中的规定，深入开展农村环境综合整治，实施乡村清洁工程，开展村庄整治，推进农村垃圾、污水处理和土壤环境整治，加快农村河道、水环境整治，严禁城市和工业污染向农村扩散。这对农村能源建设面临新的要求。虽然，我区农村能源建设取得了显著的成绩，开展了农村有机垃圾沼气化处理试点工作，但是，在城镇化建设的过程中，农村劳动力大量转移、农民生产生活方式和居住方式改变、畜禽养殖方式转变、第二产业和第三产业不断向城镇聚集，社会经济系统中各个要素的联系与组合不断优化，农村产业系统和资源配置也在不断优化。对农村生活垃圾沼气化的处理提出了新的要求，这既是挑战又是机遇。因此，农村能源工作应该以城镇化建设为契机，在城镇化建设的过程中完善农村能源建设体系，优化农村环境，全面配合提升城镇化建设的质量和水平。

四、现代生态农业对农村能源建设提出更高要求

我国经济正处于新常态下调结构转方式的关键时期，在保护中开发，在开发中保护，推动经济绿色发展、循环发展、低碳发展是可持续发展的必由之路。2014 年 12 月，全区经济工作会议提出，以生态经济为抓手推进生态文明建设是今后一段时期的重要工作。"生态立区，绿色发展"发展战略形成共识，生态文明建设取得新成效，新型生态经济逐步推进，循环经济发展加快，资源节约利用、节能减排降碳和环境保护成效明显，"美丽广西"活动深入开展，为生态产业化、产业生态化大发展奠定基础。农村沼气建设必须适应这一新要求，农村沼气建设由解决农村用能转变为解决生态和能源并举，户用沼气池、沼气工程与推动农村沼气与生态现代农业相结合，向规模化、产业化的效益方向拉动。

五、农村能源科技创新驱动能力有待强化

农村能源发展面临新形势、新要求、新挑战，但当前我区农村能源系统人员老化、科技人才缺乏，新技术、新产品、新工艺、新材料等引进滞后，规模化沼气工程池容气率和自动化水平有待提高，农村沼气管理体系仍存在注重项目建设、忽视行业管理的问题。在人才建设方面，创新型人才不足，制约了我区农村沼气事业的持续健康发展。

第三节　发展战略

一、政府主导与市场导向战略

政府主导与市场导向就是推动农村能源的发展符合市场规律，在实施过程中充分发挥市场机制的作用，整合相关资源，创新经营模式，最终使政府主导型发展走上主要依靠市场自我发展的轨道。所以，广西农村能源的发展要始终坚持政府主导和农村需求相结合，市场为导向的战略。充分发挥市场机制作用，引导企业和农民合作组织等各种社会主体进行农村能源工程建设，形成多元化投入机制。

二、"存量"和"增量"战略

切实贯彻农业部倡导农村沼气工程转型升级的政策，以开放思维、改革举措，建立更为灵活的农村能源建设机制，实行更加有效的促进农村能源发展政策，做好农村能源"存量"和"增量"的文章，为美丽广西提供有力的资源保障。积极争取广西财政资金，稳步推进农村有机垃圾户用处理沼气池建设，满足有建池需求的农户，每年保持一定的建设数量；有计划、有步骤地推进沼气旧病沼气池修复改造工作，盘活用好现有户

用沼气存量，最大发挥已建沼气池的作用；有序推进农村垃圾沼气化处理，充分发挥沼气池在服务美丽广西活动中的重要作用。

三、创新驱动战略

党中央、国务院历来高度重视创新工作，习近平总书记深刻指出"不创新不行，创新慢了也不行。如果我们不识变、不应变、不求变，就会陷入战略被动，错过发展机遇，甚至错过整整一代时代"。所以，实施创新驱动发展战略，全民创新，抓好产业创新，发挥企业在创新中的主体作用，打造区域创新驱动发展重要载体，最大限度地解放和激发科技这个第一生产力。立足于我区实际、发挥自身优势，积极争取国家有关部门和单位支持，深化与发达地区、周边省份及东盟和其他国家多领域、多渠道、多层次的科技合作，大力集聚创新驱动发展的要素资源。

第三章　总体要求

第一节　指导思想

以创新、协调、绿色、开放、共享发展理念为引领，适应农村生产方式，农村居住方式和农村用能和清洁能源供给的新定位，坚持因地制宜、多能互补、综合利用、讲求效益，紧紧围绕"美丽广西"和精准扶贫的总体要求为主线，强化政策创新、科技创新和管理创新，因地制宜发展规模化生物天然气和规模化大型沼气工程，积极推进以沼气为纽带种养生态循环模式，巩固户用、中小型沼气、生物质能、省柴节煤炉灶、太阳能、科技和服务体系工程建设成果，推动农村能源建设向规模发展、综合利用、科学管理、市场运作、效益拉动的方向转型升级，促进全区农村能源建设可持续发展，为加快实现"两个建成"奋斗目标添加新动力。

第二节　基本原则

一、绿色发展，改善环境

坚持绿色发展理念，将农村能源建设与"美丽广西"乡村建设、改善农村人居环境有机结合，遵循减量化、再利用、资源化要求，在项目建设、管护和运营时，既要重视农村能源工程的能源效益，更要重视农村能源工程的生态效益，防治农业面源污染和大气污染、促进农村废弃物的资源化利用和农村人居生态环境的改善。

二、因地制宜，彰显特色

从实际出发，围绕"三农"工作和脱贫攻坚战，突出农村生态能源在促进农业生产、保护农村生态和改善农民生活的独特优势，因地制宜、因区施策，科学规划项目建设布局，加快农村贫困地区的可再生能源开发利用。

三、政策引导，市场运作

加强政府指导、政策引导，充分发挥市场机制的决定性作用，研究制定出台一系列鼓励、支持农村沼气发展的政策措施，鼓励和引导社会各界广泛参与农村能源建设，激发农户和企业发掘自身潜力和发挥主观能动性，引导群众和企业自我建设、自我使用、自我管理，共同创造美好生活，不断提高经济效益和可持续发展的能力。

四、示范带动，全面推进

强化总结提升和宣传推广，在试点成功的基础上向社会推介一批涵盖不同区域类型、不同地域特点、不同经济发展水平的典型建设模式，充分发挥示范带动作用，以点带面，有计划、有措施、有步骤地引导、全面推进农村能源建设。

五、气肥并重，综合利用

充分注重农村沼气兼有公益性和经营性特点，按产业化规律，统筹考虑农村沼气的能源、生态效益，重视沼气沼肥的经济社会效益，提高农村沼气的沼肥利用水平，推动以沼气为纽带的生态循环经济，推动农村沼气建设产业化发展，实现生态效益、社会效益和经济效益相互协同发展。

六、科技支撑，创新驱动

加强农村能源科研平台建设，特别是广西沼气科研实训基地的建设，建立产学研一体化农村能源技术创新与推广体系，搭建农村能源科技支撑平台，建立多元化、多层次、多渠道的农村能源科技投入机制，确保项目建设质量和运行效果。

第三节 规划目标

一、总体目标

力争到"十三五"期末，农村能源发展格局进一步优化，农村能源建设成果促进农村农业生产生态环境进一步改善，农村能源资源利用范围进一步拓展，科技支撑能力进一步加强，扎实助推美丽广西建设力度，完善政府购买社会服务机制，推广沼气"全托管"服务模式，提高对全区森林覆盖率的贡献率，争取把广西建成为全国农村能源示范省区。

二、主要指标

表1 "十三五"农村能源发展主要指标

类型	序号	名称	属性	单位	"十二五"期间	"十三五"规划
沼气工程	1	规模化大型沼气工程	约束性	个	96	150
	2	规模化生物天然气工程	约束性	个	1	3
	3	中小型有机垃圾沼气化工程	约束性	个	33	750
	4	农村有机垃圾户用处理沼气池工程	约束性	万户	37.605	2.5
	5	旧病沼气池修复改造工程	约束性	万户	5	7.5
太阳能利用	6	农村分布式太阳能光伏发电工程	预期性	处	—	250
	7	新增太阳能热水器	预期性	万台	—	3
	8	新增太阳能路灯	预期性	万杆	—	1.5
科技支撑与示范	9	省级农村能源科研实训基地	约束性	个	—	1
省柴节煤灶	10	节能技术升级改造示范工程	预期性	万台	—	2
"三沼"利用	11	沼肥深加工示范工程	约束性	个	1	10
	12	新增沼气集中供气用户托管服务签约率	预期性	%	—	60
	13	新增沼气管道化用户	预期性	万户	—	2.5
	14	使用沼气清洁能源总户数	预期性	万户	406	406
	15	农村清洁能源使用率	预期性	%	—	80
	16	沼气产量	预期性	亿立方米	16	20
生态环境	17	畜禽养殖粪污和农林废弃物沼气处理量	预期性	万吨	4000	6000
	18	农村畜禽养殖粪污收集率	预期性	%	—	60
	19	对全区森林覆盖率的贡献率	预期性	%	—	5

第四章　主要任务

第一节　坚持创新驱动，开创农村能源新格局

一、推进农村有机垃圾沼气化处理

充分发挥农村有机垃圾沼气化处理项目在"美丽广西"乡村建设活动的重要作用，因地制宜，按各地实际需求支持户用和中小型有机垃圾沼气化处理项目建设，在科学总结试点成功经验的基础上，逐年扩大项目实施范围。在有条件的地区，将有机垃圾沼气

化处理与沼气管道化有机结合，在新农村建设和新型城镇化进程中共同推进。推广项目合同制管理模式，引导农村有机垃圾收集治理和综合利用走专业化和市场化道路，切实提高项目综合效益。

二、提高沼气工程综合利用水平

各级农村能源管理部门要积极发挥市场主动性，对参与农村能源建设的市场主体设立项目建设补助，提高市场参与率。重点支持沼气工程集中供气、沼气发电上网、有机肥加工、沼液喷施滴灌和沼液浓缩袋装等终端产品的综合利用。重视和推广"种养结合"，建设一批沼肥综合利用生态种植示范性工程和示范点，助推生态循环农业发展。

三、创新项目建设管理方式

强化自治区对中央农村沼气项目的监督和管理，创新项目建设与管理模式。开展大型沼气工程先建后补或以奖代补试点工作，鼓励有条件的项目单位按规定程序报批后先垫资建设，竣工验收合格后安排中央补助资金。鼓励支持各市、县（区）采用先建后补、以奖代补形式发展户用和中小型沼气工程。

四、推广后续服务体系新模式

坚持"发展产业化、服务专业化、管理物业化、运营市场化"原则，整合、重组、优化后续服务网点布局，大力推广"畜禽养殖、沼气＋公司化全托管＋集约化种植"的新"三位一体"生态循环农业发展模式。鼓励有积极性、有能力的企业、合作社或个人，开办农村能源专业服务公司、组建农村能源服务组织或承办现有村级服务网点。各级政府通过政府购买服务、给予服务补贴等方式支持后续服务体系建设，推动农村能源提质增效。

五、健全农村能源安全管理制度

认真落实安全责任，项目建设期间安全监管由项目所在地农村能源主管部门和建设单位和施工单位负责，项目建成后安全管理归入属地管理，由所在地县（区）、乡（镇）政府主体负责。各级人民政府要严格执行相关安全标准和安全事故报告制度，加快出台《广西农村能源安全管理应急预案》，并通过加强安全检查、强化安全培训、加大宣传力度等措施，逐步建立健全农村能源安全管理制度，确保农村能源建设和使用者人身及财产安全。

六、构建农村能源信息化管理体系

加快农村能源信息化管理建设步伐，以信息化管理技术作为新时期农村能源建设管理的重要支撑和引领，加强顶层设计，重点围绕农村能源门户网站开设、生产信息数据库建设和物联网管理系统应用，打造数据化管理和信息化综合服务平台。各市、县（区）要根据实际情况，通过办点示范等方式逐步推广，扎实推进农村能源大数据信息建设。

第二节　加快转型升级，提高农村能源发展效益

一、优化农村能源建设布局

各级政府要明确农村能源发展目标，因地制宜，科学制定农村能源建设计划，形成配置合理、功能清晰、成效显著的协调发展模式。以实施中央项目为抓手，重点建设规模化大型沼气（生物天然气）工程、农村有机垃圾沼气化处理工程，因地制宜发展户用、小型沼气工程以及其他可再生能源建设。在大石山区和不适宜建设大中型沼气工程的农村地区，推进旧病沼气池修复改造项目，稳固提升沼气池的使用率，同时加大太阳能、节柴灶等清洁能源建设，打建沼气为主多能互补的新格局。

二、切实改善农村生活生态环境

充分发挥沼气工程在改善环境和生态建设中的重要作用，重点支持江河流域和生态脆弱区农村散养户、规模养殖户和养殖企业建设沼气工程及节水设施。各地要将农村沼气与当地优势产业发展相结合，与现代生态农（林）业示范区建设相结合，与无公害农产品生产相结合，大力发展以沼气为纽带的生态循环农业，促进种植业与养殖业、休闲观光农业与旅游业有机结合。

三、构建清洁能源多元体系

在巩固提升农村沼气建设成果的同时，因地制宜发展太阳能、生物质节能炉灶、秸秆能源化、分布式风能、地热能、微水电等清洁能源开发利用。各级农村能源管理部门要加大支持力度，深度开发农村太阳能利用，推广太阳能热水器、太阳能路灯、农村分布式太阳能光伏发电等项目，逐步提高农村太阳能应用范围。在林区和农作物秸秆资源丰富地区，推广省柴节煤炉灶，鼓励建设秸秆能源化利用工程。支持沿海地区发展风能和潮汐能的研究应用。

四、加快推进建设管理法制化

加快推进农村能源建设管理的法制化建设，根据新时期农村能源发展改革实际，建议自治区人大常委会再次修订《广西农村能源建设与管理条例》。加快推进制定《广西农村沼气工程项目建设管理办法》、《广西农村沼气后续服务管理办法》和《广西农村

能源项目验收管理办法》等规范性配套政策，明确管理机构，细分权力职责，健全农村能源法治管理体系，营造良好发展环境。

五、促进可再生能源建设开放合作

把握我区建设"一带一路"有机衔接重要门户和打造西南、中南地区开放发展新战略支点的良好契机，打造我区与西南、中南地区和东盟国家在可再生能源政策法规、技术合作、开发利用、项目建设、产品贸易、信息服务等方面的交流与合作平台。积极发展区域节能减排碳汇交易项目。新闻媒体要充分发挥舆论导向作用，加大对农村能源事业的宣传力度。

六、加强科技创新与人才培养平台建设

"十三五"期间是我区农村沼气转型升级的关键时期，需要大量掌握先进技术知识的高素质人才，现有人员队伍难以满足发展的需要，通过科研创新、技术培训、参观学习、实践总结等多种途径，使我区农村能源建设队伍能力得到提高，以适应新形势发展的需要。

第三节 服务精准扶贫，扎实推进农村能源扶贫工作开展

一、贯彻党和政府对扶贫工作要求，开展农村能源工作

加快贫困地区可再生能源开发利用，因地制宜发展小水电、太阳能、风能、生物质能，推广应用沼气、节能灶、固体成型燃料、秸秆气化集中供气站等生态能源建设项目，带动改水、改厨、改厕、改圈和秸秆综合利用。提高城镇生活污水和垃圾无害化处理率，加大农村环境综合整治力度。农村能源各级部门要切实贯彻这一要求并开展工作，全面推进农村能源扶贫工作上新台阶。

二、抓好农村能源项目资源整合，形成扶贫产业开发合力

发挥农村能源工作各领域的作用。抓好农业生产扶贫项目整合，主要从绿色循环农业、有机无公害种植产业、减少自然灾害、发展规模养殖等方面开展工作；抓好农村生态扶贫项目整合，主要从保护森林资源、节能减排低碳环保、污水垃圾治理、农林废弃物利用等方面开展工作；抓好农民生活扶贫项目整合，主要从改善人居环境、节本增收、减少疾病等方面开展工作。

发挥农村能源项目精准扶贫。大中型沼气集中供气工程精准对接种养发达地区贫困村、移民搬迁新村、贫困人口聚集村开展扶贫；有机垃圾沼气化处理项目精准对接集约化绿色有机扶贫种植示范村、贫困村改造试点村、小规模扶贫养殖户、贫困人口聚集村

公厕等改造开展扶贫；太阳能利用精准对接贫困林场、石漠化片区、光照资源条件好的贫困地区开展扶贫；生物质开发利用精准对接林木加工区贫困村、农作物秸秆富集区贫困村（户）、林区贫困林农、职工开展扶贫。

三、开展农村能源扶贫方式多样化

产品扶贫：对贫困村用户实行用气补贴试点，提高沼气使用率，增加农村贫困用户收入；优先安排贫困村沼肥深加工项目，延长沼气产业链，促进生态循环农业发展，发展绿色有机无公害种植，增加村集体（农户）收入。支持贫困村利用大中型沼气工程集中供气后的剩余沼气进行发电自用，同时积极与电网公司沟通，争取将发电量并网，增加农户收入。服务扶贫：开展旧病沼气池修复改造，让贫困户的沼气池恢复使用，实现节本增收；加强贫困沼气用户安全使用技能知识培训，提高用户日常正常使用沼气设备的维护能力，确保沼气池持久发挥效益。碳汇扶贫：开展农村户用沼气中国核证自愿减排量（CCER）项目开发，实现沼气资源的最大化利用，提高使用沼气的积极性，促进我区农村户用沼气可持续发展，巩固提升沼气建设成果。

第四节　发挥综合效能，促进农村能源可持续发展

一、着力打造农村能源综合建设典型模式

贯彻落实习近平总书记在中央财经领导小组第十四次工作会议上的指示精神，因地制宜开展农村能源建设改革，加大成熟适用的农村能源综合建设模式推广，统筹推进重点工程项目落实，解决农村能源供给侧结构性改革中"补短板"。加快推进畜禽养殖废弃物处理和资源化等问题，切实解决关系广大人民群众生活与环境的重大民生工程、民心工程，不断改善土壤地力、治理好农业面源污染。要按照企业为主、政府推动、居民可承受的方针，宜气则气，宜电则电，尽可能利用清洁能源。坚持政府支持、企业主体、市场化运作的方针，以沼气和生物天然气为主要处理方向，以就地就近用于农村能源和农用有机肥为主要使用方向，加大成熟适用的农村能源综合建设模式推广，力争在"十三五"时期，基本解决大规模畜禽养殖场粪污处理和资源化问题，在全区范围内建立一批农村能源综合建设典型模式。

二、贯彻第二次全国改善人居环境会议要求

各级农村能源部门要认真贯彻第二次全国改善人居环境工作会议精神，以及全区"美丽广西"乡村建设活动的总体部署，立足于广西后发展欠发达地区的客观实际，把深入开展农村能源工作和改善农村人居环境的工作任务结合起来，突出抓好农村垃圾处理专项整治、重点区域环境综合整治等重点任务。对改善农村人居环境的相关农村能源

项目，要严格工作要求，统筹推进项目实施，实施项目领导负责制，制定倒排工期计划，建立进度报送制度，一项一项落实项目清单上的内容，确保全面完成。

三、大力推进沼肥深加工高效综合利用

加快沼肥深加工产业化示范工程建设，研发生产沼液浓缩液态肥和高端沼渣粒状有机肥，大力推广沼肥综合利用技术，把沼肥综合利用与绿色农业、循环农业、生态农业有机结合起来，通过开展沼肥高效综合利用试点示范、技术培训和典型宣传，创新利用模式、扩大利用范围、提高利用水平，以高效综合利用示范效果，引导农户、种植大户和种植企业施用生态有机沼肥，改良土壤提高肥力，发展高效、无公害有机农产品种植，扩大沼肥使用面，提高沼肥使用率和使用效益，减少农药、化肥的过量施用，进一步改善农村生态环境，巩固有机垃圾沼气化处理建设成果。

四、打造农村管道燃气新模式

结合"美丽广西"乡村建设活动，在自治区重点乡村建设村屯，选择部分具有一定规模的养殖场或农村有机垃圾较丰富的村屯，建设有机垃圾沼气处理集中供气工程，探索农村管道燃气新模式，采取"管道输送＋专业服务＋计量收费"方式向村民用户提供便捷、价廉、安全、清洁的绿色生态燃气，使沼气管道化和乡村建设各阶段实现同步推进，为乡村建设活动、新农村建设和新型城镇化进程作出贡献。

第五章　重点工程和布局

"十三五"期间，广西农村能源的发展重点在三大区域，大石山区石漠化治理区域，开展农村能源助推精准扶贫模式，力争农村能源对精准扶贫户扶持整体达到30%以上；西江干流及七大支流、九洲江、南流江等主要河流流经的县城和北部湾近岸海域管辖县，重点开展规模化大型沼气工程配套畜禽规模养殖粪污无害化处理，使规模化养殖无害处理达到60%以上；配合全区深入推进"美丽广西"乡村建设，在全区全面推广农村有机垃圾沼气化处理工作。

第一节　规模化大型沼气工程和规模化生物天然气工程

一、建设内容

具有稳定原料来源的大型畜禽养殖场或养殖专业合作社，建设以畜禽粪便为原料的大型沼气工程，沼气用于发电或向周围居民供气。大型沼气工程主要建设内容包括粪污预处理单元、厌氧消化单元、沼气净化与储存单元、沼气利用单元（集中供气、沼气发

电、沼气供热）和沼渣沼液综合利用单元。

建设日产生物天然气 1 万立方米以上的工程，提纯后的生物天然气主要用于并入城镇天然气管网、车用燃气、罐装销售等，沼渣沼液用于还田、加工有机肥或开展其他有效利用。

二、建设规模

新建养殖场大中型沼气示范工程 150 处，平均每年 30 处；规模化生物天然气工程 3 个。

三、建设标准

建设厌氧消化装置总体容积 500 立方米以上项目，重点以沼气工程为纽带，实现柑橘、蔬菜、茶叶等高效经济作物种植与畜禽养殖的有机结合，形成"果—沼—畜"、"菜—沼—畜"、"茶—沼—畜"沼畜种养循环项目。其中，给农户集中供气的项目，可适当考虑由同一业主建设的多个集中供气工程组成。大型沼气工艺设计应满足《大中型沼气工程技术规范》（GB T51063—2014）和《规模化畜禽养殖场沼气工程设计规范》（NY/T1222—2006）的要求。

专栏 1　大型畜禽养殖场和大型沼气工程

一、大型畜禽养殖场

大型畜禽养殖场是指生猪年出栏 5000 头、肉牛年出栏 800 头、奶牛年存栏 350 头、肉鸡年出栏 20 万羽或蛋鸡年存栏 10 万羽以上的养殖场。

二、大型沼气工程

单体装置容积：$2500 > V_1 \geqslant 500$ 立方米，总体装置容积：$5000 > V_2 \geqslant 500$ 立方米，日产沼气量：$5000 > Q \geqslant 500$ 立方米。适用于年存栏量 5000 ~ 50000 头猪当量的畜禽养殖场。

四、建设布局

在现代畜牧业重点发展区域，优先在养殖集中区、养殖专业合作社和良种繁育场建设大中型沼气工程，各市布局见表一。

第二节 中小型有机垃圾沼气化工程

一、建设内容

新建农村有机垃圾沼气化处理池，解决农村生产生活垃圾污水、养殖粪污和农作物废弃秸秆造成的农业面源污染。

二、建设规模

建设 750 个中小型有机垃圾沼气化处理示范项目。

三、建设标准

新建有机垃圾沼气处理示范工程以村屯为基本建设单元，建设为中小型沼气工程。

四、建设布局

在全区适宜地区基本普及有机垃圾沼气化处理项目，重点向贫困县、贫困村屯倾斜，各市布局见附件表三。

第三节 农村户用沼气工程

一、建设内容

包括新建农村户用有机垃圾沼气化处理池和户用旧病沼气池修复改造。

新建户用处理沼气池同步实施改圈、改厨、改厕。因地制宜推广"猪—沼—果"、"猪—沼—菜"等能源生态模式，积极促进农村户用处理沼气建设与农村面源防治、生态农业发展有机结合，以提高沼气综合效益。

对年久失修的低效老旧池和因各种故障轻度受损的病池，有针对性地进行修复改造，用较少投入，短时间、大面积恢复提升其使用效益。

专栏 2 "一池三改" 建设模式

"一池三改"，即农村户用有机垃圾沼气化处理池建设与改圈、改厕、改厨同步设计、同步施工。庭院不养殖的农户不实施改圈。主要适宜年均气温 10℃ 以上的地区。

二、建设规模

建设农村户用有机垃圾沼气化处理池 2.5 万户,户用旧病沼气池修复改造 7.5 万户。到 2020 年,全区农村沼气池入户率保持在 51% 左右,沼气综合利用率达到 80% 以上。

三、建设标准

新建农村户用有机垃圾沼气化处理池以养殖农户为基本建设单元,建设容积为 6 ~ 20 立方米的水压式国标沼气池。厕所与圈舍一体建设,地面硬化,并与沼气池相连。厨房内炉灶、橱柜、水池等布局合理,沼气灶具、输气管道等安装符合《农村家用沼气管路施工安装操作规程》(GB 7637—1987)。

户用旧病沼气池修复改造:对使用年限较长、产气逐年下降、线路老化的老池子,及时清空旧料,重做池体密封,更换输气管路和灶具等,投入新料重新启动;对因各种故障造成池体开裂或错位的沼气池,将破损部位清洗干净,刷涂水泥砂浆或用细石混凝土填实,重做池体密封。

四、建设布局

在全区适宜地区农村户用有机垃圾沼气化处理池建设和户用沼气旧病沼气池修复改造地区,重点向贫困县、贫困农户倾斜,各市布局见附件表二。

第四节　科技支撑、管理和服务体系工程

一、建设内容

省级农村能源科研实训基地依托广西林科院,建设科研实训场地、实验场所及业务用房,配套相关设施设备。主要任务是引进、试验、推广适用的农村能源新技术、新产品和新设备,开展新技术示范、展示、交流,培训管理人员、技术骨干,开展农村能源技工职业技能培训及鉴定等。

二、建设规模

建设广西沼气科研实训基地 1 个,沼气信息化平台,形成比较完备、快速反应的网络监控体系。

三、建设标准

农村能源服务体系建设工作,提高服务效率;沼肥深加工项目,培育沼肥深加工示

范点，发展生态有机农业，实现"三沼"综合利用的生态循环经济产业。

四、建设布局

重点在广西林科院建设广西沼气科研实训基地，"十三五"期间主要任务是建设农村沼气数据中心、在线监测，研究和引进、试验、推广适用的农村能源新技术、新产品和新设备，开展新技术示范、展示、交流，培训技术和管理人员，开展农村能源技工职业技能培训及鉴定，加强广西沼气技术与东盟国家对外交流等，增强农村能源技术基础研发及成果转化能力，扩大沼气对外宣传，为广西农村能源建设提供科技平台支撑。

第五节　沼肥深加工示范工程

一、建设内容

生产沼液浓缩液态肥和高端沼渣粒状有机肥，大力推广沼肥综合利用技术，开展农业沼肥利用，把沼肥综合利用与绿色农业、循环农业、生态农业有机结合，使工程所产沼渣沼液全部得到有效利用，提高沼气工程综合效益，沼渣沼液不产生二次污染。

二、建设规模

沼肥深加工示范工程 10 个。

三、建设标准

沼渣、沼液存贮设施，有机肥料的生产加工设施设备，按照《沼肥加工设备》（NY/T2139）、《沼肥施用技术规范》（NY/T2065）等标准。

四、建设布局

种植业优势产区，生态农林业示范区，沼渣沼液用于还田、加工有机肥或开展其他有效利用地区，各市布局见附件表四。

第六节　太阳能农村小型能源利用工程

一、建设内容

在太阳能利用条件良好地区，开展太阳能热水器的试点示范工作，安装太阳能热水器。

因地制宜，建设小型太阳能光电示范工程，重点解决边远地区无电户的基本生活用电问题。

二、建设规模

新结合美丽广西建设，大力发展太阳能利用工程，建设太阳能热水器3万户，小型太阳能光电利用工程250处，太阳能路灯1.5万杆。

三、建设标准

太阳能热水器≥18支管，小型太阳能光电利用系统≥100瓦。

四、建设布局

重点在支持太阳能光照充足和贫困地区，各市布局见附件表五。

专栏3　太阳能光伏发电系统

太阳能光伏发电系统是一种利用太阳能电池半导体材料的光伏效应，将太阳光辐射能直接转换为电能的一种新型发电系统。目前国内太阳能光伏发电的主要应用有以下几个方面：

（1）农村和边远地区应用（约占51%）；

（2）通信和工业应用（约占36%）；

（3）光伏并网发电（约占4%）；

（4）太阳能商品及其他（约占9%）。

其中农村和边远地区的应用方式主要有：独立光伏电站（村庄供电系统）、小型风光互补发电系统、太阳能户用系统、太阳能照明灯等。

第七节　节能技术升级改造示范工程

一、建设内容

农村炊事炉灶更换商品化灶芯。

二、建设规模

对2万户农户升级换代省柴节煤炉灶，平均每年0.4万户。

三、建设标准

商品化省柴节煤炉灶灶芯炊事热效率≥30%。

四、建设布局

重点在边远贫困山区实施省柴节煤炉灶的升级换代，各市布局见附件表七。

第六章　资金测算与筹措

通过对户用沼气池工程、规模化大型沼气工程、规模化生物天然气工程、农村垃圾沼气化处理示范工程、沼肥深加工示范工程等典型设计与建设经济分析，国家补贴标准，农业产业化结构调整和市场需求变化、原材料与劳动力价格变化等因素，参照2015年实际投资情况进行资金测算，同时"十三五"实施期间，根据实际情况，实行必要的动态调整，保证有序发展。

第一节　资金测算

"十三五"期间，农村能源建设共需筹措建设资金14.2亿元。其中：争取中央投资2.6075亿元，占总投资的18.36%；自治区财政投入5.7875亿元，占总投资的40.76%；农户自筹1.15亿元，占总投资的8.1%；业主自筹4.655亿元，占总投资的32.78%，投资结构见表2。

表2　投资结构　　　　　　　　　　　　　　　　单位：亿元

投资构成	合计	户用沼气	规模化大型沼气	规模化天然气	垃圾沼气	太阳能	省柴节煤灶	科研实训基地	沼肥深加工
总投资	14.2	1.975	5.25	1.875	3.0	1.9	0.1	0.06	0.04
中央投资	2.6075	—	1.8375	0.75	—	—	—	0.02	—
自治区财政投资	5.7875	1.275	0.2625	—	2.625	1.45	0.1	0.04	0.035
农户自筹	1.15	0.7	—	—	—	0.45	—	—	—
业主自筹	4.655	—	3.15	1.125	0.375	—	—	—	0.005

注：1. 户用沼气包括"户用有机垃圾沼气化处理池"和"旧病沼气池修复改造"。

2. 太阳能包括"太阳能热水器""小型太阳能光电"和"太阳能路灯"。

表3　投资测算依据　　　　　　　单位：万元

序号	名称	单位	中央	自治区	业主（农户）
1	规模化大型沼气工程	处	122.5	17.5	210
2	规模化生物天然气工程	处	2500	—	3750
3	中小型农村垃圾沼气化处理示范工程	处	—	35	5
4	旧病沼气池修复改造	户	—	0.07	0.01
5	沼肥深加工示范工程	个	—	35	5
6	省级农村能源科研实训基地	个	200	400	—
7	户用有机垃圾沼气化处理池	户	—	0.3	0.25
8	太阳能热水器	台	—	0.15	0.15
9	小型太阳能光电利用示范工程	个	—	10	—
10	太阳能路灯	杆	—	0.5	—
11	省柴节煤灶	台	—	0.05	—

第二节　资金筹措

相关投资主要由中央投资补助、自治区本级财政和地方各级财力予以适当补助，企业和个人自主多渠道筹措，充分吸引和调动社会资本积极投入，进一步调整优化投资结构。

第七章　保障措施

第一节　强化组织领导

各级农村能源主管部门要充分认识到农村能源对美丽广西、生态文明建设的重要性、艰巨性，切实高度重视，强化组织领导。要紧紧抓住事关全局问题，组织力量集中攻坚，力求突破，高度重视沼气建设工作，勇于担当，强化工作落实力度，对照各类项目沼气建设任务完成进度情况，认真分析研究，针对沼气建设工作的薄弱环节和存在问题，研究切实有效的对策措施，向政府主要领导和分管领导汇报，做好政府参谋，进一步加大力度抓实施、抓进度、抓问题、抓检查、抓效果，确保工作落实到位。

第二节　强化政策法规扶持

农村能源兼有公益性和经营性。政府对项目建设给予投资补助，加强技术指导和服务，探索完善终端产品补贴政策和大中型沼气和生物质气化工程管理规范，逐步破除行业壁垒和体制机制障碍，制定和完善农村能源相关法规，为农村能源发展创造良好的环境。各级农村能源加强依法行政组织领导，健全科学民主决策机制，简政放权，转变作风，规范执法，推进立法，抓好普法，以法治思维、法治方式推动发展改革各项工作。

第三节　强化创新驱动发展机制

必须加快实施创新驱动发展战略，抓好沼气产业创新，发挥企业在创新中的主体作用，打造区域创新驱动发展重要载体，最大限度地解放和激发科技这个第一生产力。要积极与科研单位开展多层次、多渠道的交流与合作，充分利用高等院校、科研机构的科技资源，大力引进推广新技术、新工艺和新设备，要加快"智慧沼气"建设步伐，提升沼气建设管理的信息化水平，以信息化带动沼气建设管理，努力使广西农村能源技术保持国内先进水平。

第四节　强化督促检查

自治区农村能源办公室牵头、提出农村能源建设年度督查检查计划，定期不定期在全区开展督查工作，加大项目建设过程的监管力度，要让督查检查验收常态化。对各项目县项目建设情况、项目建设资金落实到位及使用情况、项目建设组织管理情况等进行专项督查。通过督查掌握实情，及时发现和研究解决农村能源建设存在的问题，拿出切实可行的解决方案和工作措施，督促各项目县按时按质完成年度任务，确保充分发挥农村能源的能源效益、生态效益、社会效益、经济效益和环境卫生效益，使农村能源惠民效果落到实处，让农民群众真正受益。

第五节　强化科技与人才支撑

技术人才是农村能源产业化发展的关键支撑条件。要增加对农村能源教育培训的投入，各级农村能源主管部门都要积极培养和引进农村能源建设急需的拔尖人才和专业人才。沼气建设实用人才培养，形成一支结构合理、爱岗敬业、总体稳定的沼气建设人才队伍。深化干部人事制度改革，加强农村能源建设方面人才选拔培养使用机制。

第六节　强化开放合作交流

以开放合作理念推动农村能源建设发展，充分利用国际国内"两种资源"和"两个市场"，加强与国内外交流与合作，大力拓展与东盟的交流合作，泛珠三角、长三角、京津冀等区域的合作交流，扩大与国内外大院大所合作，创新合作模式，大力开拓和构建对外开放合作的渠道和平台，提升我区农村能源建设发展水平。

第七节　强化安全生产管理

农村沼气建设过程中应牢固树立"安全第一、预防为主"的意识，落实安全生产责任制，科学规范操作，确保安全生产。针对自治区本级项目，对申报项目的县、区做好前期调查摸底工作，对拟实施项目的单位，按照地理条件、农民积极程度、自筹资金能力等因素，综合考核。进一步完善安全生产责任制、安全生产宣传培训制度、安全事故报告制度，定期组织各级农村沼气服务网点、沼气施工队和建池农户，开展对各类农村沼气设施的大排查工作，杜绝安全生产隐患。

第八节　强化宣传和舆论引导

充分借助各类媒体，全方位、多角度、深层次宣传发展农村能源对生态、能源、美丽广西的重要作用，国家扶持农村能源发展的政策措施和有关要求，深入宣传农村能源发展的先进理念、科学方法，以及各地的好经验、好做法，营造全社会关心和支持农村能源发展的良好氛围。宣传农村能源对助推"美丽广西"的作用，加大法制宣传力度，营造农村能源发展良好环境，维护农村能源建设各参与者的合法权益，促进农村能源建设转型升级。

附　　件

表一　"十三五"规模化大型沼气工程和规模化生物天然气工程建设布局

建设地点	规模化大型沼气工程（个）	规模化生物天然气工程（个）
南宁市	7	1
桂林市	10	0
柳州市	5	0
梧州市	8	0
北海市	4	0
防城港市	3	0
钦州市	16	0
贵港市	15	0
玉林市	45	2
百色市	10	0
贺州市	12	0
河池市	3	0
来宾市	10	0
崇左市	2	0
合　计	150	3

表二　"十三五"农村户用沼气工程建设布局

建设地点	户用有机垃圾沼气化处理池（户）	病池修复（户）
南宁市	750	4000
柳州市	550	4375
桂林市	750	5250
梧州市	2250	5000
北海市	800	2250
防城港市	800	3750
钦州市	2250	5000
贵港市	1000	5000

建设地点	户用有机垃圾沼气化处理池（户）	病池修复（户）
玉林市	7600	11500
百色市	1800	5950
贺州市	3500	5625
河池市	400	7500
来宾市	800	5000
崇左市	1750	4800
合　计	25000	75000

表三　"十三五"中小型有机垃圾沼气化工程建设布局

建设地点	中小型有机垃圾沼气化项目（处）
南宁市	15
柳州市	45
桂林市	20
梧州市	20
北海市	8
防城港市	8
钦州市	38
贵港市	45
玉林市	175
百色市	23
贺州市	282
河池市	35
来宾市	20
崇左市	16
合　计	750

表四　"十三五"沼肥示范工程建设布局

建设地点	沼肥产业化示范工程（个）
南宁市	1
柳州市	1
桂林市	1
梧州市	1
北海市	1
防城港市	1

续表

建设地点	沼肥产业化示范工程（个）
钦州市	1
贵港市	0
玉林市	1
百色市	1
贺州市	0
河池市	1
来宾市	0
崇左市	0
合　计	10

表五　"十三五"太阳能农村小型能源利用工程建设布局

建设地点	太阳能热水器（台）	光伏发电（处）	太阳能路灯（杆）
南宁市	180	0	250
柳州市	1200	4	1000
桂林市	1620	1	1200
梧州市	1620	8	1200
北海市	600	2	200
防城港市	600	3	200
钦州市	1020	15	700
贵港市	1020	15	700
玉林市	4020	50	1500
百色市	4800	13	2200
贺州市	10200	114	3200
河池市	900	15	1500
来宾市	1200	10	800
崇左市	1020	0	350
合　计	30000	250	15000

表六　"十三五"省柴节煤炉灶示范工程建设布局

建设地点	省柴节煤炉灶（台）
南宁市	400
柳州市	2400
桂林市	320
梧州市	1000
北海市	100
防城港市	100

续表

建设地点	省柴节煤炉灶（台）
钦州市	160
贵港市	1600
玉林市	320
百色市	10640
贺州市	800
河池市	1600
来宾市	160
崇左市	400
合　计	20000

表七　"十三五"农村能源建设经济效益

新建项目	节约氮肥（万t尿素/a）	节约磷肥（万t过磷酸钙/a）	节约钾肥（万t硫酸钾/a）	提供就业机会（个）
2.5万户户用有机垃圾沼气化处理池和7.5万户旧病沼气池	1.3	1.4	0.32	4000
150处规模化大型沼气工程	5.95	3.2	1.46	1500
750处中小型沼气工程	6.2	6.7	1.5	3750
3处规模化生物天然气工程	0.4	0.44	0.068	75
3万台太阳能热水器	—	—	—	15000
1.5万太阳能路灯杆	—	—	—	7500
250处分布式太阳能光伏发电工程	—	—	—	1500
升级换代2万台省柴节煤灶	—	—	—	10000
合　计	13.58	11.74	3.348	43325

表八　"十三五"农村能源建设生态环境效益

新建项目	年产沼渣沼液（万t/a）	无公害基地面积（万亩/a）	减排二氧化碳量（万t/a）	相当于节约薪柴量（万t/a）	替代林地面积（万亩/a）
2.5万户户用有机垃圾沼气化处理池和7.5万户旧病沼气池	120	25	35	19.5	33
150处规模化大型沼气工程	547.5	119	24.65	13.7	23.6
750处中小型沼气工程	574.9	119.8	7.39	4.11	7.07
3处规模化生物天然气工程	37.5	7.8	51.66	27.45	47.8
3万台太阳能热水器	—	—	—	1.6	2.71
升级换代2万台省柴节煤灶	—	—	—	1.0	1.69
250处太阳能光伏发电和1.5万杆路灯	—	—	—	0.26	0.44
合　计	1279.9	271.6	118.7	67.62	116.31

四川省农村能源建设"十三五"规划

近年来，我省农村能源建设取得了突出成效。农村能源建设把可再生能源技术和高效生态农业技术结合起来，对解决农户炊事用能，改善农民生产生活条件，促进农业结构调整和农民增收节支，巩固生态环境建设成果具有重要意义。农村沼气项目深受广大干部群众欢迎，被誉为建设资源节约型社会的能源工程，建设环境友好型社会的生态工程，增加农民收入的富民工程，改善农村生产生活条件的清洁工程，为农民办实事办好事的民心工程。

为继续加快我省农村能源建设，扎实推进农村沼气工作转型升级，编制《四川省农村能源建设"十三五"规划（2016～2020年)》。

一、规划背景

（一）"十二五"取得的成效

"十二五"期间，我省以新农村、新能源、新产业为出发点，注重与现代农业发展、新农村建设、节能减排工作的紧密结合，深化发展理念，导向农村沼气发展。截至2015年底，全省累计争取到中央及地方各级财政农村能源建设项目资金共计23.7亿元，带动农户及业主自筹资金39.1亿元，农村能源建设成效突出。

户用沼气池建设保持高位增长。连续多年将户用沼气列为省委、省政府民生工程内容，安排中央和省级项目资金14.3亿元支持农民建沼气，全省"十二五"新建户用沼气池近100万户，保有量累计达到616万户，比"十一五"末增长17.3%，适宜农户沼气普及率进一步提高，达到67%，户用沼气保有量占全国1/7，位居第一；攀枝花、成都、遂宁、广元、绵阳、宜宾、达州7个市，九寨沟、双流等55个县普及了农村沼气，被省政府授予"四川省沼气化市"、"四川省沼气化县"称号，实现了沼气化。

沼气工程建设快速发展。与现代畜牧业发展和新农村建设相结合，积极发展大中型沼气工程和新村集中供气沼气工程，全省"十二五"新建各类沼气工程3300多处，较"十一五"末翻了一倍，总容积达到160多万立方米，居全国第二；结合城乡环境综合整治，建成生活污水净化沼气工程近5000处，保有量达到474万立方米，占全国的46%，位居第一；2015年启动了2个规模化生物天然气工程试点项目，成为全国首批开展该项目试点的省份之一。

县、乡、村三级农村沼气服务体系初步形成。注重沼气的后续服务，强化沼气服务网点建设，全省"十二五"新建乡村沼气服务网点 3500 多个，累计达到 1.2 万个，覆盖全省一半以上的沼气用户，县、乡、村三级农村沼气服务体系初步形成。创新服务机制，试点推行"菜单式"、"托管式"、"企业联营"等物业化服务模式，泸州、旌阳等地还实行了政府购买沼气服务新模式，解决服务网点运行难、沼气用户管护难的问题。

农村沼气碳减排项目开发取得突破。国际方面，户用沼气、大中型沼气工程、高效低排生物质炉清洁发展机制（CDM）项目已在联合国清洁发展机制理事会成功注册，并于 2014 年首次实现户用沼气碳减排国际交易，两年来已累计签发减排量 108 万吨，33 万农户获得减排收益共计 900 多万元，该项目还获得了全球能源基金会颁发的 2014 年度中国区"全球能源奖"。国内方面，启动了国内自愿减排碳交易（CCER）项目开发工作，并在国家发改委备案，共计开发项目农户 14 万多户。

其他农村能源建设全面推进。积极推进秸秆能源化利用，全省"十二五"共完成省柴节煤炉灶升级换代 100 万户；在广汉、射洪、崇州等地开展秸秆固化成型试点示范，取得了成功经验；围绕彝家新寨建设，在凉山州大力推广高效低排生物质炉。在有条件的地区积极推广太阳能利用，全省"十二五"共推广太阳能热水器近 80 万台，集热面积超过 120 万平方米；三台、涪城、西昌等地还结合新农村建设，试点建设太阳能路灯、户用太阳能发电装置，拓展太阳能利用领域。

通过五年建设，我省农村能源事业站上了新台阶，农村能源已远远超出了单纯解决农民生活燃料短缺问题的范畴，成为惠及面广、受益直接、备受群众欢迎的重大民生工程、发展工程，在"三农"工作全局中的作用和影响日益显著，为推动全省民生改善发挥了重要作用。

（二）存在的问题和面临的形势

随着农村劳动力的大量转移、畜禽养殖方式的变化和城镇化的快速发展，农村能源尤其是沼气建设出现了一些新问题，面临一些新形势。

农村户用沼气增速放缓。目前，全省户用沼气建设增速放缓，需求呈逐年下降趋势，主要受到三个方面因素影响：一是适宜农户数量减少。许多农村家庭举家外出务工，农村空心化程度越来越高，并且以家庭为单元的传统分散养殖农户逐年减少，造成户用沼气发酵原料缺乏，适宜建池农户数量逐年递减。据 2015 年普查统计，全省适宜农户数量已从 2010 年的 915 万户下降到目前的 719 万户，五年减少了近 200 万户，减幅 21.4%。二是推广难度不断加大。户用沼气经过十多年的大规模发展，经济条件好、交通便利的平原地区和浅丘地区沼气普及率大幅度提高，需求趋于饱和。而目前对户用沼气仍有较大需求的区域主要集中在贫困山区、交通不发达和经济条件差的地区，当地农户居住分散、收入不高、资金筹措困难，户用沼气推广难度远高于内地。三是建池成本持续攀升。影响建池成本的主要因素有材料成本、人工成本、运输成本等。据调查统计，2010 年购买建池材料需花费 1000 ~ 1200 元，2014 年达到了 1480 ~ 1680 元，上涨了 40% 以上；2010 年建一口沼气池的人工工资为 300 ~ 450 元，2014 年达到了 400 ~ 550 元，上涨了 30% 以上；2010 年建一口沼气池的运输成本为 150 ~ 200 元，2014 年达到了 300 ~ 500 元，上涨了 50% 以上。

农村户用沼气使用率有待提高。近年来，随着城镇化进程加快、农村劳动力外出务工增多、商品能源普及程度提高以及散养农户逐渐减少，一些地方已建户用沼气使用率有所下降，停用闲置率和报废率有所上升，个别地方使用率明显偏低。

沼气工程项目无法满足实际需求。据 2014 年调查数据显示，我省存栏 100 ~ 500 头猪单位的养殖场约 6.2 万个，存栏 500 ~ 3000 头猪单位的养殖场约 1.3 万个，存栏 3000 头猪单位以上的养殖场约 1000 个，我省每年新增沼气工程不足 1000 处，远远达不到实际需求。

综合利用水平仍需提高。利用途径单一，多数农户对三沼综合利用的认识仅限于生活燃料和农作物施肥，沼气综合效益未充分发挥。综合利用技术研究和推广工作滞后，沼气产业未能与种植业、养殖业形成良性循环。大型沼气工程沼渣沼液产量大，部分利用率不高，个别存在二次污染。

中央开始开展农村沼气转型升级工作。2015 年，为贯彻落实李克强总理、汪洋副总理批示以及中央关于建设生态文明、做好"三农"工作的总体部署，适应农业生产方式、农村居住方式、农民用能方式的变化对农村沼气发展的新要求，全面发挥农村沼气工程在提供可再生清洁能源、防治农业面源污染和大气污染、改善农村人居环境、发展现代生态农业、提高农民生活水平等方面的重要作用，促进沼气事业健康持续发展，国家发改委、农业部开始积极发展规模化大型沼气工程，开展规模化生物天然气工程建设试点，推动农村沼气工程向规模发展、综合利用、科学管理、效益拉动的方向转型升级。

（三）发展农村能源的相关法规

《中华人民共和国农业法》第 57 条规定："发展农业和农村经济必须合理利用和保护土地、水、森林、草原、野生动植物等自然资源，合理开发和利用水能、沼气、太阳能、风能等可再生能源和清洁能源，发展生态农业，保护和改善生态环境。"

《中华人民共和国节约能源法》第七条规定："国家鼓励开发、利用新能源和可再生能源"；第五十九条规定："县级以上各级人民政府应当按照因地制宜、多能互补、综合利用、讲求效益的原则，加强农业和农村节能工作，增加对农业和农村节能技术、节能产品推广应用的资金投入"，"国家鼓励、支持在农村大力发展沼气，推广生物质能、太阳能和风能等可再生能源利用技术，按照科学规划、有序开发的原则发展小型水力发电，推广节能型的农村住宅和炉灶等，鼓励利用非耕地种植能源植物，大力发展薪炭林等能源林"。

《中华人民共和国可再生能源法》第十八条规定："国家鼓励和支持农村地区的可再生能源开发利用。县级以上地方人民政府管理能源工作的部门会同有关部门，根据当地经济社会发展、生态保护和卫生综合治理需要等实际情况，制定农村地区可再生能源发展规划，因地制宜地推广应用沼气等生物质资源转化、户用太阳能、小型风能、小型水能等技术。"

《中华人民共和国退耕还林条例》第五十二条规定："地方各级人民政府应当根据实际情况加强沼气、小水电、太阳能、风能等农村能源建设，解决退耕还林者对能源的需求。"

《四川省扶贫开发条例》第十七条规定："县级以上地方人民政府应当优先实施贫困地区道路、危房改造、电力、沼气、土地整理、农田灌溉、安全饮水、广播电视、通信等生产生活设施建设，优先保障易地扶贫搬迁建设用地需求。"

二、规划指导思想和原则

（一）指导思想

贯彻落实中央关于建设生态文明、做好"三农"工作的总体部署，适应城乡一体化和新农村建设深入推进的新形势，按照"四化同步"的总体要求，针对农业生产方式、农村居住方式、农民用能方式的新变化，统筹考虑区域经济社会发展水平和资源环境承载能力，转变农村能源发展方式，扎实推进农村沼气工作转型升级。

（二）基本原则

坚持因地制宜与转型升级相结合。根据农村能源发展需要，因地制宜开展农村能源工程各类项目建设。合理利用地方资金建设中小型沼气工程、户用沼气、沼气服务体系等。积极争取中央资金用于支持规模化大型沼气工程建设，开展规模化生物天然气工程建设试点，促进农村沼气工程转型升级。

坚持发展农村清洁能源与改善农村生态环境相结合。农村能源综合效益显著，不仅是提供清洁可再生能源的重要方式，而且对于防治农业面源污染和大气污染、改善农村人居环境、发展生态农业等具有重要作用。必须深刻领会农村能源建设的重要意义，在项目建设和运营时，不仅要重视农村沼气工程的能源效益，促进沼气高值高效利用，而且要重视农村沼气工程的生态效益，促进农业农村废弃物的资源化利用和农村生态环境的改善。

坚持转型升级与科学规划建设布局相结合。在利用中央投资引导沼气工程向规模化发展的同时，根据各地经济社会发展水平、农业农村发展情况、资源环境承载能力、沼气工程原料的可获得性、周边农田的消纳能力和终端产品利用渠道，因地制宜、因区施策，科学规划项目建设布局，合理确定区域内规模化大型沼气工程建设数量、建设地点和建设规模。

坚持完善政府扶持政策与推进社会化参与相结合。农村能源建设兼有公益性和经营性，既需要政府对项目建设给予投资补助，加强技术指导和服务，探索完善终端产品补贴政策，逐步破除行业壁垒和体制机制障碍，为农村能源建设发展创造良好的环境，又要尊重农民意愿，积极引导和鼓励农民、企业及其他社会组织参与农村能源建设。

坚持推广先进工艺技术与强化建设管理相结合。鼓励规模化大型沼气工程推广中温高浓度混合原料发酵工艺技术路线，采用专业化设施和成套化装备，提高沼气产气率，提升沼渣沼液综合利用的便捷程度和附加值。严格标准化设计、规范化施工，确保项目建设质量和运行效果。规范建设程序，强化管理措施，保证项目任务与技术力量相匹配，发展速度与建设质量相协调。在规范事前审核的同时，切实加强事中事后监管，提高投资效益。

三、发展目标

通过开发利用农村能源，在全省范围内适宜建池农户全面普及农村户用沼气，沼气工程建设与新农村建设和现代农业协调发展，农村省柴节煤炉灶逐步实现升级换代，秸秆能源化利用全面推进，农村生活污水得到沼气净化处理，太阳能利用全面推广，县、乡、村三级农村能源（沼气）服务体系基本覆盖农村。加上农村集中居住区天然气等新能源的使用，到2020年，全省农村能源基本实现用能清洁化、高效化、便捷化。

农村户用沼气全面普及。新增沼气用户10万户（其中户用沼气5万户、集中供气5万户）。到2020年，全省农村户用沼气总规模达到626万户，全面普及农村户用沼气。

沼气工程建设与新农村建设协调发展。新建规模化沼气工程405处（其中规模化生物天然气工程5处，养殖场大中型沼气工程400处），新村集中供气工程600处。沼气用于农村生产生活用能，沼渣、沼液用作有机肥，实现沼气工程建设与新农村建设和现代农业协调发展。

农村省柴节煤炉灶逐步实现升级换代。完成60万台省柴节煤炉灶升级换代，省柴节煤效果显著提升。

秸秆能源化利用开展试点示范。开展秸秆固化成型燃料加工试点示范，新增15万吨生物质固化成型燃料生产能力；新建秸秆沼气工程10处。

农村生活污水得到沼气净化处理。在农民集中居住区新建乡村生活污水净化沼气工程75万立方米，带动农民新村生活污水有效治理。

太阳能利用全面推广。新增太阳能热利用装置100万平方米，全省累计达到310万平方米，农村太阳能利用全面推广。

农村能源（沼气）服务体系得到巩固完善。巩固和完善县、乡、村三级服务站点

10000 个，提升农村能源（沼气）服务能力，基本覆盖全省沼气用户。

四、总体布局

根据全省农业区划，划分为成都平原区、川中丘陵区、盆周山区、川西南山地区、川西北高原区，并重点在成都平原区、川中丘陵区、盆周山区、川西南山地区开展农村能源建设。

（一）成都平原区

包括成都、德阳、绵阳、乐山、眉山 5 个市的 27 个县（市、区）。该区域畜禽养殖业发达，规模化畜禽养殖场数量较多，同时秸秆资源量大，能源化利用需求较大。

建设重点：规划新村集中供气工程 89 处，养殖场大中型沼气工程 225 处；新增 6 万吨/年生物质固化成型燃料加工能力，新建秸秆沼气示范工程 4 处。

专栏 1　成都平原区农村能源建设重点县名单

成都市	大邑县、都江堰市、青白江区、崇州市
德阳市	旌阳区、广汉市、绵竹市
绵阳市	江油市、涪城区
乐山市	夹江县
眉山市	东坡区

（二）川中丘陵区

包括成都、自贡、泸州、德阳、绵阳、遂宁、内江等 16 个市的 70 个县（市、区）。该区域畜禽养殖业发达，规模化畜禽养殖场数量众多，同时秸秆资源量大，但能源化利用水平不高。

建设重点：新建规模化生物天然气工程 5 处，新村集中供气工程 220 处，养殖场大中型沼气工程 145 处；新增 5 万吨/年生物质固化成型燃料加工能力，新建秸秆沼气示范工程 4 处。

专栏 2　川中丘陵区农村能源建设重点县名单

成都市	蒲江县、简阳市

德阳市	中江县
绵阳市	游仙区、梓潼县、盐亭县、三台县
乐山市	犍为县、井研县
眉山市	仁寿县
自贡市	贡井区、大安区、富顺县、荣县、沿滩区
泸州市	纳溪区、泸县、龙马潭区
内江市	资中县、东兴区、威远县、隆昌县
遂宁市	射洪县、蓬溪县、安居区、船山区、大英县
南充市	阆中市、仪陇县、营山县、南部县、蓬安县、西充县、顺庆区、高坪区、嘉陵区
宜宾市	宜宾县、南溪区、江安县、长宁县
广安市	广安区、前锋区、邻水县、岳池县、武胜县、华蓥市
达州市	达川区、大竹县、开江县、渠县、宣汉县
资阳市	仁寿县
巴中市	平昌县、巴州区、恩阳区

（三）盆周山区

包括巴中、广元、泸州、达州、雅安等9个市的31个县（市、区）。该区域规模化畜禽养殖业发展较快，部分地方秸秆资源相对集中，有一定能源化利用需求。

建设重点：新建新村集中供气工程185处，养殖场大中型沼气工程22处；新增3万吨/年生物质固化成型燃料加工能力，新建秸秆沼气示范工程1处。

专栏3　盆周山区农村能源建设重点县名单

广元市	苍溪县、剑阁县、旺苍县、昭化区、利州区、朝天区、青川县
巴中市	南江县、通江县
达州市	万源市
宜宾市	兴文县、屏山县
眉山市	洪雅县
泸州市	叙永县、古蔺县

（四）川西南山地区

包括攀枝花、雅安、凉山等 4 个市（州）的 24 个县（市、区）。该区域有一定数量的规模化养殖场和秸秆资源，但总体建设和利用水平不高。

建设重点：新建新村集中供气工程 106 处，养殖场大中型沼气工程 8 处；新增 1 万吨/年生物质固化成型燃料加工能力，新建秸秆沼气示范工程 1 处。

专栏 4　川西南山地区农村能源建设重点县名单

攀枝花市　　　米易县、盐边县

凉山州　　　　西昌市、越西县、宁南县、冕宁县、德昌县

五、重点工程

（一）沼气工程

1. 规模化生物天然气工程

建设内容。选择经营范围包括生物质能源或可再生能源的生产、销售、安全管理等内容，掌握规模化生物天然气生产的主要技术，对项目建设、运营的可行性进行了充分论证的项目单位开展规模化生物天然气工程试点建设。建设内容包括原料仓储和预处理系统、厌氧消化系统、沼气利用系统、沼肥利用系统、智能监控系统等。

建设规模。新建规模化生物天然气工程试点项目 5 处，日产生物天然气 7.5 万立方米。

建设标准。工程具有充足、稳定的原料来源，能够保障沼气工程达到设计日产气量的原料需要。鼓励以农作物秸秆、畜禽粪便和园艺等多种农业有机废弃物作为发酵原料，确定合理的配比结构。建设地点周边 20 公里范围内有数量足够、可以获取且价格稳定的有机废弃物，其中半径 10 公里以内核心区的原料要保障整个工程原料需求的 80% 以上；与原料供应方签订协议，建立完善的原料收储运体系，并考虑原料不足时的替代方案。工程建设方案应参照国内外成功运行案例和运行监测数据，工艺技术和建设内容要符合有关标准规范要求。采用中高温高浓度混合原料发酵工艺技术路线，池容产气率大于等于1，所产沼气提纯制取生物天然气（BNG）。沼渣生产固体有机肥，沼液加工制作液体有机肥。沼渣沼液的消纳标准应按照每立方米沼气生产能力配套 0.5 亩以上农田计算。与用户签订供气、供电、沼肥利用协议，工程所产沼气、沼渣沼液全部得到有效利用，沼气不排空，沼渣沼液不产生二次污染。

2. 养殖场大中型沼气工程

建设内容。在规模化畜禽养殖场新建大中型沼气工程，采用高浓度中温厌氧消化工艺，建设养殖粪污预处理单元、厌氧消化单元、沼气净化储存单元、沼气利用单元（集中供气、沼气发电、沼气供热）和沼渣沼液综合利用单元。

建设规模。新建养殖场大中型沼气工程 400 处，平均每年 80 处。

建设标准。选择规模在年出栏万头猪单位以上的养殖场为建设单位，采用 CSTR、USR 或 HCPF 厌氧消化器，池容产气率 ≥ 0.8m³/（m³·d），厌氧消化装置单体容积 ≥300m³。

3. 新村集中供气工程

建设内容。未开通和近期未规划开通天然气供应新农村农民聚居小区新建新村集中供气工程，主要建设预处理池、发酵池、沼渣沼液暂存池、湿式储气柜、脱水装置、脱硫装置、凝水器、沼气流量计、供气管网（主管、支管及相关配件）、安全防护设施（防腐、防爆、防火等）户用设施（卡式流量计、灶具及入户管件）、站内附属设施（设备房、管理房、围墙、道路、给排水、绿化）等。

建设规模。新建新村集中供气工程 600 处，供气农户 5 万户，平均每年新增 120 处，集中供气 1 万户。

建设标准。项目点农户居住集中，供气农户不少于 50 户，有稳定、经济的发酵原料来源，发酵原料能满足供气要求（每供气一户至少需要存栏 3 头猪单位的发酵原料），所在地或周边具备消纳使用沼渣沼液的条件，发酵工艺采用完全混合式厌氧反应器（CSTR）、塞流式反应器（PFR）或高浓度塞流式工艺（HCF）等。

（二）秸秆能源化利用

建设内容。试点建设生物质固化成型燃料加工点，主要建设原料堆场、加工车间、产品仓储等设备设施；新建秸秆沼气示范工程，建设原料预处理单元、厌氧消化单元、沼气净化储存单元、沼气利用单元（集中供气）和沼渣沼液综合利用单元。

建设规模。建设生物质固化成型燃料加工点，新增 15 万吨/年生物质固化成型燃料加工能力，平均每年新增 3 万吨/年生物质固化成型燃料加工能力。新建 10 处秸秆沼气示范工程，平均每年新建 2 处。

建设标准。生物质成型设备加工能力 ≥0.5T/h，生物质成型燃料密度 ≥0.8g/cm³。秸秆沼气示范工程应根据秸秆原料的特性和工程建设目标选择合适的厌氧消化工艺，并能适应两种或两种以上秸秆的物料特性及其发酵要求，池容产气率 ≥0.8m³/（m³·d）。

六、投资概算

（一）投资估算

本《规划》仅估算重点工程项目投资额。

规模化生物天然气工程。单处平均投资 1 亿元，其中政府补助 4000 万元，企业自筹 6000 万元。

养殖场大中型沼气工程。单处平均投资 300 万元，其中政府补助 120 万元，企业自筹 180 万元。

新村集中供气工程。单处平均投资 52 万元，其中政府补助 48 万元，农户和业主自筹 4 万元。

秸秆固化成型燃料。平均每处年产 1500 吨生物质成型燃料的加工厂总投资 40 万元，其中政府补助 10 万元，企业自筹 30 万元。

秸秆沼气工程。单处平均投资 400 万元，其中政府补助 160 万元，地方及企业自筹 240 万元。

（二）资金筹措

规划 2016～2020 年，全省农村能源重点工程总投资 23.92 亿元，其中政府补助 11.14 亿元，农户及企业自筹 12.78 亿元。

"十三五"农村能源重点工程投资结构表 单位：亿元

投资构成	合计	规模化生物天然气	新村集中供气工程	大中型沼气工程	秸秆成型燃料加工	秸秆沼气示范工程
总投资	20.92	5	3.12	12	0.4	0.4
政府补助	9.94	2	2.88	4.8	0.1	0.16
农户及企业自筹	10.98	3	0.24	7.2	0.3	0.24

七、保障措施

（一）加强组织领导

适应当前农村能源发展的新形势，积极争取当地党委和政府的支持，继续将农村能源建设纳入政府和部门年度目标考核内容。加强机构职能，落实工作经费，改善工作条件，把业务精、素质高的人员充实到工作队伍中来，进一步提高工作水平。创新工作机制，整合现有资金、技术和人才等各种要素和资源，充分调动社会各方面的积极性，共同推进规划实施。开展多形式、多层次、多途径的宣传活动，营造良好的社会舆论氛围。严格落实农村能源安全责任制，制定突发事件应急预案，强化属地管理，提高安全生产水平。

（二）加大政策扶持

认真贯彻落实党中央、国务院、省委、省政府大力普及农村沼气的精神，进一步研究制定支持农村能源建设发展的政策措施，出台财政补贴、保险优惠等激励政策。

（三）健全投入机制

积极构建政府扶持、社会参与、多方投入的农村能源建设投入机制，在争取国家进一步加大投入的同时，引导地方、企业与农户及其他社会资金积极投资清洁能源建设。加大农村能源建设资金整合力度，合力推进农村能源产业发展。探索推进投资管理创新，通过PPP（公私合营）等模式吸引社会主体参与建设与运营农村能源工程的具体方式，切实发挥政府投资促投资稳增长的作用。

（四）强化科技支撑

加强产学研、农科教联合，围绕制约农村能源发展的最紧迫、最关键的瓶颈问题，加大研发攻关力度，加快新工艺、新材料、新设备的更新换代。鼓励引导基层的技术革新和创造，调动社会力量开展农村能源科技创新的积极性，切实加快成果转化。加大对农村能源行业技能人才队伍建设，提高技能水平。加强宣传培训，提高农村能源科学和实用技术普及程度。

（五）完善服务体系

加强农村能源科技研发，逐步形成产学研相结合的产业服务体系。加强农村能源（沼气）服务体系建设，建立形成县、乡、村三级服务网络，大力推广农村沼气物业管理服务，确保农村沼气事业的持续健康发展。围绕"抓服务、保运行、促发展"，深入开展农村能源（沼气）后续服务，及时排查解决问题，巩固建设成果；加强对农村能源（沼气）用户的知识培训，加快普及综合利用技术；加强农村能源（沼气）后续服务人才队伍建设，强化技能培训，壮大服务实体。

（六）规范项目管理

严格按照基本建设项目管理程序组织实施项目。项目建设实行工程建设预算制、报账制和决算制，严禁挤占挪用。强化项目财务审计制度。继续实行项目公示、合同管理、招标采购、持证上岗、档案管理、监督检查等制度，加强项目规范管理。对大中型沼气工程项目要严格执行项目法人负责制、招投标制、监理制和合同管理制。要求各类设计、施工、监理、检测、后续服务等单位建立健全内部管理制度，规范各自行为。健全农村能源标准化体系和技术监督体系，加强沼气工程质量安全检查，规范市场行为。公开投诉举报电话，自觉接受用户和社会的监督、质询和评议。

云南省"十三五"农村能源发展规划（2016～2020 年）

（云南省林业厅）

农村能源指广泛分布农村的农作物秸秆、畜禽粪便的能源化利用，以及太阳能、风能、地热能等清洁能源。它具有分布广、受众面大、开发投资成本较高等特点。目前在全省广泛推广的农村沼气、节柴改灶、农村太阳能热利用等工程，都属于农村能源的范畴。

农村能源是农业与农村经济发展的重要物质基础。积极开发利用生物质能、农村太阳能、风能、小水电等农村可再生能源，对改变农村生活和生产用能方式，提高农民生活质量，改善农村生态环境，发展现代农业、低碳农业、循环农业，增加农民收入，推进社会主义新农村建设，实现节能减排，具有十分重要的作用，是惠及面广、受益直接、备受群众欢迎的重大民生工程，对全面实现小康社会具有举足轻重的地位和作用。

近十几年来，农村能源的发展受到了国家的高度重视，从政策、立法、资金、税收等角度给予了大力的支持，特别是从 2003 年以来，国家已累计投入约 400 亿元用于农村沼气的建设；太阳能热水器、太阳能炉灶在广大农村呈现加速发展的态势；节柴改灶工艺和技术得到了进一步的提升；农村小水电、风能利用等示范项目丰富了农村能源的内涵。与此同时，出台了《可再生能源法》《清洁生产促进法》《畜禽污染防治条例》等相关法律、条例、规章及规范，为农村能源的可持续发展奠定了政策理论基础。生态文明的国家战略为农村能源发展明确了方向和思路，可再生能源发展被列为国家七大新兴战略之一。

一、加快农村能源建设的重要性和紧迫性

（一）是国家能源战略的重要组成部分

面对日益减少的化石能源，不断恶化的气候环境，发展可再生能源已成为全球各国的发展战略。我国将可再生能源发展列入了国家七大战略性新兴产业之一。为了应对气候变化，国家提出了到 2020 年，可再生能源占一次能源的比重达到 15% 的发展目标。近十年，国家为发展农村可再生能源出台了一系政策措施，特别是以农村沼气为主的可再生能源发展取得了巨大成就，2003 年以来，中央累计投入 370 亿元资金支持发展农村沼气。

（二）是促进高原特色农业持续健康发展的关键环节

发展农业生物质能源产业，突破传统农业的局限，利用农产品及其废弃物生产新型能源，拓展了农产品的原料用途和加工途径，为农业提供了一个产品附加值高和市场潜力无限的平台，有利于转变农业增长方式，发展循环经济，延伸农业产业链条，提高农业效益，拓展农村剩余劳动力转移空间，在促进区域经济发展、增加农民收入等方面大有可为。高原特色农业是我省面向未来、面向世界打造的现代农业的品牌，其主要特点就是绿色、无公害，必须减省农药和化肥的施用，因此农业废弃物资源化利用成了必然选择，这样既可获得清洁能源又可生产生态环保的有机肥料。

（三）是抓住新时期发展机遇的必然选择

作为国家能源战略的重要组成部分，同时作为中央惠民工程的重要内容，农村能源地位和作用日益凸显。国家政策的支持，确保了农村能源建设的基本投入；各级政府高度重视，保证了这项惠民工程扎实有效推进；新技术、新工艺、新产品不断取得突破，拓宽了农村能源利用的途径，这都为新时期农村能源迈向新的阶段奠定了良好的基础。

（四）是丰富农村能源多元化利用的有效途径

农村沼气建设形成了农村户用沼气、畜禽养殖大中型沼气工程、小型沼气工程、服务网点等多元化发展的格局。农作物秸秆气化集中供气、秸秆沼气、固化成型燃料等秸秆能源化利用模式，已成为解决农作物秸秆综合利用一个有效途径。太阳能利用在全省广大农村具有相当好的群众基础，加之"家电下乡"等政策的带动，进一步提升了农村太阳能发展的潜力。

（五）是挖掘农村能源潜力重要举措

随着农村社会经济的不断发展，农民对用能需求呈刚性增长的态势，目前农村户用沼气保障机制建设还比较滞后，畜禽养殖场沼气工程建设供需矛盾还相当突出；太阳能这一清洁能源为广大农村所欢迎，但目前推广数只占农户数的7%，而在全省80%以上的农户都适合发展太阳能；农作物秸秆能源化利用只有少数地方试验示范，还没形成固定的投资机制，部分地区农作物秸秆废弃物露天焚烧、堆放的现象还比较突出。

二、农村能源建设的资源潜力和利用现状

（一）资源潜力

云南能源资源极为丰富，尤其是水能资源、太阳能资源、煤炭资源、风能资源和生物质能源资源都极具开发前景。云南全省地跨6大水系，有600多条大小河流，年水资源总量2222亿立方米。水能资源理论蕴藏量10364万千瓦，可开发的装机容量9000多万千瓦，年发电3944.5亿度。现开发程度不足30%。全省煤炭资源总储量679.04亿吨，储量丰富、种类齐全、分布广泛，但经济储量偏低、开采成本较高。云南风力资源

丰富，已建风电装机 430.5MW，年发电量 3.86 亿 kWh，仍有很大的建设空间。云南太阳能资源异常丰富，是全国除西藏以外太阳能蕴藏量第二的省份。全省可开发的太阳能相当于 555 亿吨标煤，发电装机可达 1.5 亿千瓦；全省平均年日照约 2400 小时，太阳能辐射年平均 5461 兆焦/m²。云南生物质能源资源十分丰富，具有开发潜力的包括木薯、甘薯、甘蔗、膏桐、油桐、橡胶、蓖麻及数量巨大的农作物秸秆和每年近 1.89 亿吨的畜禽粪便（鲜粪，以下同）。特别突出的是，全国适合种植膏桐的干热河谷面积 12 万平方千米，云南占了 70%。按照《云南省生物质能源产业发展规划》，到 2015 年全省将形成年产生物柴油 60 万吨、燃料乙醇 250 万吨的生产规模；到 2020 年二者将分别达到 80 万吨和 300 万吨。

（二）开发利用现状

1. 太阳能资源利用

云南太阳能资源比较丰富，在太阳能技术研究、产品设计、材料加工、生产制造、行业的标准检测认定、工程安装及市场服务等方面较为完善和突出，已发展成为西南乃至全国重要的太阳能产业基地。目前，全省太阳能生产企业超过 100 家，产值超过 50 亿元，形成了较为完善的产业体系；建立了以国家太阳能热水器（昆明）检测中心、教育部可再生能源先进材料制备实验室、云南师范大学太阳能研究所为代表的云南太阳能热利用技术主要研发中心和人才培养基地；形成了一批具有现代企业文化理念和一定规模的太阳能产业链，培养了一批具有丰富实践经验和专业化能力的行业队伍；2008年编制完成了云南省《太阳能资源评估报告》和《云南省太阳能利用中长期规划》，开展了太阳能资源关键数据的调查研究和理论分析工作；成立了有 100 多家企业参加的云南省太阳能协会。云南省太阳能资源利用前景光明、潜力巨大。

2. 水电资源利用

云南水利资源十分丰富，水能资源理论蕴藏量 10364 万千瓦，可开发的装机容量 9000 多万千瓦，年发电 3944.5 亿度。现开发程度不足 30%。由于地形地貌的限制，部分农村村寨现仍不通电，国家电网亦难以覆盖。开发利用农村微水电工作虽已开展多年，但潜力仍十分巨大。

3. 生物质资源利用

生物质能源资源的利用除生产燃料乙醇和生物柴油外，资源更为广泛、利用更为方便、利用方式更为多样、利用成本更为低廉，并且具有环保、可再生、可持续和可循环的就是利用厌氧发酵装置制取沼气。云南省每年产生的 2000 多万吨农作物秸秆、1.89 亿吨畜禽粪便及大量林业生产和加工废弃物均可作为生产沼气的原料。据统计，我省农作物秸秆 2010 年的利用率只有 57%，2014 年畜禽粪便的资源化利用率只有 51.3%，林业废弃物的利用率也很低。

（三）存在的主要问题

1. 认识问题

云南地处边疆，少数民族众多，经济欠发达；山高坡陡，交通不便；文化教育落后，民众受教育程度低。同时，新能源、可再生能源或生物质能具有新生事物之特性，其开发利用具有较高的技术含量，需要较大的投入，无论农民还是政府部门，甚至少数领导干部，对使用可再生能源可缓解能源需求压力、保护生态环境、促进低碳经济和循环经济发展均无充分、准确和全面的认识。

2. 地理环境及生活习惯的影响

云南地形地貌复杂，类型多样，山地和高原占国土面积的94%，交通不便，农户居住分散；虽然养殖规模庞大，但养殖企业多具有小、弱、散的特点；少数民族众多，生活习惯各异，建土灶、火塘、砍柴烧火等习俗不易改变。所有这些原因造成农作物秸秆和畜禽粪便量大而分散，不易收集或收集成本过高；秸秆直燃和畜禽粪便直接施用或丢弃现象十分普遍。

3. 政策配套的问题

云南开展的可再生能源建设和利用工程涉及省级多个部门，包括省农业厅、省林业厅、省扶贫办、省发改委、省妇联、省住建厅及省工信委等，补助政策、管理模式、建设内容、项目申报及批复、建后跟踪管理及项目验收等方面都有差异，不便于工作的开展。

4. 资金投入的问题

尽管云南省从1993年、国家从2003年就在全省范围内开展农村沼气、太阳能和省柴节煤灶改造工程建设，但由于建设成本逐年增加、建设难度不断加大、补助标准偏低、投入资金有限、地方财政及农户配套能力弱、建后管理跟不上等原因，我省农村能源建设工作面临更加严峻的形势。

5. 技术及人才的问题

由于广大农村普遍存在缺乏专业技术人才的现象，无论是工程建设，还是建后维护和使用管理均难以发挥投资的最大效益。

三、指导思想、发展思路、基本原则和战略目标

（一）指导思想

贯彻落实中央关于建设生态文明、做好"三农"工作的总体部署，适应农业生产方式、农村居住方式、农民用能方式的变化对农村能源发展的新要求，积极发展规模化大型沼气工程，开展规模化生物天然气工程建设试点，推动农村沼气工程向规模发展、综合利用、科学管理、效益拉动的方向转型升级，全面发挥农村能源工程在提供可再生

清洁能源、防治农业面源污染和大气污染、改善农村人居环境、发展现代生态农业、提高农民生活水平等方面的重要作用，促进沼气事业健康持续发展。

（二）发展思路

继续落实中央关于建设生态文明，做好"三农"工作的总体部署，以提升农业可持续发展能力为主要目标，适应农业生产方式、农村居住方式、农民用能方式的变化对农村能源发展的要求，积极发展农村沼气工程、农作物秸秆能源化利用工程、农村太阳能热利用工程、小型风能、微水电、地热能利用工程等，积极发展规模化大型沼气工程，开展规模化生物天然气工程试点，推动农村沼气工程向规模化、效益化发展，向综合利用、科学管理、效益拉动的方向转型升级，全面发挥农村能源在提供可再生清洁能源、防治农业面源污染和大气污染、改善农村人居环境、发展现代生态农业、提高农民生活水平等方面的重要作用，促进农村能源事业持续发展。

（三）基本原则

1. 突出重点，全面推进

将国家现代农业、生态农业、绿色农业的战略部署融入到"十三五"农村能源建设发展的各个领域，各个方面，融入到新型城镇化、新农村建设的进程中，动员全省广大农民、企业力量参与生态建设，发展循环经济，以资源化利用为突破口，在种植业、养殖业、农产品加工等各个层面，在农业生产的各个环节培育低碳、绿色经济示范点（基地），使农业生产全面绿色循环发展。

2. 改造存量、优化增量

加大我省农村能源现有资源的管理、利用和提升改造。截至"十二五"末期，全省农村能源中已建成户用沼气318.5万户、养殖小区和联户沼气工程1314处，大中型沼气工程建设153座。在"十三五"期间，随着农村能源转型升级，要充分发挥现有存量的管理效应，提高利用率，提高清洁能源产出率。农业庄园、养殖企业、肥料加工企业所建项目从规划、设计、施工、运行、管理等各环节应符合绿色、低碳、环保的发展要求，都应适应资源化利用的要求，都应符合绿色循环发展的要求，合理布局，发展农村清洁能源、绿色能源。

3. 提高效率，安全循环

要充分提高资源利用率，推动资源由低值利用向高值利用转变，提高农业废弃物的附加值，避免资源低水平利用和二次污染。强化项目监管，防止资源循环利用过程中发生安全事故，确保再生产品质量、品质、安全，实现经济效益、社会效益相统一。

4. 完善机制，创新驱动

健全制度体系，完善政策措施，充分发挥市场配置资源的基础性作用，形成有效的激励和约束机制，增强发展农村能源的内动力。推动广大农村树立减量化、再利用、资源化的绿色经济观念。实施项目带动战略，强化项目支撑，加强制度创新、技术创新、管理创新，提升农村能源发展水平。

（四）总体目标

围绕我省发展高原特色农业，发展生态循环经济、绿色经济的契机，全面推行绿色生态生产方式，以构建绿色生态经济产业体系和可循环、可持续建设为总目标，构建资源化利用产业体系和覆盖全省农村的生态循环利用体系。充分发挥云南省高原特色农业优势，努力构建以清洁能源、可再生能源、循环能源为核心的农业产业、庄园和企业。到2020年，实现农村清洁能源全覆盖，资源化利用大幅提高，绿色生态农业经济支撑体系初步建立，生态文明建设稳步推进，把云南建设成为绿色生态领先、高原特色明显的生态文明省。

四、重点工程

结合农业部《2015年农村沼气工程转型升级工作方案》适应农业生产方式、农村居住方式、农民用能方式的转变对农村沼气发展的新要求，积极发展规模化大型沼气工程，开展规模化生物天然气工程试点建设，同时结合我省实际情况，继续发展养殖小区沼气工程并做好已建户用沼气的后续管护工作，在此基础上拓展开发农作物秸秆能源化利用工程、农村太阳能热利用工程以及小型风能、微水电、地热能利用工程。推动农村能源工程向规模发展、综合利用、科学管理、效益拉动的方向转型升级，全面发挥农村能源工程在提供可再生清洁能源、防治农业面源污染和大气污染、改善农村人居环境、发展现代生态农业、提高农民生活水平等方面的作用，促进农村能源事业健康持续发展。

（一）农村沼气工程

1. 规模化大型沼气工程

（1）建设要求。重点支持规模化畜禽养殖企业和村为单位的畜禽粪便收集处理利用企业（日处理粪便量在4吨以上）。按照污染防治、能源生产、生态农业发展的功能要求，把养殖场沼气工程建成新农村建设的重要公益性项目，实现经济效益、社会效益和生态效益的统一。以发展农业循环经济为指导，将养殖业、沼气工程和周边的农田、果园等进行统一筹划、系统安排，在提供清洁能源的基础上开展沼液沼渣综合利用，发展生态农业，带动无公害农产品生产，使养殖畜禽粪污达标排放，实现畜禽粪便的资源化利用和环境治理双重目标。

（2）建设内容。规模化大型沼气工程以"一池三建"为基本建设单元，"一池"：建设沼气发酵装置，即在厌氧条件下，利用微生物分解有机物并产生沼气的装置。"三建"：建设预处理设施，包括沉淀、调节、计量、进出料、搅拌等装置；建设沼气利用设施，包括沼气净化、储存、输配和利用装置；建设沼肥利用设施，包括沼渣、沼液综合利用和进一步处理装置。

（3）建设规模。2016～2020 年，每年新建 20 个规模化大型沼气工程，到 2020 年，新建规模化大型沼气工程 100 处，使全省规模化大型沼气工程接近或达到 300 处。

2. 规模化生物天然气工程

（1）建设要求。重点支持日处理粪便量约 136 吨以上的规模化畜禽养殖企业、畜禽粪便或农业加工废弃物集中收集，并将产生的沼气提纯为天然气利用的企业。提纯后的天然气主要用于并入城镇天然气管网、车用燃气、灌装销售等。沼渣沼液用于还田、加工有机肥或开展其他有效利用。

（2）建设内容。建设预处理设施、发酵装置、沼气净化、沼气提纯及天然气制取装置、天然气储存、输配和利用装置；建设沼肥利用设施，包括沼渣、沼液综合利用和进一步处理装置。

（3）建设规模。2016～2020 年，每年新建 2 个规模化生物天然气工程，到 2020年，新建规模化生物天然气工程 10 处，使全省规模化生物天然气工程接近或达到10 处。

3. 养殖小区沼气工程

（1）建设要求。在养殖大户或实行人畜分离集中养殖的村，以畜禽粪便污水为原料，建设养殖小区工程。养殖小区沼气工程重点安排在人口较为集中、养殖污染较为严重的区域。

（2）建设内容。养殖小区沼气工程以"一池三建"为建设单元，包括沼气发酵池、原料（粪便或秸秆）预处理（沉淀、调解、进出料、搅拌等装置）、沼气使用（沼气净化、储存、输配、计量和利用装置）和沼肥利用设施（沼渣、沼液处理及综合利用装置）等。土建工程主要包括沼气发酵池、贮气水封池、前处理池、沼液贮存池、保温室、沼气管网等；设备主要包括泵、流体管网、电器控制、脱硫塔、沼气灶具、检测设备等。1 个养殖小区沼气工程，估算总投资 20 万元左右。

（3）建设规模。2016～2020 年，每年新建 100 个养殖小区沼气工程，到 2020 年，新建养殖小区沼气工程 500 个，使全省的养殖小区沼气工程达到 2000 个以上。

4. 农村沼气服务站建设工程

（1）建设要求。在县、乡两级依托农村能源管理机构或农业相关部门建立自主经营、自主服务、自负盈亏的农村沼气服务机构，对已建农村户用沼气农户、养殖小区沼气和大型沼气工程使用企业提供有偿服务，保障沼气工程建后长期有效运行，充分发挥效益。

（2）建设内容。配备沼气技术巡回服务多媒体车、大功率远程进出料车、应急处理专用车辆、培训和教学设施设备、实训场地及工具、维修工具和检测仪器、"一站式"服务业务用房等。

（3）建设规模。2016～2020年，每年新建设5个农村沼气服务站，到2020年，全省新建25个县级农村沼气服务站。

（二）农作物秸秆能源化利用工程

1. 固化成型燃料工程

（1）建设要求。重点在粮食主产区建设乡镇级秸秆固化成型燃料示范点，加强分散的秸秆资源收集机械化和预处理工程技术、装备及机械化工艺体系的研究和开发工作，推广普及适合大田农作物秸秆收集和预处理要求的机械化工艺和设备，建立健全原料储运系统、销售与配送系统等，完善加工设备与设施，同步推广配套炉具，为农户提供炊事燃料及取暖用能，提高资源转换效率。

（2）建设内容。生物质燃料固化成型站场地硬化；原料场和成品库；固定动力电源；生物质固化成型设备。还可提供补助资金建设户用低排高效生物质炉。

（3）建设规模。2016～2020年，每年新建设1个秸秆固化成型燃料示范点，到2020年，全省新建5个秸秆固化成型燃料示范点。

2. 节柴改灶工程

（1）建设要求。针对农村广泛利用柴草、秸秆和煤炭进行直接燃烧的现状、利用燃烧学和热力学的原理，进行科学设计而建造或者制造适用于农村炊事、取暖等生活领域的炉、灶等用能设备。

（2）建设内容。对农户已有灶进行节能改造或新建省柴节煤灶。

（3）建设规模。2016～2020年，新建省柴节煤灶50万个。

（三）农村太阳能热利用工程

农村太阳能热利用可建设太阳房、太阳能热水器、太阳灶、阳光温室大棚、太阳能干燥和户用光伏发电等项目。

（四）小型风电、微水电、地热能利用工程

1. 小型风电工程

（1）建设要求。在风能资源较好（年平均风速大于4米/秒），电网不能到达或供电不足的牧区、农区或湖区开展小型风里发电机的推广应用。

（2）建设内容。建设由风轮、发电机、塔架、尾翼、控制器、逆变器、蓄电池组、电缆、调速系统和混凝土地基组成的小型风力发电机。

（3）建设规模。2016～2020年，每年新建设200个小型风力发电机，到2020年，全省新建1000个小型风力发电机。

2. 微水电工程

（1）建设要求。在能够将小溪、小河水（及微水能资源）的位能转换成符合民用电要求的电能设施和设备组成的系统的地区建设微水电工程，提供给农村居民使用。

（2）建设内容。建设内容主要包括蓄水引水建筑、微水电站和供电系统等部分。

（3）建设规模。2016～2020年，每年新建设50个微水电系统，到2020年，全省新建250个微水电系统。

3. 地热能利用工程

（1）建设要求。在地热资源丰富的地区，利用抽、灌地下水或设置井下换热器，进行热交换提取能量，充分利用浅层地热能，进行建筑物的供暖和制冷利用。

（2）建设内容。建设内容主要包括热泵机组、供热（冷）循环系统、强弱电系统。

（3）建设规模。2016～2020年，每年新建设10个热泵系统，到2020年，全省新建50个热泵系统。

五、投资概算

10项重点工程项目总投资122500万元，详见下表。

项目投资

项目名称	建设内容	投资概算（万元）	建设期限（年）
规模化大型沼气工程	新建规模化大型沼气工程100处	40000	2016～2020
规模化生物天然气工程	新建规模化生物天然气工程10处	50000	2016～2020
养殖小区沼气工程	新建养殖小区沼气工程500个	5000	2016～2020
农村沼气服务站建设工程	新建25个县级农村沼气服务站	5000	2016～2020
固化成型燃料工程	省新建5个秸秆固化成型燃料示范点	5000	2016～2020
节柴改灶工程	新建省柴节煤灶50万个	5000	2016～2020
农村太阳能热利用工程	农新建村太阳能10万平方米	10000	2016～2020
小型风电工程	新建1000个小型风力发电机	2000	2016～2020
微水电工程	新建250个微水电系统	500	2016～2020
合计		122500	

六、保障措施

（一）提高思想认识，加强组织领导

农村能源建设关系到农民生活质量的提高和农业生态环境改善，与农民脱贫致富奔小康密切相关，是在农村实践"三个代表"重要思想的具体体现，各地要提高对农村能源建设重要性的认识，把农村能源建设纳入议事日程，真正把农村能源建设作为促进农村节能减排、农业增效、农民增收和为农民办实事的重要举措来抓，切实加大农村能源的建设力度，推进农村能源规模化发展，促进农民落后的生产和生活方式的变革。同

时，采取有效措施，健全管理机构，强化组织保障，逐级落实责任。项目建设实行法人制、合同制、招标制、监理制。各级农村能源管理部门要加强对农村能源建设项目的组织实施和监督检查工作。

（二）制定优惠政策，加大投入力度

农村能源建设，基础性建设内容多，需大量的资金投入。要制定有关投资、税收、价格等方面的优惠政策，调动社会各方面的积极性。各级计划、财政部门要给予资金扶持。采取国家、地方、群众多方投资的方式，拓宽资金渠道，加大农村能源建设资金的投入。一是充分利用好国家下达的工程建设款项；二是积极引导农民群众增加对农村能源建设的投入；三是吸引和鼓励国内外和社会资金投入农村能源建设。资金使用要设立专户，专款专用，根据项目实施进度制定详细的资金使用计划，保证按项目任务下达资金，不发生挤占、挪用现象或随意变更项目内容、使用范围、补助标准。对资金的拨付使用按程序进行严格的监督审计，接受国家有关部门的监督。

（三）加强技术培训，提高队伍素质

坚持"科技兴能"战略，鼓励并支持农村能源科研、开发和新技术引进与示范推广，不断提高能源建设科技含量。同时有计划、多层次地培养能源建设人才，通过走出去，请进来，加强农村能源新技术的引进、培训和宣传，提高能源建设队伍整体素质。

（四）精心组织安排，集中连片实施

在实施农村能源建设工程时，要制定切实可行的实施办法，精心安排，统筹兼顾。从布局上实行以村为单位，集中连片县、乡实施，在步骤上分阶段逐年实施，建设一片，成功一片，见效一片。

（五）加强项目监管，确保项目落实

在项目实施过程中严格按照国家有关建设工程管理的政策和法规执行：落实项目法人责任制；项目建设职业准入制；设备采购按国家有关规定，实行政府统一采购或招标采购；项目竣工实行验收制，以确保项目建设的工程质量。为保证项目和资金真正用于项目，按基建会计制度进行管理，实行专款专用，专户储存。项目建设严格实行工程建设预算制、报账制和决算制。建立项目公示制度，充分体现公开、公平、公正的原则，为确保项目随时接受监督和检查。通过加强管理，完善能源建设管理体制，使农村能源建设上档次、上水平、上规模、增实效。

（六）完善服务体系，培植农村能源产业

建立健全农村能源技术培训和职业技能鉴定体系，全面实行技术人员持证上岗，实行市场化运作机制，积极推行农村能源社区化运行、维护服务。通过新能源的科研开发、示范推广和服务，形成产、供、销及售后服务的一条龙发展，推进农村能源建设的产业化发展。

甘肃省"十三五"
农村能源发展规划（2016～2020 年）

农村能源是国家能源战略的重要组成部分，农村能源建设是保护生态环境、实现可持续发展的重要内容，是农村"水、电、路、气、房、信"基础设施之一，是发展现代循环农业、促进新农村建设和全面建设小康社会的有效途径。为了加快我省农村能源建设，更好地满足农村经济和社会可持续发展的需要，根据《甘肃省农村能源条例》和全省能源发展战略行动计划，结合自然条件、资源状况和社会经济特点编制本规划。

第一章　发展形势

"十二五"期间，省委、省政府制定出台了一系列支持农村能源发展的优惠政策和配套措施，农村沼气建设连续被省委、省政府列为为民所办的实事之一。农村能源发展领域不断拓展，功能不断延伸，成为改善农民生活质量、美化农村人居环境、促进低碳经济发展、增加农民收入、推进生态文明建设的重要举措。

第一节　发展现状与存在的问题

一、发展现状

"十二五"时期，全省各地积极开展了农村沼气、巩固退耕还林成果、农村能源等重大项目建设，农村沼气、太阳能利用、农村节能技术和设施的普及率不断提高，农村能源发展势头良好。

发展成效显著。据统计，截至 2014 年底，全省累计建成农村户用沼气池 121 万户、养殖小区和联户沼气工程 375 处、大中型沼气工程 96 处；推广太阳灶 74.9 万台，太阳能热水器 116.6 万平方米，小型光伏电源系统 1.7 万套、总功率 1306 千瓦；建成户用太阳能采暖房 287.7 万平方米、太阳能校舍 6.4 万平方米。推广小型风力发电 1710 处、总功率 677 千瓦；建成微型水力发电 257 处、总装机 2496 千瓦。推广节能炉 157 万台，省柴节煤灶 313 万台、节能炕 176 万铺，形成了年节约、开发农村能源 280 万吨标准煤的能力，相应年减少二氧化碳排放量 728 万吨。

专栏1　"十二五"时期农村能源重点建设项目

农村沼气建设："十二五"时期，全省各地继续组织实施了中央预算内投资农村沼气项目，2011～2015年，累计投入中央预算内投资69293万元、省级财政补助12000万元，在全省80个项目县（市、区）建设户用沼气池21万户、养殖小区和联户沼气工程项目245个，大中型沼气工程建设项目67个，规模化生物天然气工程项目1个，农村沼气建设进入快速普及、多元发展、监管并重的时期。截至2015年底，全省户用沼气将达到121万户，建成养殖小区和联户沼气工程375个、大中型沼气工程126个、规模化生物天然气工程2个。

沼气服务体系建设：2011～2014年，依托中央预算内投资农村沼气项目建设和2012～2014年省预算内基建资金项目实施，在全省80个项目县（市、区）累计新建农村沼气乡村服务网点1142个、县级服务站53个。到2015年底，全省共建设农村沼气县级服务站58个，乡村服务网点5594个；各地共成立县、乡、村级农村沼气协会5000多个，全省农村沼气后续服务网络体系基本形成。

巩固退耕还林成果农村能源建设：2011～2015年，巩固退耕还林成果农村能源项目累计建设户用沼气41822户，推广节柴灶（炕）79496台（铺）、节柴（能）炉62670台、太阳灶423911台、太阳能热水器117647台、小型风力发电19套、户用光伏发电4354套。

同时，利用省级财政补助资金和省预算内基本建设补助资金启动了农村能源综合建设示范村、秸秆能源化利用示范点、省级农村沼气技术服务中心、农村户用沼气维修维护项目，并开展了政府向社会力量购买农村沼气后续服务试点工作。

技术创新稳步推进。农村沼气和配套设备基本实现了专业化施工和标准化生产，"进棚入园"模式得到社会认可。规模化沼气工程工艺技术日臻成熟，建设队伍日趋壮大。"畜—沼—果（菜、药）"生态循环农业技术得到普遍应用。秸秆等生物质能气化、固化、炭化等技术逐渐成熟。太阳能光、热利用技术标准体系基本完善，商业化程度不断提高，推广前景广阔。农村生活节能技术不断创新，综合热效率逐步提高。

产业服务体系逐步形成。农村能源管理和服务机构健全，形成了省、市（州）、县（市、区）、乡（镇）、村五级农村能源管理服务体系。农村清洁能源开发和农村生活节能等领域形成了技术门类比较齐全、服务体系较为完善的产业体系。农村户用沼气、规模化沼气集中供气、规模化生物天然气工程创新发展、协调推进，设计施工、生产运营、综合利用等产业发展体系逐步形成。

政策法规日臻完善。"十二五"时期，省人大常委会废止了《甘肃省农村能源建设管理条例》，颁布了《甘肃省农村能源条例》；省发展改革委、省农牧厅制定了《甘肃省大中型沼气工程项目管理办法》《甘肃省农村沼气服务网点建设实施办法》《甘肃省大中型沼气工程项目竣工验收办法（试行）》等规范性文件；部分市（州）、县（市、区）政府出台了扶持农村沼气建设和加强农村沼气后续服务管理工作的指导意见，制定了扶持农村能源产业发展的优惠政策，为加快农村能源发展创造了良好的法制政策环境。

专栏2　"十二五"时期农村能源法规建设和政策措施

法规建设：2014年7月31日，甘肃省第十二届人民代表大会常务委员会第十次会议审议并通过了《甘肃省农村能源条例》，自2014年10月1日起施行，原《甘肃省农村能源建设管理条例》同时废止。新修订的《甘肃省农村能源条例》与原《甘肃省农村能源建设管理条例》相比较，从四个方面作出了创新性、特色化的新规定。一是丰富了农村能源产业发展的内涵；二是突出了政府的扶持与服务职责；三是制定了扶持农村能源产业发展的优惠政策；四是明确了生物燃气生产和使用的安全主体责任。

2012年12月，为进一步加强对国家补助投资的大中型沼气工程项目建设管理，规范项目建设程序和行为，省发展改革委、省农牧厅修订了《甘肃省大中型沼气工程项目管理办法》；为巩固农村沼气建设成果，规范农村沼气服务网点项目实施和管理，省农牧厅、省发展改革委修订了《甘肃省农村沼气服务网点建设实施办法》；2014年1月，为规范我省大中型沼气工程项目竣工验收工作，省农牧厅、省发展改革委研究制定了《甘肃省大中型沼气工程项目竣工验收办法（试行）》。

财政扶持政策："十二五"期间，省级财政资金累计投入7500万元，省预算内基建资金累计投入4500万元，重点扶持了农村沼气及后续服务体系、农村能源综合配套建设、秸秆能源化利用等。部分市（州）、县（市、区）财政在农村户用沼气和农村能源服务体系建设等方面给予了较大的资金支持。

二、存在的问题

"十二五"时期，我省实施了一大批国家和省级农村能源项目，农村能源发展势头强劲，开发利用水平得到很大提升，取得了一定的成效，但与农村经济社会发展形势、农民群众的需求和农村能源转型发展的要求相比还存在一些困难和问题。

农村能源发展方式与农村经济社会发展趋势不相适应。经过多年发展，农民用能短缺问题已经得到解决。以农户为发展主体的传统农村能源发展方式、发展模式、发展重点，已经不适应当前农村经济社会发展趋势。尤其是随着城乡一体化、生产专业化、经营规模化、居住集中化的不断推进，以及现代农业、循环经济、生态建设等战略的实施，对农村能源发展提出了多元化、清洁化、高效化的要求。

技术开发和产业培育与农村能源发展趋势不相适应。农村能源技术研发和自主创新滞后，行业整体技术水平相对较低。农村能源资源评价、技术标准、产品检测和认证等体系不完善，技术开发能力和产业体系建设不能满足市场快速发展的需要，生物质能、太阳能等重点领域的技术研发、设计施工、建设运营等方面还没有形成支撑农村能源行业健康稳定发展的产业体系。

扶持政策和激励措施与发展农村能源的要求不相适应。农村能源受资源分散、规模化程度低、生产不连续等因素制约，设施与技术的开发利用成本较高，市场竞争力弱。农民投资能力有限，需要一定的政策和资金的扶持。现行农村能源的相关政策体系还不完善，政策的稳定性和协调性差，激励力度不足，社会力量参与农村能源建设的激励措施缺乏，政策扶持和激励措施支持农村能源可持续发展的长效机制没有形成。

农村能源综合利用水平与农民生活用能需求不相适应。我省大部分地区太阳能、生物质能资源较为丰富。"十二五"期间，全省重点开展了农村沼气建设，对太阳能热水器、太阳房、太阳能路灯、秸秆能源化利用、省柴节煤炉灶炕等节能开发设施的综合建设力度不大。随着农民生活水平的提高和城镇化建设步伐的加快，农民对取暖、洗浴、农村美化亮化等多元化需求更为迫切，农村能源综合建设能力明显与农民生活用能需求不相适应。

第二节　基础条件与发展机遇

农村能源是国家能源战略和农村基础设施建设的重要组成部分，我们应正视农村能源需求多样化、投资多元化、供给市场化、发展产业化的新态势、新变化、新要求，抢抓机遇，应对挑战，全面加快农村能源建设步伐，不断满足农业农村农民对农村能源的需求，努力实现农业强、农民富、农村美。

一、基础条件

（一）政策条件

《中华人民共和国可再生能源法》《中华人民共和国节约能源法》，国务院《畜禽规模养殖污染防治条例》《关于加快发展节能环保产业的意见》《能源发展战略行动计划（2014～2020年）》和《中共中央国务院关于加快推进生态文明建设的意见》等国家法律法规和政策规章，以及《甘肃省节能环保产业发展规划（2014～2020年）》和《甘肃省能源发展战略行动计划（2014～2020年）》等都把农村能源建设作为发展低碳经济、循环农业和建设生态文明的切入点，列入强化农村基础设施建设，推进社会主义新农村、城镇化和美丽乡村建设，加快循环经济发展的主要内容，为大力发展农村能源指明了发展方向，提出了明确的奋斗目标。

（二）经济条件

实施西部大开发战略以来，全省国民经济综合实力有了一定增强，农村经济取得了长足发展、农民收入水平不断提高，农民群众对开发利用农村清洁能源的认识水平有了极大的提升，对清洁化、便捷化、高效化生活用能的投入意愿和参与意识明显增强；同时，国家和省上也出台了一系列投入和扶持政策，为加快农村能源发展提供了经济保障。

（三）资源条件

2014 年全省粮食作物种植面积为 285.24 万公顷，农作物秸秆量约为 2500 万吨；大牲畜存栏 686.12 万头、猪存栏 687.79 万头、羊存栏 2119.41 万只，年产粪便 3000 万吨以上；全省日照充足，太阳辐射强，年太阳总辐射量为每平方米 4800～6400 兆焦，年日照时数 1700～3300 小时，属于太阳资源丰富区和可开发利用区，为生物质能和太阳能开发提供了资源条件。

（四）技术条件

多年来，以农村沼气为重点的农村能源项目建设，健全了农村能源管理、推广和服务机构，培养了一批业务素质较高的农村能源技术队伍，探索总结出了一套符合我省实际的建设模式和后续服务管理模式，沼气建设、太阳能利用、节能改造、秸秆加工能源化利用等各项农村能源技术发展成熟。全省现有农村能源干部职工 1689 名，持有国家"沼气生产工"和"沼气物管员"职业资格证书的农民技工 12000 多人，懂技术、会管理特别是农村沼气后续服务管理维修人员 8000 多人。

二、发展机遇

当前和今后一个时期，推进农村能源发展面临前所未有的重大挑战和历史机遇。一是农村能源发展的方向已经明确。党的十八大将生态文明建设纳入"五位一体"的总体布局，为农村能源发展指明了方向。二是农村能源发展共识日益广泛。全社会对能源安全、生态环保和节能减排高度关注，绿色发展、循环发展、低碳发展理念深入人心，为农村能源发展集聚了社会共识。三是农村能源发展的物质基础日益雄厚。我省综合实力和财政实力不断增强，强农惠农富农政策力度持续加大，用能短缺的问题基本解决，为农村能源转型升级提供了战略空间和物质保障。四是农村能源发展的科技支撑日益坚实。传统农村能源技术精华广泛传承，高效清洁开发利用技术和先进装备等日新月异、广泛应用，农村清洁能源开发和生活节能等技术不断集成创新，为农村能源发展提供有力的技术支撑。五是农村能源发展的制度保障日益完善。随着农村体制改革的不断深化和国家能源战略的稳步推进，农村能源法律法规体系不断健全，管理水平不断提升，为农村能源发展注入了新的活力，提供了制度保障。

第二章 指导思想及发展目标

第一节 指导思想

紧紧抓住国家实施"一带一路"倡议和建设生态文明的良好机遇，按照"因地制宜、多能互补、综合利用、讲求效益和开发与节约并举"的农村能源建设方针，从各地不同的自然、资源条件和社会经济发展特点出发，以科技为先导，以生物质能、太阳能、风能开发、节能技术推广应用为重点，以促进农民增收、改善生态环境、提高生活质量为目标，充分开发农村能源资源，大力推广农村沼气工程、太阳能、风能利用技术和农村节能技术，优化农村用能结构，提高农村能源利用效率和清洁能源利用水平，积极发展农村能源生态农业模式，逐步实现全省农村能源消费结构合理化、生活环境清洁化、农业生产无害化、经济发展高效化。

第二节 建设原则

根据国家和省上能源发展战略行动计划，全省"十三五"农村能源发展遵循以下原则：

坚持综合配套，效益优先的原则。坚持把农村能源发展与循环农业、退耕还林、生态保护、改善农村卫生环境有机结合起来，坚持把农村能源开发利用技术综合配套起来，充分发挥农村能源综合建设的生态效益、经济效益和社会效益。进一步解决好农民生活用能，节约农村能源，增加农民收入，巩固生态环境建设成果，发挥农村能源综合建设在保护和改善生态环境、促进农村经济可持续发展方面的作用。

坚持政府引导，多元参与的原则。坚持国家投资为主导、项目建设为支撑、社会多元化参与的原则，通过政策引导、典型引领、示范带动，提高全社会对农村能源建设认识，逐步使农村能源建设变为群众的自觉行动。

坚持因地制宜，重点突出的原则。坚持从不同区域的农村能源需求出发，统筹规划、合理布局各类农村能源项目；重点鼓励扶持有建设意愿、有投资能力、积极性高的项目业主规模化、产业化、跨区域开发农村能源。

坚持政策激励，创新驱动的原则。逐步完善农村能源扶持政策，强化农村能源行业管理，健全农村能源标准体系，形成有效的激励和约束机制，激发社会各界发展农村能源的内在动力和积极性，促进农村能源科技创新和产业发展。完善以企业为主体的技术创新体系，提高自主创新和引进吸收再创新能力，加快科技成果转化和推广，提高农村能源产业的技术和服务水平，全面提升农村能源产业发展水平。

第三节 发展目标

"十三五"农村能源发展的总体目标是：加快农村沼气转型升级，推进农村能源综合开发利用，培育壮大农村能源产业，提升农村能源发展能力；优化农村用能结构，提高清洁能源消费比重，促进生态循环农业和低碳经济发展，实现农村能源资源利用高效化、庭院环境清洁化、农业生产无害化。

稳定增加农村能源的有效供给，满足农民生活水平提高对清洁能源的需求，沼气、太阳能等清洁能源在农村生活用能中的比例进一步提高。

农村沼气工程集中供气能力进一步提升，覆盖面进一步扩大，"三沼"综合利用水平进一步提高；农村沼气集中供气、规模化生物天然气等产业发展初具规模。

生物质能、太阳能开发和农村节能协同推进，农村能源综合配套建设水平得到提升；农村能源技术服务、质量监测、技术创新研发体系基本建立。

第四节 发展方向

贯彻落实国家关于建设生态文明、做好"三农"工作的总体部署，适应农业生产方式、农村居住方式、农民用能方式的变化对农村能源发展的新要求，积极推进农村沼气转型升级、加强秸秆能源化利用、加快农村太阳能、风能开发，提高农村用能效率，完善农村能源科技支撑能力体系。

推进农村沼气转型升级。围绕沼气集中供气、沼气提纯净化高值开发和沼液沼渣全量高效利用，转变发展方式，优化发展布局，加快推进规模化大型沼气工程、规模化生物天然气工程和规模化沼渣沼液综合利用。全面开展沼气资源调查与评价，以市或县为区域，合理布局规模化沼气集中供气、生物天然气工程规模。积极扶持有能力的现有沼气工程业主或专业沼气公司跨区域建设、经营多个沼气工程，着力培育农村沼气工程龙头企业。创新沼气工程建设运营机制，在有条件的地区逐步引进 PPP 发展模式，推进沼气工程前期评价、施工和运营管理的标准化进程。积极探索建立合理的利益联结和合作机制，通过委托经营、收购兼并等多种形式，逐步组建发展规模化、管理专业化、运营市场化的现代农村沼气产业集团，实现农村沼气工程向规模发展、综合利用、科学管理、效益拉动的方向转型升级。

加强秸秆能源化利用。针对农作物秸秆区域性、结构性、季节性过剩的现状，结合各地新农村、新型城镇化和美丽乡村建设等，围绕秸秆资源的全量化利用，因地制宜开展秸秆沼气、固化、气化、炭化的高效利用技术的试验、示范、推广，提升全省农作物秸秆综合利用水平。

加快农村太阳能风能开发。结合各地资源优势和需求情况，加快推广以太阳能热水器为主，以户用太阳能光伏及风光互补电源系统、新农村居民社区太阳能路灯、高标准太阳能采暖房为补充的太阳能开发利用技术，全面提升全省农村地区太阳能开发利用水平。

提高农村用能效率。围绕全面推进农村节能减排工作，启动以农村新一轮省柴节煤灶炕改建、高效低排放节能炉推广为主的农村炉灶炕升级换代工作，因地制宜开展适应燃料多元的高效低排放节能炉、商品化水暖床、节能采暖炉＋暖气成套设备等的试点推广，全面提升农村生活用能效率和用能水平，推进全省农村节能减排工作。

完善农村能源支撑能力体系。围绕提高农村能源技术水平和项目建设能力，重点开展省、市、县农村能源队伍自身建设，加强农村能源服务体系建设，加大技术培训和宣传力度，构建起功能齐全、上下联动的农村能源管理、技术服务及质量监测体系；加快建立具备较强研发能力和技术集成能力的农村能源技术创新体系，为推进农村能源科学、健康、可持续发展奠定基础。

第三章 重点项目

围绕重点发展方向和国家有关政策，以全省农村最急需、最适宜的农村能源发展领域为重点，统筹安排中央预算内投资和省级财政资金，积极引导带动地方和社会资本投入，组织实施一批农村能源重点项目，全面提升农村清洁能源利用水平和生活用能效率。

一、农村沼气工程

1. 规模化大型沼气工程项目。在规模化养殖场、秸秆丰富地区和农村新型社区等组织实施500立方米以上规模化大型沼气工程，开展沼气集中供气、发电上网和企业自用等多元化利用，沼液沼渣用于还田、加工有机肥或开展其他有效利用。

2. 规模化生物天然气工程项目。在种植业优势产区和规模化养殖重点区域等原料资源丰富、工程需求量大的地区，即在周边20公里范围内有数量足够、可以获取价格稳定的农作物秸秆、畜禽粪便和园艺等农业有机废弃物；在半径10公里以内核心区的原料能够保障整个工程80％以上原料需求的地区，开展日产生物天然气1万立方米以上的规模化生物天然气工程（1立方米沼气提纯后可生产0.6立方米左右生物天然气），提纯后的生物天然气主要用于并入城镇天然气管网、车用燃气、罐装销售等。沼渣沼液用于还田、加工有机肥或开展其他有效利用。

3. 政府向社会力量购买农村沼气后续服务项目。在已建农村沼气项目区，政府将公益性质的农村沼气后续服务事项按程序转交给有能力且自负盈亏的县级农村沼气服务公司、区域性服务中心、村级服务网点等社会力量来实施，由其提供相关公共服务，政府按照相关约定（合同）和绩效评价情况向社会力量支付服务费用。

4. 沼肥综合利用项目。通过技术指导、培训宣传和资金补助等方式，引导沼气用户和工程业主充分挖掘沼渣沼液资源利用潜力，开展有机肥加工、销售和沼肥综合技术试点示范，探索沼肥高效化利用模式，逐步拉伸沼气产业链。

二、秸秆能源化利用工程

1. 秸秆沼气集中供气项目。在秸秆资源丰富地区，以秸秆为原料，组织实施 500 立方米以上秸秆沼气集中供气工程，为农户提供生活用能。

2. 秸秆固化成型燃料项目。将农作物秸秆压缩成块状或颗粒状燃料，并配备专用生物质节能炉具，供农户炊事、取暖用。

3. 秸秆炭气联产示范项目。因地制宜，在秸秆丰富地区，发展秸秆炭气联产示范项目，稳步推进秸秆气化集中供气和炭化还田。

三、绿色能源综合示范工程

1. 太阳能热水器推广项目。结合新农村、美丽乡村建设和旧房改造等项目，推广有效面积在 1.5 平方米以上的真空玻璃管太阳能热水器，水箱容积在 120 升以上。

2. 太阳房改建项目。结合新农村建设、移民搬迁、旧房改造等项目，开展户用太阳房和公益性太阳房建设，主要进行附加阳光间建设、对房屋屋顶和墙面进行保温隔热处理等。

3. 太阳能路灯项目。以新农村和美丽乡村建设示范点为建设单元，为村内主干道配置安装太阳能路灯。

4. 分布式太阳能光伏发电项目。推广与农村建筑结合的分布式并网光伏发电系统，以发电自用、余量上网、不足调剂等方式运行。

四、农村能源支撑能力体系建设工程。

依托龙头企业和省内科研院所，组建农村能源科技创新体系。围绕农村沼气集中供气、规模化生物天然气工程、"三沼"综合利用，健全完善技术培训体系。加强农村能源资源调查和评价，加快农村能源信息服务平台、农村沼气工程远程监控平台建设，完善农村能源信息服务体系。

第四章　保障措施

为确保实现农村能源发展"十三五"规划目标，采取下列保障措施和政策，支持农村能源的发展。

一、加强政策宣传，引导公众参与

大力宣传和贯彻《中华人民共和国节约能源法》《可再生能源法》和《甘肃省农村能源条例》，认真落实促进农村能源发展的政策措施，抓紧制定和完善促进农村能源发展的相关配套法规和政策，明确发展目标，将农村能源开发利用作为建设资源节约型、环境友好型社会和发展循环经济的考核指标认真落实。充分利用广播、电视、网络、报刊等宣传工具，大力宣传农村能源建设的意义、政策，使社会各界和农民群众充分认识到发展农村能源在经济、能源、生态、社会方面的重要意义和作用，调动广大农民参加农村能源建设的积极性。

二、明确各方职责，强化组织领导力度

农村能源建设是一项利国利民的公益性事业，具有多领域、多学科、跨行业的特点。开展农村能源建设是实践科学发展观、习近平总书记系列讲话精神的具体体现。各级政府要提高认识，切实把农村能源发展列入重要议事日程，加强组织领导，搞好部门协调，明确各方职责，共同做好规划的落实和组织实施工作。市、县、乡要加强制度建设，明确职责，责任到人。实行项目建设目标责任制，层层签订责任书，实行"年度验收、评比打分、择优扶持"的考核验收办法，确保规划项目建设质量和进度。

三、加强队伍建设，推广先进技术

加强农村能源队伍和社会服务体系建设，培养一支业务精通、技术过硬的农村能源建设队伍，建立起完善的社会服务体系。要从实际出发，制定年度培训计划，因地制宜地开展培训工作，努力培养一支专业化的建设队伍。群专结合，建立制度，加强农村能源设施建成后的维护，实现农村能源的专业化管理。积极引进农村能源新技术、新产品、新设施、新模式和新途径，大力提高农村能源的技术含量和科学水平。大力开展技术交流与合作，因地制宜地推广成熟的技术和模式，推动我省农村能源建设的科技进步。

四、强化政府扶持，加大投入力度

农村能源的开发利用公益性强、社会效益和生态效益突出，政府要加大扶持推动力度，培养典型、试验示范、技术培训。要积极整合相关方面的支农资金，加大农村能源建设投入力度。要充分调动社会力量投资开发农村能源的积极性，以国家投入带动地方投资和个人投入，引导社会、企业和农民增加投入。鼓励个人和社会组织投资开发农村能源，充分调动社会各方面的积极性。探索农村能源建设资金的有偿使用方式，努力建

立农村能源建设滚动发展机制，逐步建立起多层次、多方位、多渠道、多元化的合理投入机制。完善农村沼气集中供气、规模化生物天然气工程规划布局，建立行业管理规范，将生物天然气加气站纳入国家"十三五"加气站规划，并安排一定比例的加气站名额用于接受和销售生物天然气（BNG）。

五、加快技术进步，建设产业体系

将农村能源开发利用技术作为科学和技术发展战略的重要内容，重点支持农村能源关键项目和设施的技术攻关和技术产业化工作。建立农村能源研究开发管理机构，整合现有技术资源，完善技术和产业服务体系，加快农村能源技术培训和人才培养，提高技术研发水平，全面提高农村能源技术创新能力和服务水平，促进农村能源技术进步和产业发展。支持农村能源技术集成和装备能力建设，为加快可再生能源开发利用提供技术和产业支撑。要切实加强农村能源管理与服务机构建设，充实人员，提高素质，建立健全省、市（州）、县（市、区）、乡（镇）、村五级农村能源管理、服务培训、技术推广、监测网络体系，鼓励农民兴办各种形式的技术服务组织，逐步建立完善市场化服务体系，大力开展各种形式的社会化服务，实现农村能源产业化发展、物业化管理和社会化服务。

青海省"十三五"农村能源发展规划

根据《农业部农村能源第十三个五年规划纲要》《青海省"十三五"农业和农村经济发展规划》，立足于发展我省农村可再生能源事业，扎实推进现代农业和社会主义新农村建设的实际，特制定本规划。本规划时间范围为 5 年，即 2016～2020 年。

第一章　"十二五"农村能源建设回顾

"十二五"期间，国家农业部、发展改革委大力支持我省农村能源建设，我省农村能源产业已从单纯的能源利用发展成为废弃物处理和生物质多层次综合利用，沼气"四位一体"能源生态模式逐步优化完善，养殖场沼气工程技术日趋成熟，并与养殖业、种植业广泛结合，在农牧区生产和生活中发挥了重要作用。

（一）农村能源沼气工程建设实现新突破。"十二五"期间，我省农村能源建设实现跨越式发展，户用沼气稳步实施，养殖场沼气工程实现突破，沼气后续服务网点基本覆盖。全省建设农村户用沼气 16699 户，有近 5 万农牧民从中受益；建设养殖小区和联户沼气工程 95 处，为 950 户农户开展沼气服务；建设养殖场大中型沼气工程 16 个，为 800 户农户开展沼气服务。项目建设实现了"以户用沼气建设为主向发展户用沼气、养殖场沼气工程并举转变，由注重沼气建设数量向注重沼气建设质量和提高服务水平转变"两个转变和"退耕还林农村能源整体推进"一个推进，布局进一步优化，效益进一步显现，使我省农村能源建设走向管理规范化、建设标准化、服务多样化，呈现出积极健康的发展态势。

（二）退耕还林农村能源项目整体推进。按照国家"巩固成果、确保质量、完善政策、稳步推进"的总体要求，我省退耕还林农村能源建设项目围绕退耕还林农户配置太阳灶、生物质能炉、太阳能热水器，在全省退耕还林区 20 个县（区）建设太阳灶 37041 台、生物质炉 104098 台、太阳能热水器 4900 台，大力推广洁净、高效率、低排放的环保能源，多能互补、各取所长、因地制宜、整体推进，有效解决了退耕农户的生活用能，明显改善了退耕区生态环境。

（三）农村能源实施效果显著。通过实施农村能源建设，实现了"四个促进"，即促进了农民增收、促进了设施养殖业、促进了农业循环经济发展、促进了新农村建设；

"三个改变"，即改变了农民生产生活方式、改变了农村环境卫生条件、改变了农民精神面貌；"两个提高"，即提高了农民健康生活水平、提高了退耕还林成效。

第二章　指导思想、建设原则及发展目标

一、指导思想

"十三五"期间，将按照"巩固成果、优化结构，建管并重、强化服务，综合利用、提高水平"的思路，把农村沼气作为发展现代农业、推进新农村建设、促进节能减排、改善农村环境、提高农民生活水平的一项全局性、战略性、长远性的系统工程，抓住国家将要在"十三五"开展规模化沼气工程建设的机遇，在政策、技术、服务、规范以及统筹协调上确定新的原则和措施，大力发展农村清洁能源，推进农村能源的整体进村入户和农牧业节能减排，实现农村能源的持续稳定发展。

二、建设原则

（一）因地制宜原则。尊重客观规律，量力而行，科学布局。切实考虑各地区农业生产结构和农民种植、养殖习惯，选用与地区自然特征、资源状况和社会经济发展水平相一致，适用、实用的农村可再生能源建设项目和技术模式。

（二）突出重点原则。重点建设农户型生态家园，适度发展各种模式农村能源示范村。农户型生态家园建设要与退耕还林还草相结合。农村能源示范村要与规模化养殖业相结合。

（三）综合效益原则。整合、配套相关适用技术，推广各类能源生态模式，带动种植业和养殖业的全面发展，提高农产品品质，发挥综合效益，调动农民参与农村能源建设的积极性。

三、发展目标

通过农村能源合理开发利用，建设生态家园，加快规模化养殖场（小区）养殖废弃物综合利用和污染治理设施建设，提高养殖企业和养殖户自发减排的积极性，实现农村用能结构优化，推进畜禽养殖污染减排工作，促进养殖业健康可持续发展。

第三章　重点工程

根据我省农村能源发展及沼气等资源现状，综合考虑区域的自然条件、经济基础等因素，因地制宜、突出一批重点沼气利用工程，改善农村生产生活条件、优化生态环境和增加农民收入。推动农村能源利用清洁化、农业资源利用高效化和农业生产无害化进

程，为发展现代农业，实现节能减排，加快新农村建设进程做出贡献。

一、农村沼气工程

到 2020 年，建设规模化沼气工程 20 处。

二、"三沼"综合利用示范工程

在全省建设 5 处示范工程。以宣传、示范和典型带动等办法大力推广"三沼"综合利用，选择特色作物作为试验、示范的对象，同时选择可辐射带动周边区域的村子作为试点，然后实施整体推进。

三、农村能源综合利用示范村工程

在全省建设 5 处综合利用示范村工程。农村能源综合利用示范村可以促进农村沼气建设，庭院得到美化、绿化、净化，农民健康水平得到进一步提高。

四、乡村清洁工程

在全省建设 20 个乡村清洁工程，是以"一化"（促进农村废弃物资源化利用）为突破口，以实施"三清"（建设田园清洁、家园清洁、水源清洁工程）为主线，以"三生"（提高农业综合生产能力、改善农村生态环境、提高农民生活质量）为切入点，按照"三自"（农民自主管理、自我服务、自我发展）的原则建立。

第四章　保障措施

1. 提高思想认识，加强组织领导

各地要提高对农村能源建设重要性的认识，把农村能源建设纳入议事日程，真正把农村能源建设作为促进农村节能减排、农业增效、农民增收和为农牧民办实事的重要举措来抓，切实加大农村能源的建设力度，推进农村能源规模化发展，促进农牧民落后的生产和生活方式的变革。同时，采取有效措施，健全管理机构，强化组织保障，逐级落实责任。项目建设实行法人制、合同制、招标制、监理制。各级农村能源管理部门要加强对农村能源建设项目的组织实施和监督检查工作。

2. 强化项目管理，保证建设质量

制定全省农村能源建设管理办法，使农村能源建设有法可依、有章可循。强化能源建设项目的实物运作，对农民应重点补贴实物，以利于项目的实施。对能源建设实行项目管理和目标责任制，以保证实施质量，通过加强管理，完善能源建设管理体制，使农村能源建设上档次、上水平、上规模、增实效。